教育部高等学校地矿学科教学指导委员会
矿物加工工程专业规划教材

粉 体 工 程
Powder Engineering

主　　编　韩跃新
副 主 编　杨华明　马少健　孙春宝

中南大学出版社
www.csupress.com.cn

内 容 简 介······

本书以粉体工程基本理论为基础,从粉体颗粒的粒度、形状、粉体颗粒群的聚集特性和粉体的力学特性出发,以粉体工程的单元操作为主线,详细介绍了物理法和化学法粉体材料的制备过程,重点论述物理法中的粉碎、分级以及化学法制备粉体材料的基本原理和工艺过程;同时系统地介绍了粉体材料的输送、分散、混合、造粒、表面改性、过滤、干燥等过程的基本原理、方法、设备和应用特点。

本书可作为从事矿物加工工程、无机材料等专业的本科生或研究生的教材,也可作为相关工程技术人员的参考用书。

图书在版编目(CIP)数据

粉体工程/韩跃新主编. —长沙:中南大学出版社,2011.5
(2020.7 重印)
ISBN 978 – 7 – 5487 – 0266 – 5

Ⅰ.粉... Ⅱ.韩... Ⅲ.粉末法 Ⅳ.TB44

中国版本图书馆 CIP 数据核字(2011)第 086753 号

粉体工程

韩跃新 主编

□**责任编辑** 秦瑞卿
□**责任印制** 周 颖
□**出版发行** 中南大学出版社
    社址:长沙市麓山南路   邮编:410083
    发行科电话:0731-88876770   传真:0731-88710482
□**印 装** 长沙印通印刷有限公司

□**开 本** 787×1092 1/16 □**印张** 18.75 □**字数** 463 千字
□**版 次** 2011 年 12 月第 1 版 □2020 年 7 月第 2 次印刷
□**书 号** ISBN 978 – 7 – 5487 – 0266 – 5
□**定 价** 52 元

教育部高等学校地矿学科教学指导委员会
矿物加工工程专业规划教材

编 审 委 员 会

粉体工程

编 委 会

总序

　　"人口、发展与环境"是 21 世纪人类社会发展过程中的重要问题，矿物资源是人类社会发展和国民经济建设的重要物质基础。从石器时代到青铜器、铁器时代，到煤、石油、天燃气，到电能和原子能的利用，人类社会生产的每一次巨大进步，都与矿物资源利用水平的飞跃发展密切相关。

　　人类利用矿物资源已有数千年历史，但直到 19 世纪末至 20 世纪 20 年代，世界工业生产快速发展，使生产过程机械化和自动化成为现实，对矿物原料的需求也同步增大，造成了"矿物加工"技术从古代的手工作业向工业技术的真正转变，在处理天然矿物原料方面获得大规模工业应用。

　　特别是 20 世纪 90 年代以来，我国正进入快速工业化阶段，矿产资源的人均消费量及消费总量高速增长，未来发展的资源压力随之加大。我国金属矿产资源总量不少，但禀赋差、品位低、颗粒细、多金属共生复杂难处理，矿产资源和二次资源综合利用率都比较低。

　　矿物加工科学与技术的发展，需要解决以下问题。

　　（1）复杂贫细矿物资源的综合回收：随着富矿和易选矿物资源不断开采利用而日趋减少，复杂、贫细、难处理矿产资源的开发利用成为当前的迫切需要。

　　（2）废石及尾矿的加工利用：在选矿过程中，全部矿石经过碎磨，消耗了大量原材料和能源，通常只回收占总矿石质量 10%～30% 的有用矿物，大量的伴生非金属矿不仅未能有效利用，并且当作"废石"和"尾矿"堆存成为环境和灾害的隐患。

　　（3）二次资源：矿山、冶炼厂、化工厂等排出的废水、废渣、废气中的稀有、稀散和贵金属，废旧汽车、电缆、机器及废旧金属制品等都是仍然可以利用的宝贵的二次资源。由于一次资源逐步减少，二次资源的再生利用技术的开发无疑成了矿物加工领域的重要课题。

（4）海洋资源：海洋锰结核、钴结壳是赋存于深海底的巨大矿产资源，除富含锰外，铜、钴、镍等金属的储量也十分丰富，此外，海水中含有的金属在未来陆地资源贫化、枯竭时，也将成为人类的宝贵资源。

（5）非矿物资源：城市垃圾、废纸、废塑料、城市污泥、油污土壤、石油开采油污水、内陆湖泊中的金属盐、重金属污泥等，也都是数量可观的能源资源，需要研发新的加工利用技术加以回收利用。

面对上述问题，矿物加工科技领域及相关学科的科技工作者不断进行新的探索和研究，矿物加工工程学与相邻学科的相互交叉、渗透、融合，如物理学、化学与化学工程学、生物工程学、数学、计算机科学、采矿工程学、矿物学、材料科学与工程已大大促进了矿物加工学科的拓展，形成各种高效益、低能耗、无污染矿物资源加工新知识、新技术及新的研究领域。

矿物加工的主要学科方向有：

（1）浮选化学：浮选电化学；浮选溶液化学；浮选表面及胶体化学。

（2）复合物理场矿物分离加工：根据流变学、紊流力学、电磁学等研究重力场、电磁力场或复合物理场（重力＋磁力＋表面力）中，颗粒运动行为，确定细粒矿物的分级、分选条件等。

（3）高效低毒药剂分子设计：根据量子化学、有机化学、表面化学研究药剂的结构与性能关系，针对特定的用途，设计新型高效矿物加工用药剂。

（4）矿物资源的生化提取：用生物浸出、化学浸出、溶剂萃取、离子交换等处理复杂贫细矿物资源，如低品位铜矿、铀矿、金矿的提取，煤脱硫等。

（5）直接还原与矿物原料造块：主要从事矿物原料造块与精加工方面的科学研究。

（6）复杂贫细矿物资源综合利用：研究选－冶联合、选矿、多种选矿工艺（重、磁、浮）联合等处理一些大型复杂贫细多金属矿的工艺技术和基础理论，研究资源综合利用效益。

（7）矿物精加工与矿物材料：通过提纯、超细粉碎、纳米材料制备、表面改性和材料复合制备等方法和技术，将矿物加工成可用的高科技材料。

现今的矿物加工工程科学技术与 20 世纪 90 年代以前相比，已有更新更广的大发展。为了适应矿业快速发展的形势，国家需要大批掌握现代相关前沿学科知识和广泛技术领域的矿物加工专业人才，因此，搞好教材建设，适度更新和拓宽教材内容对优秀专业人才的培养就显得至关重要。

矿物加工工程专业目前使用的教材，许多是在 20 世纪 90 年代前出版的教材基础上编写的，教材内容的进一步更新和提高已迫在眉睫。随着教育部专业教育规范及专业论证等有关文件的出台，编写系统的、符合矿物加工专业教育规范的全国统编教材，已成为各高校矿物加工专业教学改革的重要任务。2006 年 10 月在中南大学召开的 2006—2010 年地矿学科教学指导委员会（以下简称地矿学科教指委）成立大会指出教材建设是教学指导委员会的重要任务之一。会上，矿物加工工程专业与会代表酝酿了矿物加工工程专业系列教材的编写拟题，之后，中南大学出版社主动承担该系列教材的出版工作，并积极协助地矿学科教指委于 2007 年 6 月在中南大学召开了"全国矿物加工工程专业学科发展与教材建设研讨会"，来自全国 17 所院校的矿物加工工程专业的领导及骨干教师代表参加了会议，拟定了矿物加工专业系列教材的选题和主编单位。此后分别在昆明和长沙又召开了两次矿物加工专业系列教材编写大纲的审定工作会议。系列教材参编高校开始了认真的编写工作，在大部分教材初稿完成的基础上，2009 年 10 月在贵州大学召开了教材审稿会议，并最终定稿，交由中南大学出版社陆续出版。

本次矿物加工专业系列教材是在总结以往教学和教材编撰经验的基础上，以推动新世纪矿物加工工程专业教学改革和教材建设为宗旨，提出了矿物加工工程专业系列教材的编写原则和要求：①教材的体系、知识层次和结构要合理；②教材内容要体现科学性、系统性、新颖性和实用性；③重视矿物加工工程专业的基础知识，强调实践性和针对性；④体现时代特性和创新精神，反映矿物加工工程学科的新原理、新技术、新方法等。矿物加工科学技术在不断发展，矿物加工工程专业的教材需要不断完善和更新。本系列教材的出版对我国矿物加工工程专业高级人才的培养和矿物加工工程专业教育事业的发展将起到十分积极的推进作用。

形成一整套符合上述要求的教材，是一项有重要价值的艰巨的学术工程，决非一人一单位之力可以成就的，也并非一日之功即可造就的。许多科技教育发达的国家，将撰写出版了水平很高的、广泛应用的并产生了重要影响的教材，视为与高水平科学论文、高水平技术研发成果同等重要，具有同等学术价值的工作成果，并对获得此成果的人员给予的高度的评价，一些国家还把这类成果，作为评定科技人员水平和业绩和判据之一。我们认为这一做法在我国也应当接纳及给予足够的重视。

感谢所有参加矿物加工专业系列教材编写的老师，感谢中南大学出版社热情周到的出版服务。

王淀佐

2010 年 10 月

前　言••••••

　　粉体工程是指以粉体颗粒为研究对象,采用现代加工技术和传统方法进行粉碎、合成、加工、处理等一系列工程技术,涵盖的内容不仅包括粉碎、粉磨、超细、纳米化的机械加工技术,还包括采用化学方法、化学和物理方法结合的粉体制备技术,以及粉体制备设备、分散技术、材料表征、复合材料形成机理等,目的在于使材料尺寸变化并改善原料性质,以更好地应用在化工、建材、纺织、冶金、陶瓷、食品、矿业、医药、电子、航空航天、燃料、造纸等许多领域。

　　本书以粉体工程基本理论为基础,从粉体颗粒粒度和形状的表征、粉体颗粒群的聚集特性、粉体的力学特性等方面出发,以粉体工程的单元操作为主线,详细介绍了物理法和化学法粉体材料的制备过程,重点论述物理法中的粉碎、分级以及化学法制备粉体材料的基本原理和工艺过程;同时系统地介绍了粉体材料的输送、分散、混合、造粒、表面改性、过滤、干燥等过程的基本原理、方法、设备和应用特点。本书的核心内容是粉体制备的基本原理及方法,创新点为突出超细粉体材料,特别是纳米粉体材料的制备,实现了普通粉体材料与高新技术的结合。

　　本书由东北大学韩跃新教授主编,副主编有中南大学的杨华明教授、广西大学的马少健教授、北京科技大学的孙春宝教授。具体编写分工为:第1章、第7章、第11章由东北大学韩跃新、朱一民编写;第2章由河北联合大学白丽梅编写;第3章由昆明理工大学刘全军编写;第4章、第5章由广西大学马少健编写;第6章、第8章由中南大学杨华明、欧阳静编写;第9章、第10章由北京科技大学孙春宝、林海编写。韩跃新教授对全书进行了详细的审阅。在编写过程中,参考了大量的资料文献,在此向这些文献的作者们表示谢意。

编者

2011 年 9 月

目 录

第1章 概 论

本章内容提要

本章介绍了粉体与粉体工程的定义、粉体工程的研究内容、应用领域以及粉体工程的发展趋势。

1.1 粉体、粉体工程

1.1.1 粉体的定义

粉体(powder)是由无数颗粒构成的。从宏观角度看,颗粒是粉体物料的最小单元。颗粒的组成、大小、分布、结构形态和表面形态等是影响粉体性能的基础。

通常构成粉体颗粒的大小范围为 $10^{-9} \sim 10^{-3}$ m。大颗粒可用肉眼辨别,如图 1-1 所示的毫米级颗粒;而小颗粒要用电子显微镜才能看清,如图 1-2 所示的纳米级颗粒。

如果构成粉体的所有颗粒,其大小和形状都是一样的,则称这种粉体为单分散粉体。在自然界中,单分散粉体尤其是超微单分散粉体极为罕见,目前只有通过人工合成的方法可以制造出近似的单分散粉体。迄今为止,还没有利用机械的方法制造出单分散粉体的报道。大多数粉体都是由参差不齐的各种不同大小的颗粒所组成,而且形状也各异,这样的粉体称为多分散粉体。

图 1-1 几毫米大小的氧化锆粉体颗粒

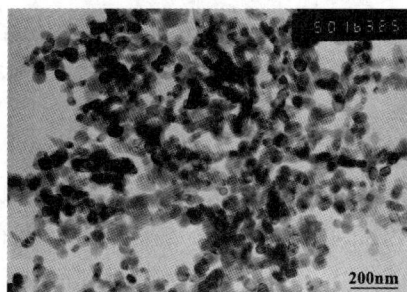

图 1-2 几十纳米的氧化锌颗粒的透射电镜照片

粉体颗粒的大小,国际单位制用毫米、微米或纳米表示;但是在工业上,甚至科研单位还经常用"目"来表示粉体颗粒的大小。

在泰勒标准筛中,目(也称为网目)是指 2.54 cm(1 英寸)长度中的筛孔数目。例如,200

目的筛子，是指这种筛子每 2.54 cm 长度的筛网有 200 个筛孔，其筛孔尺寸为 0.074 mm。网目越少，筛孔尺寸越大。

粉体颗粒的大小和在粉体颗粒群中所占的比例，分别称为粒度和粒度分布。为了表示粉体物料粒度的组成情况，常以若干个级别，或称粒级，所占的百分数来表示。例如某种粉体物料中，1~3 mm 粒级占 10%，即这一级别范围的粉体物料最大粒度为 3 mm，最小为 1 mm。这一粒级粉体物料的含量占整个物料的 10%。细度为 −200 目占 70%，即表示小于 0.074 mm 的粒级含量占 70%。

工业上把粉体的粒度范围大致划分为五个等级：

(1) 粗粒，粒径在 10 mm ~200 μm，如各种填料、粉料等。

(2) 细粉，粒径为 20~200 μm，如粉末冶金、精细陶瓷、导热材料等。

(3) 微粉，粒径为 3~20 μm，如磁性材料、涂料和介电材料等。

(4) 超微粉，粒径为 3~0.2 μm，可用于玻璃保护膜、导体或半导体等。

(5) 超细粒子，粒径在 0.2 μm 以下至纳米级，达到此粒度范围是比较困难的，如喷涂材料、高密度记录材料和磁流体等。

1.1.2   粉体工程的定义

随着粉体科学及技术的发展，从事制备、加工处理和计量粉体的产业，都属于粉体工业领域；而对粉体及其制备、加工和处理过程等问题的研究，逐渐形成了一门新兴综合性技术学科。我们把这种粉体的制备、加工和计量方法以及设备所组成的各单元操作统称粉体工程 (powder engineering)。

粉体工程作为一门独立学科是 20 世纪 40 年代以后才形成的。随着科学技术的进步，特别是新材料领域的相关技术与产业发展，研究人员把分散在各学科领域中的有关粉体方面的知识集中在一起，经过不断完善与发展，形成了完整的、独立的、交叉性的知识理论体系，它既与基础学科相关，又与工程应用存在着广泛的联系，综合性强、涉及面广。

1.2   粉体工程的主要研究内容

1.2.1   粉体工程研究对象

粉体工程以颗粒状物质为研究对象，研究其性质、制备、加工、应用及其综合性技术。自然界中的物质，很多都是以粉体状态存在的，如土壤、砂石、尘埃、粮食、糖、化妆品、药、雾等。对于科学技术研究或工程应用而言，颗粒的粒度范围小到几个微米，甚至小于微米级的超细粉，或烟雾、气溶胶和泥浆等；大至数米以上的块状物料，都是粉体工程的研究对象。

科学研究和许多工业生产过程中的重大问题都与粉体技术有关，例如矿山、能源、原材料等的合理利用与回收，新的结构材料、功能材料的生产，磨损的防止，环境粉尘治理等，都与粉体技术的发展有着极为密切的关系。因此，粉体工程在人类生活、工业生产和科学研究中起着十分重要的作用。

1.2.2 粉体工程的研究内容

粉体工程研究内容主要包含粉体颗粒粒度和形状的表征、粉体颗粒群的聚集特性、粉体的力学特性、粉碎、粉体的分级、粉体的分散与混合、粉体的表面改性、粉体的输送、粉体的过滤与干燥等。

粉体性能的表征(包括粉体颗粒粒度、形状、聚集状态及力学特性等)是粉体性能及应用的关键因素。粉体颗粒的大小、形状及其分布对粉体各种现象的影响至关重要,例如粉体粘附性和流动性与粉体的形状有关;此外,粉体颗粒的尺寸、形状及分布对粉体材料的性能也有十分重要的影响。

从粉体工程的内涵来分析,粉体工程研究内容是各类粉体的体系中一些带有共性的基础问题,如粉体工程特性、粉体颗粒尺寸增大或减小、粉体颗粒间作用、粉体与介质的作用、粉体系统内热和质量的转移等问题;此外粉体工程研究内容还包括:粉体在制备与应用工程实践中各项单元操作、优化工艺组合及过程的自动化控制。

1.2.3 粉体工程研究的目的

1. 提高工业产品的质量与控制水平

粉体颗粒的大小及粒度分布对产品质量影响是非常大的。如传统材料中的水泥,粗细颗粒的比例、颗粒的形状对产品性能有着极大的影响。医药工业中的某些药剂,可以通过细化来改变药剂的用量和吸收性。颜料颗粒的大小对被涂物体表面的遮盖力影响极大,当颗粒细到约等于可见光波长($0.4 \sim 0.7$ μm)的 1/2 时,颗粒对入射光的散射能力最大,这时,颜料具有较高的遮盖力;当颗粒直径小于可见光波长的 1/2 时,因发生光的衍射,遮盖力明显下降,颜料具有透明性(复印机所用墨粉的粒度 $6 \sim 10$ μm 的颗粒应占到 75% 以上,小于这一数值,复印时变黑,大于这一数值,字体复印不上去)。粉体的表面改性,如白云母经过氧化钛、氧化铬、氧化铁、氧化锆等金属氧化物进行表面改性后,用于化妆品、塑料、浅色橡胶、涂料等,可以赋予这些制品珠光效应,大大提高了这些产品的价值。

2. 节能降耗,促进粉体加工技术的发展

粉体颗粒的制备,离不开粉体加工机械、化学加工过程及高温处理过程等。当把粉体加工到很微细的颗粒时,所需要的能量是相当大的。例如建材、化工、冶金等行业中主要使用的微细粉体加工设备之一是球磨机,而目前球磨机的有效能量利用率仅为 2% ~ 4%,有 96%以上的能量在粉磨物料时被浪费掉。通过对粉碎机理的研究,可针对细粒粉磨过程中粉体的聚散情况改进或设计新型的粉磨机械,最大限度地提高粉磨效率。采用化学法加工超细粉体存在的问题是加工成本较高,因此找到成本低、效率高,且节能降耗的方法也是粉体工程研究的主要目的。

3. 新材料的研究与开发

随着世界范围内新技术、高技术的突飞猛进,新型材料层出不穷。例如,现在人们创造的超硬、超强、超导、超纯、超塑等新型材料,使科学发展到了利用极端参数的阶段。要使材料达到极端状态,往往要改变材料原有的属性,而改变属性的方法之一就是使材料颗粒粒度细化至纳米级再进行组合,以生产出一些与原材料属性完全不同的新型材料。超导材料就是在原先不导电的陶瓷材料的基础上,采取一些高新技术进行处理后,得到的一种电阻几乎为

零的新型材料。

1.3　粉体工程的应用领域

粉体工程属于典型的交叉学科。粉体工程涉及的领域有化工、材料、医药、生物工程、农业、食品、机械、电子、物理、化学、流体力学、空气动力学、军事以及航空航天等，如表1 -1所示。

表1 -1　粉体工程涉及到的领域

领域	典型产品
矿业	金属/非金属矿产品
材料	陶瓷粉体、塑料、橡胶填料、印刷/复印、感光材料等
化工	催化剂、农药化肥、染料等
建材	涂料、水泥、精细陶瓷、日用陶瓷等
冶金	粉末冶金材料、耐火材料等
能源	煤的深加工原料、固体推进剂等
机械	磨料、固体润滑剂等
电子材料	电子浆料、集成电路基片、铁氧体、电子陶瓷敏感器件等
农业	农产品深加工原料、面粉、饲料及添加剂等
食品	调味品、保健品、速溶咖啡、奶粉等
医药	粉剂、片剂、注射剂、精细化中草药等
化妆品	珠光粉体着色粉料、功能性无机粉体等
造纸	填充剂、上光剂等
军事	炸药、固体氰化剂等

粉体工程涉及的面很广，占据产业的产值份额比较大，表现出广泛性。粉体技术在能源利用、环境保护等方面，具有实用性。随着科学技术的发展和工业的进步，超细粉体或纳米粉体已成为粉体材料的重要组成部分，纳米材料的奇异特性将促进粉体材料的功能化发展，使粉体技术进入到科学技术发展的前沿。

所以，粉体工程既存在于传统行业，又包含在生产纳米粉体等高新技术领域；既有传统的粉体制备工艺，又有高级的测试表征手段；既在建材、医药、化妆品等产业中产生作用，又在航天、军事等尖端领域中发挥优势。

1.4　粉体工程的发展趋势

粉体工程的发展趋势有以下特点。

1. 粉体的微细化与功能化

目前粉体工程的发展趋势可以用微细化、精细化、纯粹化、复合化和功能化来概括；其中最根本的是通过粉体的微细化来控制颗粒的形态特性，获得颗粒自身的或附加的功能性质；通过颗粒的复合化，扩展颗粒的功能化。

随着粉体工程发展进入纳米级范围，由于纳米材料与微米材料在性质上差异很大，研究与生产纳米粉体的手段及着重点也不相同。纳米材料潜在的应用价值，使得其成为物理、化学、材料、机械以及生物、医药等领域的热点研究方向。

纳米材料随着粒径的减小，表面原子数迅速增加，比表面积因而也急剧变大。粉体的比表面增大，使得表面活性键增多，产生许多活性中心，从而导致纳米微粒的化学活性大大增加。纳米粉体材料正因为存在量子尺寸效应、小尺寸效应、表面与界面效应等，产生了许多不同于常规材料的奇异特性，表现出良好的应用前景。粉体的微细化是获得粉体功能化的必然趋势和重要途径，这仅是依靠超细粉体自身所得到的功能，如比表面增大、活性增加和产生新的物理化学性质等；粉体微细化还是新材料设计、制备、开发以及增强材料功能的基础。可是随着颗粒尺寸的减小，颗粒表面能升高，使得颗粒处于不稳定状态，颗粒之间存在强烈相互吸引作用，有达到稳定态的趋势，致使粉体在制备生产、运输和贮存过程中存在聚集现象。由于粒子难以分散且易于团聚，限制或影响了超细颗粒的功能发挥；所以运用超细颗粒的表面修饰、包覆处理、颗粒复合等技术，使粉体产生新的物理、化学、机械功能及其他功能；这也是超细粉体功能化的主要方法。

2. 粉体的深加工与装备

随着超细粉体的微细化与功能化，要求对粉体材料进行深加工，必须发展相应的装备。超细粉体的制备方法基本上可以分为两类：一类是合成法，通过化学反应或相变，经历晶核形成和生长两个过程形成固体颗粒来制备粉体；另一类是机械粉碎法，通过机械力的作用使颗粒由大变小，进而微细化来制备粉体。随着新型超细粉碎设备的研制和开发，用机械法制备超细颗粒粉体成为可能。中国超细粉碎与精细分级技术的发展及设备的制造始于20世纪80年代初期，迄今为止，大体上经历了引进国外技术设备、消化吸收、同步开发等过程。

目前国内的机械粉碎设备主要有气流磨、高速机械冲击磨、球磨机（包括振动球磨机、转动球磨机、行星球磨机等）、介质搅拌磨等。其中气流磨、高速机械冲击磨为干式超细粉碎设备；球磨机、介质搅拌磨为常用的湿法超细粉碎设备，也可用于干式超细粉碎。

随着粉体技术的发展，生产装备大型化越来越明显，同时，CAD/CAM技术的应用促进了机械结构设计和加工制造技术的发展，为粉体粉碎与造粒等装置提供了技术保障，进一步提高了生产效率。在现有超细粉碎设备基础上，工艺配套逐步完善，不断开发出分级粒度细、精度高、处理能力大、效率高的各种精细分级设备；研制粉碎极限粒度小、粉碎比和处理能力大、单位产品能耗和磨耗小、粉碎效率高、应用范围宽的设备以及开发可用于具有低熔点、韧性强、高硬度等特殊性质的物料加工的方法是粉体工程与技术未来的发展趋势。

3. 过程控制自动化

粉体技术的发展依赖于过程控制，过程控制又与高效可靠的在线测量技术有关。对粉体机械粉碎过程进行实时参数测量与控制，能有效地提高产品质量、降低能耗。通过过程控制的自动化，开发粒度大小和粒度分布的自动监控技术，减少生产过程对环境的污染，简化工艺流程。

4. 新技术、新工艺的运用

对现有工艺和设备进行改造，用更经济和更科学的方式制造出高附加值产品，就要不断地运用新技术、新工艺，这是粉体工程发展的一个重要方向。例如开展粉体颗粒及聚集特性的测量与定量描述研究,探讨粉体颗粒在流体中的行为,对粉体工艺过程中许多复杂现象如形成附聚物、多孔颗粒的物理化学过程作定量表征,这些研究对粉体工程科学技术的发展具有重要意义。另外,对两个或两个以上现有的工艺过程(如粉碎与干燥、粉碎与分级过程等)进行复合,产生的新工艺将有利于简化工艺流程、提高效率。根据粉体特性或功能要求,设计粉体的结构与功能,采用新的工艺技术,也会增强粉体的特性功能和拓宽应用领域。我国的粉体工业伴随着粉体技术的发展已形成规模。固体物料的加工处理涉及到许多工业领域,表现出综合性的工业技术特色,为粉体工业带来了活力,跨行业的技术扩散使得粉体市场蓬勃发展。我国粉体工业发展势头良好,同时也存在许多需要解决的问题。

总而言之,随着科学技术的发展,粉体工程也得到迅速发展。当今一些优先发展的科学技术领域,如生命科学、环境保护、信息工程和材料科学等,都与粉体工程密切相关,如纳米级药物、高效催化剂等。粉体工程的发展促进了这些领域的进步,反之,这些领域的发展又为粉体工程的不断发展指明了方向。在世界粉体工业向精细化发展的同时,工业原料深加工技术在科学研究和工业生产中的重要作用越来越充分地体现出来。美国、欧洲国家及日本先从粉碎设备入手,逐渐扩展到超细分级、高均匀度混合、表面处理、纳米粉体制备等多个方面。粉体加工设备的大型化、多样化和自动化,也是粉体工程的发展趋势之一。

思考题

1. 简要说明粉体及粉体工程的定义。
2. 简要说明粉体的粒度及粒度分布。
3. 简述粉体工程研究对象、研究内容及研究目的。
4. 简述粉体工程的应用领域。
5. 简述粉体工程发展趋势。

第2章 粉体颗粒的表征与分析

本章内容提要

本章介绍了表征粉体单个颗粒和颗粒群粒度和形貌的方法，以及常用的检测方法和设备。从原理和应用方面分别介绍了筛析法、沉降光透法、激光衍射法、透射电子显微镜、扫描电子显微镜、原子力显微镜和比表面积测量等方法。

2.1 粉体颗粒的粒径

2.1.1 粒径

粉体中颗粒的大小用其在空间范围所占据的线性尺寸表示，称为粒径。习惯上可将粒径与粒度（粉体中颗粒的平均大小为粉体的粒度）通用。多数情况下，颗粒是非球形，其粒径可用球体、立方体或长方体相关的尺寸来表示。当量直径与颗粒的各种物理现象相对应。粒径是颗粒几何性质的一维表示方法，是最基本的几何特征。

1. 三维径（diameter of the three dimensions）

当对一不规则颗粒做三维尺寸测量时，可将颗粒放置于每边与其相切的长方体中，如图 2-1 所示。若将长方体放在笛卡尔坐标系中，其长 l、宽 b、高 h 表示颗粒的三轴径。根据该长方体的三维尺寸可计算不规则颗粒的平均径，用于比较不规则颗粒的大小。

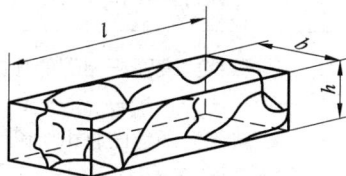

图2-1 不规则颗粒的外接长方体

2. 投影径（projected diameter）

利用显微镜测量颗粒的粒径时，可观察到颗粒的投影。此时颗粒以最大稳定度（重心最低）置于观察面上。因此，可根据其投影的大小定义粒径。

3. 球当量直径（equivalent diameter）

用球体的直径表示不规则颗粒的粒径，称为当量直径或相当径。

4. 筛分径

当颗粒通过两个连续标准筛，其通过上层粗孔筛网（筛孔尺寸为 a），而留在下层细孔筛网（筛孔尺寸为 b）时，用两个筛子筛孔尺寸表示的颗粒粒径称为筛分径。

表 2-1 为粒径的不同表示方法及计算方法。

表 2-1 单一粒径的物理意义及计算方法

名称		物理意义	计算式
三维直径	长短平均径 二轴平均径	二维图形的算术平均	$\frac{l+h}{2}$
	三轴平均径	三维图形的算术平均	$\frac{l+h+b}{3}$
	三轴调和平均径	与外接长方体比表面积相同的球体直径	$\frac{3}{\frac{1}{l}+\frac{1}{b}+\frac{1}{h}}$
	二轴几何平均径	平面图形上的几何平均	$\sqrt{lb}$
	三轴几何平均径	与外接长方体体积相同的立方体的一条边	$\sqrt[3]{lbh}$
	三轴等表面积平均径	与外接长方体表面积相同的立方体的一条边	$\sqrt{\frac{lb+bh+lh}{3}}$
投影径	Feret 径	与颗粒投影相切的两条平行线之间的距离	
	Martin 径	一定方向上将颗粒的投影面积分为两等份的直径	
	定方向最大径	在一定方向上颗粒投影的最大长度	
	投影面积相当径	与颗粒投影面积相等的圆的直径	
	投影周长相当径	与颗粒周长相等的圆的直径	
球当量直径	等表面积当量径(D_S)	与颗粒具有相同表面积的球的直径	$S=\pi D_S^2$
	等体积当量径(D_V)	与颗粒体积相等的球的直径	$V=\pi D_V^3/6$
	等比表面积当量径(D_{SV})	与颗粒比表面积相等的球的直径	$D_{SV}=D_V^3/D_S^2$
	沉降速度相当径 Stokes 径	层流区颗粒的自由沉降直径	
筛分径	几何筛分径		$\sqrt{ab}$
	算数筛分径		$(a+b)/2$

2.1.2 粒径分布

粒径分布，又称粒度分布，它是指将颗粒群以一定的粒度范围按大小顺序分为若干级别（粒级），各级别粒子占颗粒群总量的百分数；通常用简单的表格、图形或函数形式给出的颗粒群粒径的分布状态。

2.1.2.1　频率分布和累计分布

按照粒径分布和粒径的函数关系，通常粉体的粒径分布用频率分布和累积分布表示。频率分布表示各个粒径范围内对应的颗粒百分含量；累计分布则表示大于或小于某粒径的颗粒占全部颗粒的百分含量与该粒径的关系，其又可分成筛上累计分布和筛下累计分布。百分含量的基准可以是质量、颗粒个数以及体积、面积和长度。工程上多采用质量基准。

当用一定的粒径测量了 N 个颗粒的粒径后，记录了在第 i 个粒级区间 $(D_i, D_i + \Delta D_i)$ 内的颗粒数目为 n_i，则在 $(D_i, D_i + \Delta D_i)$ 范围内颗粒的频率为：

$$f_i = \frac{n_i}{N} \tag{2-1}$$

且满足

$$\sum f_i = 1 \tag{2-2}$$

则该颗粒群的频率分布的值可用下式表示：

$$\overline{q_0}(D_i) = \frac{f_i}{\Delta D_i} = \frac{n_i}{N \Delta D_i} \tag{2-3}$$

累积分布的值可以表示为：

$$Q_0(D_i) = \sum_{j \leqslant i} \overline{q_0}(D_j) \cdot \Delta D_j = \sum_{j \leqslant i} \frac{n_j}{N} \tag{2-4}$$

上述公式是以颗粒的个数为基准。在以质量为基准时，粒径的频率分布和累计分布可定义为：

$$\overline{q_1}(D_i) = \frac{m_i}{M \Delta D_i} \tag{2-5}$$

$$Q_1(D_i) = \sum_{j \leqslant i} \overline{q_0}(D_j) \cdot \Delta D_j = \sum_{j \leqslant i} \frac{m_j}{M} \tag{2-6}$$

式中：M——粉体颗粒的总质量；

m_i——在第 i 个粒级区间 $(D_i, D_i + \Delta D_i)$ 内颗粒的质量。

当 $\Delta D_i \rightarrow 0$ 时，则累积分布与频率分布会变成一条光滑曲线，在同一横坐标条件下，筛下累积分布曲线上各粒径点之切线斜率，即为频率分布曲线上对应粒径点之频率值，逐点作切线求斜率，即逐点求微分，可得频率分布，故又称频率分布为累积分布的微分形式。

一般由粉体粒径分布数据绘制出粒径的频率分布与累计分布的直方图。由频率分布曲线，可直接读出对应于曲线最高点即颗粒含量最多的多数径，以及颗粒群个数平均径。由累积分布曲线，也可直接读出 $Q_0 = 50\%$ 时所对应的中位径 D_{50}，以及任何两个粒径之间的颗粒百分含量。

2.1.2.2　粒径分布函数

粒径分布的表格和曲线形式虽然直观，但是制作较繁复，而且不能很好地反映出具有相同或相似粒径分布特性的颗粒群的共性规律。对粒径分布最精确、最简便的描述是用数学函数，即粒径分析函数。用它不仅可以表示粒径的分布规律，而且，还可用解析法求得各种平均粒径、比表面积等粉体特性参数，以及进行各种基准换算。另外，在实际测量时，还能减少决定分布所需的测定次数，即只需根据几个测定数据就可推断出整个粒径分布的规律。

粒度分布函数有很多种，其适用粉体种类和粒度范围均有一定限制，计算结果与实际也有一定误差，这里仅就研究最多和应用最广的三种典型分布函数作一介绍。

（1）正态分布（normal distribution）

当用正态分布函数表征粉体粒径时，若以个数为基准，颗粒的粒径（D）的频率分布函数可表示为：

$$F(D) = \frac{1}{\sigma\sqrt{2\pi}}\exp\left[-\frac{(D-\overline{D})^2}{2\sigma^2}\right] \qquad (2-7)$$

式中：$\overline{D}$——平均径：
$$\overline{D} = \frac{\sum n_i D_i}{N} \qquad (2-8)$$

σ——标准偏差：
$$\sigma = \sqrt{\frac{\sum n_i (D_i - \overline{D})^2}{N}} \qquad (2-9)$$

式中：n_i——颗粒数量；

N——颗粒总数；

$\overline{D}$——颗粒累积含量占50%时的中位径（D_{50}）。

分布函数中的两个参数 $\overline{D}$ 和 σ 完全决定了粒度分布，σ 反映分布对于 $\overline{D}$ 的分散程度，通常称 σ 为正态分布的形状函数。对于相同 $\overline{D}$ 的若干个颗粒群而言，标准偏差 σ 的大小表征粒度分布的宽窄程度。但对不同 $\overline{D}$ 的颗粒群，则应以相对标准偏差 $\partial = \frac{\sigma}{\overline{D}}$ 来表征。∂ 越小，频率分布曲线越窄。

（2）对数正态分布（logarithmic normal distribution）

大多数情况的粉体和分散系，尤其是粉碎法制备的粉体，其粒度分布曲线是不对称的。往往因为细粒偏多、粗颗粒较少而向细粒一侧倾斜，曲线顶峰偏于小颗粒径一侧。这时将正态分布函数中的 D、$\overline{D}$ 和 σ 分别用 $\ln D_p$、$\ln D_g$ 和 $\ln \sigma_g$ 取代，得到对数正态分布：

$$F(\ln D_p) = \frac{1}{\sqrt{2\pi}\ln\sigma_g}\exp\left(-\frac{(\ln D_p - \ln D_g)^2}{2(\ln\sigma_g)^2}\right) = \frac{dQ_0}{d(\ln D_p)} \qquad (2-10)$$

式（2-10）的频率分布函数也可转换成累计分布函数：

$$Q_0 = \frac{1}{\sqrt{2\pi}\ln\sigma_g}\int_0^{\ln D_p}\exp\left[-\frac{(\ln D_p - \ln D_g)^2}{2\ln^2\sigma_g}\right]\cdot d(\ln D_p) \qquad (2-11)$$

式中：D_g——几何平均径：
$$\ln D_g = \frac{\sum n_i \ln D_{pi}}{N} \qquad (2-12)$$

σ_g——几何标准偏差；
$$\ln\sigma_g = \left(\frac{\sum n_i(\ln D_{pi} - \ln D_g)^2}{N}\right)^{\frac{1}{2}} \qquad (2-13)$$

可用对数正态分布图来检验粒度分布是否符合对数正态分布。如果累计分布在对数概率纸上呈一条直线，则表明符合对数正态分布。可由图求出 $\overline{D}$ 和 σ_g 两个参数。

由粉体粒径分布数据，在对数概率纸上标绘出其正态分布，如为一条直线，表明符合正态分布。累积曲线50%点称为几何平均粒径或数量平均粒径。

（3）Rosin-Rammler 分布

对数正态分布在解析法上比较方便，但计算粒径分布范围很宽的粉体时，其直线偏差很大。Rosin、Rammler 和 Sperling 等人通过对煤粉、水泥等物料粉碎实验的概率和统计理论的研究，归纳出用指数函数表示的粒径分布关系式，即 RRS 方程。其筛上累积分布表达式为：

$$R(D) = 1 - \exp(-bD_p^n) \tag{2-14}$$

后经 Bennet 研究取 $b = \dfrac{1}{D_e^n}$ 带入式(2-14)，则指数一项可写成无因次项，即得 RRB 方程：

$$R(D) = 1 - \exp\left[-\left(\frac{D_p}{D_e}\right)^n\right] \tag{2-15}$$

n 为均匀性指数，表示粒径范围的宽窄程度。n 越小，粒径分布范围越广。对一种粉碎产品，n 为常数。D_e 为特征粒径，表示颗粒群的粗细程度。

当 $D_p = D_e$ 时，$Q_0 = 1 - e^{-1} = 0.632$，即 D_e 可定义为累计分数达 63.2% 时的粒径。如粉体粒径的 Rosin – Rammler 累积分布为一条直线，则说明粒径分布能完全遵守 Rosin – Rammler 分布。

2.1.3　平均粒径

颗粒群可以认为由粒径为 d_1，d_2，$\cdots$，d_n 许多粒径间隔不大的粒级构成。其物理特性可由各个粒径函数的加成表示：

$$f(d) = f(d_1) + f(d_2) + \cdots + f(d_n) \tag{2-16}$$

式中 $f(d)$ 为定义函数。

如将粒径不等的颗粒群想象成由直径 $\overline{D}$ 组成的均一球形颗粒，那么其物理特性可表示为 $f(d) = f(\overline{D})$，$\overline{D}$ 即表示平均粒径。

如果颗粒粒径遵循某种规律并可用函数表示，平均粒径可由函数表达式计算。以数量和质量为基准的粒径表达式如表 2-2 所示。

表 2-2　数量和质量基准的平均粒径式

序号		平均径名称	符号	个数基准	质量基准
平均径	1	个数平均径	D_{nl}	$\dfrac{\sum(n \cdot d)}{\sum n}$	$\dfrac{\sum(m/d^2)}{\sum(m/d^3)}$
	2	长度平均径	D_{ls}	$\dfrac{\sum(n \cdot d^2)}{\sum(n \cdot d^2)}$	$\dfrac{\sum(m/d)}{\sum(m/d^2)}$
	3	面积平均径	D_{sv}	$\dfrac{\sum(n \cdot d^3)}{\sum(n \cdot d^2)}$	$\dfrac{\sum m}{\sum(m/d)}$
	4	体积平均径	D_{vm}	$\dfrac{\sum(n \cdot d^4)}{\sum(n \cdot d^3)}$	$\dfrac{\sum(m \cdot d)}{\sum m}$

续表 2 – 2

序号	平均径名称	符号	个数基准	质量基准
5	平均表面积径	D_s	$\sqrt{\dfrac{\sum(n \cdot d^2)}{\sum n}}$	$\sqrt{\dfrac{\sum(m/d)}{\sum(m/d^3)}}$
6	平均体积径	D_v	$\sqrt[3]{\dfrac{\sum(n \cdot d^2)}{\sum n}}$	$\sqrt[3]{\dfrac{\sum m}{\sum(m/d^3)}}$
7	体积长度径	D_{vd}	$\sqrt{\dfrac{\sum(n \cdot d^3)}{\sum(n \cdot d)}}$	$\sqrt{\dfrac{\sum m}{\sum(m/d^2)}}$
8	调和平均径	D_h	$\dfrac{\sum n}{\sum(n/d)}$	$\dfrac{\sum(m/d^3)}{\sum(m/d^4)}$

2.2 颗粒的形状

2.2.1 颗粒形状的概念

颗粒形状是指一个颗粒的轮廓边界或表面上各点所构成的图像,它是除粒径外颗粒的另一几何特征。颗粒形状直接影响了粉体的许多其他性质,如粉体的比表面积、流动性、压缩性、固着力、填充性、研磨特性和化学活性,亦直接与粉体在混合、压制、烧结、储存、运输等单元过程的行为相关。

在工程中,根据粉体的应用领域,人们对颗粒的形状有不同的要求。例如,用作砂轮的研磨料,要求颗粒形状具有棱角,表面粗糙;添加在涂料中的粉体要求其颗粒为片状,以使其附着力强,反光效果好;高速干压法成形的墙体砖坯粉,要求在模具中充填迅速、排气流畅,以球形颗粒为佳。粉体颗粒的形状与其加工制备过程密切相关,如简单摆动颚式破碎机会产生较多的片状产物,喷雾干燥制备的粉体多为球状颗粒。

由于颗粒的形状千差万别,描述颗粒形状的方法可分为两类,即语言术语和数学术语。表 2 – 3 给出描述颗粒形状的常用术语。尽管某些术语并未精确地描述颗粒的形状,但大致反映了颗粒形状的某些特征,因此这些术语在工程中仍被使用。

另一方面,在理论研究和工程实际中,往往将形状不规则的颗粒假定为球形;然而这也是造成理论计算与实际情况出入很大的主要原因之一。为此,一般需要将有理论公式的颗粒尺寸乘以表示形状影响的系数加以修正。描述和阐明颗粒形状及特性的参数有形状指数和形状系数。

表 2 - 3　描述颗粒形状的基本术语

球状	spherical	粒状	granular
立方体	cubical	棒状	rodlike
片状	platy	针状	acicular
柱状	prismoidal	纤维状	fibrous
鳞状	flaky	树枝状	dendritic
海绵状	spongy	聚集状	aggregate
块状	blocky	中空	hollow
尖角状	sharp	粗糙	rough
圆角状	round	光滑	smooth
多孔	porous	毛绒	fluffy，nappy

2.2.2　形状指数与形状系数

2.2.2.1　形状指数

　　形状指数(shape index)通常是指将表示颗粒外形的几何量的各种无因次组合。形状指数是对单一颗粒本身几何形状的指数化,它是根据不同的使用目的,给出颗粒理想的形状图像,然后将理想形状与实际形状进行比较,找出两者之间的差异并指数化。

　　常用指数有:

　　(1)均齐度(proportion):以长方体为颗粒的基准几何形状,根据三轴径 l、b、h 之间的比值,导出下面指数:

$$长短度 = 长径/短径 = l/b \quad (\geqslant 1) \tag{2-17}$$

$$扁平度 = 短径/高度 = b/h \quad (\geqslant 1) \tag{2-18}$$

当 $l = b = h$ 时,即上述两个指数均等于1。这些指数在地质学中早已得到应用。

　　(2)体积充满度 f_V,又称容积系数:表示外接长方体体积与颗粒体积 V_p 之比。即

$$f_V = lbh/V_p \quad (\geqslant 1) \tag{2-19}$$

f_V 可看做颗粒接近长方体的程度,极限值为1。在表示磨料颗粒抗碎裂方面,常用该指数。

　　(3)面积充满度 f_b,又称外形放大系数:表示颗粒投影面积 A 与最小外接矩形面积之比,即:

$$f_b = A/lb \quad (\leqslant 1) \tag{2-20}$$

这个指数常用于粉末冶金方面。

　　(4)球形度 φ:表示颗粒接近球体的程度。

$$\varphi_0 = \frac{与颗粒体积相等的球体表面积}{颗粒的表面积} \quad (\leqslant 1) \tag{2-21}$$

对于形状不规则的颗粒,当测定其表面积困难时,可采用实用球形度,即:

$$\varphi'_0 = \frac{与颗粒投影面积相等的圆的直径}{颗粒投影的最小外接圆的直径} \quad (\leqslant 1) \qquad (2-22)$$

球形度常常用于颗粒的流动性讨论。

（5）圆形度 φ_c，又称轮廓比：它表示颗粒投影与圆的接近程度。

$$\varphi_c = \frac{相同投影面积圆的周长}{颗粒投影面积周长} = \pi D_H / L \qquad (2-23)$$

$$D_H = \sqrt{4A/\pi} \qquad (2-24)$$

该指数不仅在粒径测定的显微镜法和图像分析中有着广泛的应用，还用于沉淀物的水力输送方面。

2.2.2.2 形状系数

形状系数不同于形状指数。形状指数仅是对颗粒本身几何形状的指数化。而形状系数则是在表示颗粒群性质、具体物理现象和单元过程等函数关系时，把颗粒形状有关的诸因素概括而成为的一个修正系数。实际上，形状系数是用来衡量实际颗粒形状与球形或长方体颗粒形状的差异程度。以下是几种最常见的形状系数：

（1）体积形状系数：

$$\varphi_V = \frac{颗粒的体积}{(平均粒径)^3} = \frac{V}{D^3} \quad (\leqslant 1) \qquad (2-25)$$

（2）表面积形状系数：

$$\varphi_s = \frac{颗粒的表面积}{(平均粒径)^2} = \frac{S}{D^2} \quad (>1) \qquad (2-26)$$

（3）比表面积形状系数：

$$\varphi = \frac{表面积形状系数}{体积形状系数} = \frac{\varphi_s}{\varphi_V} \quad (>1) \qquad (2-27)$$

必须指出的是，由于颗粒的粒径表示方法很多，因此采用不同的粒径表示方法可以定义出不同的形状系数。另外，粒径值又与粒径测量方法有关，因此形状系数的数值也随测量方法不同而异。所以在使用形状系数时，一定要注意颗粒粒径的具体表达形式。

2.2.3 粗糙度系数

前述的形状系数是个宏观量。如果微观地考察颗粒，会发现粒子表面往往是高低不平的，有着许多微小的裂纹和空洞。其表面的粗糙度用粗糙度系数 R 来表示：

$$R = \frac{粒子微观的实际表面积}{表观视为光滑粒子的宏观表面积} \quad (>1) \qquad (2-28)$$

颗粒的粗糙度直接关系到颗粒间以及颗粒与固体壁面间的摩擦、黏附、吸附性、吸水性以及孔隙率等颗粒性质，也是影响单元操作设备工作部件磨损程度的主要因素之一。

2.3 粉体颗粒的分析

粉体颗粒的粒径、形状和表面积会显著影响粉体及其产品的性质和用途，因此，对粉体粒径和形状的测量越来越受到人们的重视。例如，水泥的强度与其细度有关，人造金刚石的粒径和粒径分布与晶型决定了其质量等级，催化剂粉体的粒径和比表面积对其催化活性有重要影响。另外，各种粉体和其加工单元过程也往往需要用粒径和粒径分布来评价。

2.3.1　粒径分析方法

粒径测定有多种方法，从简单的仪器一直到结构复杂且带有数据处理系统的高级装置，种类繁多。不过复杂装置所求得的粒径也未必就准确。应该根据具体使用目的，对其适应性以及测定值的物理意义作出正确的判断，灵活利用高级装置简便与快速的性能。

2.3.1.1　筛析法

1. 概述

所谓筛析法就是利用筛孔尺寸由大到小组合的套筛，借助振动把粉体分成若干等级，称量各级粉体的重量，即可计算用重量百分比表示的粒径组成。它只遵循简单的"极限量规"原理，所以其测定值不受复杂的物理因素的影响。筛析法不仅能够测定粒径分布，还可使粒径范围变得狭小(使粉体粒径齐整化)，所以此法还可作为划一粒径(粒径均一)的一种手段。这种粒径测定法的粒径范围为 5～125 mm，主要用于粒径较大颗粒的测量。一般，以干式筛析为主，在细粒范围内也采用湿式筛析。

粉体通过每一级筛子，可分成两部分，即留在筛上面的较粗的筛上物和通过筛孔粒径较细的筛下物。筛网的孔径和粉体的粒径通常用微米、毫米或目数来表示。所谓目数是指筛网1 英寸(25.4 mm)长度上的网孔数。筛网目数越大，筛孔越细，反之亦然。

筛分法分析粒径组成时，实际收得各粒级粉体总量不小于试样质量的 0.1% 时，取为筛分终点。每次筛分时，实际收得各粒级粉体总量应不小于试样的 98%，否则需要重新测定。

随着筛分应用的推广，各种各样的振筛机也层出不穷，有古老的旋敲式摇筛机，有应用于细粉或较轻试样的声波筛，以及用于浆状试样的筛浆机，超高重力加速度摇筛机以及喷气筛。现在 RETSCH 生产的全自动筛分仪，附带控制系统和分析处理软件，可以通过电脑对整个筛分过程进行控制和记录，通过屏幕显示整个筛分过程及分析结果一目了然，使筛分实现了自动化，提高了筛分精度，节省了筛分时间。

2.3.1.2　沉降光透法

沉降法粒径测试技术是指通过颗粒在液体中沉降速度来测量粒径分布的方法。沉降粒径分析一般要将样品与液体混合制成一定浓度的悬浮液。液体中的颗粒在重力或离心力等力的作用下开始沉降，颗粒的沉降速度与颗粒的大小有关，大颗粒的沉降速度快，小颗粒的沉降速度慢。为此只要测量颗粒的沉降速度，就可以得到反映颗粒大小的粒径分布。但在实际测量过程中，直接测量颗粒的沉降速度是很困难的。所以通常用在液面下某一深度处测量悬浮液浓度的变化率来间接地判断颗粒的沉降速度，进而测量样品的粒径分布。

由 Stokes 定律知道，对于较粗样品，可以选择较大黏度的液体作介质来控制颗粒在重力场中的沉降速度，对于较小的颗粒，在重力作用下的沉降速度很慢，常用离心手段来加快细颗粒的沉降速度。所以目前的沉降式粒径仪，一般采用重力沉降和离心沉降结合的方式，这样既可以利用重力沉降测量较粗的样品，也可以用离心沉降测量较细的样品。其样品的测量范围为 0.1～300 μm。

1. 沉降的基本原理

假定颗粒为刚性球体，颗粒沉降时互不干扰，颗粒下降时做层流流动，液体的容器为无限大且不存在温度梯度。颗粒从静止开始沉降，随着速度的增加，其黏性阻力也不断地增加，当颗粒的黏性阻力等于颗粒的有效重力后，颗粒就会以 μ_{st} 做匀速运动。

在已知颗粒和液体的密度和黏度后，即可按 Stokes 公式由最终沉降速度求得颗粒粒径。

在使用离心沉降时，若重力与离心力相比可忽略不计，可以用离心加速度 $\omega^2 r$ 来代替重力加速度 g，得最终沉降速度 μ_c 与颗粒直径 D 的关系式。

2. 光透原理

沉降光透法是建立在 Stokes 和兰伯特 - 比尔(Lambert - Beer)定律的基础上，将均匀分散的颗粒悬浊液装入静置的透明容器里，颗粒在重力作用下产生沉降现象，这时会出现如图2 - 2所示的浓度分布。面对这种浓度变化，从侧向投射光线，由于颗粒对光的吸收、散射等效应，使光强减弱，其减弱的程度与颗粒的大小和浓度有关，所以，透过光强的变化能够反映悬浊液内粉体的粒径组成。应用光电效应，把光强度的变化能转换为电参数的改变，根据这一原理，可以设计成各种形式的光透过沉降分析仪。

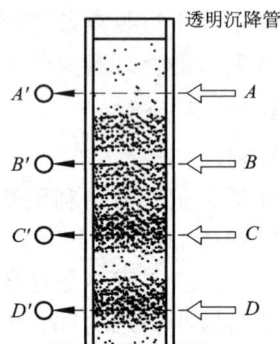

图 2 - 2　沉降光透法原理

以固定在 DD' 处测量光强度为例。设沉降开始时，粉体悬浮液处于均匀状态。沉降初期，光束所处平面的颗粒应动态平衡，即离开该平面的颗粒数与上层沉降到此的颗粒数相同。当悬浮液中存在的最大颗粒平面穿过光束平面后，该平面上不再有相同大小的颗粒来代替，这个平面的浓度也开始随之降低。

比尔定律给出了光强与颗粒数(可转换颗粒质量)之间的关系。在整个测量过程中，系统根据 Stokes 定律计算样品中每种粒径的颗粒到达测量区的时间，并将对应时刻透过悬浮液的光强 I 一一记下，根据比尔定律就可以求出该样品的粒度分布。

3. 沉降粒度仪

图 2 - 3 为某离心沉降式粒度仪结构示意图。它的基本工作过程是将配制好的悬浮液转移到样品槽中，并将样品槽放到仪器上。用一束平行光在一定深度处照射悬浮液。将透过的光信号接收、转换并输入到电脑中，同时显示该信号的变化曲线。随着沉降的进行，悬浮液中的浓度逐渐下降，透过悬浮液的光量逐渐增多。当所有预期的颗粒都沉降到测量区以下

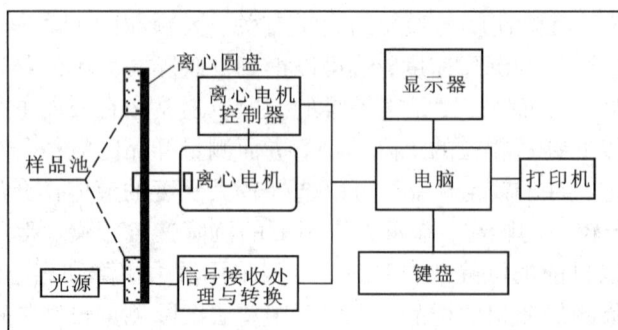

图 2 - 3　离心沉降式粒度仪结构示意图

时，测量结束。通过电脑对测量过程光信号进行处理，就会得到粒度分布数据。

沉降粒度仪测定粉体粒径需要获得合适的悬浮体系。为此，悬浮液液体即沉降介质应满足如下要求：①介质密度应该小于所测量的粉体颗粒的理论密度；②粉体颗粒不溶于介质，也不与介质发生反应；③沉降介质对粉体颗粒要有良好的润湿性；④沉降介质的黏度要合适，使颗粒沉降不会太快也不会太慢。最常用的沉降介质是水，为了保证较粗颗粒沉降在层流区内进行，常用甘油作黏稠剂，增大介质的黏度。对水溶性样品通常选用乙醇、正丁醇、丙酮、环己酮或苯等有机溶剂。当粉体颗粒在沉降的介质中不能得到很好地分散时，需加入适量的分散剂。常用的分散剂有焦磷酸钠和六偏磷酸钠等，这时要注意加入的分散剂是否对试样颗粒有溶解作用。分散剂的浓度一般在 $0.1 \sim 0.5$ g/L，分散剂浓度过高或过低都会对分散效果产生负面影响。当用乙醇、环乙醇、异丁醇等有机溶剂做沉降介质时，一般不用加分散剂。

目前，沉降粒度仪不仅有传统的重力沉降结构和日本掘场公司的水平离心结构；也有日本清新公司、中科院上海硅酸盐研究所的重力 – 离心分体式结构。日本岛津公司的 SA – CP 型离心 – 沉降式粒度仪，其为离心 – 沉降一体式结构，结构紧凑、自动化和智能化程度高、测试范围大。为了避免超细样品对消光的影响，美国麦克公司和布鲁客海文公司的沉降仪用 X 射线光源代替了可见光源。

2.3.1.3　激光衍射法

目前，激光衍射法已经成为粒度测试领域的主流技术。它可以实现对于各种气溶胶、悬浮液、乳浊液和气雾剂的在线粒度检测。

（1）基本原理

激光粒度仪是利用颗粒对光的散射（衍射）现象测量颗粒大小的，即光在行进过程中遇到颗粒（障碍物）时，会有一部分偏离原来的传播方向；颗粒尺寸越小，偏离量越大。颗粒尺寸越大，偏离量越小（见图 2 – 4）。散射现象可用严格的电磁波理论，即 Mie（米氏）散射理论描述。当颗粒

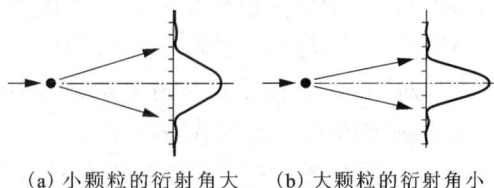

(a) 小颗粒的衍射角大　　(b) 大颗粒的衍射角小

图 2 – 4　光的散射现象示意图

尺寸较大（至少大于 2 倍波长），并且只考虑小角散射（散射角小于 5°）时，散射光场也可用较简单的 Fraunhoff 衍射理论近似描述。

（2）激光粒度仪

用静态激光散射法测量颗粒大小的仪器称为激光粒度分析仪。图 2 – 5 给出的是一个典型的激光衍射粒度仪的装置示意图。光源是一个发出单色相干平行光束的激光器，随后是一个光束处理单元，通常是带有积分过滤器的一个光束放大器，产生一束近乎理想的光束用来照射分散的颗粒，一定角度范围内的散射经傅立叶透镜聚焦在设有矩阵探测器的平面上。颗粒流可在傅立叶透镜前面及其工作范围内进入平行光束，入射光束和颗粒的相互作用就形成了不同角度下不同光强的衍射图。由直接光和衍射光组成的光强角度分布 $I(\theta)$ 被一个正像透镜或一个透镜组聚焦到多元探测器平面上。在一定范围内，衍射图的形状不依赖于光束中颗粒的位置，因此，连续的光强角度分布 $I(\theta)$ 在多元探测器上就被转变成一个连续的空间光强分布 $I(\gamma)$。毫无疑问，记录颗粒系统衍射图与所有随机相对位置单个颗粒的衍射图的总

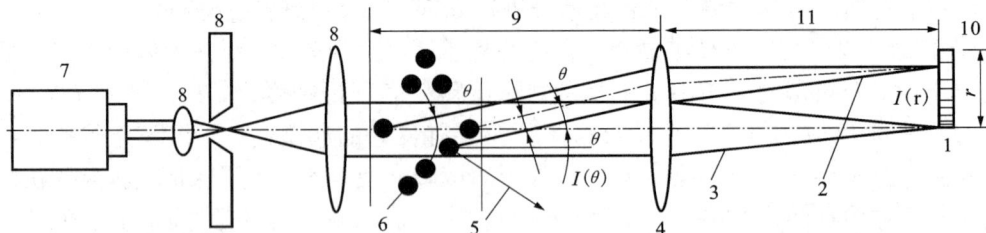

图 2 – 5　激光衍射装置图

1—探测器；2—被散射光；3—直射光；4—傅立叶透镜；5—未被透镜收集的散射光；6—粒子；
7—激光源；8—光束处理单元；9—透镜 4 的工作距离；10—多元探测器；11—透镜 4 的焦距

和是相同的。需要注意的是，只有限定角度范围(小角度)的衍射光被透镜聚焦后才能被探测器测到。

测量下限是激光粒度仪重要的技术指标。激光粒度仪光学结构的改进基本上都是为了扩展其测量下限或是小颗粒段的分辨率。基本思路是增大散射光的测量范围、测量精度或者减少照明光的波长。

德国 Sympatec、丹东百特和成都清新为了扩大仪器的测量范围，采用了八组不同焦距的傅立叶镜头。由于探测器的半径不变，因此焦距越小，对应的散射角越大，即能测量的粒径越小。欧美克公司将大角探测器分布在以测量窗口和环形探测器中心之间的光轴为直径的球面上，从而大大改进了大角探测器上散射光的聚焦精度。Malvern MS2000 和 Horiba 的 LA – 950 均采用在传统的透镜后傅立叶结构的主照明光束之外，又增加一束斜入射、短波长(蓝光)的照明光束。增加的照明光束是为了扩大仪器的测量下限。美国 Microtrac 的 S3500 仪器采用一种三光束的双镜头结构。三光束中光束 1 为主入射光，作用如同传统的照明光，光束 2 用以扩大前向散射光的出射角，光束 3 用以扩大后向散射光的出射角盲区。Beckman Coulter 在普通的激光粒度仪光学结构(双镜头结构或透镜后傅立叶结构)之外，增加一种 PIDS 技术的测量系统。利用亚微米颗粒对水平偏振光和垂直偏振光有不同的散射光场分布，与此相对，大颗粒在两个偏振态上则没有什么差异。为了提高对小粒径的分辨率，PIDS 系统用了 3 种不同的波长。当一个分布较宽的样品需要测量时，只能是细颗粒用 PIDS 系统测量，粗颗粒还是要用传统的激光散射原理测量，然后再进行数据拼接。

2.3.1.4　显微镜法

1) 概述

显微镜法是对单个颗粒进行观测和测量的方法。利用它可以直接了解颗粒的大小、形状、表面形貌、颗粒结构状况(如孔隙、疏松状况等)。因此，显微镜法是一种最基本也是最常用的测量方法，由此也常被用于对其他测量方法进行校验和评定。

显微镜法测量的下限取决于它的分辨率。如果被测量的两个颗粒相距很近，当边缘之间的距离小于分辨率时，由于光的衍射现象，两个颗粒图像会衔接在一起而被看做是一个颗粒。若颗粒的尺寸小于分辨率时，颗粒图像的边缘将会变得模糊。显微镜的分辨率取决于光学系统的工作参数和光的波长。普通光学显微镜的分辨率为 $0.1\ \mu m$，通常用于粒径为 $0.5 \sim 200\ \mu m$ 颗粒的测量。扫描电子显微镜的分辨率可达 $0.8\ nm$，可用于 $0.005 \sim 50\ \mu m$ 范围内的粒径测量。透射电子显微镜的分辨率可达 $0.2\ nm$，可用于几个纳米至几个微米范围粒径的测量。当然，电子显微镜测量颗粒粒径的范围也与其工作状态有关。

显微镜观测和测量的只是颗粒的平面投影图像。多数情况下，颗粒在平面上的取位是其重心最低的一个稳定位置，空间高度方向的尺寸一般会小于它的另两个方向上的尺寸。颗粒为球形时，可由其投影图像测量其粒径。当颗粒为不规则形状时，测量的结果是表征该颗粒的二维尺度，而不能反映其三维尺度。

2) 粒径测量原理

显微镜法测量粉体粒径时，所用的粉体量极少。因此，重要的问题是从粉体中获取具有代表性的均匀分散的少量粉体。为获得具有统计意义的测量结果，显微镜法需要对尽可能多的颗粒进行测量，被测的颗粒数越多，测量结果越可靠。当标准偏差≤2%时（这是大多数情况下能够接受的误差值），Allen 利用期望标准偏差公式，求出要求测量的最少颗粒数为 625 个。显微镜法测量时，首先获得的是若干个粒级内颗粒的数目，然后给出各粒级粒径的频率分布和累积分布，以及平均粒径等。目前已经发明了许多全自动或半自动的显微镜颗粒测量仪器，如图像分析仪。它首先获得颗粒投影图像，然后对颗粒进行计数、测量和计算，并给出各种要求的分析结果。欧美克颗粒图像处理仪可以给出不同等效原理（等面积圆）的粒度分布，还可定量给出形状系数、针状颗粒含量等。德国新帕泰克公司的图像分析仪也可快速地测出颗粒形状和大小。电子显微镜则是先获得颗粒的照片，然后再进行后续处理。

如果粒度分布比较宽，则小颗粒会隐伏在大颗粒的阴影下，而影响测定结果，可采用筛分法将试样先行分级，然后摄取各个粒级的显微镜照片，并测定其个数基准的分布，经换算为质量基准后，再以分级时各个粒级的质量比分配进行计算。显微镜法的关键问题在于如何将颗粒散布在载玻片的上方。依靠筛分来使颗粒整齐化，也可改善其分散性。

光学显微镜和电子显微镜都可以对颗粒进行粒度分析和形貌分析，光学显微镜主要用于粗颗粒的分析，电子显微镜主要用于细颗粒的分析。

2.3.2 形貌分析方法

2.3.2.1 透射电子显微镜

1) 原理

透射电子显微镜（transmission electron microscope，TEM）简称透射电镜，是利用电子的波动性来观察固体材料内部的各种缺陷和直接观察原子结构的仪器。透射电子显微镜是把经加速和聚集的电子束投射到非常薄的样品上，电子与样品中的原子碰撞而改变方向，从而产生立体角散射。散射角的大小与样品的密度、厚度相关，因此可以形成明暗不同的影像。成像方式与光学显微镜相似，只是以电子透镜代替玻璃透镜，放大后的电子像在荧光屏上显示出来。由于成像透镜总是对通过它的光波有衍射效应（相当于小孔衍射），衍射效应会使像变得模糊，影响透镜的分辨率。照明光源的波长越短，衍射效应的影响越小。图 2-6 为透射电子显微镜的光路示意图。透射电镜一般由电子光学系统（照明系统）、成像放大系统、电源和真空系统三大部分组成。

目前，风行于世界的大型电镜，分辨率为 0.2~0.3 nm，电压为 100~500 kV，放大倍数 50~1200000 倍。由于材料研究强调综合分析，电镜逐渐增加探测器和电子能量分析附件。如日本日立公司 H-700 电子显微镜带有 7010 扫描附件和 EDAX9100 能谱。FEI 公司（原 Philip 公司电镜部）推出的一种较新的透射电子显微镜，可以选配能谱（EDS）、电子能量损失

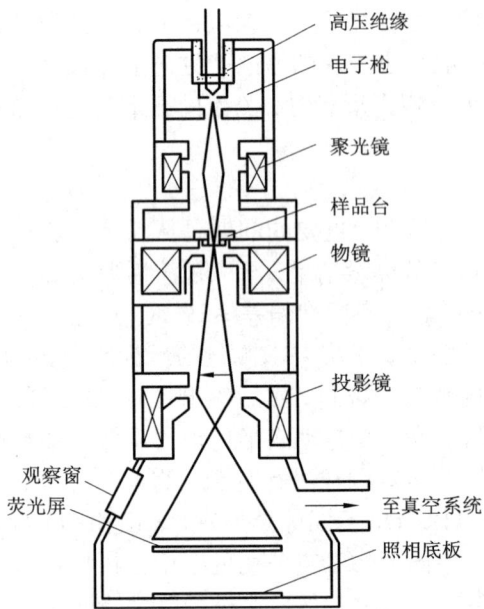

图 2-6　透射电子显微镜的光路示意图

谱(EELS)、Z 衬度成像(HAADF)和原位拉伸试样台等配件,使其成为微观形貌观察、晶体结构分析和成分分析的综合性仪器。透射电镜主要用来分析固体颗粒的形状、大小、粒度分布等,同时可用于研究材料的微观形貌与结构。

2)样品制备

TEM 应用的深度和广度一定程度上取决于试样制备技术。能否充分发挥电镜的作用,样品的制备是关键,必须根据不同仪器的要求和试样的特征选择适当的制备方法。

对于透射电镜常用的 50 ~ 200 kV 电子束,样品厚度控制在 100 ~ 200 nm,样品经铜网承载,装入样品台,放入样品室进行观察。常用的铜网直径为 3 mm 左右,孔径约有数十微米。样品制备方法有很多,常用的有支持膜法、复型法、晶体薄膜法和超薄切片法四种。

支持膜法:粉末试样和胶凝物质水化浆体多采用此法。将试样载在一层支持膜上或包在薄膜中,该薄膜再用铜网承载。支持膜的作用是支撑粉体试样,铜网的作用是加强支持膜。常用的支持膜材料有火棉胶、聚醋酸甲基乙烯酯、碳、氧化铝等。上述材料除了能单独做支持膜材料外,还可以在火棉胶等塑料支持膜上再镀上一层碳膜,以提高其强度和耐热性。镀碳后的支持膜称为加强膜。支持膜上的粉体试样要求高度分散。

复型法:这是用对电子束透明的薄膜(碳、塑料、氧化物薄膜)把材料表面或断口的形貌复制下来的一种间接样品制备方法。在电镜中易起变化的样品和难以制成薄膜的试样采用此方法。复型法分辨本领较低,因此不能充分发挥透射电镜高分辨率(0.2 ~ 0.3 nm)的效能。更重要的是,复型(除萃取复型外)只能观察样品表面的形貌,而不能揭示晶体内部组织的结构。

晶体薄膜法:可以在电镜下直接观察分析以晶体试样本身制成的薄膜样品,从而可使透射电镜得以充分发挥它极高分辨本领的特长,并可利用电子衍射效应来成像,不仅能显示试样内部十分细小的组织形貌衬度,而且可以获得许多与样品晶体结构如点阵类型、位向关系、缺陷组态等有关的信息。高分子材料用超薄切片机可获得 50 nm 左右的薄样品。如果要用透射电镜研究大块聚合物样品的内部结构,可采用此法制样。

超薄切片法:用此法制备聚合物试样时的缺点是将切好的超薄小片从刀刃上取下时会发生变形或弯曲。为克服这一困难,可以先将样品在液氮或液态空气中冷冻,将样品包埋在一种可以固化的介质中。选择不同的配方来调节介质的硬度,使之与样品的硬度相匹配。经包埋后再切片,就不会在切削过程中使超微结构发生变形。

2.3.2.2 扫描电子显微镜

1）构造与原理

扫描电子显微镜（scanning electron microscope，SEM）简称为扫描电镜，利用细聚焦电子束在样品表面逐点扫描，与样品相互作用产生各种物理信号，这些信号经检测器接收、放大并转换成调制信号，最后在荧光屏上显示反映样品表面各种特征的图像。扫描电镜具有景深大、图像立体感强、放大倍数范围大、连续可调、分辨率高、样品室空间大且样品制备简单等特点。扫描电镜所需的加速电压比透射电镜要低得多，一般为 1～50 kV，扫描电镜的电子光学系统与透射电镜有所不同，其作用仅仅是为了提供扫描电子束，作为使样品产生各种物理信号的激发源。扫描电镜最常使用的是二次电子信号和背散射电子信号，前者用于显示表面形貌衬度，后者用于显示原子序数衬度。SEM 与能谱（EDS）组合，可以进行成分分析。

扫描电镜主要包括电子光学系统、扫描系统、信号检测放大系统、图象显示和记录系统、电源和真空系统等。

其工作原理如图 2 - 7 所示。

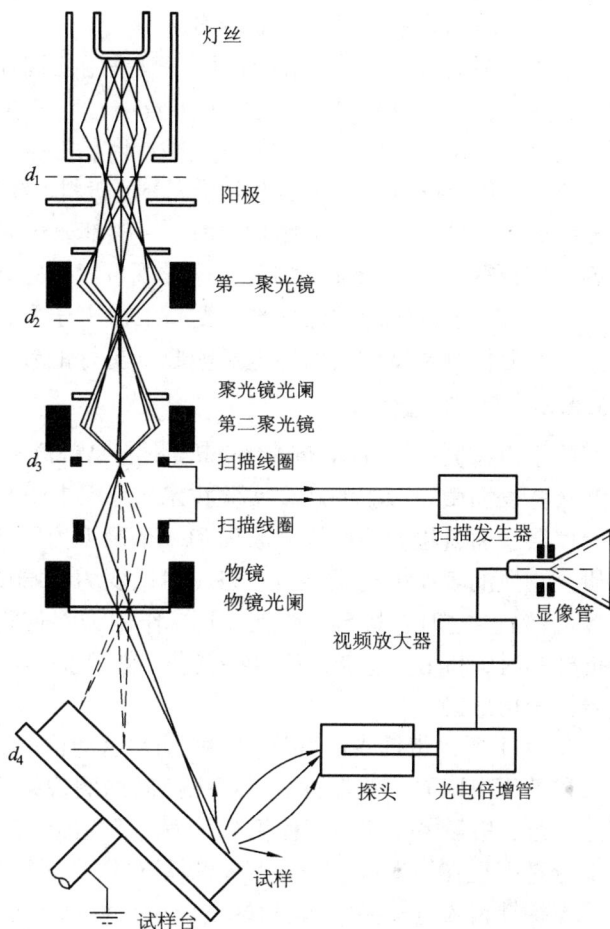

图 2 - 7　扫描电镜工作原理示意图

2）试样制备

试样制备技术在电子显微技术中占有重要的地位，它直接关系到电子显微图像的观察效果和对图像的正确解释，与透射电镜相比其试样制备比较简单。

块状试样制备：导电性材料主要是指金属，一些矿物和半导体材料也具有一定的导电性。这类材料的试样制备最为简单。用双面胶带把大小适当的样品黏在载物盘上，再用导电银浆连通试样与载物盘（以确保导电良好），等银浆干了之后就可放到扫描电镜中直接进行观察。对于非导电性的块状材料试样的制备，基本可以像导电性块状材料试样的制备一样，但是要注意的是在涂导电银浆的时候一定要从载物盘一直连到块状材料试样的上表面。

粉体状试样的制备：首先在载物盘上黏上双面胶带，取少量粉体试样在胶带上靠近载物盘圆心部位，然后用吹气橡胶球朝载物盘径向朝外方向轻吹，使粉体可以均匀分布在胶带上，也可以把黏结不牢的粉体吹走。然后在胶带边缘涂上导电银浆以连接样品与载物盘，等银浆干了之后就可以进行最后的蒸金处理（注意：无论是导电还是不导电的粉体试样都必须进行蒸金处理，因为试样即使导电，但是在粉体状态下颗粒间紧密接触的几率是很小的，除非采用价格较昂贵的碳导电双面胶带）。

溶液试样的制备：对于溶液试样一般采用薄铜片作为载体。首先，在载物盘上黏上双面胶带，再黏上干净的薄铜片，然后把溶液小心地滴在铜片上，等干了之后观察析出来的样品量是否足够，如果不够再滴一次，等再次干了之后就可以涂导电银浆和蒸金了。

蒸金：利用扫描电镜观察高分子材料（塑料、纤维和橡胶）、陶瓷、玻璃及木材、羊毛等不导电或导电性很差的非金属材料时，一般都要事先用真空镀膜机或离子溅射仪在试样表面上蒸涂（沉积）一层重金属导电膜，这样既可以消除试样荷电现象，又可以增加试样表面导电性，减少电子束造成的试样损伤、提高二次电子发射率。除用真空镀膜机制备导电膜外，利用离子溅射仪制备试样表面导电膜能收到更好的效果。

2.3.2.3　原子力显微镜

原子力显微镜（atomic force microscope，AFM）是一种利用原子、分子间的相互作用力来观察物体表面微观形貌的新型实验技术，可用来研究包括绝缘体在内的固体材料表面结构的分析仪器。通过检测待测样品表面和一个微型力敏感元件之间的极微弱的原子间相互作用力来研究物质的表面结构及性质。将一对微弱力极端敏感的微悬臂一端固定，另一端的微小针尖接近样品，这时它将与其相互作用，作用力将使得微悬臂发生形变或运动状态发生变化。扫描样品时，利用传感器检测这些变化，就可获得作用力分布信息，从而以纳米级分辨率获得表面结构信息。

AFM 主要由带针尖的微悬臂、微悬臂运动检测装置、监控其运动的反馈回路、使样品进行扫描的压电陶瓷扫描器件、计算机控制的图像采集、显示及处理系统组成。当针尖与样品充分接近，相互之间存在短程相互斥力时，检测该斥力可获得表面原子级分辨图像，一般情况下分辨率也在纳米级水平。AFM 测量对样品无特殊要求，可测量固体表面、吸附体系等。

当探针很靠近样品时，其顶端的原子与样品表面原子间的作用力会使悬臂弯曲，偏离原来的位置。根据扫描样品时探针的偏离量或振动频率重建三维图像，就能间接获得样品表面的形貌或原子成分。

原子力显微镜不同于扫描电镜只能提供二维图像，AFM 提供的是真正的三维表面图。同时，AFM 不需要对样品的任何特殊处理，如镀铜或碳，这种处理对样品会造成不可逆转的伤害。扫描电镜需要运行在高真空条件下，原子力显微镜在常压下甚至在液体环境下都可以正常工作。

2.3.3　比表面积测量方法

比表面积是指单位重量（或体积）粉体材料所具有的表面积之和，它对材料性能有重要影响。在颗粒为球形的假定下，测定比表面积可以推算粉体的平均粒径。反之，粒度分布测定后，也可推算出比表面积。专用的比表面积仪采用流体透过原理或采用气体吸附原理。

流体透过法虽然结构简单，造价低廉，但是测量粒度较大（平均大于 5 μm），且非多孔颗粒组成的粉体。这里主要介绍气体吸附法。

1）气体吸附法测量原理

气体吸附法是根据固体表面对气体的吸附作用测量多孔介质的比表面积或孔隙度的。其测量原理是测量吸附在固体表面上气体单分子层的质量或体积，再由气体分子的横截面积计算一克物质的总表面积,即得克比表面。一定的温度下,固体表面对某种气体的吸附量随气体压强的升高而升高。吸附量对压强的曲线称为吸附等温线。

在一定条件下,等温线可以用 BET 公式描述:

$$\frac{P}{V(P_V - P)} = \frac{1}{V_m C} + \frac{C-1}{V_m C} \cdot \frac{P}{P_V} \tag{2-29}$$

式中:P——吸附气体压强;

P_V——气体吸附质的饱和蒸气压;

V——一定相对压强 p/p_V 下吸附的气体体积;

V_m——整个吸附剂表面上单层吸附质覆盖时的吸附量,称为单层容量;

C——常数。

实验表明,当 P/P_V 在 0.05~0.3 之间时,如果将 $P/V(P_V - P)$ 看作 P/P_V 的函数,那么前者是后者的直线函数(习惯上称 BET 图)。由其斜率 $A = \frac{C-1}{V_m C}$ 和截距 $B = \frac{1}{V_m C}$ 可求出单层容量为:

$$V_m = \frac{1}{A+B} \tag{2-30}$$

再假定吸附层中的吸附质分子和其液体分子一样,都按最紧密方式排列,那么由单层容量可以推算出吸附剂的表面积。大量的研究表明,用 BET 方法测表面积,以低温氮作吸附质,不论对多孔体还是非多孔体,都能得到可靠的结果。

2)比表面积测定仪

用 BET 方法测表面积,关键是测量吸附量随气体压强的变化(测两个以上点)。由于压强比较容易测量,因此主要难点是测吸附量。

目前比较流行的吸附量测量方法有两种:一是容量法,二是色谱法。容量法通过精确测量吸附前后的压强、体积和温度来计算不同相对压强下气体的吸附量。色谱法是一种动态方法。让流动的吸附气体和载气的混合气连续通过待测试样,通过改变吸附气体的流速,改变混合气中吸附气的比例,得到不同的吸附气相对压强。在不同的压强下,使试样温度低于吸附气的液化温度,吸附气部分被试样吸附;当混合气中的吸附气分压达到平衡压强,即试样再回到室温,试样上吸附的吸附气被解吸。在吸附和解吸过程中,混合气流中吸附气体的浓度将发生变化,用色谱法可以测出这一变化,进而可推算出试样的比表面积。

以液氮为吸附质的比表面积测量方法是国家规定的标准方法,具有精度高、测量范围广等优点。彼奥德 3500 型比表面积分析仪,其测量下限可以达到 0.01 m^2/g(此为典型值,实际值与试样密度有关),上限可以达到 3500 m^2/g。

思考题

1. 设颗粒是边长为 d 的立方体,颗粒群的总质量为 $\sum m$,颗粒密度为 ρ_P,试由比表面积的定义函数求平均粒径。

2. 透射电子显微镜和扫描电子显微镜有何区别?

第3章 粉体颗粒群的聚集特性

本章内容提要

本章介绍了粉体颗粒群的堆积原理，堆积方式和影响粉体堆积的各种主要因素。重点分析讨论了粉体堆积过程中各种主要力的作用，特别是液体对粉体堆积的影响。

3.1 球体紧密堆积原理

球形颗粒的堆积是指其在空间的排列状态。由于球体的堆积总是在一定空间范围内进行，加之球体无方向性也无饱和性，因此，其堆积总是趋于密堆积结构，最常见的结构类型是堆积密度大，相互配位数高，能充分利用空间的堆积方式。为了评价和判断球体的堆积状态，通常使用以下几个概念进行描述。

（1）容积密度 ρ_B 单位填充体积的球体质量亦称视密度、堆密度等。

$$\rho_B = \frac{\text{充填球体质量}}{\text{球体充填体积}} = V_B \frac{(1-\varepsilon)\rho_P}{V_B} \tag{3-1}$$

式中：V_B——球体充填体积，cm^3；

ρ_P——球体密度，g/cm^3；

ε——空隙率。

（2）填充率 ψ 也称空间利用率，用以表示等径圆球堆积的紧密程度。其定义是颗粒体积占球体填充体积的比率。

$$\psi = \frac{\text{充填球体的体积}}{\text{球体充填体积}} = \frac{\rho_B}{\rho_P} \tag{3-2}$$

（3）空隙率 ε 空隙体积占球体填充体积的比率。

$$\varepsilon = 1 - \psi = 1 - \frac{\rho_B}{\rho_P} \tag{3-3}$$

（4）配位数 $k(n)$ 它为与观察目标颗粒接触的颗粒个数。球体层中各个颗粒有着不同的配位数，用分布来表示具有某一配位数的颗粒比率时，该分布称为配位数分布。

（5）空隙率分布 以距观察目标颗粒中心任一半径的微小球壳空隙体积比率对距离表示的分布，如图3-1所示。

（6）接触点角度分布 将与观察目标颗粒相接的第一层颗粒的接触点位置，以任意设定的坐标角度表示的分布，如图3-2所示。

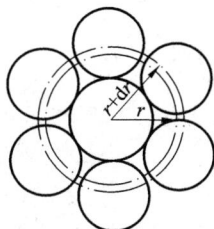

图 3-1　表示空隙率分布的微小球壳

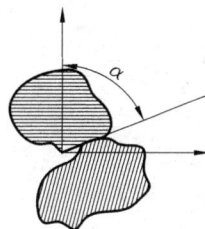

图 3-2　接触点角度

等径圆球的堆积有最紧密堆积和其他形式的堆积。最紧密堆积的结构可从密堆积层来理解，第一层等径圆球的最紧密堆积方式只有如图 3-3 所示的一种，用 A 标记。在层中，每个球和 6 个周围的球接触，即配位数为 6。每个球周围有 6 个空隙，每个空隙由 3 个球围成。这样由 N 个球堆积成的密置层中，便有 $2N$ 个空隙，平均每个球为 2 个空隙，每个球的突出部位正好处于相邻一层中的凹陷部位，即每个球

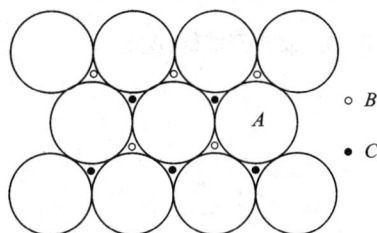

图 3-3　密堆积层的结构

都同时和相邻一层的三个球接触。每个球心位置则对准邻接层的空隙的中心位置。于是各密堆积层的相对位置只有三种，可用各层球心所处的相对位置投影到图 3-3 中标明的 A、B、C 三种位置表示，A 为球心的位置，B 为顶点向上三角形空隙的位置，C 为顶点向下三角形空隙的位置。第二层堆上去的最紧密方式也只有一种，即堆在第一层相间的一组空隙（B 或 C）上，而另一组（C 或 B）则空着，用 B 标记。第三层要堆在第二层球的空隙上，此时有两种方式：①第三层堆在不与第一层相对的那一组空隙上，形成一个新堆积层，标记为 C，第四层和第一层相同，其重复周期为三层，形成 $ABCABC$ 结构，如图 3-4 所示。这种堆积方式的配位数是 12，属于立方面心格子，称为立方密堆积，用 A_1 表示。立方密堆积可划出一个立方面心球体，如图 3-5 所示。②第三层球位于第一层的正上方，和第一层相同，其重复周期为二层，形成 $ABAB$ 结构，如图 3-6 所示。这种堆积方式的配位数也为 12，属于六方格子，称为六方密堆积，用 A_3 表示。六方密堆积同样可划出一个六方球体，如图 3-7 所示，每个单元有两个球，其分数坐标为 $(0, 0, 0)$ 和 $(2/3, 1/3, 1/2)$。

除上述两种最紧密堆积外，最紧密堆积方式还有 $ABAC\cdots$ 及 $ABABCBCAC\cdots$ 堆积方式。

等径圆球的各种最紧密堆积形式均具有相同的堆积密度，其堆积系数，即球体积与整个堆积体积之比为 0.7405。例如图 3-5 所示的立方球体，设球半径为 r，则构成的晶胞边长为 $2\sqrt{2}r$，晶胞体积 $V = 16\sqrt{2}r^3$，每个晶胞含有 4 个球，其体积 $V' = 4 \times \frac{4}{3}\pi r^3$，因此堆积系数 $= \frac{V}{V'}$

$$= \frac{4 \times \frac{4}{3}\pi r^3}{16\sqrt{2}r^3} = \frac{\pi}{3}\frac{\sqrt{2}}{2} = 0.7405$$，或者说密堆积的空间利用率是 74.05%。

等径圆球的堆积中，除上述最紧密堆积方式外，还有一种堆积系数小的形式，如图 3-8 所示。这种堆积方式属于立方体心堆积，位于顶点的八个圆球互不接触但均与位于体心的圆球接触，配位数是 8，空间堆积系数是 0.6802，即 68.02% 的空间利用率。体心立方密堆积不

图 3-4 立方密堆积（A_1）

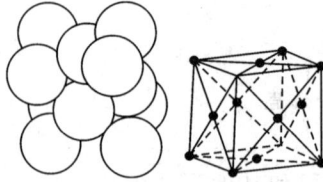

图 3-5 立方密堆积（A_1）中的一个球体

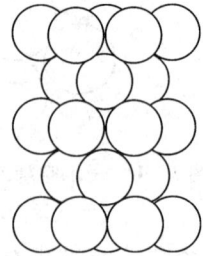

图 3-6 六方密堆积（A_3）

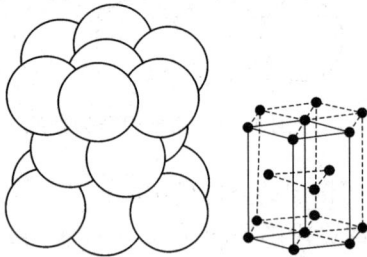

图 3-7 六方密堆积（A_3）中的一个球体

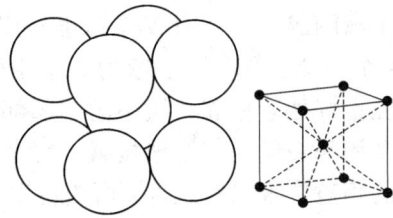

图 3-8 立方体心堆积

是最紧密堆积。

等径圆球的另一种紧密程度更差的堆积方式是八个圆球堆成一个正方体，属立方简单格子，配位数是 6，空间利用率仅有 52.36%。

晶体中的结构基元如原子、离子等，若不存在价键的方向性、饱和性的影响，则在空间作紧密的排列，充分利用空间以达到稳定结构。这种彼此尽可能靠近的排列方式就等于等径圆球的密堆积。一层等径球的最密排列只有一种方式，两层作最密堆积也只有一种方式（见图 3-9a）。当排列第三层时，因是否对准第一层而有两种方式：第三层对准第一层，即 ABAB…（见图 3-9b）；第三层不对准第一层而置于 A 层 B 层的共同空隙之上，即 ABCABC…（见图 3-9c），这两种方式均有最高的空间利用率（等于 74.05%），配位数均为 12。前者属六方晶系，故称六方最密堆积，后者属立方晶系，为面心格子，故称立方最密堆积。还有一种体心立方密

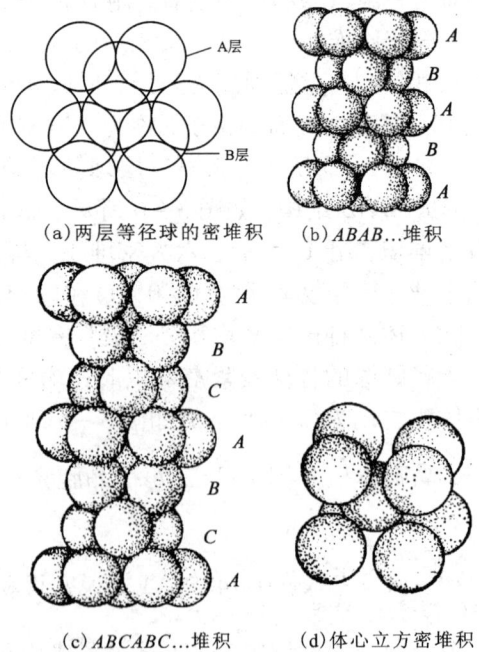

(a) 两层等径球的密堆积

(b) ABAB…堆积

(c) ABCABC…堆积

(d) 体心立方密堆积

图 3-9 堆积方式

堆积，其空间利用率略小，为 68.02%，配位数为 8。

3.2 粉体颗粒的堆积

3.2.1 等径球形颗粒群的规则堆积

若以等径球在平面上的排列作为基本层，则有图 3-10 所示的正方形排列层和单斜方形排列层或六方系排列层。如取图中涂黑的 4 个球作为基本层的最小单位，并将各个基本排列层汇总起来，则可得到如图 3-11 所示的 6 种排列形式，其最小单元体的空间特性如图 3-12 所示，表 3-1 汇总了它们的空间特征的计算结果。若将排列 2 回转 90°，则成为排列 4。排列 3 回转，则成为排列 6，其空间特性相同。排列 1 和 4 是最疏填充，排列 3 和 6 是最密填充。

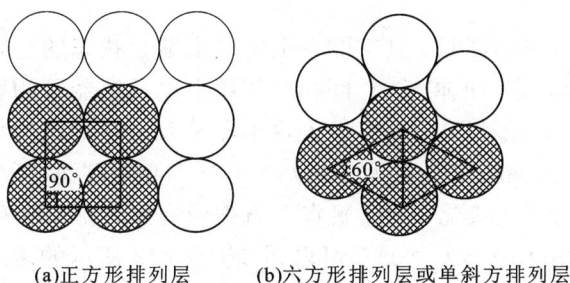

(a)正方形排列层　(b)六方形排列层或单斜方排列层

图 3-10　等径球形颗粒的基本排列

排列1　排列2　排列3

排列4　排列5　排列6

图 3-11　基本排列层的堆积方法

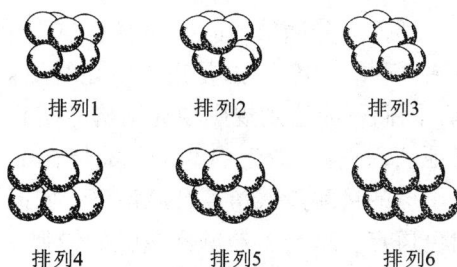

正方系

$\alpha=90°$ $\gamma=90°$
$\beta=90°$ $\theta=90°$
排列 1

$\alpha=60°$ $\gamma=90°$
$\beta=90°$ $\theta=60°$
排列 2

$\alpha=60°$ $\gamma=90°$
$\beta=90°$ $\theta=54°44'$
排列 3

六方系

$\alpha=90°$ $\gamma=60°$
$\beta=90°$ $\theta=90°$
排列 4

$\alpha=60°$ $\gamma=60°$
$\beta=104°29'$ $\theta=63°26'$
排列 5

$\alpha=60°$ $\gamma=60°$
$\beta=90°$ $\theta=54°44'$
排列 6

图 3-12　单元体（θ 为各单元体右侧面同水平面的夹角）

表 3 – 1　等径球规则堆积的结构特性

排列号	排列组	名称	单元体		空隙率	填充率	配位数
			总体积	空隙体积			
1	正方系	立方堆积,立方最疏堆积	1	0.4764	0.4764	0.5236	6
2		正斜方体堆积	0.866	0.3424	0.3954	0.6046	8
3		菱面体堆积或面心立方体堆积	0.707	0.1834	0.2595	0.7405	12
4	六方系	正斜方体堆积	0.866	0.3424	0.3954	0.6046	8
5		楔形四面体堆积	0.750	0.2264	0.3019	0.6981	10
6		菱面体堆积或六方最密堆积	0.707	0.1834	0.2595	0.7405	12

3.2.2　等径球形颗粒群的实际堆积

即使十分谨慎地向圆筒容器中填充玻璃球或钢球时,其空隙率也比最密填充状态的空隙率大35%~40%。这是由于填充时受颗粒的碰撞、回弹、颗粒间相互作用力以及容器壁的影响,因而不能达到规则填充结构。对于实际中的颗粒群,Smith等人将半径3.78 mm的铅弹自然地填入直径为80~130 mm的烧杯中,注入含醋酸20%的水溶液后,十分小心地倒掉溶液。由于球的接触点残留着环状溶液,如保持原先填充状况,则接触点上就残留有碱性醋酸铅的白色斑点。从与容器壁不接触的铅弹中计数900~1 600个球,可得到如图3–13所示的表示平均空隙率 ε 不同的五种填充的配位数分布和图3–14表示平均空隙率和平均配位数的关系。为了整理实验结果,首先研究立方最疏排列和六方最密排列以某一比例混合时的填充情况,其平均空隙率(或总空隙率)用下式表示:

$$\varepsilon = 0.2595x + 0.4764(1-x) \qquad (3-4)$$

式中: x——六方最密填充的比例数。

由表3–2可知,上述两种单元的体积比为 $\sqrt{2}:1$,每单位体积的粒子数比为 $1:\sqrt{2}$,配位数分别为6和12,因此,平均配位数为

$$k(n) = \frac{12\sqrt{2} \cdot 6(1-x)}{\sqrt{2} \cdot x + (1-x)} = \frac{6(1+1.828x)}{1+0.414x} \qquad (3-5)$$

显然,实测填充物的空隙率 ε 后,代入式(3–4)求 x ,然后将 x 代入式(3–5)便能计算出 $k(n)$ (见表3–2)。

表 3 – 2　平均配位数与空隙率之间的关系

空隙率	平均配位数	
	测 定 值	计 算 值
0.359	9.14	9.75
0.372	9.15	9.39
0.425	8.06	7.79
0.440	7.34	7.32
0.447	6.92	7.09

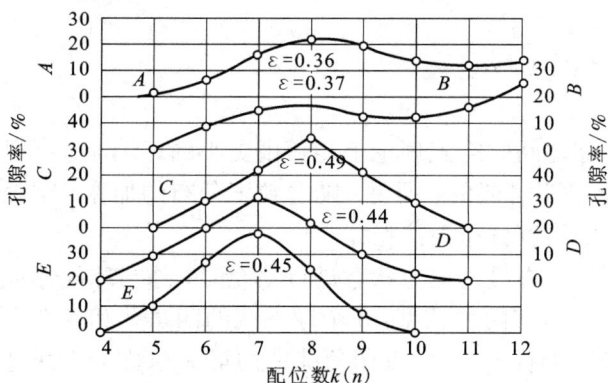

图 3-13　平均空隙率不同的五种填充的配位数分布

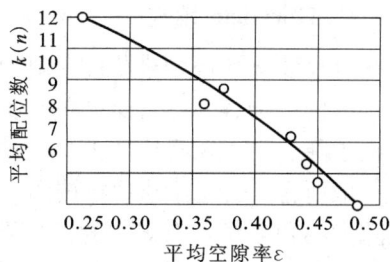

图 3-14　平均空隙率和平均
配位数的关系

图 3-14 所示的实测值与表 3-2 所列的计算值相当一致。由图 3-13 可知，空隙率大时，配位数分布接近于正态分布，随着空隙率减小，越近于具有最密填充状态的配位数。

必须指出，即使配位数相同，但粉体层的空隙率可能在某一范围内变化，因此，按配位数及其分布严格地表征填充状态是不精确的。

3.2.3　不同粒径球形颗粒群的密实堆积

为了使问题简单，这里仅讨论两成分颗粒群的填充结构。如图 3-15 表示在粒度不同的两种球形玻璃珠充填时的充填率。由图可知，小颗粒粒度越小，填充率越高，而且，充填率随大、小颗粒混合比而变化。最大填充率时粗颗粒的体积分率为 0.63。

设密度 ρ_1 的大颗粒单独填充时的空隙率为 ε_1，如将密度 ρ_2，空隙率 ε_2 的小颗粒填充到大颗粒的空隙中，则填充体单位体积大颗粒的质量 W_1 为：

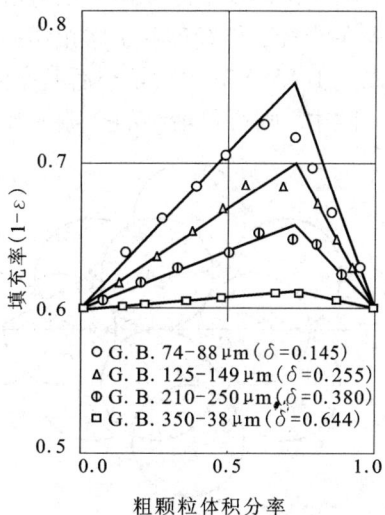

图 3-15　两成分颗粒群的填充率(田中氏)

$$W_1 = (1 - \varepsilon_1)\rho_1 \qquad (3-6)$$

小颗粒的质量 W_2 为：

$$W_2 = \varepsilon_1(1 - \varepsilon_2)\rho_2 \qquad (3-7)$$

因此，混合物中大颗粒的质量比率为：

$$Z = \frac{W_1}{W_1 + W_2} = \frac{(1-\varepsilon_1)\rho_1}{(1-\varepsilon_1)\rho_2 + \varepsilon_1(1-\varepsilon_2)\rho_2} \qquad (3-8)$$

对于同物质的球形颗粒，$\rho_1 = \rho_2$，$\varepsilon_1 = \varepsilon_2 = \varepsilon_3$，上式成为：

$$Z = \frac{1}{1 + \varepsilon} \qquad (3-9)$$

球形颗粒空隙率 $\varepsilon = 0.4$ 时，获得最大填充率的大颗粒质量比率 0.71。
同理，可推导出多成分颗粒群各成分质量比率为如下之比：

$$\frac{1}{1+\varepsilon}, \frac{\varepsilon}{1+\varepsilon}, \frac{\varepsilon^2}{1+\varepsilon}, \cdots$$

3.2.3.1 Horsfield 填充

在等径球颗粒规则堆积的基础上，等径球之间的空隙理论上能够由更小的球填充，可得到更紧密的填充体，尽管这样的填充实际上是不可能的，但是，随着粒度分布的加宽，空隙率必将下降。为了获得密实的填充体，怎样的粒度分布为佳呢？

一般而言，当等径球颗粒按图 3-11 所示六方最密填充状态进行填充时，球与球间形成的空隙大小和形状是有规则的，如图 3-16 所示有两种孔型：6 个球围成的四角孔和 4 个球围成的三角孔。设基本的等径球称为 1 次球（半径 r_1），填入四角孔中的最大球称为 2 次球（半径 r_2），填入三角孔中的最大球称为 3 次球（半径 r_3），其后，再填入 4 次球（半径 r_4），5 次球（半径 r_5），最后以微小的等径球填入残留的空隙中，这样就构成了六方最紧密填充，称 Horsfield 填充。

根据图 3-16 中的几何关系可解得：与 C、E 相切的 2 次球 J 的半径，与 A、E 球相切的 3 次球 K 的半径，与 C 球和 J 球相切的 4 次球 L 的半径及 5 次球 M 的半径，其结果列于表 3-3 中。以上 1~5 次球逐次填充后其空隙率为 0.149，再把微小的等径球以六方最密的形式填充到此空隙中，则可得最终的空隙率为 0.039 的最密填充结构。

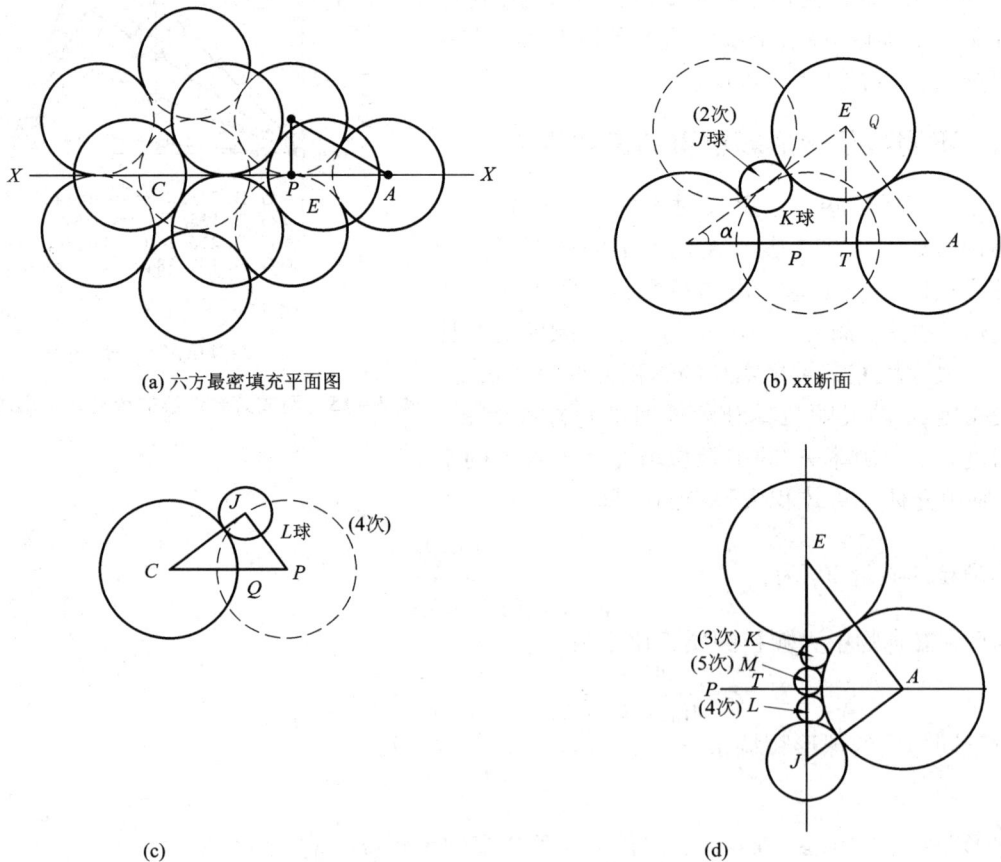

(a) 六方最密填充平面图　　　　　(b) xx断面

(c)　　　　　　　　(d)

图 3-16　Horsfield 填充

表 3 – 3　Horsfield 填充

填充状态	球的半径	球的相对个数	空隙率	填充状态	球的半径	球的相对个数	空隙率
1 次球 E	r_1	1	0.2595	4 次球 L	$0.177r_1$	8	0.158
2 次球 J	$0.414r_1$	1	0.207	5 次球 M	$0.116r_1$	8	0.149
3 次球 K	$0.225r_1$	2	0.190	填充材料	细小	很多	0.039

3.2.3.2　Hudson 填充

Hudson 在金属固溶体的研究中，对半径为 r_2 的等径球充填到半径为 r_1 的均一球六方最密填充体的空隙时，r_2/r_1 和空隙率之间的关系做了研究。由前述的 Horsfield 填充可知，$r_2/r_1 < 0.4142$ 时，可填充成四角孔；$r_2/r_1 < 0.2248$ 时，还可填充成三角孔。表 3 – 4 为计算结果，可知 $r_2/r_1 = 0.1716$ 时的三角孔基准填充的空隙率最小为 0.1130，为最密堆积。

表 3 – 4　Hudson 填充

填充状态	装入四角孔的球数	r_2/r_1	装入三角孔的球数	空隙率
四角孔基准	1	0.4142	0	0.1885
	2	0.2753	0	0.2177
	4	0.2583	0	0.1905
	6	0.1716	4	0.1888
	8	0.2288	0	0.1636
	9	0.2166	1	0.1477
	14	0.1716	4	0.1483
	16	0.1693	4	0.1430
	17	0.1652	4	0.1469
	21	0.1782	1	0.1293
	26	0.1547	4	0.1336
	27	0.1381	5	0.1621
三角孔基准	8	0.2248	1	0.1460
	21	0.1716	4	0.1130
	26	0.1421	5	0.1563

3.2.4　实际颗粒的堆积

实际颗粒不同于球体，从粉体的粒度分布看，可分为连续粒度体系和不连续粒度体系。连续粒度体系的粉体是由某一粒径范围内所有尺寸的颗粒组成，不连续粒度体系则是由代表该范围的有限尺寸的颗粒组成。

3.2.4.1　不连续粒度体系

对于两种颗粒粒径组成的体系中，大颗粒间的间隙由小颗粒填充，以得到最紧密的堆积，混合物的单位体积内大颗粒质量 W_1 和小颗粒质量 W_2 为式（3 – 10）所示

$$W_1 = \varepsilon_1(1 - \varepsilon_1)\rho_{p1}$$
$$W_2 = \varepsilon_1(1 - \varepsilon_2)\rho_{p2}$$

$$(3-10)$$

式中：ε_1、ε_2、ρ_{P1}、ρ_{P2}——大颗粒和小颗粒的空隙率和密度。

设大颗粒所占质量分数为 f_{w1}，则

$$f_{w1} = \frac{W_1}{W_1 - W_2} = \frac{(1 - \varepsilon_1)\rho_{p1}}{(1 - \varepsilon)\rho_{p1} + \varepsilon_1(1 - \varepsilon_2)\rho_{p2}}$$

$$(3-11)$$

对于同一固体物料颗粒，$\rho_{p1} = \rho_{p2} = \rho$，$\varepsilon_1 = \varepsilon_2 = \varepsilon$，则式(3-11)可写成

$$f_{w1} = \frac{1}{1 + \varepsilon}$$

$$(3-12)$$

小颗粒完全被包含在大颗粒的母体中，此时两者粒径比小于 0.2。图 3-17 所示为同种物质的两种不同粒径的粉料混合时空隙率与粒径之间的关系(当单一组分空隙率为 0.5 时)。空隙率最小时粗颗粒的质量分数为 0.67。由图可知，空隙率随大小颗粒混合比而变化，小颗粒粒度越小，空隙率越小。

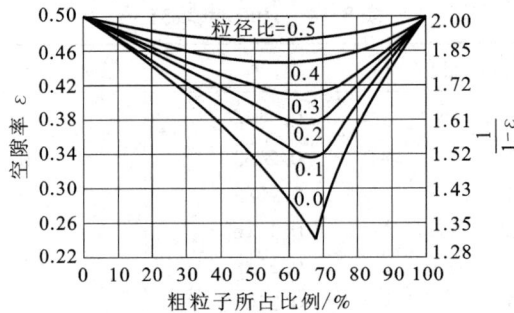

图 3-17 单一粒径空隙率为 0.5 时两种不同粒径颗粒的堆积特性

3.2.4.2 连续粒度体系

对于连续粒度分布体系的最密填充，Fuller 等人研究认为：固体颗粒按粒度大小，有规则地组合排列，粗细搭配，可以得到密度最大、空隙最小的堆积填充。其颗粒级配分布的理想曲线是：小颗粒分布曲线为椭圆形曲线，大颗粒分布为与椭圆曲线相切的直线，图 3-18 为 Fuller 曲线的一例，累计筛下 17% 处与纵坐标相切，在最大粒径的 1/10 处，直线与椭圆相切，相应的累计筛下量为 37.3%。经典连续堆积理论的倡导者 Andreasen 用式(3-13)表示粒度分布。

$$U(D_P) = 100\left(\frac{D_P}{D_{Pmax}}\right)^q$$

$$(3-13)$$

式中：$U(D_P)$——累计筛下百分数(%)；

  D_{Pmax}——最大粒径；

  q——Fuller 指数；$q = 1/2$ 时为疏填充，$q = 1/3$ 时为最密填充。

图 3-19 为 Andreasen 粒度分布曲线。Gaudin-Schuhmann 试验结果为 q 在 0.33~0.5 的范围，具有最小的空隙率。

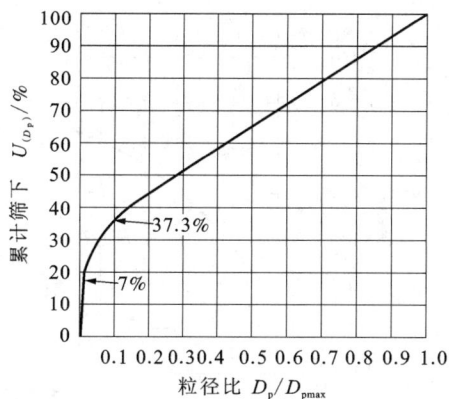

图 3 - 18　Fuller 曲线的一例

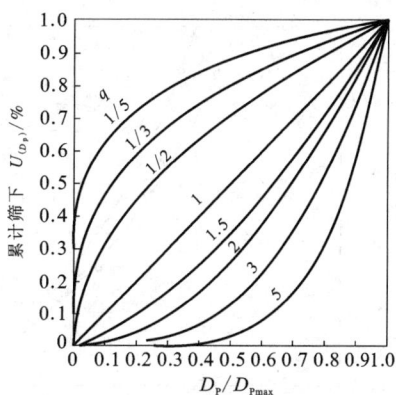

图 3 - 19　Andreasen 粒度分布曲线

3.2.5　影响颗粒堆积的因素

3.2.5.1　壁效应

当颗粒填充容器时，在容器壁附近形成特殊的排列结构，这就称为壁效应。图 3 - 20 是由滚珠填充而成的二维实验模型，器壁的第一层是特殊排列的，倾斜于壁的从第二层起就要受壁效应的影响。可以看到，所谓壁效应，实际就是在壁附近形成随机充填中存在局部有序。

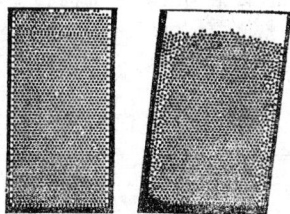

图 3 - 20　壁效应的演示（三轮氏）

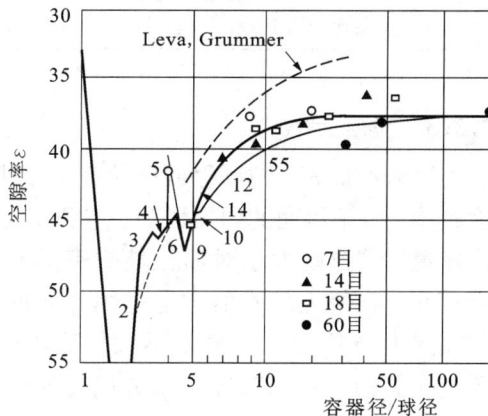

图 3 - 21　圆筒容器的壁效应（McGeary）

McGeary 研究了圆筒形容器和球径之比为 1 ~ 200 时空隙率的变化。图 3 - 21 中，细实线是几何学计算值，图中的数字代表容器最下层的粒子数，虚线是 Leva 等用玻璃球、钢球和磁球所作的实验值曲线，粗实线是 McGeary 用粒径均一的金属球所得到的实验值。由图可知，容器直径和球径之比超过 50 时，空隙率几乎成为常数，即 37.5%。

3.2.5.2　颗粒形状

一般地说，空隙率随颗粒球形度的降低而增高（见图 3 - 22）。在松散堆积时，有棱角颗粒空隙率较大，与紧密堆积时相反。表面粗糙度越高的颗粒，空隙率越大（见图 3 - 23）。

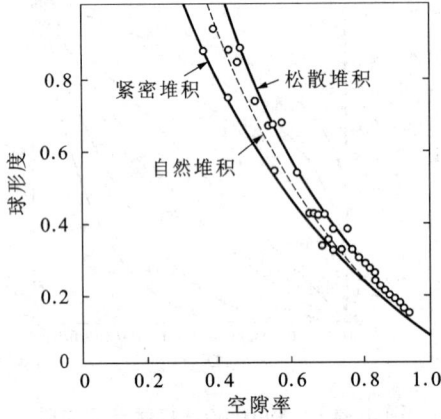

图 3-22 空隙率与球形度之间的关系

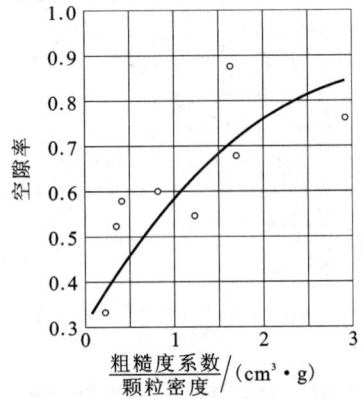

图 3-23 颗粒表面粗糙度对空隙率的影响

表 3-5 是玻璃细粉粒子形状与其表观比容积的关系资料，从中可见，粒径相同时，粒子从球形向粉状变化，其表观比容积变大，堆积率降低，而且粒径越小，形状的影响越突出。

表 3-5 玻璃粒子形状与表观比容积的关系

粒子形状	球 形	粉 状	棒 形
平均粒径/μm	56	56	47
表观比容积/cm³·g⁻¹	0.694	0.884	0.909

3.2.5.3 粒度大小

对颗粒群而言，粒度组成比粒度大小本身所提供的信息更有价值。当颗粒粒度不大时，粒度越小，由于粒间的团聚作用，空隙率越大，即填充越疏松。如图3-24所示，当粒度超过某一定值时，粒度大小对颗粒堆积率的影响已不复存在，此值为临界值。这是因为粒间接触处的凝聚力与粒径大小关系不大；反之，与粒子质量有关的力却随粒径三次方的比例急剧增加。随着粒径的增大，与粒子自重力相比，凝聚力的作用可以忽略不计，粒径变化对堆积率的影响大大减小，因此，通常在细粒体系中，粒径大于或小于临界粒径的物料，对颗粒的行为都有举足轻重的作用。

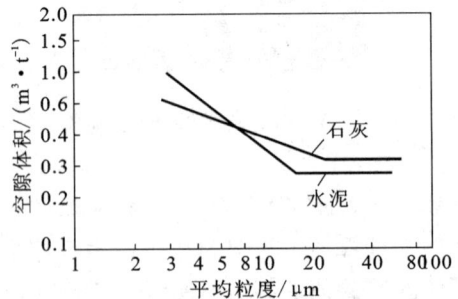

图 3-24 粒度对表观体积的影响

此外，物料堆积的充填速度也很重要。对粗颗粒，较高的填充速度会导致物料有较小的松散密度，但对像面粉那样具有黏聚力的细粉，降低供料速度可得到松散的堆积。

3.2.5.4　粉体的含水率

潮湿物料由于颗粒表面吸附水，颗粒间形成液桥毛细力，导致粒间附着力的增大，形成团粒。由于团粒尺寸较一次粒子大，同时，团粒内部保持松散的结构，致使整个物料堆积率下降。图3-25是窄粒级沙子含水率和料层容积密度的变化关系曲线。由图可知，当含水量较低时，即在 a 线部分，随含水量增多，物料容积密度略有降低，但影响不大。随水分继续增大，容积密度迅速降低，当水分达到8%时降到了最低点，随后略有回升。当水分继续增大，达到颗粒在水中沉降时，容积密度会超过干物料的容积密度。

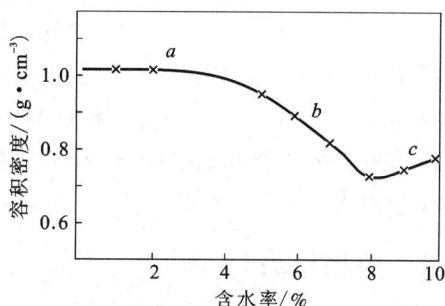

图3-25　含水率对粉体堆积的影响

3.3　粉体颗粒间的附着力

固体颗粒是容易聚集在一起的，尤其当颗粒很细时。这说明颗粒之间存在附着力。颗粒的聚集情况对粉体的摩擦特性、流动性、分散性和压制性等起着重要的作用。

3.3.1　颗粒间引力

颗粒间引力是由颗粒分子间的引力导致的，所以有时也称颗粒间引力为颗粒间的范德华引力。

两个分子间的范德华吸引位能 ϕ'_A 可表达为：

$$\phi'_A = -\frac{\lambda}{x^6} \tag{3-14}$$

式中：x——分子间距；

λ——与分子本性有关的引力常数。

设有两个直径都是 D 的同种物质球形颗粒，其分子数密度为 N，两颗粒的表面间距为 a，且 $a \ll D$。可以将两个颗粒所含分子之间的所有引力位能加和，导出两个颗粒间的吸引位能 ϕ'_A 在 $a < 0.1 \sim 0.01$ μm 时的表达式

$$\phi_A = -\frac{AD}{24a} \tag{3-15}$$

式中，Hamakar 常数 $A = \pi^2 N^2 \lambda$，其数量级约为 $10^{-20} J$。相应地引入

$$F = -\frac{\mathrm{d}\phi_a}{\mathrm{d}a} = -\frac{AD}{24a^2} \tag{3-16}$$

据此可以估算出，两个直径为1 μm的球粒在表面间距为0.01 μm时的相互吸引力约为 4×10^{-12}N。假设颗粒密度大到 10×10^3 kg/m³，则上述直径为1 μm的一个颗粒所受的重力约为 5×10^{-14}N，这说明相互吸引力比重力大得多。因此两个这样聚集的颗粒不致因重力而分离。

式(3 – 15)和(3 – 16)严格适用于真空中的两个颗粒，也近似适用于空气中的情况。若两个颗粒处于其他介质中，须在式(3 – 15)和(3 – 16)中使用有效 Hamakar 常数，其近似表达式为

$$A = (\sqrt{A_{11}} - \sqrt{A_{22}})^2 \tag{3 – 17}$$

式中 A_{11} 是固体颗粒在真空中的 Hamakar 常数，A_{22} 是作为介质的那种液体的颗粒在真空中的 Hamakar 常数。一般而言，有效 Hamakar 常数比在真空中的该常数小一个数量级。若固体与液体的物质本性接近，即 A_{11} 与 A_{22} 接近，则 A 越小。因此溶剂化极好的颗粒之间就不存在这种吸引力。

3.3.2 电荷引力

当介质为不良导体例如空气时，浮游或流动的球形颗粒(如合成脂粉末、淀粉)或纤维往往由于互相撞击和摩擦，或由于放射性照射及高压静电场等作用容易带静电荷。颗粒荷电的途径通常有三种：颗粒在生产过程中荷电；颗粒接触荷电；气态离子的扩散作用。如果颗粒间带有异号静电荷各为 Q_1 和 Q_2，根据库仑定律，两个直径都为 D 的颗粒间的静电引力为：

$$F = \frac{Q_1 Q_2}{D^2} \left(1 - \frac{2a}{D} \right) \tag{3 – 18}$$

式中：a——颗粒表面间的距离。

如果是接触电位差引起的静电引力。则其大小为：

$$F = 4\pi \rho_s S \tag{3 – 19}$$

式中：ρ_s——表面电荷密度，$\rho_s = \dfrac{q}{S}$；

q——实测单位电荷量；

S——面积。

3.3.3 附着水分的毛细管力

实际的粉末往往含有水分。所含的水分有化合水分(如结晶水)、表面吸附水分和附着水分之区别。附着水分是指两个颗粒接触点附近的毛细管水分(见图 3 – 26)。水的表面张力的收缩作用将引起两个颗粒之间的牵引力，称为毛细管力。

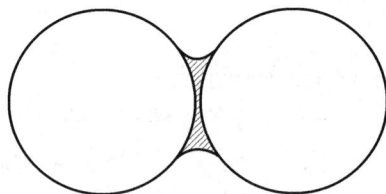

图 3 – 26 颗粒间的附着水分

3.3.4 磁性力

铁磁性物质(例如铁)以及亚铁磁性物质(例如 γ 氧化铁)，当其颗粒小到单畴临界尺寸以下时，颗粒只含有一个磁畴，称为单畴颗粒。理论上铁的单畴临界尺寸约为 6.4 nm，γ 氧化铁约为 40 nm。单畴颗粒粉末主要用于磁记录材料和永磁塑料。铁粉催化剂粉末也往往是单畴的。单畴颗粒是自发磁化的粒子，其内部所有原子的自旋方向都已平行，无须外加磁场来磁化就具有磁性。粉末的单畴颗粒之间存在磁性吸引力，很难分散。此时在液体介质中的分散常须结合使用高频磁场，例如对磁性矿浆，可使用场强为 800 Oe、频率为 200 kHz 的磁场进行分散。

3.3.5　机械咬合力

由于颗粒表面不平滑，当它们接触后，会咬合在一起，即机械咬合力。两个颗粒间的引力或颗粒与固体平面的引力可以用高灵敏度的弹簧秤或天平测量。测量颗粒与平面间的引力还可以用离心法。颗粒间的引力还可以借测量粉末层的破断力，根据其所含接触点的数目进行估算。

3.4　粉体的润湿

3.4.1　润湿现象

当固体粉体颗粒与液体接触后，液体就在粉体颗粒表面展开，这种现象，称为粉体的润湿。

图 3 – 27 是液滴和气泡在粉体表面的铺展情况，从左至右，液滴越来越难于铺开而形成球形，通常把液滴容易铺开的称为颗粒的润湿性好，而难于铺开的称为颗粒的润湿性差。

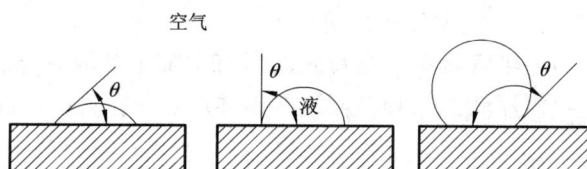

图 3 – 27　颗粒表面的润湿现象

润湿作用涉及三个相，而且，其中至少有两个相是流体。在一般实践中，润湿过程就是液体取代固体表面上的气体的过程。至于能否取代，要由各种粉体表面的润湿性来确定。

润湿性大小通常由接触角来衡量。接触角是指当液滴在固体表面润湿时，在液－气－固三相接触面上的任一点处，自液－气界面经过液体内部到固－液界面的夹角，全称为"平衡接触角"（简称接触角），用 θ 表示。此三相界面又称为"润湿周边"。

从试验过程中发现，接触角并不立刻达到平衡，也不是在任何情况下都会平衡。当液滴在固体表面上展开时，总会有一定的阻碍，这种阻碍或润湿周边在固体表面上移动的滞缓现象，称为"润湿阻滞"。阻滞现象主要是由界面间的摩擦力引起的。通常润湿阻滞很难避免，故平衡接触角很难测准。

接触角的测量是评估液体与固体之间润湿性的常用方法。如果固体是粉末，接触角的测量方法有多种。常用的是 Washburn 方程。Washburn 确定液体在毛细管中的高度与接触角余弦值（$\cos\theta$）之间的关系：

$$h^2 = (\gamma \cdot R/2\eta) \cdot \cos\theta \cdot t \qquad (3-20)$$

式中：η——黏度，Pa·s；

　　　γ——液体表面张力，N·m^{-1}；

　　　t——时间，s；

　　　R——粒子的平均直径，m。

方程（3 – 20）可进行如下修正，即在一定时间内，研究接触角与液体在粉末中流动时质量变化之间的关系，于是有：

$$m^2/t = C\rho^2\gamma\cos\theta/\eta \qquad (3-21)$$

式中：C——与仪器和粉末（使用完全润湿的液体，如己烷或庚烷）有关的常数；

　　　ρ——密度，$g \cdot cm^{-3}$。

所以 Washburn 认为，粉末润湿性（接触角）可以由质量与时间的变化曲线决定，即

$$m^2 = f(t)$$

粉末与液体之间的接触角大小直接反映了粉末与液体润湿性好坏的信息：$\cos\theta$ 越大，θ 值越小，润湿性能也越好。一般而言，当 $\pi > \theta > \dfrac{\pi}{2}$ 时，表示粉体不润湿；当 $\dfrac{\pi}{2} > \theta > 0$ 时，为部分润湿；当 $\theta = 0$ 时，表示粉体完全润湿。

3.4.2　填充层内的静态液相

当粉体颗粒被润湿后，根据颗粒间液体量的大小，有图 3-28 所示的四种类型的液相态：

（1）摆动状态　颗粒接触点上存在透镜状或环状的液相，液相互不连接。

（2）链索状态　随着液体量的增多，上述环状液相长大，颗粒空隙中的液相相互连结成网状组织，空气则分布其间。

（3）毛细管状态　颗粒间的所有空隙全被液体充满，仅在粉体层的表面存在气-液界面。

（4）浸渍状态　颗粒群浸在液体中，存在自由液面。

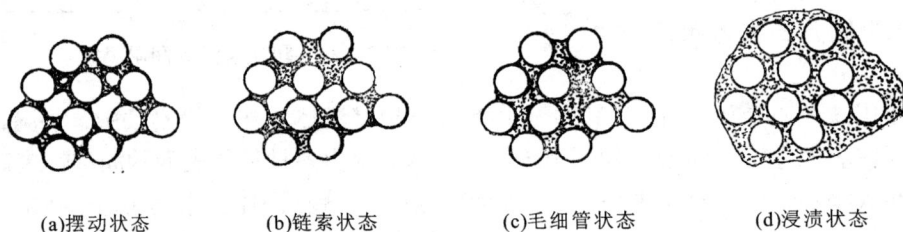

(a)摆动状态　　(b)链索状态　　(c)毛细管状态　　(d)浸渍状态

图 3-28　颗粒间液相的存在状态

3.4.3　液体架桥

粉体与固体或粉体颗粒相互间的接触部分或间隙部分存在液体时，称为液体桥。粉体处理中的液体大多是水。液体桥除了可在过滤、离心分离、造粒以及其他的单元操作过程中形成外，在大气压下存放粉体时，由于水蒸气的毛细管凝缩也可形成。前者的液桥量虽然比后者大得多，但其附着力产生的原理还是毛细管凝缩。显然，液桥力的大小同湿度，亦即同水蒸气吸附量有关。而吸附量和液体桥的形式则取决于粉体表面对水蒸气亲和性的大小、颗粒形状及接触状况等。因此，不能忽视在大气压下处理粉体时附着水的存在。

有关液体桥附着力的理论阐释有多种。图 3-29 为两个大小相同球形颗粒间液体桥的模型。假设液面由半径 R_1 的凹面和半径

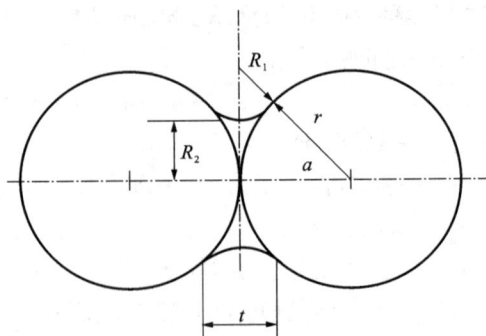

图 3-29　液体桥模型图

R_2 凸面所构成，且接触角为零，则下面的关系式成立：

由
$$\cos\alpha = r/(R_1 + r), \quad \tan\alpha = (R_1 + R_2)/r$$

得
$$\begin{cases} R_2 = r \cdot \tan\alpha - R_1 = r(\tan\alpha - \sec\alpha - \sec\alpha + 1) \\ R_1 = r\left(\dfrac{1}{\cos\alpha} - 1\right) = r(\sec\alpha - 1) \end{cases} \tag{3-22}$$

根据 Laplace 公式，液体压力 p 为

$$p = \sigma\left(\frac{1}{R_1} - \frac{1}{R_2}\right) \tag{3-23}$$

式中：凹面的 R_1 值取正值，凸面的 R_2 取负值；

p——负压取正值，故，$R_1 < R_2$ 时为负压，$R_1 > R_2$ 时为正压；

σ——表面张力系数。

上述三式整理后，可得下式

$$p = \frac{\sigma}{r}\left(\frac{1}{\sec\alpha - 1} - \frac{1}{\tan\alpha - \sec\alpha + 1}\right) = \frac{\sigma}{r} \cdot \frac{2 + \tan\alpha - 2\sec\alpha}{(1 + \tan\alpha - \sec\alpha)(\sec\alpha - 1)} \tag{3-24}$$

由于负压时两个颗粒相互吸引，因此将该负压称为毛细管压力。Fisher 认为毛细管压力系作用于液膜的最窄部分的圆形断面 πR_2^2 上，与此同时，由表面张力 F_s 产生的拉力还作用在它的圆周 $2\pi R_2$ 上，为此提出颗粒间的附着力计算式为：

$$H = \pi R_2^2 \cdot \sigma\left(\frac{1}{R_1} - \frac{1}{R_2}\right) + 2\pi R_2\sigma = \pi R_2 \cdot \sigma\left(\frac{R_1 + R_2}{R_1}\right) \tag{3-25}$$

将式(3-22)代入上式可得：

$$H = \frac{2\pi r\sigma}{1 + \tan(\alpha/2)} \tag{3-26}$$

如用无因次式表示，则为：

$$F_H = \frac{H}{2r\sigma} = \frac{\pi}{1 + \tan(\alpha/2)} \tag{3-27}$$

液体桥的破坏出现在最窄的断面部分，但有时也可假想出现在液体桥与粉体颗粒接触的部分。一般而言，以小的力就能在液体桥最窄的断面处产生破坏。假定玻璃密度为 2500 kg/m³，按式(3-26)计算的附着力和玻璃球大小及自重的关系如表 3-6 所列。由表可知，随着玻璃球半径的减小，虽然附着力也减小，但因其自重减小，因而附着力与自重的比值增大，颗粒越小越容易附着聚集。例如，半径为 1 μm 玻璃球的附着力在理论上等于 6.02×10^6 个同样大小玻璃球的重量。

表 3-6　玻璃球的大小附着力(83%rH，25℃)

玻璃球半径 $r/\mu m$	钳角 α /(°)	毛管负压 p /N	表面张力 F_s /N	附着力 H/N	自重 /N	附着力与自重的比值
1000	0.162	6.37×10^{-4}	1.27×10^{-6}	6.38×10^{-4}	1.03×10^{-4}	6.19
100	0.511	6.33×10^{-5}	4.02×10^{-7}	6.37×10^{-5}	1.03×10^{-7}	6.18×10^2
10	1.62	6.20×10^{-6}	1.26×10^{-7}	6.33×10^{-6}	1.03×10^{-10}	6.15×10^4
1	5.10	5.81×10^{-7}	3.91×10^{-3}	6.20×10^{-7}	1.03×10^{-13}	6.02×10^6

接触角不为零的情况下，Batel 推导出了液面与颗粒接触角为 δ 时的公式。根据图 3-30

的关系，可得：

$$\begin{cases} R_1 = \dfrac{r(1-\cos\alpha)}{\cos(\alpha+\delta)} \\ R_2 = r\sin\alpha - R_1 + R_1\sin(\alpha+\delta) \end{cases}$$

又设毛细管压力作用在液面和球的接触部分的断面 $\pi(r\sin\alpha)^2$ 上，表面张力平行于两球中心连线的分量 $\sigma\cos[90°-(\alpha+\delta)] = \sigma\sin(\alpha+\delta)$ 作用在圆周 $2\pi(r\sin\alpha)$ 上，则吸引力可用下式表示：

$$H = 2\pi r\sigma x\sin\alpha\left\{\left[\sin(\alpha+\delta) + \frac{r}{2}\sin\alpha\left(\frac{1}{R_1} - \frac{1}{R_2}\right)\right]\right\} \tag{3-28}$$

考虑到粒子间距的情况，Pietsch 对于两球相距 a 时的液体桥产生的附着力做了求导（见图3-31）。

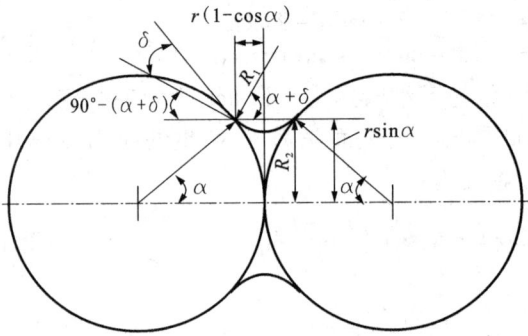

图 3-30　接触角 δ 时两球间液体桥　　　　图 3-31　两球间距 a 的液体桥模型图

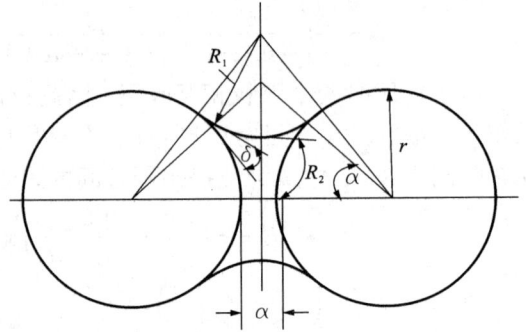

设毛细管压力产生的附着力为 H_K，表面张力的附着力为 H_R，则全附着力 $H = H_K + H_R$。令无因次量 $F_{HK} = H_K/2r\sigma$，$F_{HR} = H_R/2r\sigma$，$F_H = H/2r\sigma$，则得：

$$\begin{cases} F_{HK} = \dfrac{\pi}{2}r\sin^2\alpha\left(\dfrac{1}{R_1} - \dfrac{1}{R_2}\right) \\ F_{HR} = \pi\sin\alpha\cdot\sin\alpha(\alpha+\delta) \end{cases} \tag{3-29}$$

$$\begin{cases} R_1 = \dfrac{r(1-\cos\alpha)+(\alpha/2)}{\cos(\alpha+\delta)} \\ R_2 = r\sin\alpha + R_1[\sin(\alpha+\delta)-1] \end{cases} \tag{3-30}$$

因毛细管压为零，即 $F_{HK} = 0$ 的条件是 $R_1 = R_2$，令 $\dfrac{2r+\alpha}{2r} = 1 + (\alpha/2r) = c$，则得：

$$\alpha = \arcsin\left[\frac{c\cdot\cos\delta\cdot(2c+\sin\delta)\pm Q}{c^2+4c\cdot\sin\delta+4}\right] \tag{3-31}$$

式中：

$$Q = \sqrt{c^2(2c+\sin\delta)^2\cos^2\delta - (c^2+4c\sin\delta+4)(c^2-1)(4-\sin^2\delta)} \tag{3-32}$$

图 3-32 表示 $\delta=0$ 时，F_H 和 α 的关系。各曲线与 $F_H=0$ 的交点，表示产生附着力 α 的下限，α 小于该下限时就要产生斥力。

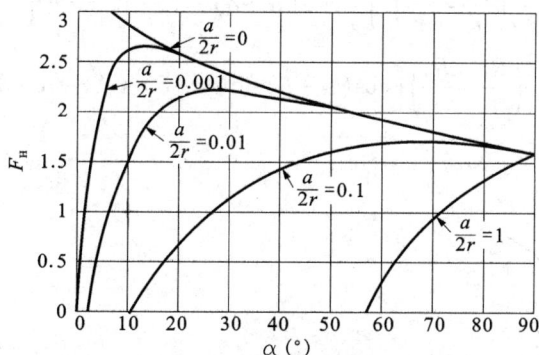

图 3 – 32 F_H 和 α 的关系（a/r 为参数）

3.4.4　颗粒间持液量

直径相等的两球相切时，两球间保持的液体体积 V_w 可由如下的 Fisher 或 Keen 式确定（参照接触角 $\delta = 0$ 时的图 3 – 33）。

$$V_w = 2\pi r^3 (\sec\alpha - 1)^2 \left[1 - \left(\frac{\pi}{2} - \alpha\right)\tan\alpha \right] \quad (\text{Fisher 式}) \qquad (3-33)$$

$$V_w = \frac{8\pi r^3 \sin^4(\alpha/2)}{\cos^2\alpha} \left[1 - \left(\frac{\pi}{2 - \alpha}\right)\tan\alpha \right] \quad (\text{Keen 式}) \qquad (3-34)$$

设配位数为 $k(n)$，100 g 球形颗粒的个数 $N = 100 / [(4/3)\rho_P\pi r^3]$，则 100 g 的接触点数为 $R_{(n)}N/2$，故保持液体体积 $M_f = V_w k_n N/2$。以土壤为例，取 $\rho_P = 2.4\mathrm{g} \cdot \mathrm{cm}^{-3}$，则得：

$$M_f = 125\, k_n \frac{\sin^4(\alpha/2)}{\cos^2\alpha} \left[1 - \left(\frac{\pi}{2} - \alpha\right)\tan\alpha \right] (\%) \qquad (3-35)$$

如以式（3 – 23）中 $p = 0$ 作为两球间保持液量的最大极限，即 $R_1 = R_2$，则

$$\sec\alpha - 1 = \tan\alpha - \sec\alpha + 1$$

整理后得：

$$\sin\alpha = \sqrt{1 - \cos^2\alpha} = 2 - 2\cos\alpha$$

等式两边平方后得：

$$5\cos^2\alpha - 8\cos\alpha + 3 = 0$$

解上式得 $\alpha = 53.16°$，如将此值代入式（3 – 35），并取 $k_n = 12$，则得 $M_f = 23.46\%$。对于六方最密填充，考虑到 $\alpha = 300$ 时，相邻水膜产生合并，因此计算式尚须加以修正。

当两球相距 a 时，如图 3 – 34 所示，可按下式计算，令 $R_1 + R_2 = b$，则：

$$V_w = 2\pi \Big\{ (R_1^2 + b^2) R_1\cos(\alpha + \delta) - \frac{R_1^3}{3}\cos^3(\alpha + \delta) bR_1^2 \big[\cos(\alpha + \delta)\sin(\alpha + \delta)$$

$$+ \left(\frac{\pi}{2} - \alpha - \delta\right) \big] - \frac{r^3}{3}(2 + \cos\alpha)(1 + \cos\alpha^3) \Big\} \qquad (3-36)$$

如将 V_w 与两球体积之比取作无因次量，则保持液体积比 $\varphi_w = V_w / (2 \times 4\pi r^3/3)$。$\varphi_w$ 与 α 的关系，可通过参数 $a/2r$、δ 的取值按下式计算：

$$\varphi_w = \frac{6}{8} \left\{ \begin{array}{l} \left[\left(\frac{R_1}{r} \right)^2 + \left(\frac{R_1}{r} + \frac{R_2}{r} \right)^2 \right] \frac{R_1}{r} \cos(\alpha+\delta) - \left(\frac{R_1}{r} \right)^3 \frac{\cos^3(\alpha+\delta)}{3} \\ - \left(\frac{R_1}{r} \right)^2 \left(\frac{R_1}{r} + \frac{R_2}{r} \right) \left[\cos(\alpha+\delta)\sin(\alpha+\delta) + \frac{\pi}{2} - \alpha - \delta \right] \\ - \frac{1}{3}(2+\cos\alpha)(1-\cos\alpha)^2 \end{array} \right\} \tag{3-37}$$

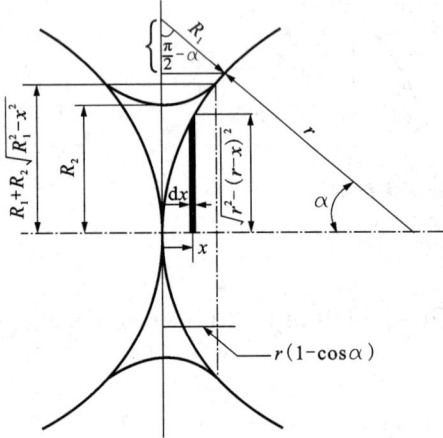

图 3-33 液体体积的计算

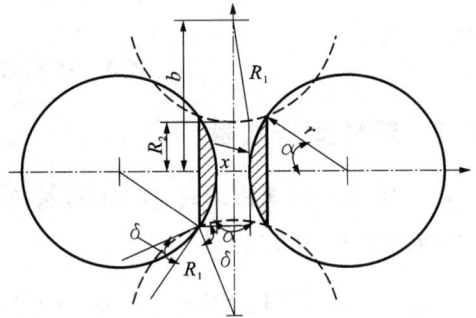

图 3-34 两球相距 a 时保持液体积计算

保持液对颗粒间空隙体积的体积比称为空隙饱和比或液体充满率，用 ψ_s 表示。当液体均布于直径 D_p 均一球所组成的填充体颗粒空隙时，根据配位数 $k_{(n)}$ 和颗粒间保持液体积 V_w（式3-37）可确定 ψ_s

$$\psi_s = \frac{V_w/2}{\frac{\pi D_p^3}{6} \cdot \frac{\varepsilon}{1-\varepsilon}} k_{(n)} = 3 \cdot \frac{1-\varepsilon}{\varepsilon} \cdot \frac{k_{(n)}}{\pi} \cdot \frac{V_w}{D_p^3} \tag{3-38}$$

如以上述保持液体积比 φ_w 和式（2-7）$k_n \approx \pi/\varepsilon$ 代入上式，得

$$\psi_s = \pi \frac{1-\varepsilon}{\varepsilon^2} \varphi_w \tag{3-39}$$

在造粒操作中，ψ_s 是比含水量更为重要的指标。

3.4.5 抽吸势

1. 孔隙的结构和性质

以均一球作六方最紧密填充时，可得如下两种类型的孔隙结构（图3-35）。

（1）T 孔隙 四个球分别以正三角锥的顶点为中心排列时所形成的四分面孔隙。有六个接触点和四个支路，各个支路都与 R 孔隙相通。

（2）R 孔隙 四个球并排成正方形，在通过正方形中心的垂线上再排列两个球时所形成的长斜方形孔隙。如改变形式，使三个球并排成正三角形，在其上面以同一排列形式，且水平回转45°再排列三个球时亦表示 R 孔隙。R 孔隙总共由六个球围成，有十二个接触点和八个支路，各个支路都与 T 孔隙相通，相当于 Horsfield 填充的四角孔。

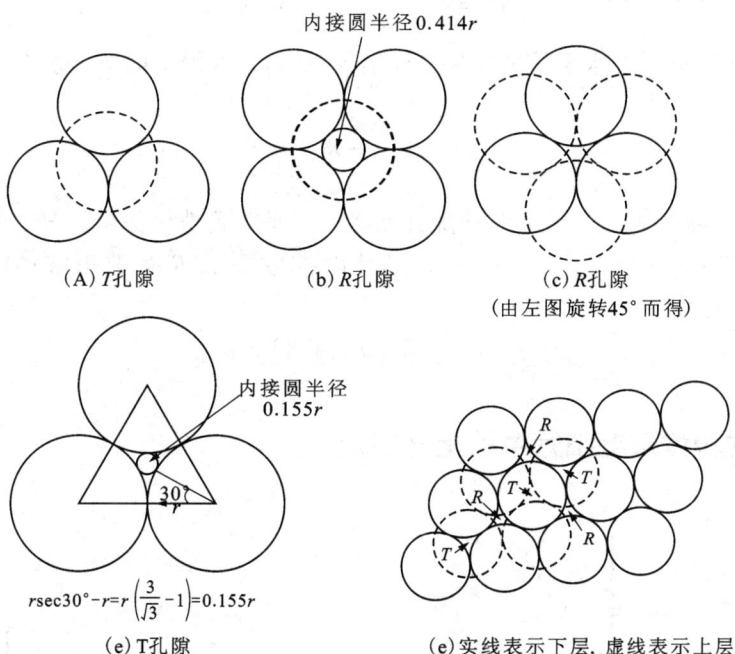

图 3-35　T 孔隙和 R 孔隙的平面图(虚线画的球表示在上面)

无论 T 孔隙还是 R 孔隙,每支路的三段圆弧围成的最狭的部分都相等,其内切圆半径等于 0.155r,r 为填充均一球的半径。T 孔隙与 R 孔隙的数量比为 2:1,如将孔隙一个接一个地贯穿起来,就可得到 R 空隙和 T 孔隙以 R—T—R—T……相互交错的形式。

2. 入口抽吸压力

从表层开始减少处于浸渍状态的均一球填充物的液体量时,颗粒群的表面就暴露出来,表层的孔隙液面成为凹面,开始形成毛细管状态,液面为半球状。如接触角为零,因 R 孔隙的内切圆半径为 0.414r,故 R 孔隙毛细管压力为:

$$P_R = \frac{2\sigma}{0.414r} = 4.83\frac{\sigma}{r} \qquad (3-40)$$

同理,因 T 孔隙的内切圆半径为 0.155r,因此,T 孔隙的毛细管压力为:

$$P_T = \frac{2\sigma}{0.155r} = 12.9\frac{\sigma}{r} \qquad (3-41)$$

P_R、P_T 则分别称为 R 空隙和 T 孔隙的入口抽吸压力或抽吸势。

如用水力半径 m 表示入口抽吸压力,则其计算式可作如下改变:

根据水力半径的定义,可得粉体填充层孔隙水力半径

$$m = \frac{\text{填充层颗粒间孔隙体积}}{\text{填充层颗粒总表面积}} = \frac{\varepsilon}{S(1-\varepsilon)} \qquad (3-42)$$

如接触角为 δ,则 $R = 2m/\cos\delta$(图 3-36),因此入口抽吸压力

$$P_c = \frac{2\sigma}{R} = \frac{\sigma}{m}\cos\delta \qquad (3-43)$$

将式(3-42)代入上式得:

$$P_c = 6 \cdot \frac{1-\varepsilon}{\varepsilon} \cdot \frac{\sigma}{D_{sv}} \cos\delta \qquad (3-44)$$

此外，Newitt 根据沙－水系统的实验，提出 $\delta=0$ 时，可用下面的经验公式表示入口抽吸压力：

$$P_c = 6 \cdot \frac{1-\varepsilon}{\varepsilon} \cdot \frac{\sigma}{D_{sv}} \qquad (3-45)$$

液体量进一步减少时，表层的 R 孔隙开始敞开，而 T 孔隙仍保持原样，内部的 R 孔隙逐渐敞开，液体被吸到 T 孔隙里。若取表层 T 孔隙抽取下层 R 孔隙里液体的最大压头为 h（cm），则有如下关系：

$$\rho_{gh} = \frac{12.9\sigma}{r} - \frac{4.83\sigma}{r}$$

3.4.6　液体在粉体层毛细管中的上升高度

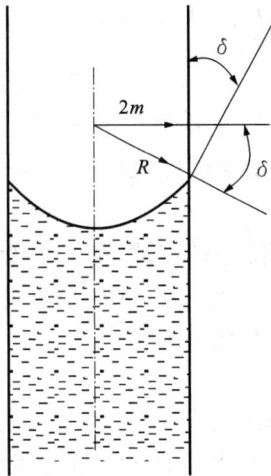

图 3-36　水力半径 $2m$ 和 R 的关系

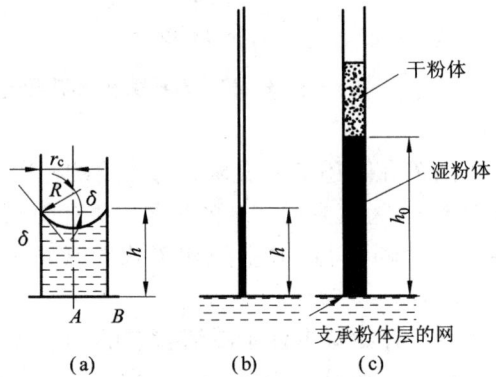

图 3-37　毛细管上升高度

在图 3-37 中，Jurin 设 A 点的压力为 p_A，B 点为大气压 Pa。若液面为半径 R 的球面，根据 Laplace 公式，毛细管压力为 $2\sigma/R$，因而得：

$$p_A = p_\alpha - \frac{2\sigma}{R} + \rho gh \qquad (3-46)$$

因 $p_A = p_a$，$\rho gh = \frac{2\sigma}{R}$

如接触角为 δ，则毛细管半径 $r_c = R\cos\delta$，

因此 $h = \frac{4\sigma\cos\delta}{\rho g} \cdot \frac{1}{2r_c}$

上式称为 Jurin 式。移项可得毛细管的常数：

$$\frac{\rho g(2r_c h)}{\sigma\cos\delta} = 4 \qquad (3-47)$$

对于粉体层来说，用颗粒粒径 D_P 代换管径 $2r_c$，用 h_c 代换 h，则粉体层毛细管常数为

$$\frac{\rho g D_p h_c}{\sigma \cos\delta} = K_c \tag{3-48}$$

求得毛细管常数值，即可计算毛细管上升高度。

对于六方最密填充，如 R 孔隙的毛细管压力与静水压力 $\rho g h_c$ 平衡，当 $\delta = 0$ 时，可求得

$$K_c = 2 \times 4.83 = 9.66$$

用玻璃球填充物所做实验的测定值为 $K_c = 9.8$，$10 \sim 12$，7.70，基本相符。

思考题

1. 什么是容积密度？什么是真密度？两者有什么关系？

2. 某粉状物料的真密度为 $3000 \ \text{kg/m}^3$，当该粉料以空隙率 0.4 的状态堆积时，求其容积密度。

3. 试述颗粒堆积的基本原理和颗粒堆积的主要方式。

4. 衡量颗粒的润湿性大小的参数是什么？如何测定？

5. 设石灰粉加湿造粒后颗粒空隙饱和度 $\psi_s = 0.8$ 为常数，试求空隙率和含水量（质量百分数）W 的关系。已知石灰石密度为 $2710 \ \text{kg/m}^3$，水的密度为 $1000 \ \text{kg/m}^3$。

6. 已知物料最大粒径为 60 mm，试用最大密度堆积公式计算级配各粒级颗粒累积含量。（物料各级粒径尺寸按 1/2 递减，按 $q = 0.3$ 计算到最小粒径为 0.06 mm）

第4章　粉体力学

本章内容提要

───────────────────────────────

本章主要以材料力学和流体力学为基础，介绍了粉体内部应力的分析方法、粉体内部的摩擦特性、粉体的压力计算、粉体流动的有关特性等。

───────────────────────────────

4.1　粉体内部应力分析

在非流动的平衡静止状态时，粉体由于自身重力和外力作用被压缩，在内部产生的附加作用力，称为粉体内部应力。粉体内部应力的存在是粉体静止压缩的基本特性，粉体发生流动首先必须克服粉体内部的应力作用。因此，研究粉体内部应力是粉体力学的重要内容之一。其研究方法是视堆积粉体为可变形构件，借助材料力学有关变形构件的应力理论和方法进行分析。

4.1.1　二向应力状态的应力分析

由材料力学可知，一个构件内某一点的不同方位截面上的应力及其相互关系称为一点的应力状态。从受力构件中围绕同一点取出的任意一个单元体，都可以找到三对相互垂直的平面，这些平面上只有垂直正应力，切应力为零。这种切应力为零的平面称为主平面，由主平面构成的单元体称为主单元体，主平面上的正应力称为主应力，如图4-1所示。根据主单元体中几个主应力不为零的数目，可以将某一点的应力状态分为三类：①单向应力状态，即三个主应力中只有一个不为零；②二向应力状态，即三个主应力中有两个不为零；③三向应力状态，即三个主应力都不为零。工程实际中的许多问题属于二向应力状态，是应力分析重点讨论的对象。下面以构件的二向应力状态的应力分析方法为基础，研究粉体内部的二向应力状态。

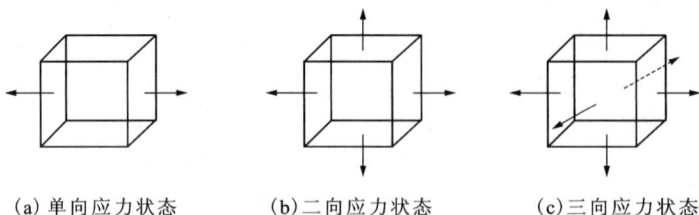

(a)单向应力状态　　　(b)二向应力状态　　　(c)三向应力状态

图4-1　应力状态的分类

假设粉体中某一点处于二向应力状态，取包含该点的单元体，且假设该单元体的前后两个平面上没有应力，则该单元体可用图 4-2 所示的平面图形表示。设该单元体侧面上不仅有正应力，还有切应力，应力分析的任务就是要根据单元体各平面上的已知应力来确定任意斜切面上的应力。若已知 X 面（法线平行 x 轴的面）上的应力 σ_x 及 τ_{xy}，Y 面（法线平行 y 轴的面）上的应力 σ_y 及 τ_{yx}。切应力的两个下标中，第一个下标表示切应力所在的平面，第二个下标表示切应力的方向。根据切应力互等定理，即在微单元体的相互垂直的两个截面上，垂直于截面交线的切应力数值相等，而方向或均指向或均背离该交线，因此，$\tau_{xy} = \tau_{yx}$。现在需求出与 z 轴平行的任意斜切面 ef 上的应力。设斜切面 ef 的外法线 n 与 x 轴成 α 角。该斜切面称为 α 面，并用 σ_α 和 τ_α 分别表示 α 面上的正应力和切应力，如图 4-2 所示。

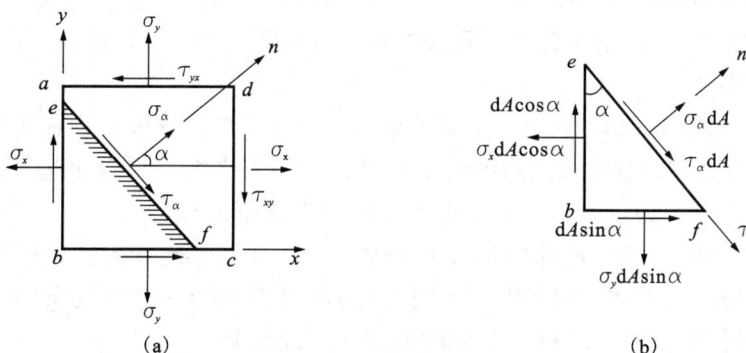

图 4-2 二向应力状态单元体受力分析

利用截面法沿截面 ef 将图 4-2(a)所示单元切成两部分，取其左边三角形部分为研究对象。设 α 面的面积为 dA，则 X 面和 Y 面的面积分别为 d$A\cos\alpha$ 及 d$A\sin\alpha$。研究对象的受力情况如图 4-2(b)所示。该部分沿 α 面的法向及切向的力平衡方程分别为：

$$\sum F_n = 0, \ \sigma_\alpha dA + (-\sigma_x\cos\alpha + \tau_{xy}\sin\alpha)dA\cos\alpha + (-\sigma_y\sin\alpha + \tau_{yx}\cos\alpha)dA\sin\alpha = 0$$

$$\sum F_\tau = 0, \ \tau_\alpha dA + (-\sigma_x\sin\alpha - \tau_{xy}\cos\alpha)dA\cos\alpha + (\sigma_y\cos\alpha + \tau_{yx}\sin\alpha)dA\sin\alpha = 0$$

由此得

$$\sigma_\alpha = \frac{\sigma_x + \sigma_y}{2} + \frac{\sigma_x - \sigma_y}{2}\cos2\alpha - \tau_{xy}\sin2\alpha \tag{4-1}$$

$$\tau_\alpha = \frac{\sigma_x - \sigma_y}{2}\sin2\alpha + \tau_{xy}\cos2\alpha \tag{4-2}$$

式(4-1)和式(4-2)即为二向应力状态斜截面上应力的计算公式。它表明，任意一个单元体上的任意斜截面上的应力只与方位角有关，或者说，所有平行斜截面上的应力是相同的。利用该公式可由已知应力 σ_x、σ_y、τ_{xy} 计算任意 α 斜截面上的应力 σ_α 和 τ_α。各量的正负号规定如下：方位角 α 从横截面外法线 x 方向逆时针转到 α 面外法线 n 上的 α 角为正；正应力以拉应力为正，压应力为负；切应力以使微元体产生顺时针方向转动趋势为正，反之为负。

4.1.2 应力极值

式(4-1)和式(4-2)表明，斜截面上的正应力 σ_α 和切应力 τ_α 都是 α 的函数，随截面方

位角 α 的变化而变化。因此，将式(4-1)和式(4-2)分别对 α 求导数，并令导数等于零，可得到斜截面上正应力和切应力取得极值时的方位角和极值本身，结果如下。

当 σ_α 达到极值时截面方位角 α 对应的值用 α_0 表示，则

$$\tan 2\alpha_0 = -\frac{2\tau_{xy}}{\sigma_x - \sigma_y} \qquad (4-3)$$

正应力的极值为

$$\left.\begin{array}{c}\sigma_{\max}\\\sigma_{\min}\end{array}\right\} = \frac{\sigma_x + \sigma_y}{2} \pm \sqrt{\left(\frac{\sigma_x - \sigma_y}{2}\right)^2 + \tau_{xy}^2} \qquad (4-4)$$

式中：根号前取"+"时得 $\sigma_{\max}$，取"-"时得 $\sigma_{\min}$。

式(4-3)和式(4-4)表明，$2\alpha_0$ 在 $0° \sim 360°$ 内有两个根，并且相差 $180°$，因此，α_0 有两个根，并且相差 $90°$。这就是说有相互垂直的两个斜截面，其中一个面上正应力是极大值，另一个面上的是极小值。

将 $\alpha = \alpha_0$ 代入式(4-2)时，可得到对应的切应力 $\tau_{\alpha_0} = 0$。这就是说在正应力取得极值的截面上，切应力必为零，即正应力的极值便是单元体的主应力。为方便起见，将主单元体上的三个主应力可分别记为 σ_1、σ_2、σ_3。对于二向应力状态，$\sigma_2 = 0$。

将式(4-4)中的 $\sigma_{\max}$ 和 $\sigma_{\min}$ 值相加，可得到 $\sigma_{\max} + \sigma_{\min} = \sigma_x + \sigma_y$。这说明对于同一个点所截取的不同方位的单元体，相互垂直平面上的正应力之和是一个不变量。

当 τ_α 达到极值时截面方位角 α 对应的值用 α_1 表示，则

$$\tan 2\alpha_1 = \frac{\sigma_x - \sigma_y}{2\tau_{xy}} \qquad (4-5)$$

切应力的极值为

$$\left.\begin{array}{c}\tau_{\max}\\\tau_{\min}\end{array}\right\} = \pm\sqrt{\left(\frac{\sigma_x - \sigma_y}{2}\right)^2 + \tau_{xy}^2} \qquad (4-6)$$

式中：根号前取"+"时得 $\tau_{\max}$，取"-"时得 $\tau_{\min}$。

式(4-5)和式(4-6)表明，$2\alpha_1$ 在 $0° \sim 360°$ 内有两个根，并且相差 $180°$，因此，α_1 有两个根，并且相差 $90°$。这就是说有相互垂直的两个斜截面，其中一个面上切应力是极大值，另一个面上的是极小值。$\tau_{\max}$ 和 $\tau_{\min}$ 满足切应力互等定理。

将式(4-3)和式(4-5)相乘整理得到 $\tan 2\alpha_0 \tan 2\alpha_1 = -1$。由此可知，$2\alpha_0$ 与 2α 相差 $90°$，即 α_0 与 α_1 相差 $45°$。也就是说，正应力取得极值的方位角与切应力取得极值的方位角相差 $45°$。

将式(4-4)中 $\sigma_{\max}$ 和 $\sigma_{\min}$ 相减并除以2，有 $\dfrac{\sigma_{\max} - \sigma_{\min}}{2} = \sqrt{\left(\dfrac{\sigma_x - \sigma_y}{2}\right) + \tau_{xy}^2} = \tau_{\max}$，即最大切应力等于两个主应力之差的一半。

4.1.3 莫尔(Mohr)圆

二向应力状态也可以用图解的方法分析。图解法简明直观，当采用适当的比例尺时，精度能满足工程实际要求。下面介绍图解法的依据和具体做法。

式(4-1)和式(4-2)表明，σ_α 和 τ_α 都是 2α 的函数，将式(4-1)右边的第一项移到左

边，再两边平方，然后与式(4-2)两边的平方相加，经整理后便可消去 2α，得到下面的关系式

$$\left(\sigma_\alpha - \frac{\sigma_x + \sigma_y}{2}\right)^2 + \tau_\alpha^2 = \left(\frac{\sigma_x - \sigma_y}{2}\right)^2 + \tau_{xy}^2 \tag{4-7}$$

式(4-7)表明，σ_α 和 τ_α 的关系满足圆的方程，圆心坐标为 $\left(\frac{\sigma_x + \sigma_y}{2}, 0\right)$，圆的半径为 $\sqrt{\left(\frac{\sigma_x - \sigma_y}{2}\right)^2 + \tau_{xy}^2}$。该圆称为应力圆或莫尔圆。莫尔圆的具体作法如下。

作一直角坐标系，如图4-3(a)所示，以横坐标轴表示 σ，向右为正；以纵坐标轴表示 τ，向上为正。按应力的比例尺，在横轴上量取 $OA = \sigma_x$，$OA' = \sigma_y$，正值向右，负值向左；以同样的比例尺由 A、A′ 两点以纵轴方向分别量取 $AC = \tau_{xy}$，$A'C' = \tau_{yx}$，正值向上，负值向下；以 AA' 的中点 D 为圆心 $\left[OD = \frac{1}{2}(OA + OA') = \frac{1}{2}(\sigma_x + \sigma_y)\right]$；以 CD 为半径 $\left[CD^2 = AD^2 + AC^2 = \left[\frac{1}{2}(\sigma_x - \sigma_y)\right]^2 + \tau_{xy}^2\right]$ 作圆。圆上 C 点的两个坐标值代表单元体上法线为 x 的平面上的正应力 σ_x 和切应力 τ_{xy}；圆上 C′ 点的两个坐标值代表单元体上法线为 y 的平面上的正应力 σ_y 和切应力 τ_{yx}；CD 线的位置即代表单元体上的 x 轴，以此起始量取 2α 角。此圆即为莫尔圆。

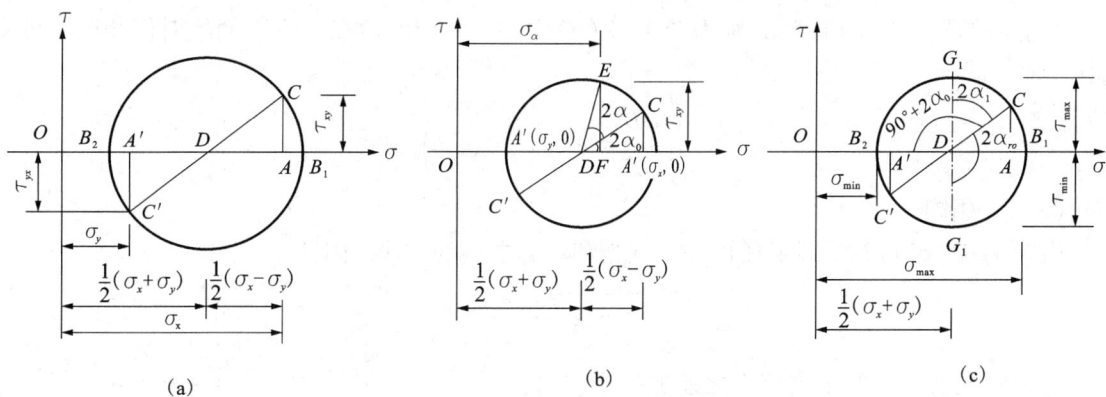

图4-3 莫尔圆及应力图解法

容易证明，欲求任意方位角 α 的斜截面上的应力 σ_α 和 τ_α，只要在圆上自 CD 线起，与 α 角同向，转一圆心角 2α，得到 DE 线，E 点的两个坐标 OF 和 EF 即代表 α 面上的两个应力 σ_α 和 τ_α，即

$$OF = \frac{\sigma_x + \sigma_y}{2} + \frac{\sigma_x - \sigma_y}{2}\cos 2\alpha - \tau_{xy}\sin 2\alpha$$

$$EF = \frac{\sigma_x - \sigma_y}{2}\sin 2\alpha + \tau_{xy}\cos 2\alpha$$

利用应力圆，可以确定应力的极值及其作用面的方位。如图4-3(c)所示，圆上最右的点 B_1 和最左的点 B_2 的横坐标为最大和最小值，而纵坐标等于零。所以，这两点即代表了最大正应力 σ_{max} 和最小正应力 σ_{min}。从图上可得它们的值为

$$OB_1 = OD + DB_1 = \frac{\sigma_x + \sigma_y}{2} + \sqrt{\left(\frac{\sigma_x - \sigma_y}{2}\right)^2 + \tau_{xy}^2}$$

$$OB_2 = OD - DB_2 = \frac{\sigma_x + \sigma_y}{2} - \sqrt{\left(\frac{\sigma_x - \sigma_y}{2}\right)^2 + \tau_{xy}^2}$$

将两式合并写在一起有

$$\left.\begin{array}{c}\sigma_{max}\\\sigma_{min}\end{array}\right\} = \frac{\sigma_x + \sigma_y}{2} \pm \sqrt{\left(\frac{\sigma_x - \sigma_y}{2}\right)^2 + \tau_{xy}^2}$$

式中：根号前取"＋"时得 σ_{max}，取"－"时得 σ_{min}。此即式(4-3)。

由图可知，这两点的纵坐标都等于零。这表明在 σ_{max} 和 σ_{min} 作用的面上，切应力必等于零，这样的平面即为主平面，其上作用的应力 σ_{max} 和 σ_{min} 即为主应力。

现确定主应力作用面的方位。例如，要确定 σ_{max} 作用面的方位角，可以基线 CD 为起点顺时针转到 DB_1 线，即得 $2\alpha_0$ 角，如图4-3(c)所示。根据前面的规定，顺时针为负，所以有

$$\tan 2\alpha_0 = -\frac{CA}{DA} = -\frac{\tau_{xy}}{\frac{\sigma_x - \sigma_y}{2}} = -\frac{2\tau_{xy}}{\sigma_x - \sigma_y}$$

此式与式(4-4)相同。

由图可知，与 α_0 相位差为90°的那个面即为 σ_{min} 的作用面。

切应力的极值 τ_{max} 和 τ_{min} 分别为图4-3(c)中的 G_1 点和 G_2 点。它们的绝对值相同，都等于圆半径，即

$$\left.\begin{array}{c}\tau_{max}\\\tau_{min}\end{array}\right\} = \left\{\begin{array}{c}G_1D\\G_2D\end{array} = \pm\sqrt{\left(\frac{\sigma_x - \sigma_y}{2}\right)^2 + \tau_{xy}^2}\right.$$

与式(4-5)相同。

由图4-3(c)可知，圆半径也等于 σ_{max} 和 σ_{min} 之差的一半，因此

$$\left.\begin{array}{c}\tau_{max}\\\tau_{min}\end{array}\right\} = \pm\frac{\sigma_{max} - \sigma_{min}}{2}$$

即切应力的极值等于两个主应力之差的一半。

欲求极值切应力的作用面的方位角 α_1，可自基线 CD 起逆时针转到 G_1D 线为 $2\alpha_1$，顺时针转到 G_2D 线为 $2\alpha_0 + 90°$。由图可知，最大切应力和最小切应力的作用面与最大主应力作用面相差 $\pm45°$。

由图还可看到，G_1 点和 G_2 点的横坐标均等于 $\frac{\sigma_x + \sigma_y}{2}$。这表明在 τ_{max} 和 τ_{min} 作用的面上，正应力等于任何方位时的两个正应力之和的一半。由图还很容易证明 $\sigma_{max} + \sigma_{min} = \sigma_x + \sigma_y$。

4.2 粉体的摩擦特性

摩擦是两个物体发生相对运动或者具有相对运动趋势时所产生的一种阻力，这种阻力总是沿着两物体接触面的切线方向，指向物体可能或存在运动趋势的相反方向。

前面的应力分析表明，粉体由于外力作用和自身重力作用，可被压缩，在内部产生应力。

正是由于这种内部应力作用，粉体保持了相对稳定的平衡状态。如果外力继续增加，使内部应力超过了应力极值，则粉体的平衡将被破坏，导致粉体崩坏或发生流动。粉体内部任意一点的应力可分解为与某一假想面垂直的正应力和平行的切应力。正应力的作用使粉体在该假想平面的法线方向上被压缩或膨胀，切应力的作用是使粉体沿该假想平面产生层与层间的相对运动或运动趋势。根据牛顿定律可知，当粉体层由于切应力作用存在运动趋势或产生运动时，必存在一种大小相等、方向相反的作用力来阻碍这种运动或运动趋势，这种力就是粉体内部的摩擦力。

粉体的内摩擦是粉体的主要摩擦特性之一，此外，粉体的摩擦特性还包括粉体的安息角、粉体的壁面摩擦、滑动摩擦等。

4.2.1 粉体的内摩擦角

表征摩擦性质的主要参数是摩擦系数或摩擦角。摩擦系数分为静摩擦系数和动摩擦系数，前者是指物体由静止开始滑动时接触面上切向最大静摩擦力与法向正压力的比值，后者是物体在滑动时切向滑动摩擦力与法向正压力的比值。通常情况下，最大静摩擦力大于滑动摩擦力，因此静摩擦系数大于滑动摩擦系数。摩擦角是静摩擦系数的反正切函数值，是切向最大静摩擦力与法向正压力所形成的合力与接触面上法线方向的夹角。通常，采用摩擦角作为静止物体保持自锁（静止状态）的判据，即主动力系（即由能主动使物体运动或产生运动趋势的力形成的力系）的合力与法线方向的夹角小于摩擦角时，物体保持静止，反之，物体就发生运动。下面借助摩擦角的概念来描述粉体内部的摩擦特性。

粉体内摩擦角是指粉体内部从静止开始滑动时所形成的摩擦角，记为 ϕ_i。它表征粉体阻碍内部破坏或滑动的能力，是粉体的一种自然属性。理论上，对于一个内部性质（如密实程度、含水量、粒度组成、成分构成等）均匀的粉体，任意两层之间由静止到滑动时所形成的内摩擦角是一样的，也就是说，对于一个特定的粉体材料，只有一个内摩擦角值。粉体的内摩擦角越大，说明在粉体内部正压力一定的情况下，粉体开始滑动时的最大静摩擦力越大，破坏粉体平衡状态需要的切向外力也越大。粉体的内摩擦与粉体内部应力密切相关，内部切应力促使粉体崩坏或滑动，粉体的内摩擦力阻碍粉体的崩坏或滑动，因此，可以认为粉体的内摩擦力是一个与粉体内部切应力大小相等和方向相反的力。在压应力一定的条件下，当粉体的内部切应力（准确地说，应该是内部切应力与作用面积相乘所得的力）与粉体内部的最大静摩擦力平衡时，粉体不会发生破坏或滑动。

上一节已经介绍了粉体内部的应力与方位角和微单元体侧面上的应力有关[见式(4-1)和式(4-2)]，改变外力往往会改变微单元体侧面上的应力，从而改变内部应力大小；如果外力一定，不同方位角上的应力将不相同。按照摩擦角判断物体自锁的方法可以推断，当粉体内部正应力和切应力的合力与法线方向的夹角小于粉体内摩擦角时，粉体将保持静止平衡，当这一夹角大于或等于小于粉体内摩擦角时，粉体将被崩坏。

假设粉体某一点处正应力为 σ，切应力为 τ，则粉体内部正应力和切应力的合力与法线方向的夹角 ϕ 可表示为 $\tan\phi = \tau/\sigma$。当 σ 一定时，τ 增加将使 ϕ 增加，当 ϕ 增加到与粉体的摩擦 ϕ_i 角相等时，粉体将发生滑动或崩坏。因此，粉体的内摩擦角也可以理解为粉体发生崩坏时粉体内部正应力和切应力所形成的合力与法线方向的最大夹角。

4.2.1.1 三轴压缩试验

三轴压缩试验是土壤强度的标准试验法之一，也可作为粉体内摩擦系数的测定方法。它的基本原理是对静止平衡的堆积粉体不断施加外力，在外力作用下，在粉体内部产生附加应力，当外力继续增加使内部应力超过应力极限时，粉体的平衡状态被改变，即发生堆积粉体崩坏，记录粉体破坏时的外力大小，再利用应力圆可得到粉体的内摩擦角。具体方法是，如图4-4(a)所示，将粉体试料填充在圆筒状橡胶薄膜内，然后放在压力机的底座上，从橡胶薄膜的周围均匀地施加一定的流体压力，并由上方用活塞加压，直到圆柱体破坏。记录水平流体压力和相应的极限铅垂压力。再改变水平流体压力，重复上述过程，便可得到一系列水平流体压力和相应的极限铅垂压力结果。由于上方施加的铅垂压力为最大主应力，周围的水平压力为最小主应力，σ_1达到极限值时，粉体层产生崩坏。表4-1为以砂为例的测定值。

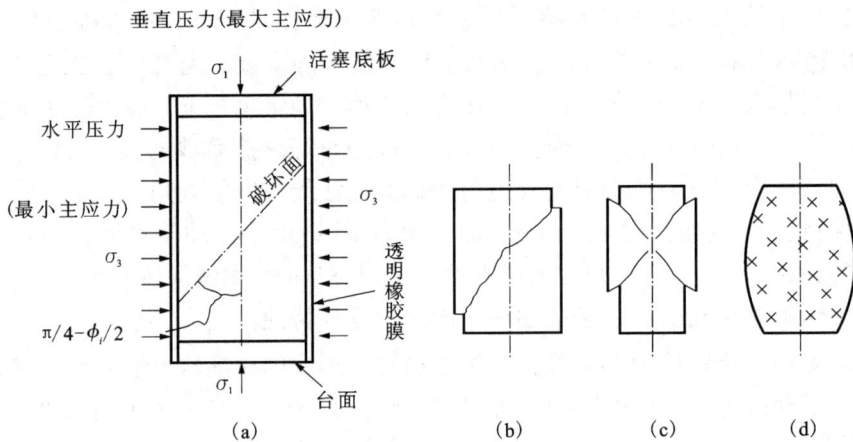

图4-4　三轴压缩试验原理和试料的破坏形式

表4-1　砂子三轴压缩试验测定举例

水平压力 σ_3/Pa	13.7	27.5	41.2
铅垂压力 σ_1/Pa	63.7	129	192

根据粉体内部应力分析方法可知(见本章4.1节)，σ_1相当于正应力极大值σ_{max}，σ_3相当于正应力极小值σ_{min}。按照莫尔圆绘制方法，可得到表4-1数据对应的莫尔圆的圆心坐标和圆半径如表4-2所示。

表4-2　砂子三轴压缩试验举例绘制莫尔圆的圆心坐标和圆半径计算结果

铅垂压力 σ_{max}/Pa	63.7	129	192
水平压力 σ_{min}/Pa	13.7	27.5	41.2
圆心横坐标$(\sigma_{max}+\sigma_{min})/2$/Pa	38.7	78.3	116.6
圆半径$(\sigma_{max}-\sigma_{min})/2$/Pa	25	50.8	75.4

根据表4-2的计算结果，绘制出该试验结果对应的三个莫尔圆如图4-5所示。由于莫尔圆上任意一点的坐标代表在相应的主应力条件下粉体内部不同方位角上的正应力和切应力，因此，若取任意一个莫尔圆上任意一点的坐标(σ, τ)，并假设坐标系中原点与该点的连线与正应力横坐标轴的夹角为ϕ，则有$\tan\phi = \tau/\sigma$，而这一结果正好也是切应力和正应力的合力与所研究平面的法线的夹角正弦值。按照摩擦角判断物体自锁的方法可知，粉体保持静止稳定对应的ϕ最大值是粉体的内摩擦角ϕ_i。而从图4-5可知，过原点作莫尔圆的外切线与正应力横坐标的夹角为ϕ的最大值，因此，它就是粉体的内摩擦角ϕ_i。

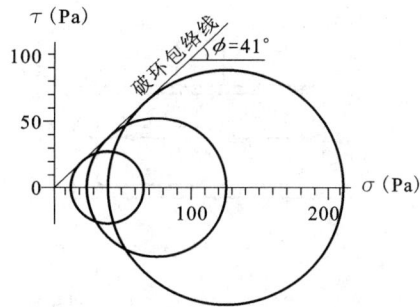

图4-5 三轴压缩试验结果的例子

此外，值得一提的是，这三个莫尔圆有一个过原点的公共外切线。如前所述，粉体内摩擦角是粉体的一种自然属性，理论上，对于一个内部性质(如密实程度、含水量、粒度组成、成分构成等)均匀的粉体，内摩擦角有且仅有一个值。由此可以判断，在图4-5中，过原点作任意一个莫尔圆的外切线与正应力横坐标的夹角都是相同的。理论上，对同一粉体材料所做的实验的所有莫尔圆都只有一条过原点的公共外切线。公共外切线的唯一性与内摩擦角ϕ_i的唯一性是相对应的。需要指出的是，有些粉体由于内部自身的内聚力作用，在正应力为0时，也需要一定的切应力才能破坏，这时公共外切线就不经过原点，但所有莫尔圆有且仅有一条公共外切线。

由于莫尔圆及其公共外切线与粉体的崩坏出现一一对应，习惯上，也将莫尔圆叫做破坏圆，这些圆的切线称为破坏包络线，它与σ轴的夹角ϕ_i称为内摩擦角。当粉体内部正应力和切应力形成的数对正好落在破坏包络线上时，粉体发生崩坏或流动。

4.2.1.2 直剪试验

把圆形盒或正方形盒重叠起来，将粉体填充其中，在铅垂压力σ的作用下，再由上盒[图4-6(a)]或中盒[图4-6(b)]施加剪力，并逐步加大剪力，当达到极限应力状态时，重叠的盒子错动。测定错动瞬时的剪力，求σ和τ的关系。破坏包络线与σ轴之间的夹角ϕ_i亦即内摩擦角。图4-7为测定的例子，数据见表4-3。

表4-3 直剪试验测定举例

垂直应力 $\sigma/(9.8 \times 10^4 \text{ Pa})$	0.253	0.505	0.755	1.01
剪应力 $\tau/(9.8 \times 10^4 \text{ Pa})$	0.450	0.537	0.629	0.718

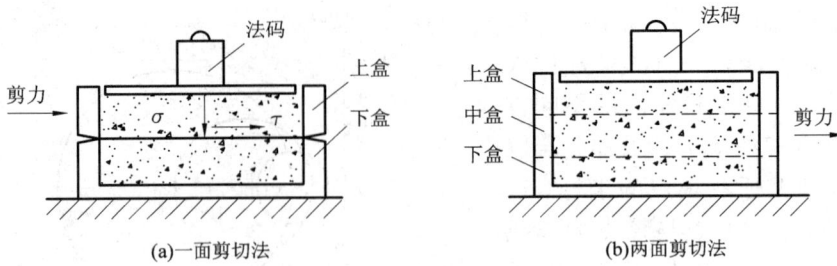

(a)一面剪切法　　　　　　　　　(b)两面剪切法

图 4 - 6　直剪试验

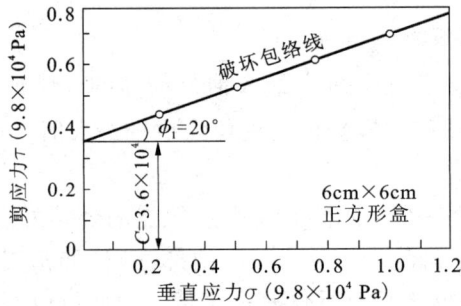

图 4 - 7　剪切试验结果的一例

　　为方便理解，对三轴压缩试验和直剪试验的试验方法和数据处理方法作比较如下：三轴压缩试验是对粉体堆积体进行压缩破坏，所施加的外力为压应力，所得的试验数据为压应力极大值和极小值，以压应力极值数据绘制莫尔圆，再根据莫尔圆绘制破坏包络线，最后得到内摩擦角。直剪试验是对粉体堆积体进行剪切破坏，所施加的外力为剪切力，所得数据为极限压应力和剪切应力数对，并以该数对直接绘制破坏包络线，最后得到内摩擦角。

4.2.1.3　库仑(Coulomb)公式

　　破坏包络线是多个莫尔圆的公切线，因此可以用直线方程表示为

$$\tau = \sigma\tan\phi_i + C = \mu_i\sigma + C \qquad (4-8)$$

式中：C——常数；

　　　　$\mu_i = \tan\phi_i$——内摩擦系数。

　　式(4-8)称为库仑公式。粉体产生滑动或破坏时的切应力和正应力满足式(4-8)时，称这样的粉体为库仑粉体。当粉体的内聚力很小，粉体无附着性时，$C=0$；当粉体的内聚力作用较大时，粉体表现出附着性，$C \neq 0$(见图 4-8)。

　　库仑公式是粉体流动和临界流动的充要条件。当粉体内任一平面上的应力为 $\tau < \mu_i\sigma + C$ 时，粉体处于静止状态。当粉体内某一平面上的应力满足 $\tau = \mu_i\sigma + C$ 时，粉体将沿平面

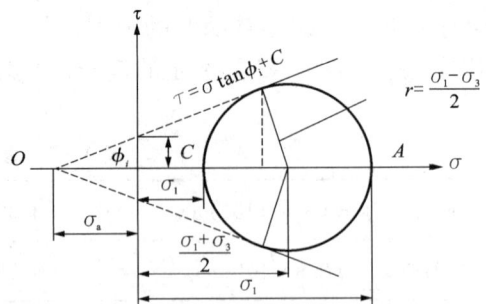

图 4 - 8　库仑粉体

发生移动。而粉体内任一平面上的应力 $\tau > \mu_i\sigma + C$ 的情况不会发生。

当 $C \neq 0$ 时，引入表观对抗强度 σ_a，并且令 $C = \sigma_a\tan\phi_i$，则式(4-8)可写成

$$\tau = (\sigma + \sigma_a)\tan\phi_i \tag{4-9}$$

有的粉体试验得到的破坏包络线，在 σ 值小的区域不再保持直线，而呈下弯曲线。由于 μ_i 为 σ 的函数，因此，将其切线对 σ 轴的斜率作为内摩擦系数，即

$$\mu_i = \frac{\mathrm{d}\tau}{\mathrm{d}\sigma}$$

对于库仑粉体(见图4-8)，设 σ_1、σ_3 分别表示主单元体上的最大主应力和最小主应力，当 $\sigma_a = 0$ 时，有如下关系式：

$$\frac{\sigma_1 + \sigma_3}{2}\sin\phi_i = \frac{\sigma_1 - \sigma_3}{2}$$

经变形处理可得

当 $\sigma_a = 0$ 时，
$$\frac{\sigma_3}{\sigma_1} = \frac{1 - \sin\phi_i}{1 + \sin\phi_i} = \frac{\sqrt{1 + \mu_i^2} - \mu_i}{\sqrt{1 + \mu_i^2} + \mu_i} \tag{4-10}$$

当 $\sigma_a \neq 0$ 时，
$$\frac{\sigma_3 - \sigma_a}{\sigma_1 - \sigma_a} = \frac{1 - \sin\phi_i}{1 + \sin\phi_i} \tag{4-11}$$

4.2.2　安息角

安息角是粉体粒度较粗的状态下由自重运动所形成自由表面与水平面的夹角。安息角也称为休止角，其测定方法有排出角法、注入角法、滑动角法，以及剪切盒法等多种。排出角法是去掉堆积粉体的方箱某一侧壁，残留在箱内的粉体斜面的倾角即为安息角。对于无附着性的粉体而言，安息角与内摩擦角虽然在数值上几近相等，但实质上却是不同的，内摩擦角系指粉体在外力作用下达到规定的密实状态，在此状态下受强制剪切时所形成的角。

由于粉体颗粒的不均匀性以及试验条件的原因，用不同方法测得的安息角数值往往有明显差异，即使是同一方法也可能得到不同的值。

4.2.3　壁面摩擦角和滑动摩擦角

壁面摩擦角是粉体与壁面之间的摩擦角。它的测量方法与剪切试验完全相同，剪切箱体的下箱用壁面材料代替，再拉它上面装满了粉体的上箱，测量拉力即可求得。滑动摩擦角是指将粉体置于某材料制成的板面上，再慢慢使板面倾斜，当粉体开始滑动时，板面与水平面间所形成的夹角。显然，它们属于粉体的外摩擦属性。

4.3　粉体压力计算

4.3.1　詹森(Janssen)公式

液体容器中，液体产生的压力与液体的深度成正比，同一水平面上的压力相等，而且，帕斯卡原理和连通管原理成立。但是，对于粉体容器却完全不同。为此作如下假定：①容器内的粉体层处于极限应力状态；②同一水平面的铅垂压力恒定；③容器内粉体的物性和填充

状态一致,因此内摩擦系数为常数。

图 4-9 表示装满粉体的圆筒容器,取深度 h 处的一薄层厚度为 $\mathrm{d}h$ 的粉体,根据该薄层粉体在铅垂方向的受力平衡,可写出下式:

$$\frac{\pi}{4}D^2 P_V + \frac{\pi}{4}D^2 \rho_B g \mathrm{d}h$$

$$= \frac{\pi}{4}D^2(P_V + \mathrm{d}P_V) + \pi D \mu_w K_a P_V \mathrm{d}h$$

式中:D——容器的直径;

P_V——h 深度处的粉体铅垂压力;

ρ_B——粉体的填充密度;

μ_w——容器壁和粉体间的摩擦系数;

K_a——主动粉体侧压力系数,即水平应力和铅垂应力的比值。

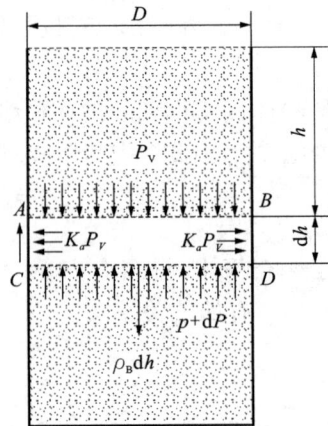

图 4-9 圆筒容器的粉体压力

上式整理后得

$$(D\rho_B g - 4\mu_w K_a P_V)\mathrm{d}h = D\mathrm{d}P_V$$

积分之

$$\int_0^h \mathrm{d}h = \int \frac{\mathrm{d}P_V}{\rho_B g - \frac{4\mu_w K_a}{D}P_V}$$

$$h = -\frac{D}{4\mu_w K_a}\ln\left(\rho_B g - \frac{4\mu_w K_a}{D}P_V\right) + C$$

当 $h = 0$ 时,$P_V = 0$,故得积分常数 $C = (D/4\mu_w K_a)\ln\rho_B g$。

$$h = \frac{D}{4\mu_w K_a}\ln\left(\frac{\rho_B g}{\rho_B g - \frac{4\mu_w K_a}{D}P_V}\right)$$

由此,可得铅垂压力 P_V 的表达式如下:

$$P_V = \frac{\rho_B g D}{4\mu_w K_a}\left[1 - \exp\left(-\frac{4\mu_w K_a}{D}h\right)\right] \tag{4-12}$$

将铅垂压力 P_V 乘上主动粉体侧压力系数 K_a 便可得到水平压力为 $P_h = K_a P_V$。

式(4-12)称为詹森公式。对于棱柱形容器,设横截面积为 F,周长为 U,可用 F/U 置换上式的 $D/4$。

由式(4-12)可知,P_V 按指数曲线变化(见图4-10)。当 $h \to \infty$ 时,$P_V \to P_\infty = \frac{\rho_B D g}{4\mu_w K_a}$,即当粉体填充高度达到一定值后,$P_V$ 趋于常数值,这一现象称为粉体压力饱和现象。例如,$4\mu_w K_a$ 一般为 $0.35 \sim 0.90$。如取 $4\mu_w K_a = 0.5$,$h/D = 6$,则 $P_V/P_\infty = 1 - e^3 = 0.9502$,也就是说,当 $h = 6D$ 时,粉体层的压力已经达到最大压力 P_∞ 的95%。

测定表明,大型筒仓的静压与詹森理论值大体一致,但卸载时压力有显著的脉动,离筒仓下部约 1/3 高度处,壁面受到冲击、反复荷载的作用,其最大压力可达到静压的 $3 \sim 4$ 倍。这一动态超压现象,将使大型筒仓产生变形或破坏,设计时必须加以考虑。

如果粉体层的上表面作用有外载荷 P_0，即当 $h=0$，$P=P_0$ 时，式（4-12）变成

$$P_V = P_\infty + (P_0 - P_\infty)\exp\left(-\frac{4\mu_w K_a}{D}h\right)$$
$$(4-13)$$

可见，此时粉体压力仍按指数曲线变化。

必须指出，上述詹森公式是在假定 K_a 是常数的情况下得到的。德国学者赖姆伯特（Reimbert）假定 K_a 不是常数时，得出了压力分布为双曲线，其理论在筒仓设计中也获得应用。

4.3.2 料斗的压力分布

倒锥形料斗的粉体压力可按詹森法进行推导。

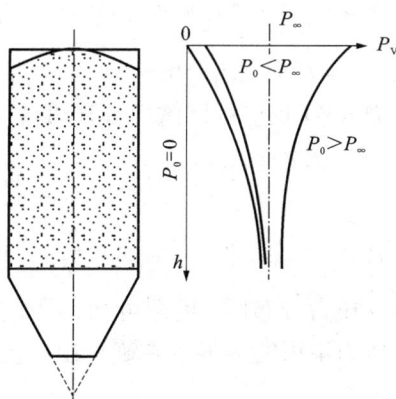

图 4-10 筒仓粉体压力分布

如图 4-11（a）所示，以圆锥顶点为起点，取剖面线部分粉体沿铅垂方向力平衡。设 P_h 和 P_V 分别为粉体的水平压力和铅垂压力，图4-11（b）为 P_h 和 P_V 沿圆锥壁垂直方向的分解图。

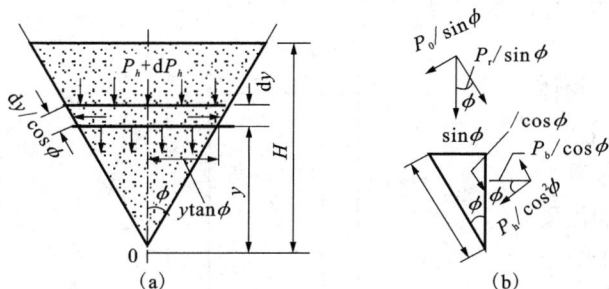

图 4-11 料斗粉体压力的分析

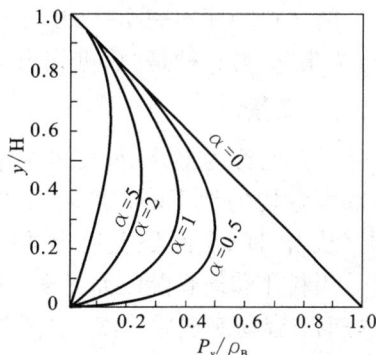

图 4-12 料斗铅垂方向的粉体压力分布

壁面垂直方向单位面积的压力为
$$P_h\cos^2\phi + P_V\sin^2\phi = P_V(K_a\cos^2\phi + \sin^2\phi)$$

沿壁面单位长度的摩擦力为
$$P_V(K_a\cos^2\phi + \sin^2\phi)\mu_w(\mathrm{d}y/\cos\phi)$$

因此，剖面线部分粉体沿铅垂方向的力平衡为
$$\pi(y\tan\phi)^2[(P_V+\mathrm{d}P_V)+\rho_B g\mathrm{d}y] = \pi(y\tan\phi)^2 P_V + 2\pi y\tan\phi\left(\frac{\mathrm{d}y}{\cos\phi}\right)\mu_w(K_a\cos^2\phi + \sin^2\phi)P_V\cos\phi$$

变形后
$$(y\tan\phi)\mathrm{d}P_V + (y\tan\phi\rho_B g)\mathrm{d}y = 2\mu_w(K_a\cos^2\phi + \sin^2\phi)\mathrm{d}yP_V$$

令 $\alpha = \dfrac{2\mu_w}{\tan\phi}(K_a\cos^2\phi + \sin^2\phi)$，进一步整理上式可得 $\dfrac{dP_V}{dy} = -\rho_B g + \alpha\left(\dfrac{P_V}{y}\right)$。

当 $y = H$ 时，$P_V = 0$。

当 $\alpha \neq 1$ 时，解此微分方程可得

$$P_V = \frac{\rho_B gy}{\alpha - 1}\left[1 - \left(\frac{y}{H}\right)^{\alpha - 1}\right] \qquad (4-18)$$

若 $\alpha = 1$，则 $P_V = P_B gy\ln\left(\dfrac{H}{y}\right)$。图 4-12 为 $H = 1$，$\alpha = 0.5$，1，2，5 时按上式计算所得到的料斗压力分布图，由图可知，图中曲线都汇合于原点。实际上，出口有一定大小，因此，出口处压力不可能为零。在确定出口流量时，出口压力是个重要的因素。

4.4 粉体的重力流动

4.4.1 质量流与漏斗流

观测表明，粉体在料仓内的流动顺序与粉体在料仓内的位置、料仓的形式和结构有关，与它们的进料顺序不完全一致。因此，粉体在重力作用下自料仓流出存在两种形式：一种是"先进先出"，另一种是"后进先出"。前者称为质量流，后者称为漏斗流。

4.4.1.1 质量流

质量流也称为整体流，是指料仓内整个粉体层能够大致均匀地下降，最后按照"先进先出"的顺序从出口的全面积上流出的一种重力流动模式。当料斗和筒仓陡峭而光滑，且粉体的流动性良好时，容易实现质量流。发生质量流时，全部物料都处于运动状态，流动通道与料仓壁一致，流动所产生的应力作用在整个料斗和垂直部分的仓壁表面上，如图 4-13 所示。

质量流的优点包括：①避免了粉料的不稳定流动，避免了出现沟流和溢流。②消除了筒仓内的不流动区。③最大限度地减少了存贮期间的结块问题、变质问题或偏析问题。④颗粒料的密度在卸料时是常数，料位差对它没有影响，有利于用容量式供料装置来控制给料和计量。

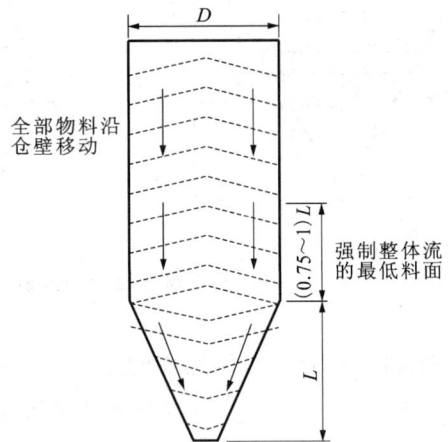

图 4-13 整体流料仓

4.4.1.2 漏斗流

漏斗流是指粉体物料不是整体沿着斗壁流动，而是部分物料形成不流动料堆，另外一部分物料通过不流动料堆中的通道到达出口的流动模式。因此，这种流动有时称为"核心流动"。漏斗流一般发生在平底的料仓中，或者斜度太小或斗壁太粗糙的料斗中。漏斗流的通道常常是圆锥形的，下部的直径近似等于出口有效面积的最大直径，通道自出口处向上伸展时直径逐渐增加，如图 4-14 所示。如果颗粒料在料位差压力下固结时，物料密实且表现出

很差的流动特性，那么，有效的流动通道卸空物料后会形成穿孔或管道，如图 4 - 15 所示。情况严重时，物料可以在卸料口上方形成料桥或料拱，如图 4 - 16 所示。

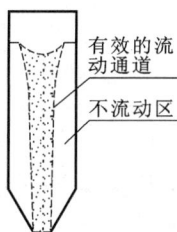

图 4 - 14 漏斗流　　　　图 4 - 15 漏斗流形成的穿孔和管道　　　　图 4 - 16 料桥或料拱

　　漏斗流的流动通道周围的物料可能不稳定，在这种情况下，物料将产生一停一开式的流动、脉动式流动或不平稳流动。然而在卸料频率高时，这种脉冲可以导致结构的损坏。颗粒料连续地从顶表面滑坍下来进入通道，使料仓全部排空。如果颗粒料从顶部加入，同时又从底部卸出，那么进入的颗粒料将立即经过通道出口。因此，漏斗流的料流顺序紊乱，容易出现"后进先出"现象。

　　漏斗流料仓存在以下缺点：①因为料拱的不断形成与破坏，导致出料口的流速不稳定，不便安装容积式给料器控制和计量给料。②料拱或穿孔崩坍时，细粉料可能被充气，影响卸料。③密实应力作用下，不流动区留下的颗粒料可以结块或变质。④料位指示器不能正确指示料仓下部的料位。

　　对于存贮那些不会结块或不会变质的物料，且卸料口足够大，可以防止搭桥或者穿孔现象时，漏斗流可以满足要求。

4.4.2 孔口流出

　　液体自容器底部孔口流出时，质量流出速度与液体高度有关，这是液体孔口流出的基本特性。而粉体则不相同，它自容器底部孔口流出时，质量流出速度与粉体层高度无关。这就是粉体的砂时计原理（见图 4 - 17）。

图 4 - 17 液体和粉体从孔口的流出差别

　　在孔口上部，粉体颗粒间相互挤压形成拱结构，这种拱承受着上部的压力，使拱下面的颗粒的受力与料层的高度无关。拱结构一旦被破坏，新的拱结构又很快形成，拱始终处在不断形成、破坏的动态平衡过程中，并且不阻碍粉体的排出。因此，粉体自孔口流出时与粉体的料层高度无关。这种拱称为动态拱。

　　Brown 等人用高速录像研究了孔口的流出状态，并导出流出速度。观察发现，粉体流出在孔口处存在断面收缩部分，这一现象与水的流出情况基本相同。粉体的质量流出速度可用经验公式计算，经验公式如下：

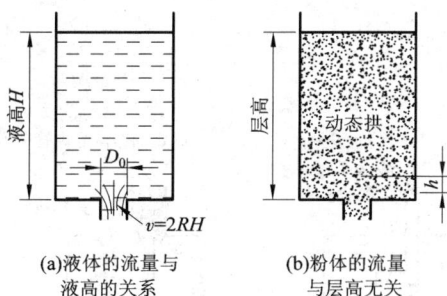

$$\frac{W}{\rho_B} = \alpha D_0^n \tag{4-15}$$

式中：W——粉体的质量流出速度；

ρ_B——粉体的容积密度；

D_0——孔口的直径；

α——与粉体物性（粒径、内摩擦系数等）有关的常数；

n——常数，在 2.5~3.0 之间取值，绝大多数 $n=2.7$。

研究还发现，器壁的影响与容器直径和孔口直径的比值有关，一般当容器直径比孔口直径大 3~6 倍以上时，可忽略器壁的影响；否则，器壁将产生较大的影响。

4.4.3 偏析现象

粉体流动时，由于粒径、颗粒密度、颗粒形状、表面性状等差异，粉体层的组成呈现不均质的现象称为偏析。偏析现象在粒度分布范围宽的自由流动颗粒粉体物料中经常发生，但在粒度小于 70 μm 的粉体物料中很少见到。黏性粉体物料在处理中一般不会发生偏析，但同时包含黏性和非黏性两种成分的粉体物料可能发生偏析。

发生偏析的机理包括多个方面。如粉体流动或振动时细颗粒通过粗颗粒的间隙发生渗漏，导致上下层之间颗粒的粒度组成不一样，上层颗粒粗，下层颗粒细。粉体物料从输送机或斜槽上抛落到料堆的过程中，由于密度或粒度不同，导致颗粒的下落轨迹不同，也会产生偏析。物料在堆积过程中，不同粒度的颗粒冲撞到料堆上产生不同的滚动和滑动，也可能产生偏析。此外，不同成分的物料，由于安息角不同，也常常导致偏析产生。

为防止偏析，可在容器内设置同心状和方格状隔板以减小物料的自由流动距离。另外，可改变投料方法，如采用活动加料管和多头加料管，如图 4-18 所示。对于料仓的出料，可通过改变流动模式，尽可能形成整体流，使物料重新混合，如图 4-19 所示。

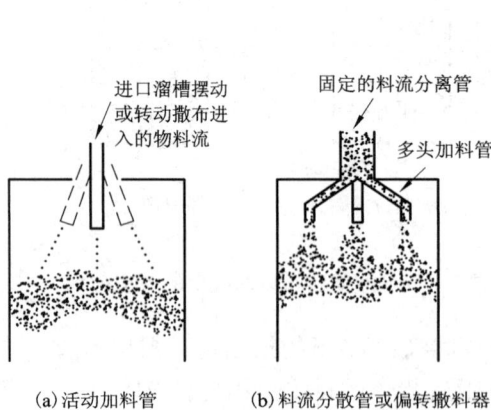

图 4-18 料仓加料时减少偏析装置

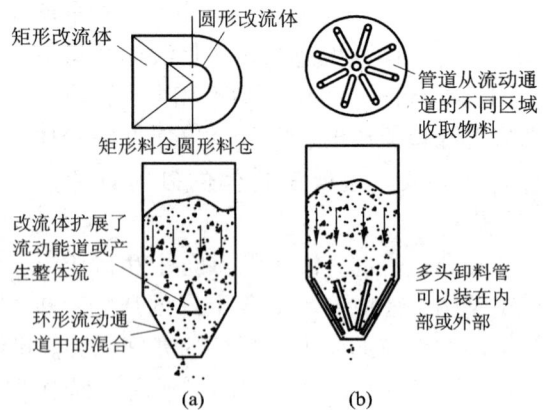

图 4-19 卸料助混装置

4.5 质量流料仓的设计

4.5.1 流动分析使用的特性

4.5.1.1 粉体的屈服轨迹 *YL*

在4.2.1节中指出，库仓粉体的破坏包络线为一直线。然而，许多实验测定结果表明，在低压下真正松散颗粒的破坏包络线与直线偏离相当大，如图4-20所示。该轨迹也不随 σ 值的增加而无限增加，却终止在某个 E 点；该轨迹的位置是物料密实程度的函数。在流动阶段，颗粒塑性范围内的应力可以由点 E 连续的确定。

对于一种自由流动的物料，如干砂子，破坏包络线如图4-21所示。

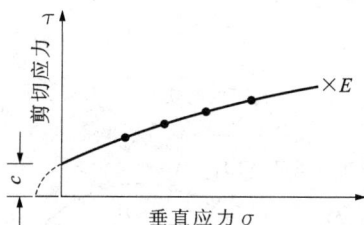

图4-20 黏性粉体的破坏包络线

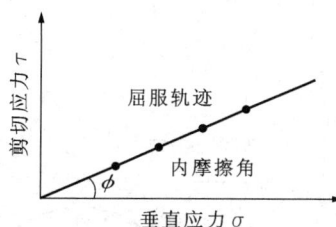

图4-21 自由流动的干砂子的破坏包络线

如图4-22所示，将一组粉体样品在同样的垂直应力条件下预先密实，然后在不同的小于预先密实应力的垂直应力下，对每一个粉体样品进行剪切破坏实验。在这种特殊的密实状

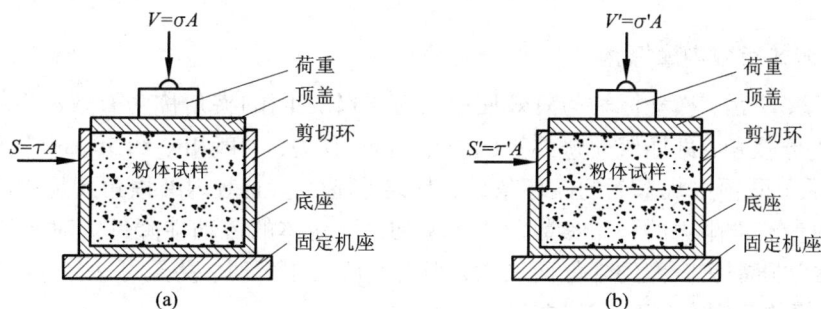

图4-22 在密实应力条件下的剪切试验顺序

态中得到的粉体破坏包络线，称为该粉体的屈服轨迹，如图4-23所示。E 代表预先达到密实状态的初始垂直应力和剪切应力(σ,τ)，E 点称为该屈服轨迹的终点。在小于终点的应力下，所对应的三组破坏点上的应力数值分别为(σ'_1,τ'_1)、(σ'_2,τ'_2)、(σ'_3,τ'_3)。根据所得到的破坏包络线，过密实点 E 作破坏包络线的垂线便可得到垂线与横坐标轴的交点，以此交点为圆心，以密实点 E 和该交点的连线段为半径，就可得到密实点 E 的密实应力圆。根据密实应力圆，可进一步得到密实条件下的最大主应力。其他点的莫尔圆可按相同方法得到。

剪切前把粉体样品密实到不同的垂直
应力等级，就可确定一组屈服轨迹。图
4-24就表示了两个屈服轨迹实验的例子，
$(YL)_a$和$(YL)_b$分别代表在载荷V_a和V_b下
密实所得到的屈服轨迹。

4.5.1.2　粉体的有效屈服轨迹 EYL

如图4-24所示，通过坐标原点作一
条直线与密实应力圆相切，称这条直线为
该粉体的有效屈服轨迹 EYL。显然，如果
破坏包络线为过原点的直线，则有效屈服
轨迹 EYL 与屈服轨迹 YL 重合。当这两条
线不重合时，则这两条轨迹与密实应力圆的交点(切点)不一样。

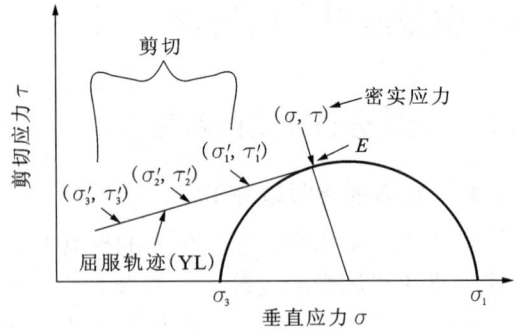

图 4-23　屈服轨迹的建立

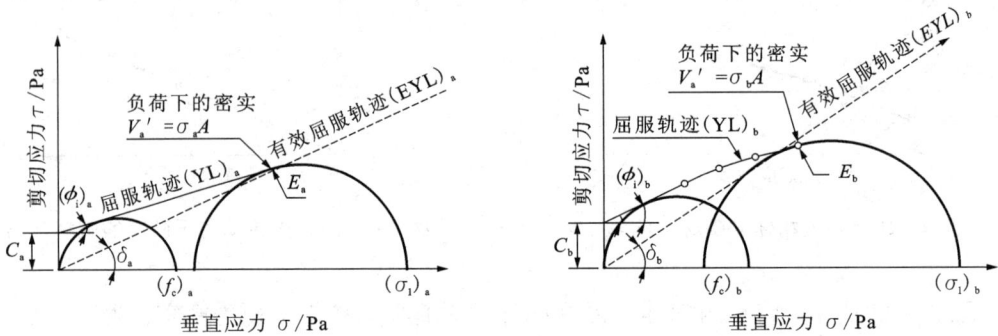

图 4-24　两个不同密实应力条件下的屈服轨迹

4.5.1.3　粉体的有效内摩擦角

如图4-24所示，横坐标轴与有效屈服轨迹 EYL 之间的夹角称为有效内摩擦角 δ。它与
粉体物料的内摩擦角，即屈服轨迹终点的斜率角 ϕ_i 有关，一般相差约5°。也就是说，可以采
用 EYL 来表示不同预压状态下的破坏条件，其误差不大。有效内摩擦角 δ 是粉体物料处于流
动状态时，衡量流动阻力的一个参数。当 δ 增加时，粉体的流动性降低。对于给定的粉体物
料，这个值常常随密实应力的降低而增大，当密实应力很低时，甚至可达到90°。对于大多数
试验物料，δ 值的范围在25°~70°之间。

粉体物料流动时，最大主应力和最小主应力之比可以用有效屈服轨迹函数来表示：

$$\frac{\sigma_1}{\sigma_3} = \frac{1 + \sin\delta}{1 - \sin\delta} \tag{4-16}$$

EYL 可以用下面的方程来定义

$$\sin\delta = \frac{\sigma_1 - \sigma_3}{\sigma_1 + \sigma_3} \tag{4-17}$$

4.5.1.4　粉体的开放屈服强度 f_c

料仓内的粉体因受压力作用，容易产生固结。固结强度除取决于压力之外，还与温度、

湿度以及压力作用的时间有关。如果卸
料口形成了稳定的料拱,该料拱的固结强
度,即物料在自由表面上的强度就称为开
放屈服强度。

如图 4-25(a)所示,在一个筒壁无
摩擦的、理想的圆柱形圆筒内使粉体在一
定的预加垂直压力 σA 作用下压实,然后
取出圆筒,在不加任何侧向支撑的情况

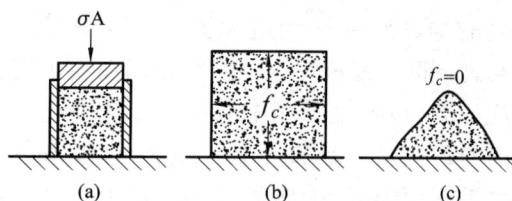

图 4-25 开放屈服强度

下,如果被预压实的粉体试件不坍塌[见图 4-25(b)],则说明其具有一定的密实强度,这一
密度强度就是开放屈服强度 f_c。如果粉体试件坍塌了(见图 4-25(c)),则说明这种粉体的
开放屈服强度 $f_c = 0$。显然,开放屈服强度 f_c 值小的粉体流动性好,不易结拱。

由于开放屈服强度是指物料在自由表面上的强度,而自由表面上的主应力和剪应力均为
零,这就相当于存在一个莫尔圆,这个圆上的最小主应力 $\sigma_3 = 0$,剪应力 $\tau = 0$,那么它的最
大主应力 σ_1 就是 f_c。因此,确定 f_c 的具体做法是,在图 4-24 所示的屈服轨迹图中作一个通
过坐标原点并与屈服轨迹 YL 相切的莫尔圆,该莫尔圆与垂直应力轴的右交点值代表该莫尔
圆中最大的主应力值,该值即为 f_c。在此条件下,将通过与屈服轨迹 YL 终点相切的莫尔圆与
垂直应力轴的右交点值称为与预加应力 σ 对应的固结主应力 σ_1。

4.5.1.5 粉体的流动函数 FF

粉体的流动函数是指固结主应力 σ_1 与开放屈服强度 f_c 的比值,即

$$FF = \frac{\sigma}{f_c} \tag{4-18}$$

FF 表征仓内粉体的流动性,当 $f_c = 0$ 时,$FF = \infty$,即粉体完全自由流动,也就是说,在
一定的固结应力 σ_1 的作用下,所得开放屈服强度 f_c 小的粉体,即 FF 值大者,粉体流动性
好。流动函数 FF 与粉体流动性的关系见表 4-4。

表 4-4 流动函数 FF 与粉体流动性

FF 值	流动性	FF 值	流动性
$FF < 1$	凝结(如过期水泥)	$4 \leq FF < 10$	易流动(如湿砂)
$1 \leq FF < 2$	强附着性、流不动(如湿粉末)	$FF \geq 10$	自由流动(如干砂)
$2 \leq FF < 4$	有附着性(如干的、未过期的水泥)		

4.5.2 粉体流动的判据

Jenike 提出了预测颗粒在料仓内发生重力流动或不流动的判据,即如果颗粒在流动通道
内形成的屈服强度不足以支撑住流动的堵塞料(这个堵塞料以料拱或穿孔的形式出现),那么
在流动通道内将产生重力流动。该判据已经成为正常工程允许的设计基础。

整体流料仓内流动单元的应力变化如图 4-26 所示。假定物料在整体流料仓内流动,物
料连续地从顶部流入,随着一个物料单元体向下流动,它将在料仓内密实主应力 σ_1 的作用

下密实并形成开放屈服强度 f_c。密实应力先增加，在筒仓的垂直底部达到最大值，之后一直减小到零。与此同时，开放屈服强度和作用在料拱支脚处的主应力 $\overline{\sigma}_1$ 也发生如图中所示的相应变化。从图中可以看出，表示开放屈服强度 f_c 和作用在料拱支脚处的主应力 $\overline{\sigma}_1$ 的两条直线相交于一点。按照 Jenike 的重力流动或不流动的判据可以得出，在该点以上，粉体物料强度不够，不能形成料拱，所以物料发生重力流动；相反，在该点以下，粉体物料形成足够的强度支撑料拱，使流动停止。

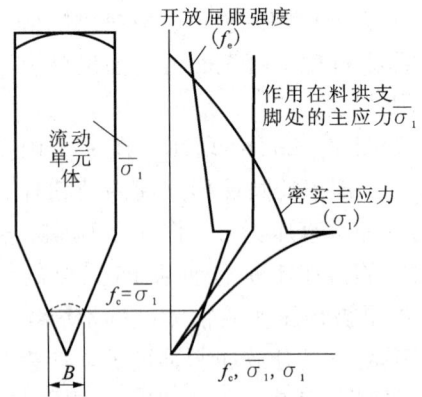

图 4-26 整体流料仓中流动单元的应力

作用于料拱支脚的最大主应力 $\overline{\sigma}_1$（kPa）可以按下式计算，即

$$\overline{\sigma}_1 = \frac{\rho_B B}{H(\theta)} \qquad (4-19)$$

式中：ρ_B——物料容积密度；

B——卸料口宽度；

$H(\theta)$——料斗半顶角 θ 的函数，可按图 4-27 查得或按下式近似计算：

$$H(\theta) = (1+m) + 0.01(0.5+m)\theta \qquad (4-20)$$

其中：m——料斗形状系数；对于轴线对称的圆锥形料斗，$m=1$；对于平面对称的楔形料斗，$m=0$。

物料的开放屈服强度 f_c 可在相应的密实应力条件下通过剪切试验得到（见图 4-24）。因此，Jenike 的重力流动或不流动的判据可表示为：当 $f_c < \overline{\sigma}_1$ 或者 $f_c/\overline{\sigma}_1 < 1$ 时，物料在料仓内形成整体流动，当 $f_c > \overline{\sigma}_1$ 或者 $f_c/\overline{\sigma}_1 > 1$ 时，物料的流动停止。

为了将流动函数 FF 与流动判据联系起来，定义一个与作用于料拱脚的最大主应力 $\overline{\sigma}_1$ 有关的量，称为流动因数 ff，它是料斗内粉体固结主应力 σ_1 与作用于料拱脚的最大主应力 $\overline{\sigma}_1$ 之比，即

$$ff = \frac{\sigma_1}{\overline{\sigma}_1} \qquad (4-21)$$

因为 $FF = \sigma_1/f_c$，$ff = \sigma_1/\overline{\sigma}_1$，所以，Jenike 的重力流动或不流动的判据可以用流动函数和流动因数的关系表示，如图 4-28 所示，即当 $FF > ff$ 或者 $FF/ff > 1$ 时，物料在料仓内形成整体流动；当 $FF > ff$ 或者 $FF/ff < 1$ 时，物料的流动停止。

对于一个选定的粉体物料，它的流动函数是一个固定值，因此，要改善流动性，只有通过合理的设计，降低流动因数 ff 值。流动因数 ff 值越小，料斗的流动条件越好。料斗设计时要尽量获得 ff 值小的料斗。

对于一定形状的料斗，σ_1 及 $\overline{\sigma}_1$ 均同料斗直径成线性关系，由应力分布的理论分析可得

$$ff = \frac{H(\theta)(1+\sin\delta)}{2\sin\theta}(1+m) \qquad (4-22)$$

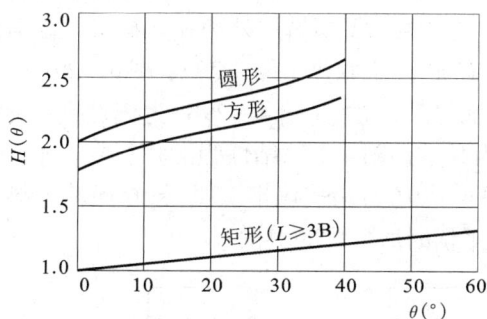

图 4 - 27　料斗半顶角函数 $H(\theta)$

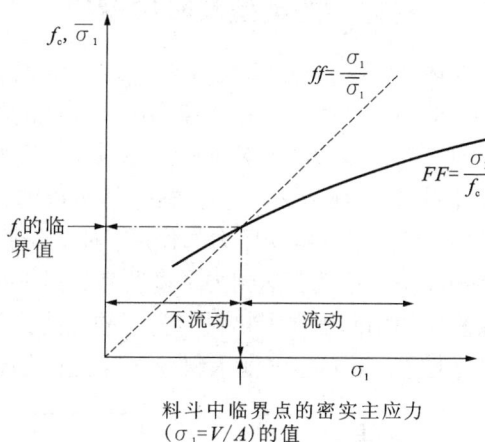

图 4 - 28　流动函数与流动因数的关系

4.5.3　料仓卸料口径的确定

根据 Jenike 的流动判据,结拱的临界条件为

$$FF = ff \tag{4-23}$$

如以 $f_{c,crit}$ 表示结拱时临界开放屈服强度,则可写成

$$\overline{\sigma}_1 = f_{c,crit} \tag{4-24}$$

将式(4-24)代入式(4-19),即得料斗最小卸料口径为

$$B = \frac{f_{c,crit} \cdot H(\theta)}{\rho_B} \tag{4-25}$$

Jenike 理论原则上适用于细粒物料(粒径小于 0.84 mm),因为粗颗粒物料不存在屈服强度。

Langmaid 等提出用下式表示长条形和圆形孔口结拱的极限流出口径:

设 S 为长条形孔口的极限流出口径,D_c 为圆形孔口的极限流出口径,D_{ps} 为比表面积球当量径,ϕ_s、ϕ_V 为表面积和体积形状系数,则

$$S/D_{ps} = 1.8 + 0.037(\phi_S/\phi_V)^{1.8} \tag{4-26}$$

$$D_c/D_{ps} = 2.3 + 0.071(\phi_S/\phi_V)^{1.8} \tag{4-27}$$

对于球,因 $\phi_S/\phi_V = 6$,因此,$S/D_{ps} = 2.8$,$D_c/D_{ps} = 4.1$,对于被粉碎的颗粒(形状不规则)大多 $\phi_S/\phi_V = 10$ 左右,故 $S/D_{ps} = 4.2$,$D_c/D_{ps} = 6.8$。

此外,Фиалков 根据有关成拱形状的 Покровский 理论提出了如下关系式:

$$D_c/D_{ps} = \frac{2\mu_i^2}{1-\mu_i^2}\left(0.5 + \frac{1-\mu_i}{\sqrt{1+\mu_i^2}}\right) \tag{4-28}$$

式中:μ_i——粉体的内摩擦系数。

Kvapil 提出,对于形状规则的颗粒,圆形孔口 $D_c/D_{ps} = 6.15$,边长为 A 的正方形孔口 $A/D_{ps} = 7$。

4.5.4 粉体拱的类型及防拱措施

粉体从卸料口排出时，常常出现结拱现象。根据结拱形成与破坏关系，可分为动态拱和静态拱。动态拱是一个反复连续形成和破坏的结拱，这种结拱不阻碍卸料，而且使得粉体的质量流出速度与粉体高度无关。而静态拱是一种相对稳定的结拱，需要借用外力作用破坏，否则会堵塞卸料口，影响下料。粉体料仓静态拱的类型一般有如下四种(见图4-29)：图4-29(a)为压缩拱：粉体因受料仓压力的作用，使固结强度增加而导致起拱；(图4-29b)为楔性拱：块状物料因粒块相互啮合达到力平衡所致；图4-29(c)为黏结黏附拱：黏结性强的物料在含水、吸潮或静电作用而增强了物料与仓壁的黏附力所致；图4-29(d)为气压平衡拱：料仓回转卸料器因气密性差，导致空气泄入料仓，当上下气压力达到平衡时所形成的料拱。

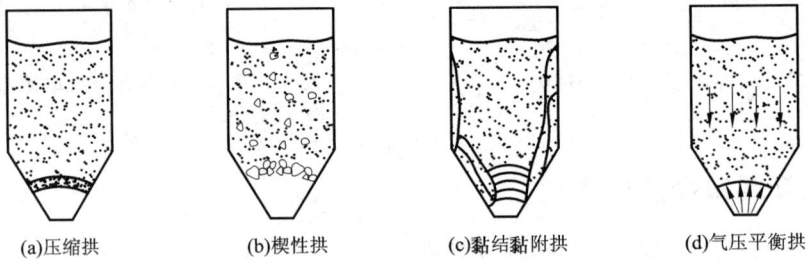

(a)压缩拱　　(b)楔性拱　　(c)黏结黏附拱　　(d)气压平衡拱

图4-29　料仓结拱的类型

防止结拱的措施有三方面途径：①改变料仓的几何形状及其尺寸；②降低料仓粉体压力；③减小料仓壁摩擦阻力。

4.6 压缩流动

粉体压缩是把粉体容积减小，使颗粒填充状态变密的过程。粉体压缩工艺在医药品制剂、燃料、炸药、触媒、粉状食品、粉末冶金、陶瓷、塑料、电器元件等现代工业中获得广泛应用。粉体压缩的方法分静压缩和冲击压缩。用冲头和冲模进行静压缩时，又分单向一面静压缩和上下方向两面静压缩，如图4-30所示。

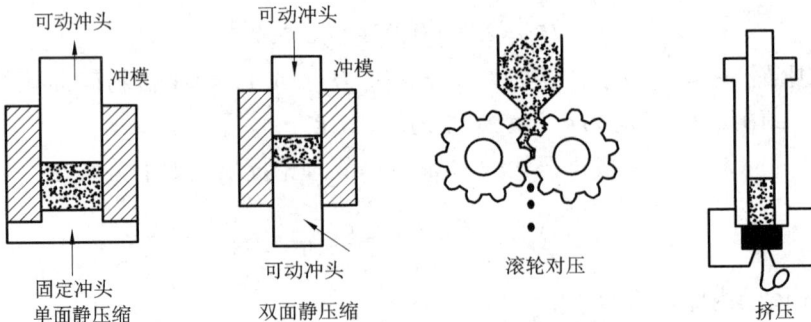

图4-30　压缩流动的例子

4.6.1　压力分布

粉体压缩中的压力分布十分复杂,与施压方法密切相关。如在数量很大的粉体层上置一圆柱体,施加压力时粉体层的压力分布为 Boussinesq 球头形(见图 4-31)。用直径 D 的冲头,压缩厚度为 L 的粉体层时,如上冲头的压力为 P_a,下冲头的压力为 P_b,则有如下关系式:

$$\ln(P_a/P_b) = 4\mu_i K_a L/D \tag{4-29}$$

式中:K_a——粉体侧压力系数;

　　　μ_i——粉体内摩擦系数。

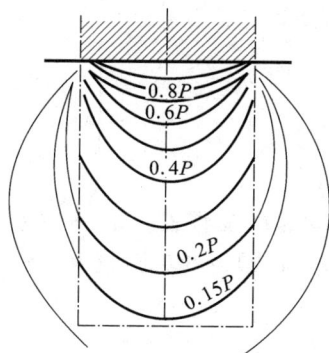

图 4-31　Boussinesq 球头形的压力分布

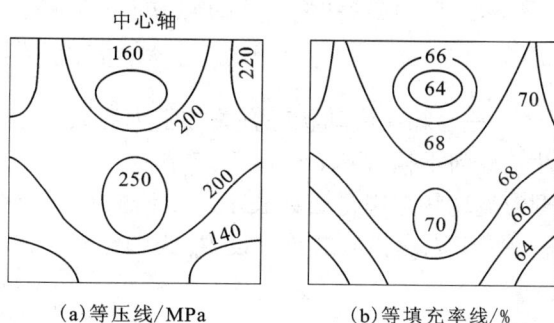

(a)等压线/MPa　　　　(b)等填充率线/%

图 4-32　在直径 5.3 cm 的圆筒中的压力和充填率分布
(以 204 MPa 压缩 $MgCO_3$ 时的情况)

图 4-32 为电阻应变片埋入粉体层所测得的等压线和等填充率线。把 160 g $MgCO_3$ 粉体试料填充到直径 5.3 cm 的模子中,用 50 t 水压机加压至约 200 MPa。为了减少剪力造成的压缩不均匀,模子内壁涂以石墨作润滑剂。由实验结果可知,压缩粉体层的内部压力和填充率并不均匀,粉体层的中部和下部压力最大,因此也就可以确定最密填充形成的部位。

4.6.2　压缩率

地表下面沉积岩的空隙率有如下的 Athy 公式。设 z 为距地表面的深度,ε_0 为地表面上黏土的平均空隙率,ε 为深度 z 处的空隙率,则

$$\varepsilon = \varepsilon_0 \exp(-bz) \tag{4-30}$$

式中:b——压缩常数,在 $3 \times 10^{-4} \sim 3.5 \times 10^{-4}$ 的范围内取值;

　　　ε_0——0.45~0.50,地表下面 1800 m 处,$\varepsilon = 0.05$。

如果压力与深度成正比,则上式可写成如下形式:设 V_0 为压力等于零时的容积,V_∞ 为压缩至空隙率 $\varepsilon = 0$ 时的粉体体积(真体积),V 为压力 P 的容积,因此,$\varepsilon = (V - V_\infty)/V$,则

$$\frac{V - V_\infty}{V} = \frac{V_0 - V_\infty}{V_0} \exp(-b'P) \tag{4-31}$$

式中:b'——常数。

工程上,将压缩至空隙率为零时的体积变化($V_0 - V_\infty$)与压力达到 P 时的体积变化($V_0 - V$)之比称为体积压缩率。

Cooper 提出了体积压缩率与压力之间的关系式如下:

$$\frac{V_0 - V}{V_0 - V_\infty} = a_1 \exp\left(-\frac{k_1}{P}\right) + a_2 \exp\left(-\frac{k_2}{P}\right) \qquad (4-32)$$

式中：a_1，a_2，k_1，k_2——常数。

4.7 粉体颗粒的沉降

4.7.1 颗粒在流体中的运动阻力

由于流体的黏性作用，颗粒在流体中运动时会受到阻力作用。设颗粒与流体的相对速度为 u，颗粒的迎流投影面积为 A，流体的密度为 ρ，则流体阻力 R 为

$$R = CA\frac{\rho u^2}{2} \qquad (4-33)$$

式中：C——与颗粒流动状态有关的阻力系数，与雷诺数大小有关。

此式称为牛顿(Newton)阻力定律。

颗粒流动状态用雷诺数表示。雷诺数是颗粒在流体中运动时所受惯性力和黏性力的比值，是一个无因次相似准数。设 D_p 为颗粒直径，μ 为流体黏度，则颗粒的雷诺数 Re 为

$$Re = \frac{D_p u \rho}{\mu} \qquad (4-34)$$

式(4-33)和式(4-34)说明，颗粒在流体中运动时所受的流动阻力与流体的黏度、流体的密度、颗粒的直径和运动速度有关。

4.7.2 阻力系数和雷诺数的关系

由式(4-33)可知，阻力系数是计算颗粒流体阻力的关键。研究表明，阻力系数与颗粒的流动状态即雷诺数大小密切相关。实验得到球形颗粒的雷诺数值与阻力系数的关系如图4-33所示。

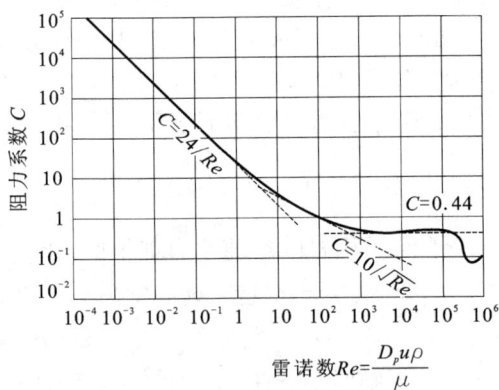

图4-33 球形颗粒的阻力系数和雷诺数的关系

根据雷诺数大小，将颗粒在流体中的运动状态大致划分为层流区(Stokes 区)、过渡区(Allen 区)及湍流区(Newton 区)三个区域，并可按下面公式进行阻力系数近似计算：

层流区(Stokes 区)

$$10^{-4} < Re < 0.3, \quad C = 24/Re \qquad (4-35)$$

过渡区(Allen 区)

$$2 < Re < 500, \quad C = 10/\sqrt{Re} \qquad (4-36)$$

湍流区(Newton 区)

$$500 < Re < 10^5, \quad C = 0.44 \qquad (4-37)$$

此外，还有其他一些计算公式，这里不再一一列举。

4.7.3　颗粒在流体中的沉降速度

假设质量为 m、密度为 ρ_p 的颗粒，在密度为 ρ 的流体中沉降，颗粒所受重力为 G，所受浮力为 F，所受流体阻力为 R，颗粒的沉降速度为 u，沉降时间为 t，沉降加速度为 a，则颗粒在重力沉降时的运动方程式可表示为

$$ma = G - F - R \tag{4-38}$$

或

$$m\frac{\mathrm{d}u}{\mathrm{d}t} = mg - \frac{m}{\rho_p}\rho g - CA\rho\frac{u^2}{2} \tag{4-39}$$

对于球形颗粒，假设颗粒的直径为 D_p，式（4-39）可表示为

$$\frac{\mathrm{d}u}{\mathrm{d}t} = \left(\frac{\rho_p - \rho}{\rho_p}\right)g - \frac{3}{4}Cu^2\left(\frac{\rho}{\rho_p}\right)\frac{1}{D_p} \tag{4-40}$$

由初速为零开始沉降，随着速度 u 逐渐地增加，上式右边第二项亦变大，至 $\frac{\mathrm{d}u}{\mathrm{d}t}=0$ 时，则颗粒进入等速运动状态，这一等速运动的速度称为沉降速度。

当 $\frac{\mathrm{d}u}{\mathrm{d}t}=0$ 时，可得沉降速度 u_m 的一般式为

$$u_m = \sqrt{\frac{4g(\rho_p - \rho)}{3\rho}\left(\frac{D_p}{C}\right)} \tag{4-41}$$

由于流动阻力系数与颗粒在流体的运动状态或者雷诺数值有关，因此，用不同雷诺数值条件下的阻力系数计算式代入式（4-41），就可得到不同流动状态下的沉降速度公式。

在雷诺数较小的层流区或者 Stokes 区，用 $C = 24/Re$ 代入式（4-41），得到颗粒 Stokes 沉降速度公式为

$$u_m = \frac{g(\rho_p - \rho)}{18\mu}D_p^2 \tag{4-42}$$

在湍流区内，用 $C = 0.44$ 代入式（4-41），得到颗粒的牛顿沉降速度公式为

$$u_m = \sqrt{\frac{3g(\rho_p - \rho)}{\rho}D_p} \tag{4-43}$$

在过渡区内，用 $C = 10/\sqrt{Re}$ 代入式（4-41），得到颗粒的沉降速度公式为

$$u_m = \left[\left(\frac{4}{225}\right)\frac{g^2(\rho_p - \rho)^2}{\rho\mu}\right]^{\frac{1}{3}}D_p \tag{4-44}$$

除上述按照流动区域不同，用不同阻力系数直接代入式（4-41）求得沉降速度外，还可以采用下面的一般解法来计算沉降速度，记为 u_m。

因式（4-41）中 C 本身是 u_m 的函数，故不能直接用该式求解。为此采用如下的解法。

由式（4-41）得

$$C = \frac{4g(\rho_p - \rho)}{3\rho u_m^2}D_p \tag{4-45}$$

此式的两边乘以含沉降速度的雷诺数 Re_m 的平方，消去 u_m，则得

$$CRe_m^2 = \left[\frac{4g(\rho_p - \rho)\rho}{3\mu^2}\right]D_p^3 \tag{4-46}$$

式(4-46)的右边可根据物性值来计算，由此可得 CRe_m^2。另外，如以图4-33的数据，在双对数纸上绘出 Re 与 CRe_m^2 的关系，根据 CRe_m^2 求出 Re_m，再由 Re_m 求得 u_m。

需要指出的是，上述关于颗粒沉降的讨论是在一系列假想的理想状态下得到的，如颗粒为规则球形，颗粒沉降时不受器壁和其他颗粒的影响等，也就是所谓的自由沉降。因此，按理想状态得到的颗粒沉降速度与实际沉降速度存在一定的差别。

4.8　粉体颗粒的透过流动

粉体的透过流动是指流体从自由堆积的粉体层中透过的现象。与前面有关粉体的运动不同的是，前述粉体自身运动，而流体作相对运动；在粉体透过流动中流体运动而粉体保持不动，或者粉体作相对运动。在粉体的透过流动过程中，流体要克服粉体的阻力，产生压力降，引起透过前后速度的变化，这种压力降和速度变化的大小与粉体的性质和流动状态密切相关。本节主要介绍粉体透过流动中压力降和速度变化的计算，以及它们的应用。

4.8.1　流体透过的平均流速基本公式

根据流体力学的知识可知，流体在圆管内做层流流动时，流量大小与圆管单位长度的压力降和管直径的四次方成正比。这就是层流管流的 Hagen（哈根）- Poiseuille（泊肃叶）定律。设 Q 为单位时间流量，d 为圆管直径，L 为直管长度，ΔP 为长度 L 间的压力降，则 Hagen - Poiseuille 定律可表达为

$$Q = \frac{\Delta P \pi d^4}{128 \mu L}$$

因圆管的断面面积 $A = \frac{\pi d^2}{4}$，所以可得到管内流体作层流运动时的平均流速 u_c 为

$$u_c = \frac{Q}{\pi(d/2)^2} = \left(\frac{d^2}{32}\right)\left(\frac{\Delta P}{\mu L}\right) \tag{4-47}$$

该式称为 Hagen - Poiseuille 公式。

显然，流体透过自由堆积的粉体层流动时，由于粉体颗粒的形状和堆积方式的影响，流体在粉体层中的流动比在圆管内的流动要复杂得多。

D'Arcy 对通过砂层及砂岩的地下水流动现象做了实验研究，得到下式。设单位时间流量为 Q，黏度为 μ，迎流颗粒层断面面积为 A，颗粒层厚度为 L，压力损失为 ΔP，则平均流速 u 为

$$\frac{Q}{A} = u = k_D \frac{\Delta P}{\mu L} \tag{4-48}$$

式中：k_D——透过率，它是取决于颗粒层物性的一个常数，具有面积的因次。

式(4-48)称为 D'Arcy 公式。

为了将 D'Arcy 式和 Hagen - Poiseuille 式关联起来，Dupuit 假定：颗粒层空隙分布是均匀的，且与流动方向相垂直、厚度无限小层的空隙率等于整个颗粒层的平均空隙率 ε，因此亦可假定任意断面的面积空隙率等于 ε。设粉体层中颗粒间隙的实际流速（实为颗粒任意空隙内的平均流速）为 u_e，颗粒层的空隙率为 ε，流体经过粉体层时平均速度为 u，由于经过粉体层整个断面的流体流量和经过粉体层颗粒间隙的流体流量是一样的，因此，根据 Dupuit 假

定，可得到

$$Au = A\varepsilon u_e$$

故

$$u = u_e\varepsilon \qquad (4-49)$$

式(4-49)为流体透过粉体时的平均速度与在粉体层颗粒间隙中实际速度的关系。

4.8.2　流体透过的 Kozeny – Carman 平均流速和压力降公式

为了应用式(4-49)，对于非圆形断面管引入水力半径，记为 m。水力半径定义为

$$水力半径 = \frac{垂直于液流的管断面}{管的周长} = \frac{管中流体的体积}{与流体相接触的管内表面积} \qquad (4-50)$$

对于圆管而言，它的水力半径 $m = (\pi/4)d^2 L/(\pi dL) = d/4$。所以，$d = 4m$。

Blake 把这一水力半径定义推广到颗粒层上，并用下式定义

$$粉体空隙水力半径\ m = \frac{粉体层中粒子间空隙体积}{粉体层中粒子全部表面积} = \frac{\varepsilon}{S_V(1-\varepsilon)} \qquad (4-51)$$

式中：S_V——单位体积颗粒的比表面积，$S_V = S/V$。

Kozeny 和 Carman 假定粉体层是均一形状通道的集合体，该通道的内表面积和体积分别等于粉体层的全部颗粒表面积和空隙体积，并将该通道称为当量通道。因当量通道是弯曲的，故其实际长度 L_e 比粉体层厚度 L 大($L < L_e$)。将 $d = 4m = \dfrac{4\varepsilon}{S_V(1-\varepsilon)}$ 代入式(4-47)，并将 L 换成 L_e，则可得到流体经过粉体层颗粒间隙的平均流速为

$$u_e = \frac{\varepsilon^2}{2S_V^2(1-\varepsilon)^2}\left(\frac{\Delta P}{\mu L_e}\right) \qquad (4-52)$$

根据式(4-49)，可得粉体层内流体的平均速度 u 为

$$u = \frac{\varepsilon^3}{2S_V^2(1-\varepsilon)^2}\left(\frac{\Delta P}{\mu L_e}\right) \qquad (4-53)$$

式(4-53)应用 Poiseuille 圆管公式计算得到的分母系数为 2；对于非圆管，通常可取分母系数为 k_0，k_0 是取决于通道断面形状的常数，其值列于表4-5，近似值大致为 2.5 左右。

表4-5　k_0 值

管道的断面形状	k_0	管道的断面形状	k_0
圆形(Poiseuille)定律	2.0	长方形(∞:1)	3.0
椭圆(长轴:短轴 = 2:1)	2.13	正三角形	1.67
椭圆(长轴:短轴 = 10:1)	2.45	正心圆	2.0~3.0
正方形	1.78	偏心圆(偏心 < 0.7)	1.7~3.0
长方形(2:1)	1.94	偏心圆(偏心 > 0.7)	1.2~2.0
长方形(10:1)	2.65		

为便于展开，将式(4-53)的分母和分子都乘上 L，得到

$$u = \left(\frac{L}{L_e}\right)\left[\frac{\varepsilon^3}{2S_V^2(1-\varepsilon)^2}\right]\left(\frac{\Delta P}{\mu L}\right) \qquad (4-54)$$

将 L/L_e 称为弯曲率。显然，引入弯曲率时，前述的 Dupuit 假定必须加以修正。事实上，u/ε 代表的是经过颗粒间隙表观流动方向上的流速，并不是真正意义上流体经过颗粒间隙的实际平均流速。由于流速 u/ε 沿表观流动方向通过长度 L 所需时间，等于实际流速 u_e 通过长度 L_e 的弯曲通道所需的时间，即

$$\frac{L_e}{u_e} = \frac{L}{u/\varepsilon} \tag{4-55}$$

故

$$u_e = \left(\frac{u}{\varepsilon}\right)\left(\frac{L_e}{L}\right) \tag{4-56}$$

因而，式(4-54)修正如下，通常把系数写为 k_0，则

$$u = \left(\frac{1}{k_0}\right)\left(\frac{L}{L_e}\right)\left[\frac{\varepsilon^3}{S_V^2(1-\varepsilon)^2}\right]\left(\frac{\Delta P}{\mu L}\right) \tag{4-57}$$

令 $k = \left(\frac{L_e}{L}\right)k_0$，则式(4-57)可写成

$$u = \left[\frac{\varepsilon^3}{kS_V^2(1-\varepsilon)^2}\right]\left(\frac{\Delta P}{\mu L}\right) \tag{4-58}$$

式(4-58)是计算流体透过粉体颗粒层的平均流速公式，称为 Kozeny - Carman 公式，它对 $Re<2$ 的层流状态适用。

Carman 根据许多研究者及其本人的实验值，得出 k 的近似值为 5.0。在特殊条件下，必须充分研究并判断其适应性。k 值取决于颗粒形状和空隙率 ε，尤其在流过纤维层时，k 值往往非常大。

设粉体的颗粒表面积为 S，体积为 V，颗粒的比表面积为 S_v，颗粒的体积当量直径为 D_V，颗粒的比表面积当量直径为 D_{SV}，颗粒的球形度(也称为 Carman 形状系数)为 ϕ，将 $S_V = 6/D_{SV}$ 代入式(4-58)，并令 $k=5.0$，则可得到压力降的计算公式为

$$\begin{aligned} \Delta P &= 5S_V^2 u\mu L\frac{(1-\varepsilon)^2}{\varepsilon^3} \\ &= \left(\frac{180u\mu L}{D_V^2\phi^2}\right)\left[\frac{(1-\varepsilon)^2}{\varepsilon^3}\right] \\ &= \left(\frac{180\,G\mu L}{D_{SV}^2\rho}\right)\left[\frac{(1-\varepsilon)^2}{\varepsilon^3}\right] \end{aligned} \tag{4-59}$$

式中：ΔP——通过粉体层的压力降，Pa；

  Q——单位时间的流量，m^3/s；

  A——垂直于流动方向的粉体层断面积，m^3；

  S_V——粉体的比表面积，m^2/m^3；

  L——粉体层的厚度，m；

  $G = u\rho$——质量流速。

4.8.3　用流体透过法测定粒度

可从 Kozeny - Carman 式求比表面积 $S_V(cm^2/cm^3)$，计算式如下：

$$S_V = 14 \sqrt{\left[\frac{\varepsilon^3}{(1-\varepsilon)^2}\right]\left(\frac{\Delta P}{\mu u L}\right)} \qquad (4-60)$$

$S_W = S_V/\rho_p (\mathrm{cm^2/g})$，比表面积球当量径 $D_{SV} = 6/S_V (\mathrm{cm})$。

Lea - Nurse 法 采用图4-34所示的装置，称取一定质量的同种试样，若把试样填充到一定体积的容器里，其 ε 为常数。设 K 为装置常数，它可用比表面积 S_V 已知的标准试样来确定。K 值确定后，测定比表面积时只要读取流体压力计的读数即可按下式计算：

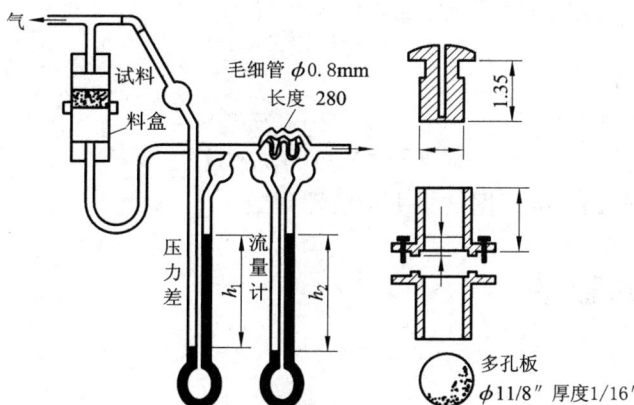

图4-34 Lea - Nurse 测定比表面积用的空气透过装置

$$S_V = 14 \sqrt{\left[\frac{\varepsilon^3}{(1-\varepsilon)^2}\right]\left(\frac{A\rho_1}{\mu C \rho_2 L}\right)} \sqrt{\frac{h_1}{h_2}}$$

$$= K \sqrt{\frac{h_1}{h_2}} \qquad (4-61)$$

式中：h_1——测压力差用的流体压力读数，cm；

h_2——测气体流量用的流量及读数，cm；

ρ——测压力差用的压力计内指示液的密度，$\mathrm{g/cm^3}$；

ρ_2——气体流量计用的指示液的密度，$\mathrm{g/cm^3}$；

A——试料粉体层的断面积，$\mathrm{cm^2}$；

C——流量计常数。

Blaine 法 这是水泥物理检验所采用的方法。采用图4-35的装置，压力计采用黏度和密度较小、没有挥发性、无吸湿性及无毒性的二丁基酞酸盐类物质作指示液。当压力计指示液面上升到刻度 A 时，关闭旋塞，测定液面从 B 下降到 C 时所需时间 t，压差 ΔP 不断变化。设 ρ' 为压力计指示液密度，A 为试料填充小筒的断面积，a 为压力计管道断面积，如液面差 h 处液面下降

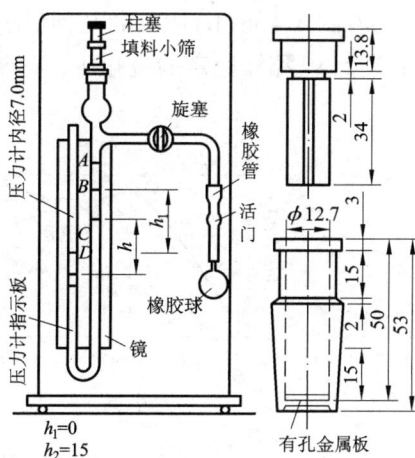

图4-35 Blaine 仪

高度 $\mathrm{d}h/2$ 时所需要的时间为 $\mathrm{d}t$，并设此时因液面下降所置换的空气体积为 $\mathrm{d}v$，则 $\Delta P = h\rho'g$

$$u = \left(\frac{1}{A}\right)\left(\frac{\mathrm{d}v}{\mathrm{d}t}\right) = \left(\frac{1}{A}\right)\left[\frac{a(\mathrm{d}h/2)}{\mathrm{d}t}\right] \tag{4-62}$$

如忽略空气可压缩性，将这些量代入 Kozeny – Carman 式(4 – 58)并积分得

$$-S_V^2 \int_{h_1}^{h_2} \frac{\mathrm{d}h}{2h} = \left(\frac{A\rho'g}{ka\mu L}\right)\frac{\varepsilon^3}{(1-\varepsilon)^2}\int_0^t \mathrm{d}t$$

故

$$S_V = K_{\mathrm{B}} \frac{\sqrt{\varepsilon^3}}{(1-\varepsilon)}\left(\frac{\sqrt{t}}{\sqrt{\mu}}\right) \tag{4-63}$$

式中：K_{B}——装置常数。

$$K_{\mathrm{B}} = \sqrt{\frac{2A\rho'g}{ka\ln(h_1/h_2)L}} \tag{4-64}$$

测定水泥比表面积时，可根据试样决定仪器常数。

4.9 粉体颗粒的悬浮

4.9.1 流化床

利用气流输送或抬升粉体填充层时，随着气流速度的增加，填充层内的粉体可全部处于悬浮状态，这种状况称为颗粒的流态化，整个流态化的粉体层称为粉体流化床。粉体填充层流化过程中气流速度 u 和压力降 ΔP 之间的关系如图 4 – 36(a)所示，其中，$A - B$ 段为固定床状态，$B - C$ 段为 ΔP 缓慢上升阶段，C 点是颗粒群保持相互接触状态的最松排列，超过这点时，不再保持固定床条件，粉体层开始悬浮运动，C 点称为流化开始点。一旦流态化开始，由于粉体层膨胀，空隙率亦增大，所以越过 $C - D$ 后，即使 u 增大，ΔP 却几乎不变。若 u 再增加，稳定的流化床就不存在，且产生沟流和腾涌，结果颗粒被吹起而转化为气力输送状态。流化状态有图 4 – 36(b)所示的几种情况。液体可形成图(b)中(1)所示的流化床，但气体却极难得到像(1)那样稳定的流化床，而如(2)和(3)那样，极易产生气泡。

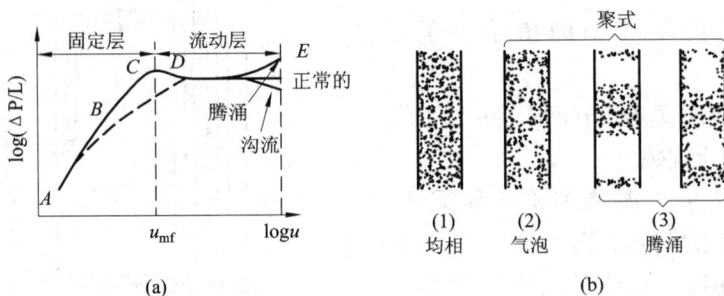

图 4 – 36　流化床的状态变化图

在稳定流化床状态下，粉体浓度的悬浊相呈现出像液体那样的状态。自石油的接触分解上成功地采用流态催化法以来，在许多热分解和催化反应、矿石焙烧，以至最近出现的垃圾

焚烧等方面都得到应用,此外还在干燥造粒等各种固体—流体接触过程中应用。

4.9.2 最小流化速度

粉体只有在一定的速度条件下才能形成流化态。图 4 - 36(a)中 C 点所代表的流体表观流速(空塔流速)称为最小流化速度,用 u_{mf} 表示,其条件是粉体层的自重与 ΔP 平衡。如以 ε_{mf} 表示该状态的空隙率,则可用下式确定 ΔP:

$$\Delta P = L(1 - \varepsilon_{mf})(\rho_p - \rho) \tag{4-65}$$

最小流化速度 u_{mf} 可按下式计算

$$u_{mf} = C_{mf} \frac{D_p^2 g(\rho_p - \rho)}{\mu} \tag{4-66}$$

式中:C_{mf}——最小流化系数。

根据许多数据归纳,$Re = D_p u_{mf} \rho / u$ 和 C_{mf} 之间的关系可由下式表示:

$$Re < 10 \qquad C_{mf} = 6.05 \times 10^{-4} (Re)^{-0.0625} \tag{4-67}$$

$$20 < Re < 6000 \qquad C_{mf} = 2.20 \times 10^{-3} (Re)^{-0.555} \tag{4-68}$$

当 $Re < 10$ 时,将式(4 - 67)代入式(4 - 66)中得到

$$u_{mf} = 8.022 \times 10^{-3} \frac{[\rho(\rho_p - \rho)]^{0.94}}{\rho \mu^{0.88}} D_p^{1.82} \tag{4-69}$$

计算时,先按上式计算 u_{mf}',然后以 u_{mf}' 计算 Re。若 $Re > 10$ 时,则求 u_{mf} 时须乘以图4 - 37所示的 Leva 修正系数。

4.9.3 流体输送

自然界中流体输送的例子很多,如风吹使沙丘移动,水流使河砂搬移。这里介绍的流体输送是指用气流输送粉体的空气输送装置。由于在管道里输送粉体可防止粉尘飞扬,无论工艺流程布置,还是劳动保护都具有其他输送机械所不具备的优点,因此已获得广泛应用。

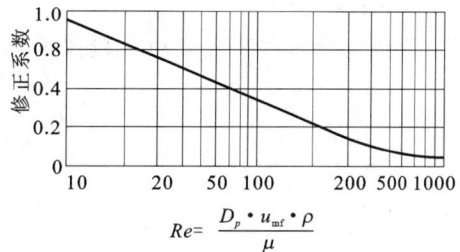

图 4 - 37 Leva 的修正系数

空气输送装置分压送式和吸送式两种。压送式适用于把粉体从一个供料点分配输送到多个供料点的场合,压头损失大,输送能力也大,尤其可作长距离输送。为了在气流中输送粉体,还可用特殊的喷射器。吸送式适用于从多个供料点把粉体输送汇集到一个点的场合,其输送能力比较小,压头损失也小,且吸嘴的构造简单。

流体输送包括垂直输送和水平输送。垂直输送时,颗粒承受的流体阻力与其自重基本保持平衡,过程分析比较简单,而水平输送时影响因素更加复杂。

流体输送设计中需要确定气力输送机所需的动力,因此,压力损失计算是重要的内容。压力损失由下面各项组成:

$$\binom{入口}{损失} + \binom{空气的}{加速损失} + \binom{固体的}{加速损失} + \binom{摩擦}{损失} + \binom{固体悬}{浮损失} + \binom{分离器}{压头损失}$$

这些损失中最难确定的是摩擦损失。Gasterstädt 提出以压损比 β 和固气质量混合比 m 的

函数来表示摩擦损失，即

$$\beta = \frac{(输送粉体时的压力损失)}{(纯空气以同一速度流过同一管道时的压力损失)} \tag{4-70}$$

$$m = \frac{(单位时间固体输送量)M(\text{kg/s})}{(空气的密度)\rho(\text{kg/m}^3) \times (单位时间空气流量)Q(\text{m}^3/\text{s})} \tag{4-71}$$

$$\beta = 1 + k'm \tag{4-72}$$

在风速为 15~27m/s，$m<15$ 的范围内，Gasterstädt 得到 β 和 m 间为线性关系，k' 为 0.25 ~0.5。以输送小麦为例，当 $m=12.5$，风速为 18m/s 时，压力损失是纯空气时的 6 倍。一般取 m 为 1~20 可满足实用要求。

式(4-72)中的 k' 除与 m 有关外，还与风速、输送管道直径及输送粉体的各种物性有关，因此，很难得到一般的计算式。

思考题

1. 什么是莫尔圆？怎样绘制莫尔圆？如何利用莫尔圆直接得到任意斜截面上的应力？

2. 什么是粉体的内摩擦角？比较利用三轴压缩试验法和直剪试验法确定粉体内摩擦角的主要不同有哪些？

3. 什么是料仓内粉体的质量流和漏斗流？两者的主要区别是什么？从工程应用角度出发，质量流的优点和漏斗流的缺点分别是什么？

4. 什么是粉体的屈服轨迹和有效屈服轨迹？如何根据轨迹得到粉体的开放屈服强度和粉体的流动函数？

5. 什么是粉体的透过流动？粉体透过流动法测量颗粒粒度的原理是什么？

第 5 章 粉碎理论与设备

内容提要

粉碎是粉体制备的重要物理方法，粉碎过程的基本特点是：能量消耗大，设备要求高，基建投资和运行费用高，物料的物性参数、设备类型和操作参数对粉碎的结果影响显著，由此进一步影响粉碎产品的性能或者后续加工过程。本章主要介绍粉碎的基本概念、粉碎的机理、粉碎过程的机械力化学效应，以及粉碎设备的基本工作原理和性能。

5.1 粉碎理论

5.1.1 粉碎的基本概念

5.1.1.1 粉碎

固体物料在外力作用下克服颗粒内的内聚力使其粒度减小的过程称为粉碎（comminution）。破坏颗粒的外力包括地球自然营力和人为施加的外力。地球自然营力如地震、泥石流等可以引发山体岩石破碎；人为施加的外力主要包括爆破和机械外力。爆破是从山体上取出岩石以及将大块岩石变成小块岩石的常用粉碎方法之一，在采矿、隧道、建筑等工程实践中获得广泛应用。本书中的粉碎特指针对一定块度下（一般小于 1000 mm）的大块物料采用机械设备使其粒度减小的过程和工艺，即机械粉碎。粉碎应用广泛，如化工、冶金、建材、轻工、能源、食品等许多工业生产部门，大量的固体原料、燃料、半成品和成品都需要经过粉碎，随着粉碎过程的进行，物料的粒度显著减小，比表面积不断增加，有利于物料的搬运、混合、储存等，在某些情况下可以提高物理及化学作用的反应速度。

粉碎设备是实现物料粉碎的机器设备，粉碎效率与被粉碎物料的原始粒度（给料粒度）和产品粒度密切相关，因此，工程实践中根据被粉碎物料的给料粒度以及产品粒度的要求来选择不同型号和规格的粉碎设备。通常，根据被粉碎物料的粉碎程度或者粉碎产物的最大颗粒粒度，将粉碎分为破碎（crushing）和粉磨（grinding）两类处理过程。其中，破碎是指使大块物料碎裂成小块物料的粉碎过程，粉磨是指使小块物料碎裂成细粉末状物料的粉碎过程。由于"大块"和"小块"是一个相对模糊的概念，因此，破碎和粉磨并没有截然的分界粒度，不同行业中破碎和粉磨所指的产品粒度下限并不完全相同。由于粉碎的给料尺寸不同，破碎或粉磨可能需要经过分段多次完成，因此，可将粉碎过程进一步划分，如破碎进一步划分为粗碎、中碎、细碎，粉磨进一步划分为粗磨、细磨和超细磨。有时，人们也将超细磨称为超细粉碎。它们的大致产品粒度如下：

$$
破碎
\begin{cases}
粗碎——将物料粒度减小到 100\ mm\ 左右 \\
中碎——将物料粒度减小到 30\ mm\ 左右 \\
细碎——将物料粒度减小到 3\ mm\ 左右
\end{cases}
$$

$$
粉磨
\begin{cases}
粗磨——将物料粒度减小到 0.1\ mm\ 左右 \\
细磨——将物料粒度减小到 60\ \mu m\ 左右 \\
超细磨——将物料粒度减小到 5\ \mu m\ 或更小
\end{cases}
$$

5.1.1.2 粉碎比

粉碎比是指物料粉碎前的给料粒度 D 与粉碎后产品粒度 d 的比值，常用符号 i 表示，即

$$
i = D/d \tag{5-1}
$$

由于物料粒度可用多种方法表示，如物料的整体粒度分布、最大颗粒粒度、平均粒度或者其他特征粒度等，因此，用不同粒度表示方法得到的粉碎比不同。粉碎比常用的计算方法有三种：第一种是用粉碎前后的颗粒最大粒度计算的粉碎比，由于物料的最大粒度很容易通过试验获得，因此这种粉碎比是最容易计算的，也是最常用的粉碎比。第二种是用粉碎前后物料的平均粒度得到的粉碎比，称为平均粉碎比。由于平均粒度必须建立在已知物料的粒度分布基础之上，且计算中需要考虑物料的密度组成、粒度间距、粒度分布的测定方法等因素，很难获得统一的平均粒度计算结果，因此，平均粉碎比计算比较复杂，实用性不强。第三种是对于破碎机而言，还可简单地用破碎机的最大进料口尺寸除以最大出料口尺寸来计算粉碎比，称为公称粉碎比。因实际破碎时加入的物料尺寸总小于最大进料口尺寸，故破碎机的平均破碎比一般都较公称粉碎比低，前者约为后者的 70% ~ 90%，这在破碎机选型时应特别注意。

粉碎比是进行粉碎设备选型设计和评价粉碎机械粉碎效果的常用指标之一。每一种粉碎机械能所能达到的粉碎比有一定限度，且大小各异。一般地，破碎机的粉碎比为 3 ~ 100；粉磨机的粉碎比较大，一般可达 500 ~ 1000 或更大。由于粉碎设备的给料口和排料口尺寸可以调节，因此，粉碎设备的粉碎比可以在一定范围内变化。

5.1.1.3 粉碎段数

由于每一台粉碎设备在保证粉碎效率前提下的粉碎比是有限的，因此，在给定的给料粒度条件下，依靠一台设备可能难以获得所要求的产品粒度。在这种情况下，往往把两台或更多台粉碎机串联使用，以便最终产品粒度满足设计要求。将粉碎机串联使用的粉碎作业称为多级粉碎或多段粉碎，粉碎机串联的台数称为粉碎级数或段数。需要指出的是，在多级粉碎实践中，必须根据每一台设备在流程中的位置及对应给料粒度来选择设备规格和型号，因此串联使用的粉碎机的型号或规格都不相同。

在多段粉碎中，将原始物料的粒度（即第一台粉碎设备的给料粒度）与最后粉碎产品的粒度（即最后一台粉碎设备的产品粒度）之比称为总粉碎比，记为 i_0。总粉碎比 i_0 与各段粉碎比 i_1, i_2, i_3, …, i_n 之间的关系为

$$
i_0 = i_1 i_2 i_3 \cdots i_n \tag{5-2}
$$

即多段粉碎的总粉碎比为各段粉碎的粉碎比之乘积。

若已知粉碎机的粉碎比，即可根据总粉碎比要求确定合适的粉碎段数。由于粉碎段数增多会使粉碎流程复杂化，设备检修工作量增大，因而在能够满足生产要求的前提下尽可能选

择粉碎段数较少的简单流程。一般破碎和粉磨过程的粉碎段数都单独考虑，它们各自的粉碎段数不超过 4 段。

5.1.2　与粉碎有关的物性

物料的粉碎本质上是材料的断裂和破坏，因此，影响材料断裂和破坏的有关物性是影响物料粉碎的基本物性。此外，由于固体物料的粉碎是针对大量松散的固体颗粒群，因此，这种松散集合体也表现出与一般材料不同的物性。

5.1.2.1　强度

材料的强度是指其抵抗外力破坏的能力，通常以材料破坏时单位面积上所受力的大小来表示，单位为 N/m² 或 Pa。根据破坏方式的不同，材料的强度可分为压缩强度、拉伸强度、扭曲强度、弯曲强度和剪切强度等；按材料内部的均匀性和是否有缺陷分为理论强度和实际强度。一般来说，强度越高，粉碎时所需要的外力就越大，粉碎能耗就越高。

1. 理论强度

理论强度是指在材料完全均质且不含缺陷情况下的强度。它相当于原子、分子或离子间的结合力。由离子间库仑引力形成的离子键和由原子间相互作用形成的共价键的结合力最大，键强一般为 1000 ~ 4000 kJ/mol；金属键次之，为 100 ~ 800 kJ/mol；氢键结合能为 20 ~ 30 kJ/mol；范德华键强度最低，其结合能仅为 0.4 ~ 4.2 kJ/mol。原子间相互作用的引力和斥力如图 5 - 1 所示，作用力大小随其间距而变化，并在一定距离处保持平衡，而理论强度即是破坏这一平衡所需要的能量，可通过能量计算求得。理论强度的计算公式如下：

$$\sigma_{th} = \left(\frac{\gamma E}{a} \right)^{1/2} \tag{5-3}$$

式中：γ——表面能；

　　　E——弹性模量；

　　　a——晶格常数。

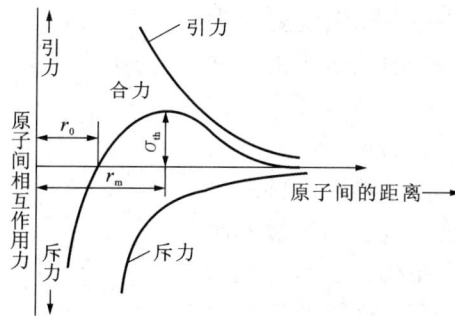

图 5 - 1　原子间距和原子间相互作用力

表 5 - 1 列出了由式(5 - 3)计算的理论强度 σ_{th} 及测定的实际强度 σ_{ex}。此外，在概略计算时，也可采用杨氏弹性模量的 1/10 作为理论强度。

表5-1 材料的理论强度和实际强度

材料	理论强度 σ_{th}/GPa	实际强度 σ_{ex}/MPa
金刚石	200	~1800
石墨	1.4	~15
钨	86	3000(拉伸的硬丝)
铁	40	2000(高张力用钢丝)
氧化镁	37	100
氯化钠	4.3	约10(多结晶状试料)
石英玻璃	16	50(普通试料)

2. 实际强度

完全均质且没有缺陷的材料实际上是不存在的，也就是说所有现实中的材料都是非均质的，都存在无数的缺陷。天然形成的矿石由于形成过程的复杂环境和长期的反复变化，矿石内部的缺陷和非均质性比人工合成材料要严重得多。在外力作用下，材料往往在最薄弱的结合部位或者有缺陷的部位首先发生破坏。因此，材料的实际强度远低于其理论强度，一般情况下，实际强度为理论强度的1/100~1/1000，如表5-1所示。

Griffith对实际强度降低的解释为材料内裂纹的生成和扩展。Griffith认为，材料中的弱结合部好比裂纹，称之为Griffith裂纹，裂纹的大小、形状、方向及数量等是影响强度的主要因素。当外力作用于材料时，材料虽未被破坏，但原有的裂纹被扩展，并且可能产生了新的裂纹；而且由于缺陷的存在，可能在材料表面的一些突出点上造成应力集中。随着外力的反复施加或者外载荷增大，裂纹被进一步扩展，应力集中继续加剧，当超过材料自身的应力极限时，材料将发生破坏。

在测量材料的实际强度过程中，试样的尺寸、加载速度及测量时材料所处的介质环境等测定方法和条件都影响测量结果。就试样的尺寸而言，对于同一材料，小尺寸时的实际强度要比大尺寸时大(见图5-2)，这一现象称为强度的尺寸效应。例如，粒径为50 μm的硅石球压坏强度约为其直径2 cm时的40倍；长石为同一粒径比时，约大34倍。强度的尺寸效应可解释为材料的尺寸越大，含裂纹缺陷的概率或者裂纹的数量就越大，因此材料的强度就越小。加载速度影响变形阻抗，对材料的加荷速度增大时，材料的变形阻抗也增大，其破坏应力(强度)增大。这是由于材料本身兼备弹性性质和延展性质的缘故，即在加荷速度低的场合，材料的延展性易于表现出来；而加荷速度快的场合则易于呈现弹性性质。关于测量时材料所处的介质环境的影响，直径为2 cm

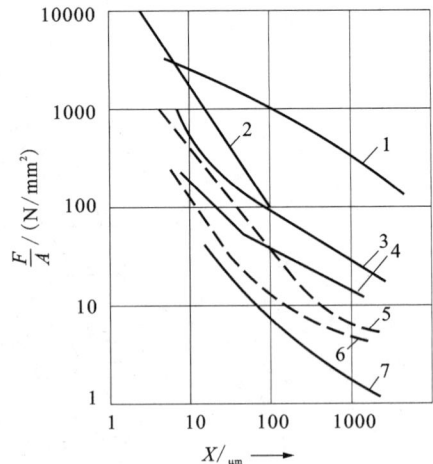

图5-2 材料强度与颗粒粒度的关系
1—玻璃球；2—碳化硼；3 水泥熟料；
4—大理石；5—石英；6—石灰石；7—烟煤

的硅石在水中的抗张强度比在空气中减小12%，长石在相同的情形下减小28%。

5.1.2.2　硬度

硬度表示材料抵抗其他物体刻划或压入其表面的能力，也可理解为在固体表面产生局部变形所需的能量。这一能量与材料内部化学键强度以及配位数等有关。

硬度的测定方法有刻划法、压入法、弹子回跳法及磨蚀法等，相应地有莫氏硬度（刻划法）、布氏硬度、韦氏硬度和史式硬度（压入法）及肖式硬度（弹子回跳法）等。硬度的表示随测定方法而不同。一般地，无机非金属材料的硬度常用莫氏（Mohs）硬度表示，分为10个级别，硬度值越大其硬度越高。莫氏硬度值所对应的标准矿物如表5-2所示。表5-3列出了常见矿物的硬度和密度值。

表5-2　划分莫氏硬度标准的矿物

矿物名称	莫氏硬度	晶格能/(kJ·mol^{-1})	表面能/(J·m^{-2})
滑石	1	—	—
石膏	2	2595	0.04
方解石	3	2713	0.08
萤石	4	2671	0.15
磷灰石	5	4396	0.19
长石	6	11304	0.36
石英	7	12519	0.78
黄晶	8	14377	1.08
刚玉	9	15659	1.55
金刚石	10	16747	—

表5-3　一些矿物的莫氏硬度和密度

矿物	密度/(g·cm^{-3})	莫氏硬度	矿物	密度/(g·cm^{-3})	莫氏硬度
石墨	2.1~2.2	1	尖晶石	3.5~4.5	8
石膏	2.3	1.5~2	菱铁矿	3.7~4.9	3.5~4.5
水铝矿	2.35	2.5~3.5	天青石	3.9~4.0	3~3.5
正长石	2.5~2.6	6	孔雀石	3.9~4.1	3.5~4.0
斜长石	2.6~2.8	6~6.5	刚玉	3.9~4.1	9
石英	2.5~2.8	7	闪锌矿	3.9~4.2	3.5~4
方解石	2.6~2.8	2~3	黄铜矿	4.1~4.3	3.5~4
滑石	2.7~2.8	1	独重石	4.2~4.3	3~3.5
白云石	2.8~2.9	3.5~4	金红石	4.2~4.3	6~6.5
菱镁矿	2.9~3.1	4~4.5	重晶石	4.3~4.7	3~3.5

矿物	密度/(g·cm^{-3})	莫氏硬度	矿物	密度/(g·cm^{-3})	莫氏硬度
角闪石	2.9~3.4	5.5~6.5	硫砷铜矿	4.4~4.5	3.5
萤石	3.0~3.2	4	硬锰矿	4.4~4.7	4~6
磷灰石	3.2	5	辉锑矿	4.6~4.7	2
蓝晶石	3.2~3.7	7~7.5	黄铁矿	4.6~4.7	4
菱锰矿	3.3~3.7	3.5~4.5	钛铁矿	4.7	5~6
金刚石	3.5	10	软锰矿	4.7~5.0	3.5~4.5
辉钼矿	4.7~5.0	1~1.5	辉铜矿	5.5~5.8	2.5~3
褐锰矿	4.7~5.0	6~6.5	白铅矿	6.4~6.6	3~3.5
赤铁矿	4.9~5.3	5.5~6.5	黑钨矿	7.1~7.5	5~5.5
独居石	4.9~5.5	5~5.5	方铅矿	7.4~7.6	2.5
针镍矿	5.2~5.6	3~4	钒铅矿	6.8~7.1	3

　　强度和硬度两者的意义虽然不同，但本质上都与内部质点的键合情况有关。破碎愈硬的物料也像破碎强度越大的物料一样，需要越多的能量，如图 5 – 3 所示。

5.1.2.3　韧性和脆性

　　材料的韧性和脆性是对材料进行拉伸或压缩试验中表现出来的力学性质。在拉伸或压缩试验中，材料首先发生弹性变形，这种弹性变形在外力卸载过程中可以消失。当外力继续增大超过弹性变形极限时，材料可能继续被拉伸或压缩但不破坏，且在外力卸载后不会消失，这种变形称为塑性变形。塑性变形就是材料的韧性。显然，材料的塑性变形越大，说明材料的韧性越好。脆性是相对于塑性而言的相反性质。在材料拉伸试验时，材料拉断后所增加的长度与原来长度的比值（即材料延伸率）不小于5%的材料称为韧性材料，而小于5%的材料称为脆性材料。可见，韧性材料是指失效时有明显塑性变形的材料，而脆性材料是指在断裂前没有明显的塑性变形征兆，而突然失效的材料。许多硅酸盐材料如水泥混凝土、玻璃、陶瓷、铸石等都属于脆性材料。

　　韧性材料的抗拉和抗冲击性能较好，而脆性材料抵抗动载荷或冲击的能力较差。

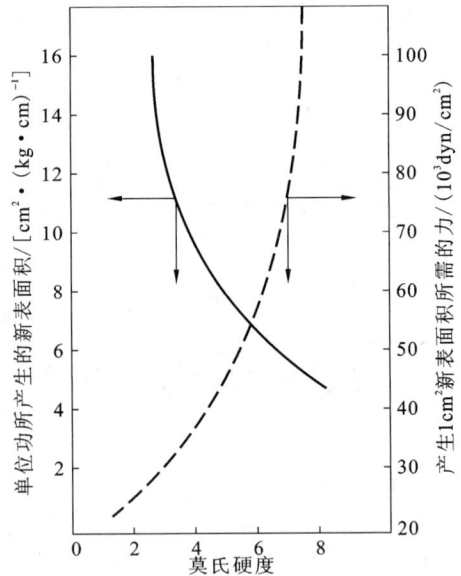

图 5 – 3　硬度与破碎功和破碎力的关系

实线—单位功所产生的表面积与莫氏硬度的关系；
虚线—产生 1 cm^2 的表面积所需的力与莫氏硬度的关系

5.1.2.4　易碎(磨)性

强度、硬度、脆性、韧性都是从材料学角度来考察的被粉碎物料的基本物性，这些物性一般是以独立和标准的块料为试样测定出来的，而粉碎工业过程所处理的对象往往不是这样的标准试样，而是大量形状不规则、粒度不同的块料群或颗粒群，这种料群集合体粉碎的难易程度与独立材料的物性所反映的抵抗破坏和变形的能力不完全一致。因此，引入易碎(磨)性概念。所谓易碎(磨)性即在一定粉碎条件下，将物料从一定粒度粉碎至某一指定粒度所需要的比功耗，即单位质量物料从一定粒度粉碎至某一指定粒度所需的能量，或施加一定能量能使一定物料达到的粉碎细度。材料的易碎(磨)性有许多表征方法，下面介绍两种较为普遍认同的易碎性指标及其试验方法。

1. Bond 粉碎功指数

Bond 粉碎功指数根据测定设备的不同，分为棒磨功指数和球磨功指数。

(1) 棒磨功指数 W_{IR}

表示以棒作为研磨介质时某物料的被磨碎特性，其计算式为

$$W_{IR} = \frac{68.32}{\left[d_{pi}^{0.23} \cdot G_{rp}^{0.625}\left(\dfrac{10}{\sqrt{P_{80}}} - \dfrac{10}{\sqrt{F_{80}}}\right)\right]} \qquad (5-4)$$

式中：W_{IR}——棒磨功指数，$kW \cdot h/t$；

$\qquad d_{pi}$——功指数测定时成品筛孔尺寸，μm；

$\qquad G_{rp}$——棒磨可磨度，即磨机每一转新生成 $-d_{pi}$ 粒级克重数，g/转；

$\qquad F_{80}$、P_{80}——按80%物料通过筛的筛孔尺寸计的给料和产物最大粒度，μm。

试验所用磨机为 $\phi 305 \times 610$ mm 棒磨机，磨机内衬为波纹形，转速为46r/min，相当于转速率为60%，磨机内装入6根直径为31.75 mm和2根直径为44.45 mm的钢棒，钢棒长53.54 mm，总重33.38 kg，钢棒材质为含锰钢90.90 Mn。

对待测物料，在给定的 F_{80}、d_{pi} 条件下测得 G_{rp}(g/转)值和 P_{80} 值，代入上式计算出 W_{IR}。

棒磨功指数的试验步骤如下：

试样准备：每一磨矿粒度 d_{pi} 的试样用量约为5.66 L；试样粒度不大于12.7 mm，大于此粒度的物料应事先破碎，并注意避免产生过细物料。

将试样烘干并测定其松散密度(容重)δ_V(单位为 g/cm^3)和原矿粒度分布。每次试验的试样容积为1250 cm^3，由此可计算出其质量 q_0(g)。

$$q_0 = 1250\delta_V \qquad (5-5)$$

按模拟闭路流程进行试验：试验流程如图5-4所示。

第一周期新给矿量为 q_0，第一周期磨矿时间可预定为30、50或100转，视矿石的软、硬而定；矿石软时预定磨矿时间短些，否则时间长些。以后每一周期补加的新给矿量 q_{0i} 应等于该试验周期磨矿产品的筛下量 q_{ui}。控制循环负荷 $C = 100 \pm 2\%$，使每一周期试验中磨机负荷始终保持 q_0。下一周期的磨矿转数按下式计算：

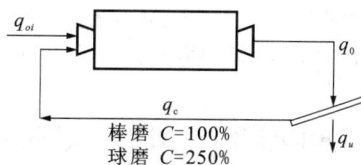

图5-4　功指数测定试验流程图

棒磨 C=100%
球磨 C=250%

$$n_i = \frac{\text{预期筛下量} - \text{本次新给矿中所含筛下量}}{\text{上次} \, G_{rp} \text{值}} = \frac{\dfrac{q_0}{1+C} - \gamma_{pi} q_{0i}}{G_{rp(i-1)}} \qquad (5-6)$$

式中：C——规定的返砂比，$C = 1.0$；

$\quad q_{0i}$——下一试验周期给矿量(等于本周期筛下量)；

$\quad \gamma_{pi}$——原给矿中含有的小于试验筛孔 d_{pi} 的产率(小数)；

$\quad G_{rp(i-1)}$——本周期试验所求得每转新生成的产品克数。

试验中当在规定的 d_{pi} 粒度时，G_{rp} 连续出现 2~3 次稳定值，即认为试验已达稳定，此时

$$q_0 = q_c + q_u$$

而

$$q_c = 1.0 q_{0i} = 1.0 q_u$$

所以

$$q_u = q_0/2 ; \quad q_c = q_0/2$$

计算 G_{rp} 及棒磨功指数 W_{IR}。将筛下产品(即成品)筛析求 P_{80}，将试验平衡时最后 2~3 个周期的 G_{rp} 值加和求其平均值 $\overline{G}_{rp}$，按式(5-4)计算 W_{IR}。

显然，所得的 W_{IR} 值越小，则物料的易碎性越好；反之亦然。

(2)球磨功指数 W_{IB}

表示以球作为研磨介质时某物料的被磨碎特性，是指 $\phi 2.4$ m 溢流型球磨机闭路湿式作业中某一矿石在指定给矿粒度条件下，将该矿石磨至某一要求粒度所消耗的功(折算到磨机传动小齿轮上)，其计算式为

$$W_{IB} = \frac{49.04}{\left[d_{pi}^{0.23} \cdot G_{bp}^{0.82} \left(\dfrac{10}{\sqrt{P_{80}}} - \dfrac{10}{\sqrt{F_{80}}} \right) \right]} \qquad (5-7)$$

式中：W_{IB}——球磨功指数，$kW \cdot h/t$；

$\quad G_{bp}$——球磨可磨度，即磨机每一转新生成 $-d_{pi}$ 粒级克重数，$g/$转；

$\quad d_{pi}$——功指数测定时成品筛孔尺寸，μm；

$\quad F_{80}$、P_{80}——按 80% 物料通过筛的筛孔尺寸计的给矿和产物最大粒度，μm。

试验所用磨机为专门制造的 $\phi 305 \times 305$ mm 功指数球磨机，磨机筒体光滑无衬板。磨机内装球的球径与个数分别为：36.8 mm43 个，$\phi 30.2$ mm67 个，$\phi 25.4$ mm10 个，$\phi 19.1$ mm71 个，$\phi 15.5$ mm94 个，总共 5 种尺寸的球 285 个，质量约 20 kg。

球磨功指数试验程序如下：

试样准备；球磨功指数试验磨矿产品粒度在 0.02~0.6 mm 范围内，给料粒度全部为 -3.35 mm(6 目)。每一产品粒度试验所需试料约为 2.83 L。

最初装矿量为 700 cm³，其质量 q_0(g)按下式计算：

$$q_0 = 700 \delta_V \qquad (5-8)$$

按模拟闭路流程(图 5-4)进行试验：方法与棒磨功指数法类似，但规定循环负荷为 250%，当循环负荷达到 $C = 250 \pm 5\%$，且后 2~3 个周期的 G_{bp} 值相近时，即认为达到平衡。

当平衡时：

$$q_0 = q_c + q_u$$

$$q_0 = 3.5 q_u$$

$$q_u = q_{0i}$$

第一磨矿周期的磨机转数一般定为 100 转，以后每下一周期的转数按式(5－6)计算，但 $C=2.5$，并用 $G_{bp(i-1)}$ 代替 $G_{rp(i-1)}$。

计算 G_{bp} 及球磨功指数 W_{IB}：将筛下产品(即成品)筛析求 P_{80}，将试验平衡时最后 2～3 个周期的 G_{bp} 值加和求其平均值 $\bar{G}_{bp}$，按式(5－7)计算 W_{IB}。

同样，所得的 W_{IB} 值越小，则物料的易碎性越好；反之亦然。

2. Hardgrove 指数

Hardgrove 指数测定仪如图 5－5 所示，它是专用于测定煤和其他一些脆性物料可磨度的仪器。8 只直径 2.54 cm 的球在顶转圆环和底座固定环腔内转动。顶转圆环的载荷为 29 kg，被测物料的给料粒度为 16～30 目(美国标准筛)，给料质量 50 g。顶转圆环旋

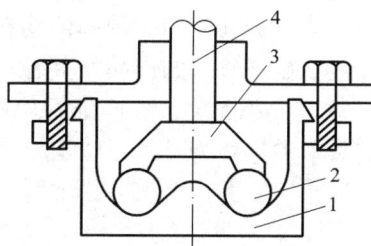

图 5－6　Hardgrove 易磨性测定仪
1—固定底座；2—钢球；
3—顶转圆环；4—驱动轴

转 60 转后，测定 200 目(美国标准筛)的通过物料质量为 W，则 Hardgrove 指数 HG_I 为

$$HG_I = 13 + 6.93W \tag{5-8}$$

HG_I 值越大，易碎性越好。

5.1.3　粉碎功耗理论

粉碎是破坏固体物料内部质点间的键合力的过程，因此，粉碎需要大量的能量。粉碎功耗理论就是从能量消耗方面入手深入了解和认识粉碎过程，研究粉碎输入能量的去向和用途，为粉碎作业的设备选型和开发节能技术提供理论指导。

5.1.3.1　经典粉碎功耗理论

1. Lewis 公式

该式表示颗粒粒度减小所耗能量与粒度的 n 次方成反比。数学表达式为

$$\mathrm{d}E = -k_1 \frac{\mathrm{d}x}{x^n} \tag{5-9}$$

式中：E——粉碎功耗；

　　　x——粒径；

　　　k_1、n——常数。

式(5－9)中的常数 k_1、n 与颗粒尺寸无关，也就是说，无论给料粒度大小如何，破碎所消耗的能量是一样的。而前面已经指出，固体材料存在强度尺寸效应，即材料尺寸越小，强度越大。因此，用 Lewis 式来表示整个粉碎过程的功耗是不确切的。

2. 雷霆格尔(Rittinger)定律——表面积学说

雷霆格尔定律认为，物料粉碎前后的主要变化是物料比表面积增加，而且粉碎比越大，产品粒度越细，新生的表面积和表面能越大。粉碎所输入的功主要用于粉碎过程新增加表面积，因此，粉碎能耗与物料新生表面积成正比。雷霆格尔定律也称为表面积学说，其数学表达式为

$$E = k_r \left(\frac{1}{x_2} - \frac{1}{x_1} \right) \tag{5-10}$$

式中：x_1、x_2——粉碎前后的粒度，可用平均粒度或特征粒度表示；

　　　k_r——与材料性质及粉碎方法有关的雷霆格尔定律常数。

3. 基克(Kick)定律——体积学说

基克定律指出，同一种固体物料无论其大小如何，应力分布是相似的，被破碎的方式也是相似的，被破碎后的产品及其粒度分布特征也是相似的。粉碎的比功耗只取决于粉碎比，而与其块度大小无关，粉碎所需功耗与颗粒的体积或质量成正比。这一定律也称为相似学说，其数学表达式为

$$E = k'_k \lg \frac{x_1}{x_2} \tag{5-11}$$

式中：k_r——与材料性质及粉碎方法有关的基克定律常数；

　　　S_1,S_2——物料粉碎前后的表面积。

其他符号与式(5-10)相同。

4. 邦德(Bond)定律——裂缝学说

邦德定律指出，粉碎发生之前，外力对颗粒所做的功聚集在颗粒内部的裂纹附近，使裂纹扩展形成裂缝，当裂缝发展到一定程度时颗粒即破碎。粉碎能耗与裂纹长度成正比。而颗粒的裂纹长度既与颗粒的体积有关，也与颗粒的表面积有关。因此，粉碎能耗可假定正比于颗粒直径的 2.5 次方。这一定律也称为裂缝学说，其数学表达式为

$$E = k'_b \left(\frac{1}{\sqrt{x_2}} - \frac{1}{\sqrt{x_1}} \right) = k_b (\sqrt{S_2} - \sqrt{S_1}) \tag{5-12}$$

式中：k'_b、k_b——与材料性质及粉碎方法有关的邦德定律常数；

　　　其他符号与式(5-10)、式(5-11)相同。

上面四个理论分别考虑了粉碎前后不同的变化特征，如粒度减小、比表面积增加、体积减小、裂缝扩展导致破坏等。这些变化特征确实是粉碎中的主要变化特征，任何一种粉碎方法和粉碎阶段都可能包含了这些变化特征。但是，在不同的粉碎阶段，由于物料的粒度相差很大，粉碎表现出的主要变化特征不同。如在破碎阶段，颗粒粒度较粗，物料变化的主要特征是单个颗粒体积变化；在超细粉磨阶段，颗粒粒度已经很小，物料变化的主要特征是物料比表面积的增加。因此，上述各个理论分别代表了粉碎过程的某一个阶段。实验表明，粗粉碎时，基克定律较适宜，细磨时雷霆格尔定律较合适，而邦德定律则适合于介于两者之间的情形，它们并不矛盾，且互相补充。而 Lewis 公式是对全部粉碎阶段的一个综合公式。事实上，在 Lewis 公式中，常数 $n=2$ 时积分可得式(5-10)，常数 $n=1$ 时可得式(5-11)，常数 $n=1.5$ 时可得式(5-12)。

5.1.3.2　新的粉碎功耗理论

1. 田中达夫粉碎定律

大量的研究表明，粉碎时间的无限延长并不会使颗粒粒度无限地减小，而是停留在某一极限粒度，当粉碎达到这一极限粒度后再增加粉碎时间，会同时发生颗粒的团聚和破裂，两者速度保持平衡，因此，产品粒度不再发生变化。根据这一事实，田中达夫提出：比表面积增量对功耗增量的比与极限比表面积和瞬时比表面积的差成正比，即

$$\frac{dS}{dE} = K(S_\infty - S) \tag{5-13}$$

式中：S_∞——极限比表面积，它与粉碎设备、工艺及被粉碎物料的性质有关；

　　　S——瞬时比表面积；

　　K——常数，如水泥熟料、玻璃、硅砂的 K 值分别为 0.70，1.0，1.45。

式(5-13)说明，物料越细时，单位能量所能产生的新表面积越小，即越难粉碎。

将式(5-13)积分，当 $S \ll S_\infty$ 时，可得下式

$$S = S_\infty (1 - e^{-kE}) \tag{5-14}$$

式(5-14)相当于 Lewis 式(5-9)中 $n > 2$ 的情形，适用于微细或超细粉碎。

2. Hiorns 公式

英国的 Hiorns 在假设粉碎过程符合雷霆格尔定律及粉碎产品粒度分布符合 Rosin-Rammler 方程的基础上，设固体颗粒间的摩擦力为 k，得出了如下功耗公式

$$E = \frac{k_r}{1-k}\left(\frac{1}{x_2} - \frac{1}{x_1}\right) \tag{5-15}$$

可见，k 越大，粉碎能耗越大。

3. Rebinder 公式

前苏联的 Rebinder 等人提出，在粉碎过程中，固体颗粒粒度变化的同时还伴随着其晶体结构及表面物理化学性质的变化。他们将基克定律和田中达夫定律结合起来，同时考虑了增加表面能 σ、转化为热能的弹性能的储存及固体表面某些机械化学性能的变化，提出了如下功耗公式

$$\eta_m E = \alpha \ln \frac{S}{S_0} + [\alpha + (\beta + \sigma)S_\infty] \ln \frac{S_\infty + S_0}{S_\infty + S} \tag{5-16}$$

式中：η_m——粉碎机械效率；

　　α——与弹性有关的系数；

　　β——与固体表面物理化学性质有关的常数；

　　S_0——粉碎前的初始比表面积。

上述新的功耗理论从极限比表面积角度或能量平衡角度反映了粉碎过程中能量消耗与粉碎细度的关系，而这在几个经典理论中是未涉及的。从这个意义上讲，这些新观点弥补了经典粉碎功耗定律的不足，是对它们的修正。

5.1.4　粉碎过程动力学

粉碎过程动力学研究物料的粉碎速度，即物料中不同粒度级别的质量随粉碎时间的变化规律。

设粗颗粒级别物料随时间的变化率为 $-\dfrac{dQ}{dt}$，影响过程进行速度的因素及其影响程度分别为 A，B，C …和 α，β，γ …，则粉碎速度可用下面的动力学方程表示

$$-\frac{dQ}{dt} = KA^\alpha B^\beta C^\gamma \cdots \tag{5-17}$$

式中：K——比例系数。

$\alpha + \beta + \gamma + \cdots$ 之和为动力学级数，若和值为 0、1、2，则分别称为零级、一级、二级粉碎动力学，其中应用最广泛的是一级动力学。

1. 零级粉碎动力学

粉碎过程中某一粒度的颗粒的生成(或减少)速率为一不变的常数,待粉碎的颗粒量的减少仅与时间成正比,即

$$-\frac{\mathrm{d}Q}{\mathrm{d}t} = K_0 \qquad (5-18)$$

式中:K_0——比例系数。

式(5-18)为 $\mathrm{d}Q$ 零级粉碎动力学的基本公式。

N·阿尔比特等认为,破碎过程中细颗粒的生成速率符合零级粉碎动力学。

2. 一级粉碎动力学

一级粉碎动力学认为,粉磨速率与物料中不合格粗颗粒含量 R 成正比,即

$$-\frac{\mathrm{d}R}{\mathrm{d}t} = K_1 R \qquad (5-19)$$

式中:K_1——比例系数。

将该式积分可得

$$\ln R = -K_1 t + C \qquad (5-20)$$

若 $t=0$ 时,$R=R_0$,则 $C=\ln R_0$,代入上式得

$$\ln R = -K_1 t + \ln R_0 \qquad (5-21)$$

或者

$$\frac{R}{R_0} = \mathrm{e}^{-K_1 t} \qquad (5-22)$$

若以 t 和 $\ln \dfrac{R}{R_0}$ 为横、纵坐标,所得曲线应为一直线。

V·V·阿利夫登(Aliavden)进一步提出了下式

$$\frac{R}{R_0} = \mathrm{e}^{-K_1 t^m} \qquad (5-23)$$

式中:m——与物料均匀性、强度及粉磨条件有关的参数。

显然,m 值越大,R/R_0 越小,所以 R 值越小,即剩余的不合格粒级的含量越小,反映出粉碎速度增加。一般,粉磨初期 m 值较大,后期 m 值较小。粉磨给料粒度较粗时,m 值较大,给料粒度较细时,m 值较小。例如,均匀的石英和玻璃从 10~15 mm 磨至 0.1 mm 时 m 值为 1.4~1.6,变化很小,从 52 μm 磨至 26 μm 时,m 值仅从 1.4 变至 1.3。但粉磨不均匀物料(如石灰石和软煤)时,其后期的粉磨速度较初期明显降低,m 值可降至 0.5~0.6。在一般情况下,m 值多为 1 左右。

3. 二级粉磨动力学

F·W·鲍迪什(Bowdish)提出,在粉磨过程中,应将研磨介质的尺寸分布特性作为粉磨速度的影响因素。在一级粉碎动力学基础上,加上研磨介质表面积 A 的影响,得到了二级粉磨动力学基本公式

$$-\frac{\mathrm{d}R}{\mathrm{d}t} = K_2 A R \qquad (5-24)$$

式中:K_2——比例系数。

介质表面积在一定时间内可认为是常数,所以,将上式积分可得:

$$\ln \frac{R_1}{R_2} = K_2 A (t_2 - t_1) \qquad\qquad (5-25)$$

5.2　粉碎机械力化学

5.2.1　粉碎机械力化学效应与机械力化学

在固体材料的粉碎过程中，除物料粒度变小、比表面积增大外，还常常伴随着材料的结构变化、化学变化及物理化学变化。这种固体物质在各种形式的机械力作用下所诱发的化学变化和物理化学变化称为机械力化学效应。

机械力化学效应包括以下几种情况。

(1)物理变化

颗粒和晶粒的微细化或超细化、材料内部微裂纹的产生和扩展、表观密度和真密度的变化，以及比表面积的变化等。

(2)结晶状态变化

产生晶格缺陷、发生晶格畸变、结晶程度降低甚至无定形化、晶型转变等。

(3)化学变化

含结晶水或羟基物质的脱水、形成合金或固溶体、降低体系的反应活化能并通过固相反应生成新相等。

对于一个体系，如果仅发生上述第一种物理变化而其组成和结构不变，称为机械激活；如果发生了第二或第三种变化，即物质的结构或化学组成也同时发生了变化，则称为化学激活。

利用机械力化学效应可以提高过程速度，改变材料性能，生产特殊产品，某些情况下却需要克服机械力化学效应的不利影响。关于粉碎过程中伴随的机械力化学效应的研究已经逐渐发展成为一门重要的学科分支，即粉碎机械力化学，简称为机械力化学。

5.2.2　粉碎机械力化学作用及机理

5.2.2.1　粉碎平衡

粉碎是一个物料粒度不断减小的过程，在粉碎的不同阶段，由于颗粒的强度尺寸效应以及粉碎过程中物料粒度分布不断变化，致使不同阶段的粉碎速度不同。在粉碎的最初阶段，物料的粒度迅速减小，相应地比表面积增大，粉碎速度很大；粉碎至一定时间后，粒度和比表面积不再明显变化而稳定在某一数值附近。产生这一现象的原因是，由于较长时间的粉碎作用，产生了大量的微细颗粒，这些微细颗粒由于强烈的表面相互作用而发生相互团聚，从而使颗粒尺寸"增大"。这种团聚粒子的反复"破碎"和"增大"都在很短时间内完成，从而消耗了外来粉碎输入能量，使物料整体粒度和比表面积稳定在某一数值。这种粉碎过程中颗粒微细化过程与微细颗粒的团聚过程的平衡称为粉碎平衡。

粉碎平衡出现的位置或达到粉碎平衡所需的粉碎时间既与粉碎设备的工作条件有关，也与物料的物理化学性质有关。一般来说，脆性物料的粉碎平衡出现在微细粒径区域，而塑性材料则出现在较大粒径区域。对于同一种物料，粉碎条件改变时，它出现粉碎平衡的时间也会发生变化。粉碎平衡也是相对的、有条件的，一旦条件发生改变，则将在新的条件下建立新的平衡。

当粉碎达到平衡后，即使继续进行粉碎，颗粒的粒度大小将不再变化，但作用于颗粒的机械能将使颗粒的结晶结构不断破坏，晶格应变和晶格扰乱增大。因此，达到粉碎平衡后，尽管粉体的几何性质不变，但其物理化学性质的变化和内能的增大将使粉体的反应活性提高。

5.2.2.2 晶格结构的变化

粉碎过程中，机械力作用可以导致晶格结构发生两种变化，一种是晶格畸变，另一种是晶型转变。晶体结构的变化，将使物料的物理化学性质也发生变化，主要表现为溶解度增大，溶解速率提高，密度减小(个别情形例外)，颗粒表面吸附能力和离子交换能力增强，表面自由能增大，产生电荷，生成游离基，外激电子发射等。

1. 晶格畸变

晶格畸变是指固体的晶体晶格中的质点不按照严格的点阵结构进行周期性排列，由此造成晶面间距发生变化、晶格缺陷以及形成非晶态结构(无定性结构)等。这些变化可用 XRD (X射线衍射)图谱分析方法发现变化的情况包括原来尖锐的特征衍射峰变得宽化，原来的晶体特征峰完全消失，出现玻璃态物质特征，出现新的物相峰等。

机械粉碎引起晶体结构的无定形化时，无定形的非晶层一般从优先接受能量的颗粒表面开始由表及里逐渐内延。随着粉碎过程的继续进行，非晶层不断增厚，最后导致整个颗粒的无定形化。在此过程中，外部输入能量一部分通过球介质的冲击转化为晶体颗粒内部能量储存起来，使颗粒处于热力学不稳定状态。能量增大的直接结果是颗粒被激活，即活性提高，体系的反应活化能降低。这是颗粒能够在后续的固相反应中显著提高反应速度和反应程度或降低反应温度的主要原因。需要指出的是，颗粒在应力作用下可获得很高的瞬时活性，这种高活性状态的持续时间很短暂($10^{-5} \sim 10^{-7}$ s)，随即快速降低，达到恒定状态。

晶格畸变的宏观物理性质反映则是物料密度的变化。一般来说，表现为密度的减小，如石英转变为无定形 SiO_2 时，其密度从 2.60 g/cm^3 降至 2.20 g/cm^3。

2. 晶型转变

具有同质多晶型矿物材料在常温下由于机械力的作用常常会发生晶型转变，如在 300℃ 下用球磨机粉碎 PbO，粉碎至一定时间后，原黄色 PbO(斜方晶系)的特征峰全部消失，出现红色 PbO(立方晶系)的特征峰。锐钛矿型 TiO_2(四方晶系，晶格常呈双锥形，相对密度3.9，莫氏硬度为 $5.5 \sim 6.0$)经粉碎后可转变为同质多相变体——金红石(四方晶系，晶体常呈柱状或针状，相对密度 $4.2 \sim 4.3$，莫氏硬度为6)。三方晶系的方解石(相对密度为2.7，莫氏硬度为3)粉碎一定时间后可转变为组成相同但晶型为斜方晶系的文石(相对密度2.94，莫氏硬度 $3.5 \sim 4$)，而文石的粉碎产物加热至450℃时又可恢复为方解石结构。$\beta - 2CaO \cdot SiO_2$ 在粉碎中会转化为 $\gamma - 2CaO \cdot SiO_2$，$\gamma - Fe_2O_3$ 在粉碎中会转化为 $\alpha - Fe_2O_3$。

粉碎过程中物质发生晶型转变的原因是：由于机械力的反复作用，晶格内聚集的能量不断增加，使结构中某些结合键发生断裂并重新排列形成新的结合键。

5.2.2.3 机械力作用导致的化学变化

由于机械力作用，使被粉碎物料在表面或局部出现活化点，促使了化学反应的发生。常见的机械力化学反应有脱水反应、机械合金化反应、分解反应、化合反应、置换反应等。

如二水石膏、滑石等固体原料在粉磨一段时间后在低于正常脱水温度条件下都出现脱水反应。有些含有 OH^- 的化合物，如 $Ca(OH)_2$ 和 $Mg(OH)_2$，它们的 OH^- 不大容易脱离，将其单独进行机械粉磨时，变化很少，然而，加入一定量的 SiO_2 后，情况大不相同，都出现结晶水脱去现象。

机械合金化反应(mechanical alloying,MA)是指通过高能球磨过程中机械力作用，合成弥散强化合金、纳米合金以及金属间化合物等。如 Benjamin 首先使用 MA 技术制备出氧化物弥散强化镍基高温合金。Jangg 等将 Al 和炭黑的粉末混合物高能球磨后，再在 550℃ 下挤压成型，获得了 Al/Al_4C_3 弥散强化材料，该复合材料具有低密度、高强度、高硬度、高热阻、良好的变形性及抗过烧等性能。MA 法制备的 Al – Mg 合金及 SiC 颗粒增强的 Al – Cu 基合金具有良好的阻尼性质和高抗腐蚀性能。通过球磨 Al、Ti 粉的混合物，可制备含细而稳定的 Al_3Ti 颗粒的 Al – Ti 复合材料，该材料具有高弹性模量、高温强度高和高延展性等特点。

5.2.2.4 机械力化学反应的机理

关于机械力化学反应的机理，不同研究者提出了许多观点，下面介绍一些较有代表性的观点。

1. 活化态热力学模型

固体物质受到机械力作用时，在接触点处或裂纹顶端产生高度应力集中。这一应力场可以通过多种方式衰减，衰减的方式和速度取决于物料的性质、机械作用的状态(压力与剪应力的关系)及其他有关条件。当机械力作用较弱时，应力场主要通过发热的方式衰减。机械力作用增强至某一临界值时，就会产生破碎，通过颗粒粒度的变化来衰减。如果机械力作用更强，使得形成裂纹的临界时间短于产生这种裂纹的机械作用时间，或受到机械力作用的颗粒的尺寸小于形成裂纹的临界尺寸时，都不会产生裂纹，而会产生塑性变形和各种缺陷的积累。这一过程即为机械活化。

机械活化使得固体材料处于一种热力学和结构上很不稳定的状态，其自由能和熵值较稳态物质高得多，化学反应的表观活化能大为降低，反应速率常数迅速增大。如活化后的白钨矿与苏打作用的活化能可分别由 54.4 kJ/mol 和 50.2 kJ/mol 降至 14.6 kJ/mol 和 12.6 kJ/mol；镍的羰基化反应的活化能甚至可降至 0 kJ/mol。

2. 摩擦等离子区模型

高速冲击形成的机械力作用可使被粉碎物料在微接触点处产生局部高温，温度可达1300 K，这种极短时间和极小空间内的高温可使固体结构遭到破坏，释放出电子、离子，形成等离子区。化学反应即在这些"热点"处进行。等离子区处于高能状态，粒子分布不服从 Boltzman 分布。这种状态寿命仅维持 $10^{-8} \sim 10^{-7}$ s，随后体系能量迅速下降并逐渐趋缓，最终部分能量以塑性变形的形式在固体中储存起来，这一能量变化过程如图 5 – 6 所示。

机械力化学反应的历程可用图 5 – 7 表示。可以看出，无机械力作用时，反应仅以很慢的速度进行；引入机械力作用时，反应速率迅速提高，随后达到稳态。停止机械作用则反应速度迅速下降。

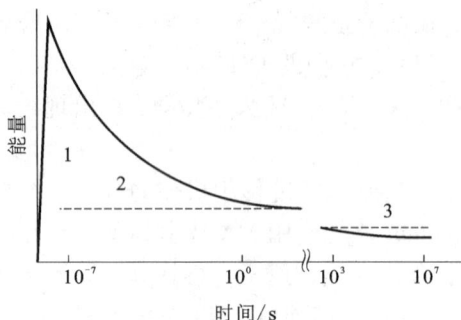

图5-6 活化固体的能量变化示意图
1—摩擦等离子状态；2—高能状态；3—能量储存状态

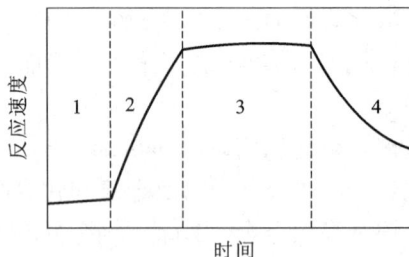

图5-7 机械力化学反应历程示意图
1—无机械活化；2—机械作用诱导期；
3—机械作用下稳定反应；4—停止机械作用反应下降

3. 质子作用模型

图5-8为Mg(OH)$_2$和TiO$_2$粉磨过程中的机械力化学反应机理示意图。图中，A为Mg(OH)$_2$表面上的两个OH$^-$离子；B表示借助于TiO$_2$表面的质子作用使Mg(OH)$_2$脱水，小黑点表示质子；C表示脱水后MgO和TiO$_2$结合起来形成MgTiO$_3$，并分离出H$_2$O分子。

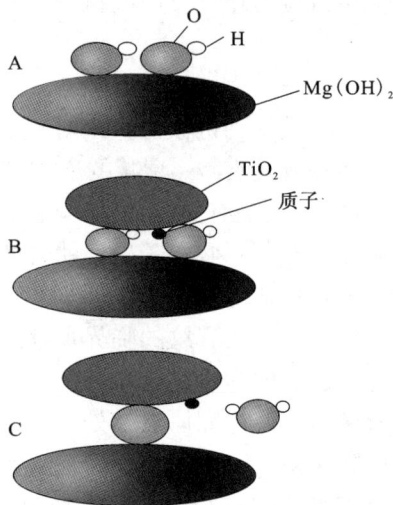

图5-8 Mg(OH)$_2$与TiO$_2$作用形成
MgTiO$_3$的机械力化学
反应机理示意图

5.2.3 机械力化学的应用

5.2.3.1 粉体材料的机械力化学改性

机械力化学改性是通过粉磨等机械方法增强物质表面活性，促使物质与其他物质发生化学反应或相互附着，从而达到表面改性目的的改性方法。机械力化学的改性原理，有两种解释：一是利用物料超细粉碎过程中机械应力的作用激活矿物表面，使表面晶体结构与物理化学性质发生变化，从而实现改性；二是利用机械应力对表面的激活作用和由此产生的离子或游离基引发单体烯烃类有机聚合或使偶联剂等表面改性剂高效附着而实现改性。

机械力化学改性包括机械力化学表面改性、粒-粒包覆改性、机械力化学接枝改性三种改性方法。机械力化学表面改性是指将待改性的粉体材料在改性剂溶液中进行长时间粉磨，实现改性剂在粉体表面的化合或者附着。粒-粒包覆改性是指利用机械粉磨方法将固体细颗粒改性物质(又称膜粒或壁材料)在粗颗粒(又称核粒)表面上的覆盖并改变粗颗粒性质的加工过程。机械力化学接枝改性是以机械粉磨为外部激发条件，将单体烯烃或聚丙烯引入粉体表面的改性方法。

机械力化学改性具有其他表面改性方法所不具备的特点。

（1）高效性

粉磨改性工艺集超细粉碎和表面改性为一体，大大简化了加工工艺，并且可通过调整粉料改性条件，选用适当的工艺流程，使非金属矿物的超细粉碎和表面改性相互促进。粉磨改性充分利用了超细粉碎时的自生热，不需外加热，可节省能源。

（2）非均相反应的区域性

在固体的热传导系数较小时，冲击碰撞的摩擦过程中产生的能量引起局部温度急剧上升，甚至导致出现等离子体。在振动粉磨过程中，碰撞区是粉磨改性的主要区域，这是因为：①碰撞区域温度高，表面改性剂易熔化，增强了表面改性剂的渗透和扩散能力，起到了强制扩散作用；②粒子在碰撞区进一步细化，粉体表面积提高，增大了表面改性剂与粉体的接触面积；③冲击压缩作用缩短了表面改性剂在粉体中的扩散距离；④碰撞区域由于冲击作用强烈，因而在粒子表面产生更多的活化中心。

（3）超细粉碎与表面改性的同步性

在粉碎过程中，一方面，改性物质与粉体粒子在活化点处发生键合或吸附；另一方面，键合或吸附后的粒子表面能降低，减弱了表面电荷或官能团相同的粒子间的团聚倾向，有利于超细粉碎的进行。因而，超细粉碎与表面改性具有同步性。

5.2.3.2　机械力化学法制备合金与新型材料

机械力化学在金属材料加工中的主要应用就是利用 MA 技术制备具有可控制微结构的各种金属材料和金属基复合材料。

MA 技术是 20 世纪 60 年代美国 INCO 公司的 Benjamin 为制备氧化物弥散强化镍基合金而开发的一种材料制备新技术。它主要是用高能球磨方法，通过球与球之间、球与料罐之间的高速高频冲击碰撞使物料粉末产生塑性变形，加工硬化和破碎。这些被粉碎的物料粉末在随后的继续球磨过程中又发生冷焊，再次被破碎。如此反复破碎、混合，使不同组元的原子互相渗入，从而达到合金化的目的。

目前，MA 技术已经用于合成弥散强化合金，制备非晶态和超饱和固溶体亚稳态材料、纳米晶材料和金属间化合物。

与传统的熔炼合金相比，MA 法具有如下特点：①工艺条件简单；②操作成分连续可调；③能涵盖熔炼合金化所形成的范围，且能实现常规熔炼方法很难实现或根本不能实现的系统的合金化；④生产能力大。

MA 技术除可以用来制备各种金属及合金材料外，在纳米陶瓷、功能材料和纳米复合材料的制备中，也显示了其广阔的应用前景。

5.2.3.3　机械力化学应用的优缺点

1. 机械力化学应用的优点

（1）经普通粉磨设备处理的原材料，不仅使颗粒粒度减小，比表面积增大，而且由于反应活性的提高，可使后续热处理过程的烧成温度大幅度降低。

（2）由于机械处理的同时还兼有混合作用，使多组分原料在颗粒细化的同时得到了均化，特别是微均化程度的提高，从而使制备出的产品性能更好。

（3）便于制备在宏观、纳米乃至分子尺度的复合材料。

（4）便于制备某些常规方法难以制备的材料。

2．机械力化学方法的缺点

（1）通常需要长时间的机械处理，能量消耗大，且反应难以进行完全，所以，往往对物料进行适当时间的粉磨来制备前驱体而不是最终产物。

（2）研磨介质的磨损会造成对物料的污染，这将影响粉磨产物的纯度。

（3）处理金属等材料时需氮气、氩气等保护，否则，可能发生氧化、燃烧等不希望发生的反应。

5.3 破碎设备

5.3.1 颚式破碎机

5.3.1.1 工作原理

颚式破碎机俗称"老虎口"。它构造简单，破碎机构由两块颚板构成，其中一块颚板直接固定在机架上处于固定状态，称为定颚板，另一块颚板可以相对于定颚板做摆动，称为动颚板，如图5-9所示。根据动颚板在机架上的悬挂方式及驱动方式的不同，颚式破碎机主要分

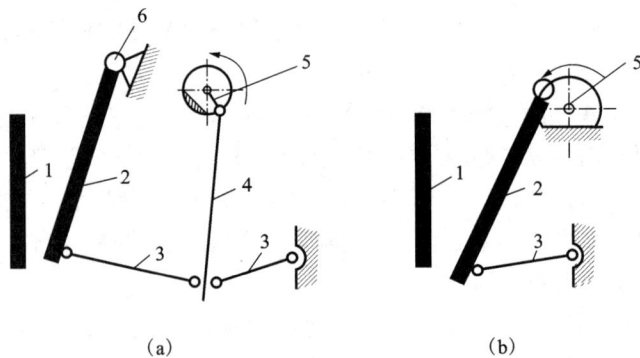

图5-9 颚式破碎机的主要类型
1—定颚；2—动颚；3—推力扳；4—连杆；5—偏心轴；6—悬挂轴

为简单摆动型[见图5-9（a），简称简摆型]和复杂摆动型[见图5-9（b），简称复摆型]两大类。简摆型颚式破碎机的动颚板2的上部通过悬挂轴6与机架相连接，下部经过推力板3和连杆4由偏心轴5带动做摆动运动，推力板3分前推力板和后推力板两部分。复摆型颚式破碎机没有专门的悬挂轴，动颚板2通过滚动轴承直接悬挂在偏心轴5上，动颚与连杆合为一个部件，少了连杆，推力板也只有一块。

颚式破碎机的工作原理是，动颚板在传动机构的驱动下产生周期性的往复摆动，时而靠近定颚板，时而远离定颚板。当动颚板靠近定颚板时，物料在两块颚板和两侧机架壁形成的矩形断面破碎腔内被夹持、压紧，最后受到挤压、劈裂、弯曲折断等多种破坏作用而被破碎。当动颚板离开定颚板时，破碎腔内的物料由于重力作用从两颚板的下部间隙（即排料口）排出。

简摆颚式破碎机和复摆颚式破碎机由于构造不同,因此,在动颚的运动特征、破碎机的工作性能以及设备的制造要求上有明显差别。

简摆颚式破碎机工作时,动颚上各点均以悬挂轴为中心,作单纯圆弧摆动,运动轨迹比较简单。由于动颚作弧线摆动,摆动的距离上面小,下面大,以动颚底部(即排料口处)为最大。颚板上部(即进料口处)的水平位移和垂直位移都只有下部的1/2左右。进料口处动颚的摆动距离小不利于破碎机夹持和破碎喂入颚腔的大块物料,因而限制了破碎机生产能力的提高。因简摆颚式破碎机的偏心轴承受的作用力较小,故可做成大、中型设备,用于坚硬物料的粗碎和中碎。

复摆颚式破碎机的偏心轴同时起着悬挂动颚的作用,因此,动颚的运动状况比简摆要复杂。当偏心轴转动时,动颚一方面对定颚做往复摆动,同时还顺着定颚有很大程度的上下运动。动颚上的每一点的运动轨迹并不一样,顶部的运动受到偏心轴的约束,运动轨迹接近于圆形;底部的运动轨迹受到推力板的约束,运动轨迹接近于圆弧;在动颚的中间部分,运动轨迹为介于上述两者之间的椭圆曲线,且越靠近下部椭圆越扁长。复摆颚式破碎机工作时,动颚顶部的水平摆幅约为下部的1.5倍,而垂直摆幅稍小于下部。动颚上部的水平摆幅大于下部,保证了颚腔上部的强烈粉碎作用。同时,动颚向定颚靠拢在挤压物料的过程中,顶部各点还顺着定颚向下运动,能够强制加速破碎物料尽快卸出。因此,在相同条件下,这类破碎机的生产能力比简摆型高20%~30%。此外,由于复摆型破碎机卸料带有强制性,故可用于粉碎一些稍为黏湿的物料。但是,复摆型破碎机易加剧物料的过粉碎现象,使能量消耗增加,产生的粉尘较大,动颚较易磨损。破碎物料时,动颚受到巨大的挤压力,直接作用于偏心轴上,所以这类破碎机一般都制成中、小型的。

颚式破碎机的规格用进料口的最大宽度B(mm)×长度L(mm)来表示。

5.3.1.2 颚式破碎机的性能

颚式破碎机主要作为固体物料的粗碎设备,也可作为中、细破碎设备,应用十分广泛。它的优点是:构造简单,管理和维修方便,工作安全可靠,适用范围广。缺点是:非生产性功率消耗大,对设备基础的质量要求高,易发生堵塞现象,破碎比小。

选用颚式破碎机时,应使其进料口尺寸适合物料的尺寸,通常喂入物料的尺寸不能超过破碎机进料口尺寸的85%。

破碎后的产品粒度主要取决于出料口尺寸的大小,也与物料的性质和给料粒度有关。破碎产品中有15%~35%的物料尺寸超过出料口尺寸,其中最大物料尺寸为出料口尺寸的1.6~1.8倍。这在颚式破碎机选型及考虑下一作业工序时应特别注意。

5.3.2 圆锥破碎机

5.3.2.1 工作原理

圆锥破碎机是在两个按立式套装布置的截头圆锥体间隙内,依靠两个锥体的相对旋转和摆动运动使物料粒度减小的破碎设备。如图5-10所示,两个锥体中,锥体2静置,构成机架的一部分,称为定锥;锥体1依靠中心轴OO_1转动,称为动锥。动锥中心轴称为主轴,其中心线OO_1与定锥中心线OO'不重合,而是相交成β角。主轴悬挂在交点O上,轴的下方活动地插在偏心衬套中。衬套以偏心距r绕OO'旋转,使动锥沿定锥的内表面作偏旋运动。在靠近定锥处，物料受到动锥挤压和弯曲作用而被破碎；在偏离定锥处，已破碎的物料由于重力的作用从锥底落下。

圆锥破碎机按用途可分为粗碎、中碎和细碎三种，按结构又可分为悬挂式和托轴式两种。

粗碎圆锥破碎机又称为旋回破碎机，如图5-11所示，它的两个锥体的配置特点是，动锥是正置的，而定锥是倒置的，这样进料口尺寸大，适合于较粗的给料粒度。旋回式破碎机的动锥一般用悬吊方式支承，支承装置在破碎机的顶部，支承装置的结构较简单，维修也较方便。旋回破碎机的规格一般用进料口的最大宽度 B 和排料口的最大宽度 $e(\text{mm})$ 来表示。

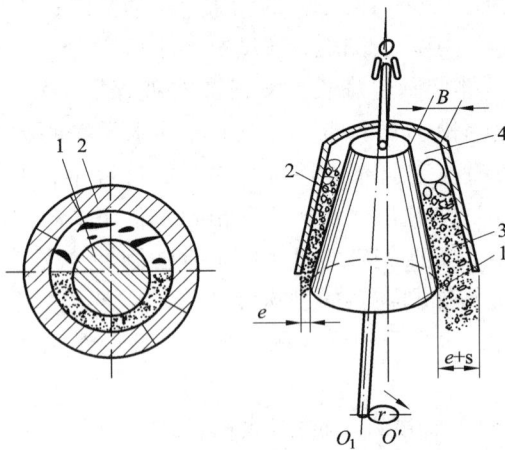

图5-10 圆锥破碎机工作原理示意图

1—动锥；2—定锥；3—破碎后的物料；4—破碎腔

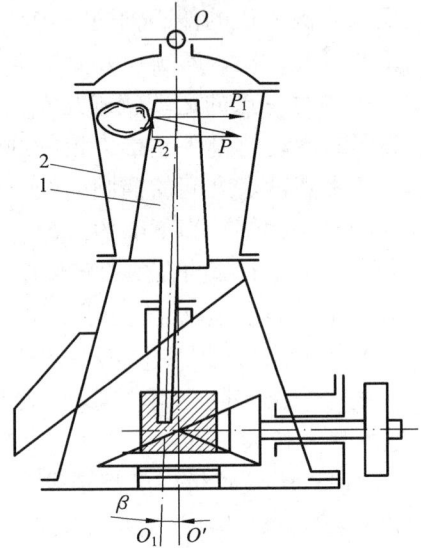

图5-11 旋回破碎机工作原理示意图

1—动锥；2—定锥

中、细圆锥破碎机按其采用的保险装置和排料口调节装置的不同又可分为弹簧圆锥破碎机和液压圆锥破碎机。

前者的支承套用弹簧螺杆压紧在机架上（见图5-12），后者靠单缸液压活塞承受动锥总质量和破碎负荷，并调节排矿口和起保险作用（见图5-13）。

中、细碎圆锥破碎机又称菌形破碎机，如图5-13所示，其动锥1和定锥2都是正置的，所以两者的间隙小，适合于处理粗碎产品。中、细碎圆锥破碎机的动锥制成菌形，在卸料口附近，动、定锥之间有一段距离相等的平行带，因此，破碎产品的粒度较均匀。这类破碎机卸料

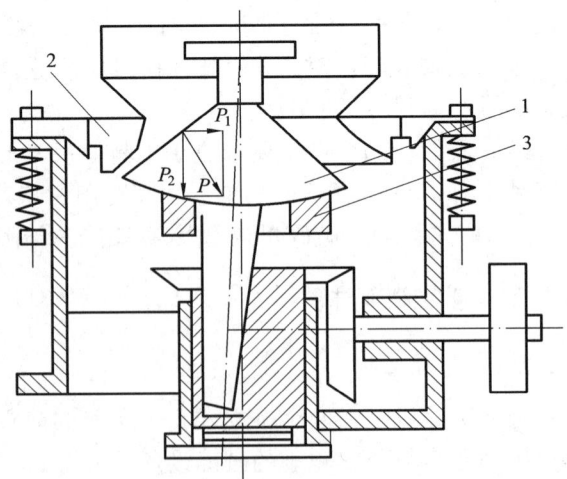

图5-12 弹簧圆锥破碎机工作原理示意图

1—动锥；2—定锥；3—球座面

会受到斜面的摩擦阻力作用，同时也会受到锥体偏转、自转时的离心惯性力的作用，故不是自由卸料。菌形破碎机用球面座在下方将动锥支托起来，支承面积较大，可使压强降低。但这种支承装置正处于破碎室的下方，粉尘较大，需有完善的防尘装置，因而其结构较复杂，维修也较困难。

中细碎圆锥破碎机根据破碎腔形式的不同，可分为标准型、短头型及介于二者之间的中间型三种（见图5-14）。

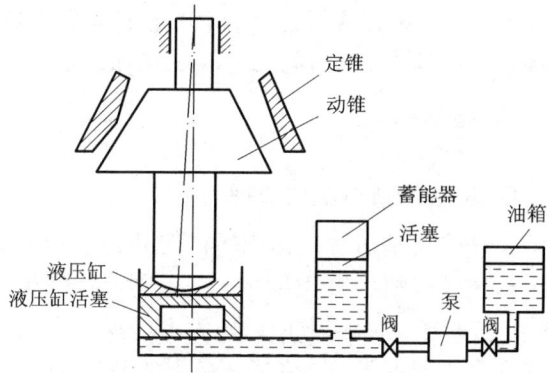

图5-13　液压圆锥破碎机构造示意图

标准型宜作中碎用，短头型宜作细碎用，中间型则中、细碎均可使用。这三种破碎机的主要区别在于破碎腔的剖面形状和平行带的长度不同，标准型的平行带最短，短头型的最长，中间型的介于两者之间。

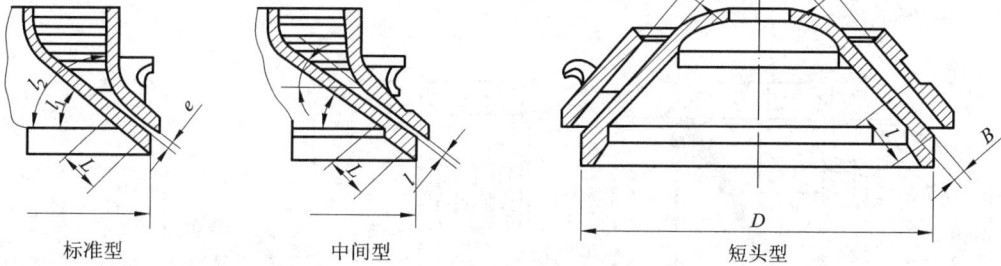

图5-14　圆锥破碎机破碎腔的类型

中细碎圆锥破碎机的规格用镶嵌衬板的动锥底部直径 D（mm）来表示。例如 $\phi2200$ mm 圆锥破碎机表示其动锥底部直径为 2200 mm。

5.3.2.2　设备性能

旋回破碎机和颚式破碎机都可用作粗碎机械。两者相比较，旋回破碎机的特点是：破碎过程是沿着圆环形破碎腔连续进行的，因此生产能力较大，单位电耗较低，工作较平稳，适于破碎片状物料，破碎产品的粒度也较均匀。旋回破碎机的缺点是：结构复杂，造价较高，检修较困难，机身较高，因而使厂房及基础构筑物的建筑费用增加。因此，旋回破碎机适合在生产能力较大的工厂中使用。

旋回破碎机的产品粒度组成中超过出料口宽度的物料粒度较颚式破碎机为小，数量也少。并且，料块可直接从运输工具倒入进料口，无须设置喂料机。

中细碎圆锥破碎机的优点是：生产能力大，破碎比大，单位电耗低。缺点是：构造复杂，投资费用大，检修维护较困难。

标准型和短头型圆锥破碎机的产品粒度组成中，大于出料口宽度的物料含量较高，且产品的粒度过大，系数 K（最大出料粒度 d_m 与出料口宽度 e 之比）值也较大。对于硬质物料，标准型和短头型的 K 值分别为 $2.8 \sim 3.0$ 和 3.8。

5.3.3 锤式破碎机

5.3.3.1 设备构造与工作原理

锤式破碎机是通过高速回转的卧式转子上安装的锤子的冲击作用破碎物料的中、细碎破碎机。锤式破碎机的种类很多，按不同结构特征分类如下：按转子的数目分为单转子和双转子两类；按转子的回转方向，分为不可逆式和可逆式两类；按转子上锤子的排列方式，分为单排式和多排式两类，前者锤子安装在同一回转平面上，后者锤子分布在几个平面上；按锤子在转子上的连接方式，分为固定锤式和活动锤式两类。

1. 单转子锤式破碎机

单转子锤式破碎机构造如图 5-15 所示，主要部件包括机壳 1、转子 2、算条 3 和打击板 4 等。

机壳 1 由上下两部分组成，分别用钢板焊成，各部分用螺栓连接成一体。顶部设有喂料口，机壳内部镶有高锰钢衬板，衬板磨损后可更换。另外，在侧壁上设置有小门，供安装和检修用。

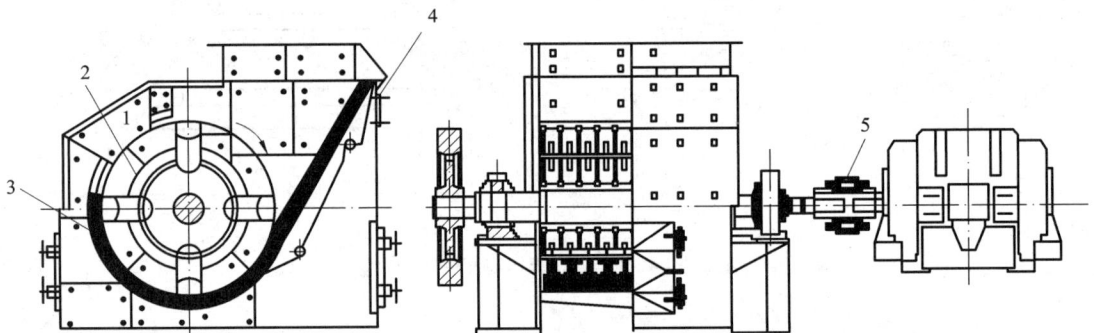

图 5-15 单转子锤式破碎机
1—机壳；2—转子；3—算条；4—打击板；5—弹性联轴器

转子 2 由主轴、挂锤圆盘、销轴和锤头等组成。一般主轴上装有多个挂锤圆盘，挂锤圆盘用键与主轴联接，挂锤圆盘之间装有间隔套，为了防止挂锤圆盘的轴向窜动，两端用锁紧螺母固定。挂锤圆盘的圆周上开有多个销轴孔，每根销轴通过销轴孔贯穿所有挂锤圆盘，两端用螺母拧紧。锤头铰接地悬挂在位于圆盘间隔内的销轴上，因此，每根销轴上可安装有多个锤头。通常，沿转子圆周方向上有 $3 \sim 6$ 个锤头，沿转子长度方向有 $6 \sim 10$ 个锤头。锤头的形式、数量和质量依破碎物料的硬度和块度而定。常用的轻型锤子质量为 $3.5 \sim 15$ kg，多用来粉碎粒度为 $100 \sim 200$ mm 的软质物料；中型锤子质量为 $30 \sim 60$ kg，多用于粉碎中等硬度的物料；重型锤子质量达 $50 \sim 120$ kg，主要用于粉碎大块而坚硬的物料。更换新锤子时，应在径向对称地成对更换以使破碎机平稳运转，减少振动。锤子用高碳钢锻造或铸造，也可用高锰钢铸造。为防止锤头轴向移动，在销轴上设置了销轴套。锤头磨损后可调换工作面。此外，在挂锤圆盘上开有两圈销孔，销孔中心至转轴中心的半径不同，用以调整锤子与算条间的间隙。转子两端支承在滚动轴承上，轴承用螺栓固定在机壳上。主轴与电动机用弹性联轴器5直接连接。为使转子运转平稳，在主轴的一端还装有一个大飞轮。锤式破碎机转子的长径比 L/D 比值不大，转子转速多在 1500 r/min 以下。

算条3类似筛板，安装在转子下方，按圆弧状排列布置，两端装在横梁上，其长度方向和算条筛缝方向与转子的轴向一致。粒度合格的破碎产物透过算条筛缝及时排出。

打击板4安装在进料口下方，由托板和衬板等部件组成，它首先承受物料的冲击和磨损作用。

转子静止时，由于重力作用锤子下垂。当转子转动时，锤子在离心力作用下向四周辐射伸开。进入机内的物料受到锤子打击而破碎。同时，由于物料获得动能，以较高的速度向打击板冲击或互相冲击而破碎。小于算缝的物料通过算缝向下卸出，未达要求的物料仍留在筛面上继续受到锤子的冲击和剥磨作用，直至达到要求尺寸后卸出。

由于锤子是自由悬挂的，当遇有难碎物时，能沿销轴回转，起到保护作用，从而避免机械损坏。另外，在传动装置上还装有专门的保险装置，利用保险销钉在过载时被剪断，使电动机与破碎机转子脱开从而起到保护作用。

2. 双转子锤式破碎机

双转子锤式破碎机如图5-16所示。在机壳6内，平行安装有两个转子，转子由臂形的挂锤体4及铰接在其上的锤子3组成。挂锤体安装在方轴7上。锤子呈多排式排列，相邻的挂锤体互相交叉成十字形。两转子由单独的电动机带动作相向旋转。

破碎机的进料口设在机壳上方正中，进料口下面两转子中间设有弓形算篮1，算篮由一组相互平行的算条组成。各排锤子可自由通过算条之间的间隙。算篮底部有凸起成马鞍状的砧座8。

物料由进料口喂入到弓形算篮后，落在弓形算条上的大块物料受到算条间隙扫过的锤子的冲击粉碎，预碎后落在砧座及两边转子下方的算条筛5上，连续受到锤子的冲击成为小块物料，最后经算缝卸出。

双转子锤式破碎机由于分成几个破碎区，同时具有两个带有多排锤子的转子，故破碎比大，可达40左右；生产能力相当于两台同规格单转子锤式破碎机。

3. 粉碎黏湿物料的锤式破碎机

图5-17所示为适应黏湿物料的锤式破碎机。与一般的单转子锤式破碎机的主要区别是，打击板为履带式回转承击板3。这种承击板可防止物料在破碎腔进口处堆积，黏结在承击板上的物料则被锤头扫除。承击板由单独的电动机经转动轴4带动。承击板的底部有垫板

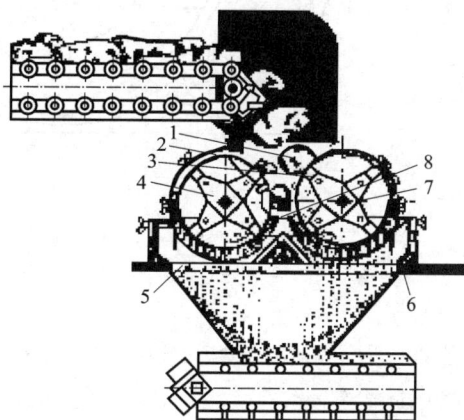

图5-16 双转子锤式破碎机构造示意图

1—弓形算篮；2—弓形算条；3—锤子；4—挂锤体；5—算条筛；6—机壳；7—方轴；8—砧座

5，以承受锤子的冲击力。物料喂到回转承击板上后被强制喂到转子的作用范围内。

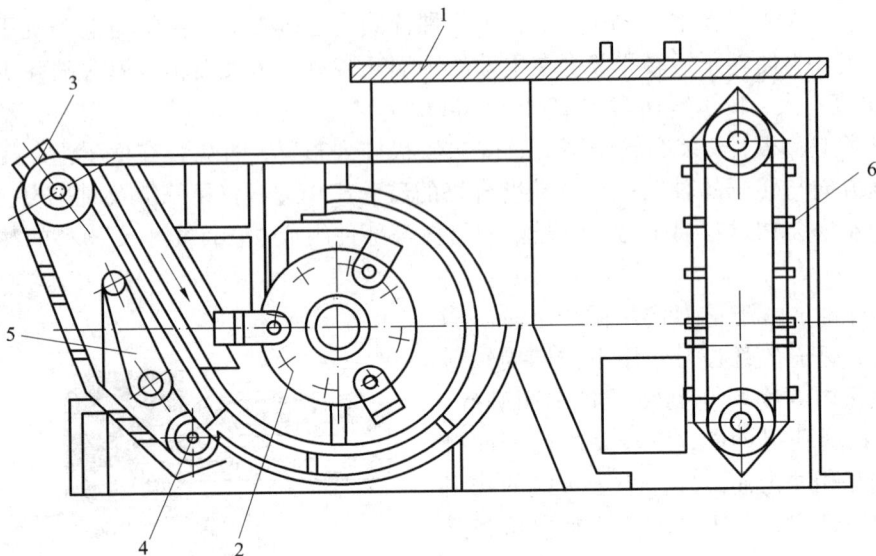

图 5 - 17　粉碎黏湿物料的锤式破碎机构造示意图
1—外壳；2—转子；3—履带式回转承击板；4—转动轴；5—垫板；6—清理装置

　　此外，为了避免堵塞，转子下面一般不设算条筛。转子的后面设有清理装置6，它是一条垂直的闭合链带，其上装有横向刮板。链带用单独的电动机带动，能将破碎后堆积在转子后方的物料耙松以便卸出，同时可将黏附在外壳壁面上的物料刮下。

　　锤式破碎机的型号一般用 PC 加上其他字母表示，其中 P 表示破碎机，C 表示锤式。规格用转子的直径(mm) × 长度(mm)来表示。

5.3.3.2　设备性能

　　锤式破碎机的优点是生产能力高，破碎比大，排料粒度均匀，过粉碎现象少，电耗低，机械结构简单，紧凑轻便，投资费用少，管理方便。缺点是粉碎坚硬物料时锤子和算条磨损较大，金属消耗较大，检修时间较长，需均匀喂料，粉碎黏湿物料时生产能力降低明显，甚至因堵塞而停机。为避免堵塞，被粉碎物料的含水量应不超过 10% ~ 15%。

　　锤式破碎机的产品粒度组成与转子圆周速度及算缝宽度等有关。转子转速较高时，产品中细粒较多。快速锤式破碎机已兼有中、细碎作用。慢速锤式破碎机产品中粗粒较多，粒度特性曲线近于直线。减小卸料算缝宽度可使产品粒度变细，但生产能力随之降低。

　　目前，我国锤式破碎机有通用型中、细碎系列和煤用中、细碎系列。通用型锤式破碎机适应于石灰石、长石、煤、盐、石膏等各种脆性物料的破碎，被碎物料的抗压强度最大不超过 150 MPa，表面水分低于 2%。煤用锤式破碎机主要用于抗压强度低于 12 MPa、表面水分低于 9% 的煤炭、石膏等脆性物料的破碎。不可逆式锤式破碎机一般用于中碎，可逆式锤式破碎机一般用于细碎。此外，还有将粒度为 1100 mm 的石灰石等物料一次破碎到 20 mm 以下的一段锤式破碎机。

　　此外，国内少数厂家还生产 PLC 型立轴锤式破碎机。该机具有密封性能好、运转平稳、能耗低、生产能力大、维护方便等优点，可用来破碎石灰石、煤及其他脆性物料。

5.3.4　反击式破碎机

5.3.4.1　设备构造与工作原理

反击式破碎机是利用冲击能对中等硬度的脆性物料进行破碎的设备。反击式破碎机的工作原理是利用高速回转的锤头冲击矿石而使之破碎。与锤式破碎机不同的是，锤式破碎机的锤头与转子是柔性连接，锤头可在销轴上自由转动；而反击式破碎机的锤头和转子是刚性连接，它利用整个转子的回转惯性自下而上迎击喂入的物料，并将物料高速抛向反击板再次受到冲击，然后又从反击板弹回到板锤，上述过程不断重复，并造成物料之间相互撞击。因此，反击式破碎机破碎物料的机理包括板锤的打击、反击板的冲击及物料相互之间的碰撞。

反击式破碎机按转子数量可分为单转子和双转子两大类。单转子反击式破碎机根据转子的回转方向，可进一步分为不可逆式和可逆式两类。双转子反击式破碎机根据转子的转动方向和配置关系，又可分为两个转子反向回转的、两个转子同向回转的、两个转子同向回转且有一定高度差的反击式破碎机三种类型。

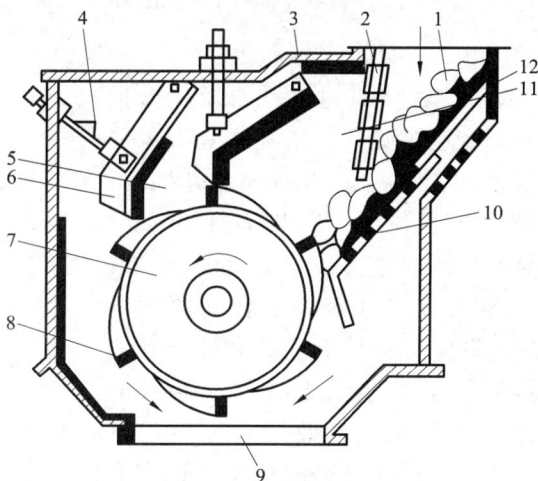

图 5 – 18　单转子反击式破碎机构造示意图

1—进料口；2—链幕；3—第一反击板；4—悬挂螺栓；
5 —第二冲击区；6—第二反击板；7—转子；8—板锤；
9—出料口；10—算条筛；11—冲击区；12—机壳

1. 单转子反击式破碎机

单转子反击式破碎机构造如图 5 – 18 所示，主要包括机架、转子、反击板、算条筛等部件。反击式破碎机的机架由上机架和下机架两部分组成，彼此用螺栓连接。机架内部所有接触物料的部位均装有可更换的耐磨衬板。破碎机的给料口处设置了链幕，以防止破碎过程中物料飞出机外发生事故。

板锤 8 固定安装在转子 7 上，并凸起一定高度。板锤采用高锰钢等耐磨材料制成。板锤的形状有长条形、T 形、S 形、斧形及带槽形等。

转子 7 大都采用整体铸钢，结构坚固耐用，易于安装板锤。它的质量大，能满足破碎要求。此外，也有用数块厚钢板或铸钢板与间隔套并叠而成。小型和轻型反击式破碎机也可用钢板焊接成空心转子。为防止细粒物料通过转子两端与机壳间缝隙时引起转子端部磨损，通常在其端部镶嵌有护板。转子由电动机经三角皮带带动转动。

反击板 3、6 的一端用活铰悬挂在机壳上，另一端用悬挂螺栓 4 将其位置固定，其作用是承受被板锤击出的物料在其上冲击粉碎，并将冲击破碎后的物料重新弹回锤击区再行粉碎，以确保最终获得要求的产品粒度。反击板的形式很多，主要有折线形和弧线形两种。反击板一般采用钢板焊成，其反击面上装有耐磨衬板。

算条筛 10 安装在喂料口下面，其作用是直接对喂入物料进行筛分分级，细小的物料透过算条筛筛出，大块的物料沿着筛面落到转子 7 上。

物料给入破碎机后，首先经过算条筛 10 进行分级，大块物料在算条筛 10、转子 7、第一反击板 3 及进料口链幕 2 所组成的空间内形成强烈的冲击区 11，物料频频受到这种相互冲击作用而粉碎，继而在两块反击板 3、6 与转子之间组成的第二冲击区 5 内进一步受到冲击粉碎。粉碎后的物料经转子下方的卸料口 9 卸出。

当有大块或难碎物夹在转子与反击板间隙时，反击板受到较大压力而向后移开，间隙增大，使难碎物通过，不致损坏转子，而后反击板在自重作用下恢复至原位，以此作为破碎机的保险装置。

增加反击板的数量即可增加破碎腔数目，强化选择性破碎，增大物料的破碎比，并且可采取较低的转子速度，减少产品中的过大颗粒及降低板锤磨损。这对破碎硬质物料具有重要意义。德国生产的 Hardopact 型反击式破碎机(见图 5 – 19)即为典型例证。该破碎机的转子速度仅为 22 ~ 26 m/s，比通常反击式破碎机转的速度低 15% ~ 20%。由于板锤的磨耗与其线速度的平方成正比，因而降低板锤的线速度减少磨损的效果是显而易见的。为了在低速运转时仍能保证产品粒度，采用三个反击板构成的三个破碎腔结构，以低能耗获得较高的生产能力。

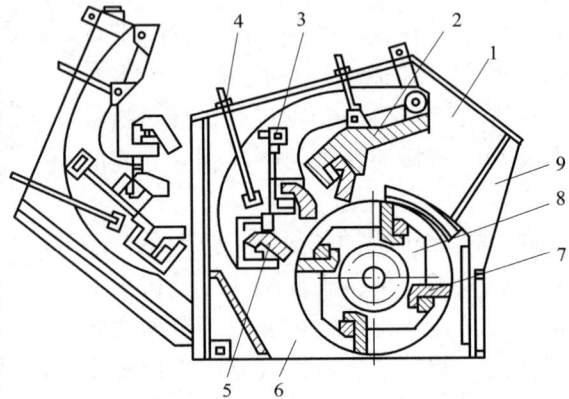

图 5 – 19 Hardopact 型反击式破碎机结构示意图

1—进料口；2—第一反击板；3—第二反击板；4—悬挂螺栓；5—第三反击板；6—出料口；7—板锤；8—转子；9—机壳

2. 双转子反击式破碎机

双转子反击式破碎机如图 5 – 20 所示，其组成与单转子反击式破碎机基本相同，但配置更加复杂。双转子反击式破碎机的两个转子平行排列，并有一定的高度差，两个转子的中心连线与水平线的夹角约为 12°。两个转子分别由两台电动机连接液力联轴器、挠性联轴器，经三角胶带传动作同向高速旋转。采用液力联轴器既可降低起动负荷，减小电机容量，又可起到保险作用。整个机体分成两个破碎腔。分腔反击板与第一反击板连成圆弧状反击破碎腔。在分腔反击板和第二反击板的下半部安装有不同排料尺寸的算条衬板以使达到粒度要求的物料及时排出。

双转子反击式破碎机的两个转子由于高度差的原因，接触物料的先后顺序和物料的粒度不同，上面的转子接触物料早，物料粒度大，所以要求转子质量大，为重型转子，完成粗碎任务。下面的转子接触物料晚，物料来自于上面转子的排料，粒度小，所以转子质量小，转速较快，相当于细碎，能满足最终产品的粒度要求。

均整算板 9 起着分级和破碎过大物料的作用，细颗粒容易通过均整算板的缝隙排出，过大颗粒则在均整算板上受剪切和磨剥作用得以进一步粉碎。产品粒度要求改变或板锤等零件磨损后都需要进行适当调整。主要是调整分腔反击板、第二反击板和均整算板与转子上板锤端点的间隙。

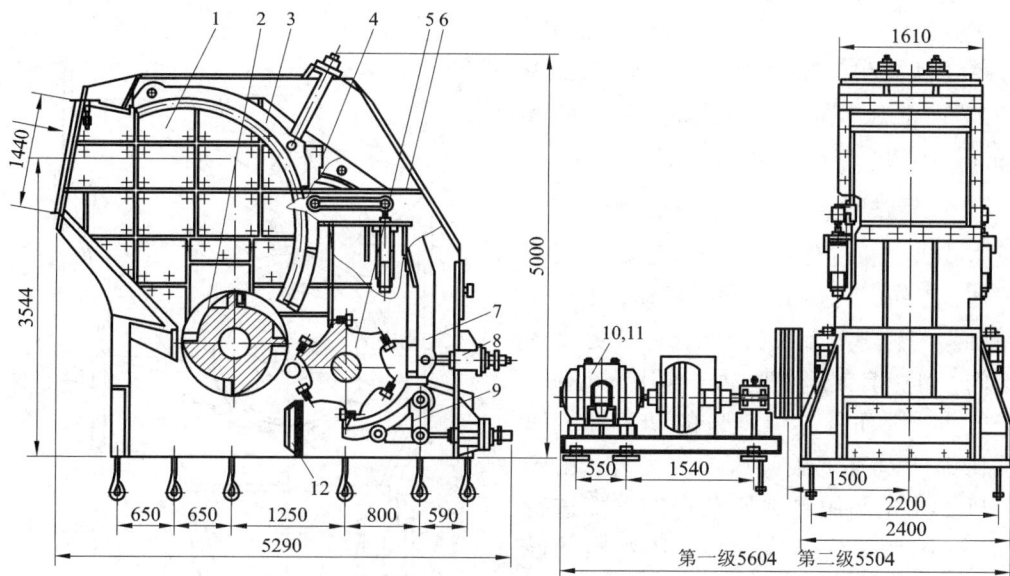

图 5 – 20 ϕ1250 mm × 1250 mm 双转子反击式破碎机结构示意图

1—机体；2——级转子；3—第一反击板；4—分腔反击板；5—二级转子；6—压缩弹簧部件；

7—第二反击板；8—调节弹簧部件；9—均整算板；10——级传动装置；11—二级传动装置；12—固定反击板

3. 反击 – 锤式破碎机

反击 – 锤式破碎机是一种反击式和锤式相结合的破碎机，按其结构特征也可分为单转子和双转子两种。

单转子反击 – 锤式破碎机又称 EV 型破碎机，如图 5 – 21 所示。其结构特点是机内装设有两个慢速回转的喂料滚筒 3、一块可调节的颚板 5 和一个可调节的卸料算条筛 6。两个慢速回转的喂料滚筒可以减缓物料的冲击，实现由滚筒向锤式转子的均匀喂料，同时两滚筒的间隙可以筛分细小物料。

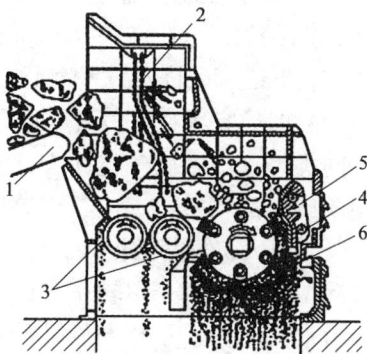

图 5 – 21 单转子反击—锤式破碎机结构示意图

1—喂料机；2—链幕；3—喂料滚筒；

4—锤式转子；5—颚板；6—卸料算条筛

单转子反击 – 锤式破碎机反击腔较大，仅使用一个中速锤式转子 4 即可进行接连的破碎。物料经一次破碎即可得到 95% 小于 25 mm 的产品，其电耗为 0.3 ~ 0.4 kW·h/t。通过调节颚板、卸料算条与转子的距离及算条之间的缝隙，可以调整粉碎产品的粒度。

4. 烘干反击式破碎机

烘干反击式破碎机的构造如图 5 – 22 所示。这种破碎机的特点是在出料斗下部的侧向和喂料板侧向加设进风口 3，高温气体从此进入，在破碎的同时烘干物料。废气由出风口 4 排出。烘干反击式破碎机的入料水分可达 25% ~ 30%，出料水分可降低至 1% 以下。在水泥厂可用它来进行石灰石、黏土、页岩和煤等原料的烘干破碎。

反击式破碎机的型号用 PF 表示，其中 P 代表破碎机，F 代表反击式；其规格用转子直径 $D(mm) \times$ 长度 $L(mm)$ 表示。

5.3.4.2 设备性能

反击式破碎机的优点是：结构简单，制造维修方便，工作时无显著不平衡振动，无须笨重的基础。与锤式破碎机相比，它有更大的破碎空间，可更有效地利用冲击作用，充分利用转子能量，因而其单位产量的动力和金属消耗均比锤式及其他破碎机少。另外，由于此破碎机主要是利用物料所获得的动能进行撞击粉碎，因而工作适应性强。因物料的破碎程度与其本身质量成正比，故大块物料受到较大程度的粉碎，而小块物料则不致被粉碎得过小，因而产品粒度均匀，且多呈立方块状，破碎比较大，一般为 40 左右，最大可达 150，可作为物料的粗、中和细碎设备。

反击式破碎机的缺点是：不设下算条的反击式破碎机难以控制产品粒度，产品中有少量大块，产品粒度一般为 5~10 mm。另外，防堵性能差，不适宜破碎塑性和黏性物料，在破碎硬质物料时，板锤和反击板磨损较大，运转时噪声大，产生的粉尘也大。

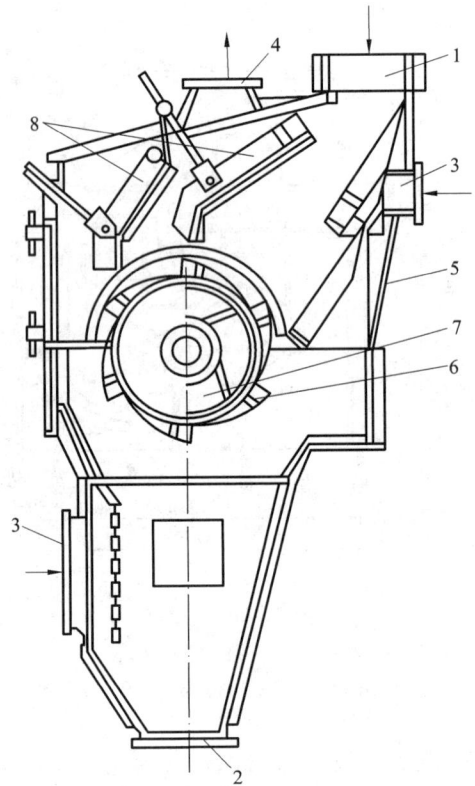

图 5-22　烘干反击式破碎机结构示意图
1—喂料口；2—出料口；3—进风口；4—出风口；
5—机壳；6—板锤；7—转子；8—反击板

就不同类型反击式破碎机而言，单转子反击式破碎机结构简单，适合于中、小型厂使用。两转子同向旋转的双转子反击式破碎机相当于两个单转子破碎机串联使用，破碎比大，粒度均匀，生产能力大，但电耗较高，可作为粗、中和细碎机械使用。两转子反向旋转的双转子反击式破碎机相当于两个单转子破碎机并联使用，生产能力大，可破碎较大块物料，作为粗、中碎破碎机使用。两转子相向旋转的双转子反击式破碎机主要利用两转子相对抛出物料时的自相撞击进行粉碎，故破碎比大，金属磨损较少。

5.3.5　辊式破碎机

5.3.5.1　设备构造与工作原理

辊式破碎机是依靠卧式圆柱形转动辊子在转动过程中对物料进行以挤压为主破碎的中碎和细碎设备。根据辊子的数量，辊式破碎机主要有单辊式破碎机和双辊式破碎机两种类型。单辊式破碎机是由一个旋转的辊子和一个颚板组成，又称为颚辊式破碎机。矿石在辊子和颚板之间被压碎，然后从排矿口排出。双辊式破碎机是两个辊子进行相向旋转，又称为对辊式破碎机。物料落在转辊的上面，在辊子表面的摩擦力作用下被拉进两辊之间，受到辊子的挤压而粉碎,粉碎后的物料被转辊推出向下卸落。

1. 单辊式破碎机

单辊式破碎机的结构如图 5 – 23 所示。破碎机构由转动辊 1 和颚板 4 组成。辊子的辊芯上用螺栓安装有带齿的衬板 2。衬套磨损后可拆换。辊子面对颚板。颚板悬挂在芯轴 3 上,其上面装有耐磨衬板 5。颚板通过两根拉杆 6 借助于顶在机架上的弹簧 7 的压力拉向辊子,使颚板与辊子保持一定距离。辊子轴支承在装于机架两侧壁的轴承上。工作时只有辊子旋转,物料从加料斗喂入,在颚板与辊子之间受到挤压作用并受到齿尖的冲击和劈裂作用而粉碎。如遇有难碎物落入其中,所产生的作用力使弹簧压缩,颚板离开辊子,出料口增大,难碎物排出从而避免机件的损坏。辊子轴上装有沉重的飞轮,以平衡破碎机的动载荷。

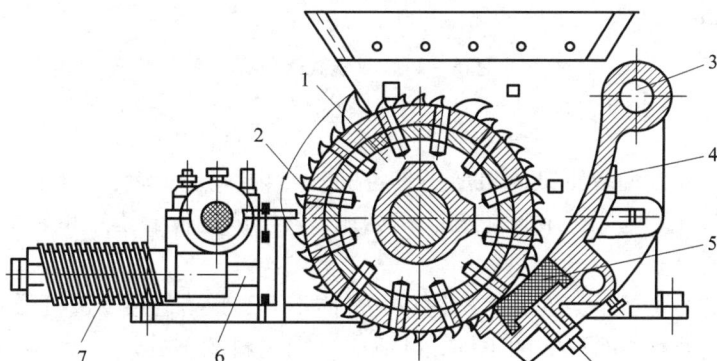

图 5 – 23 单辊式破碎机结构示意图
1—转动辊;2—衬板;3—芯轴;4—颚板;5—耐磨衬板;6—拉杆;7—弹簧

2. 双辊式破碎机

双辊式破碎机的结构如图 5 – 24 所示。两个圆柱形辊子是破碎机的核心工作部件。辊子 1、2 由辊芯 4 和辊套 7 组成,两者之间通过锥形环 6 用螺栓 5 拉紧,以使辊套紧套在辊芯上。当辊套的工作表面磨损时,容易拆换。辊芯 4 安装在传动轴 11 上,使辊随传动轴一起转动。前辊的轴安装在滚柱轴承内,轴承座 18 固定安装在机架上。后辊的轴承 19 则安装在机架的导轨中,可在导轨上前后移动。后辊的这对轴承用强力弹簧 14 压紧在顶座 12 上。工作时物料从加料斗喂入,当两辊间落入难碎物时,弹簧被压缩,后辊后移一定距离使难碎物落下,然后在弹簧张力作用下又恢复至原位。弹簧的压力可用螺母 15 调节。在轴承 19 与顶座 12 之间放有可更换的垫片 13,通过更换不同厚度的垫片即可调节两转辊的间距。

前辊通过减速齿轮 9 和 10、传动轴 8 及胶带轮 20 用电动机带动,后辊则通过装在辊子轴上的一对齿轮 17 由前辊带动作相向转动。为使后辊后移时两齿轮仍能啮合,齿轮采用非标准长齿齿轮。

辊子的工作表面可根据所处理的物料特征制成光面、槽面和齿面等几种形式。

辊式破碎机的规格用辊子直径和长度 $D(\text{mm}) \times L(\text{mm})$ 来表示。因辊子表面磨损不均匀,因此辊子长度 L 应不大于辊子直径 D,一般取 $L = (0.3 \sim 0.7)D$。

5.3.5.2 设备性能

单辊破碎机的优点是:用较小直径的辊子即可处理较大的物料,且破碎比大,产品粒度

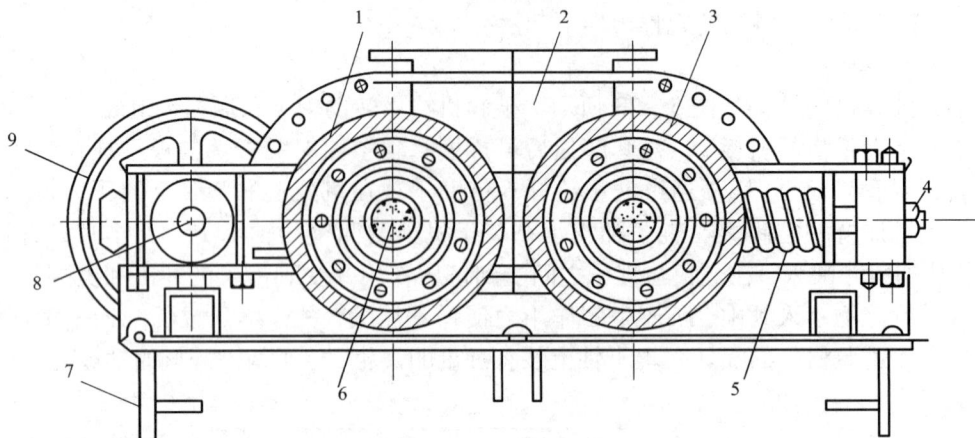

图 5 – 24　双辊式破碎机

1—前辊；2—喂料箱；3—后辊；4—螺母；5—强力弹簧；6—辊轴；7—机架；8—传动轴；9—胶带轮

也较均匀。这是一般大型双辊破碎机所不具备的。当物料较黏湿时，其粉碎效果比颚式破碎机和圆锥破碎机都好。与颚式和圆锥破碎机相比，其机体也较紧凑。单辊破碎机可用于中等硬度黏性矿石的破碎。

双辊式破碎机的主要优点是：结构简单，机体不高，紧凑轻便，造价低廉，工作可靠，调整破碎比方便。此外，辊面形式的不同，可适应不同物料的破碎。

双辊式破碎机的主要缺点是：生产能力低，要求将物料均匀连续地喂到辊子全长上，否则辊子磨损不均，且所得产品粒度也不均匀，需经常修理。

5.4　粉磨设备

5.4.1　滚筒式磨机

5.4.1.1　设备构造与工作原理

滚筒式磨机是依靠卧式圆柱形滚筒转动中其内部研磨介质被提升后发生抛落或泻落运动（见图 5 –25）产生的冲击和研磨作用将物料粉碎和磨细的粉磨设备。滚筒式磨机的分类方法很多。按照筒体的长度与直径之比分类，可分为短磨机、中长磨机、长磨机或管磨机三种类型，其中，短磨机的长径比小于 2，中长磨机长径比为 3 左右，长磨机或管磨机的长径比大于 4。磨机长径比较大时，研磨介质沿滚筒长度方向发生移动，容易造成介质沿长度方向的离析，因此，在中长磨和长磨机的内部沿轴向增加隔离板，将整个磨机分成 2～4 个仓，而短磨机多为单仓。磨机长径比越大，物料在磨机内研磨的时间越长，产品的粒度越细。一般情况下，矿山行业采用短磨机，建材行业采用中长磨和长磨机。

按照磨机的传动方式分类，可分为中心传动磨机和边缘传动磨机两种类型。中心传动磨机的电动机通过减速机带动磨机卸料端空心轴而驱动磨机回转，减速机输出轴与磨机的中心线在同一直线上。边缘传动磨机的电动机通过减速机带动固定在卸料端筒体上的大齿轮而驱动磨体回转，减速机输出轴与磨机的中心线平行。

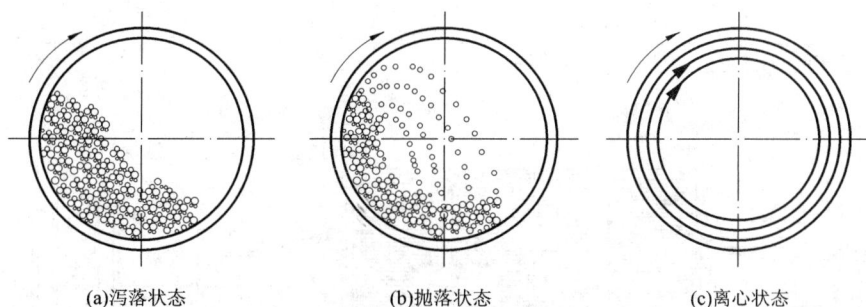

(a)泻落状态　　　　　(b)抛落状态　　　　　(c)离心状态

图 5 - 25　磨机在不同转速时的介质运动状态

按照磨机的卸料方式分类，可分为周边卸料磨机和端部卸料磨机。周边卸料磨机的被粉磨物料从磨机的两端喂入，从磨机中部卸出。端部卸料磨机的被粉磨物料从磨机的一端喂入，从另一端卸出。目前广泛使用的是端部卸料磨机。

按照磨机内添加的研磨介质分类，可分为球磨机、棒磨机、砾磨机、自磨机、半自磨机五种类型。球磨机的研磨介质主要为钢球或钢锻。这种磨机最为普遍。根据球磨机排料端是否安装格子板，球磨机又可进一步分为格子型球磨机和溢流型球磨机。棒磨机的研磨介质为圆柱形钢棒。由于钢棒的单体质量远比球介质大，钢棒的冲击粉碎能力比球大，因此，棒磨机可兼有破碎和粉磨功能，在生产中用一段棒磨就可代替细碎和粗磨的组合。砾磨机的研磨介质为砾石、卵石、瓷球或刚玉球等。采用被磨物料自身作为研磨介质的磨机就是自磨机，同时以被磨物料和钢球作为研磨介质的磨机称为半自磨机。

此外，按是否连续操作可分为连续磨机和间歇磨机。按粉磨过程中是否加水，分为干法磨机和湿法磨机。

磨机类型虽然多样，但总的来看，构造简单，结构相似。下面以格子型球磨机为例介绍滚筒式磨机的构造。图 5 - 26 所示为湿式磨矿用的格子型球磨机构造示意图，它主要由磨机筒体、衬板、给矿端盖、排矿端盖、给矿器等构成。

磨机筒体 6 是磨机的主要工作部件之一，不仅要承受内部大量研磨介质的静载荷，而且在回转过程中还要承受研磨介质的冲击作用在内部产生的交变应力。因此，筒体制造要求高。筒体一般是钢板焊接拼合而成或直接由钢板卷制焊成。筒体材料为普通结构钢 A_3，大型磨机的筒体一般用 16Mn 钢制造。筒体两端焊有铸钢制的法兰盘，给料端盖 4 和排料端盖 13 连接在法兰盘上，二者需要紧密加工及配合。为便于更换衬板和检查筒体内部状况，在筒体上开有人孔 8。人孔多为矩形，长度一般为 350~550 mm，可以满足检修人员的进出。

衬板 7 安装在磨机筒体内，起两方面的作用，一是保护筒体，使筒体免受研磨介质和矿石的直接冲击和研磨，提高筒体的使用寿命；二是在筒体回转中提升研磨介质，传递能量。因此，衬板磨损大，是磨机主要的消耗部件。衬板种类多，不同材质和形状对自身使用寿命、研磨介质的运动形态、磨矿效率等影响很大。从材质看，衬板包括金属衬板、橡胶衬板、复合衬板三大类。

从衬板形状看，滚筒式磨机的衬板的种类很多，图 5 - 27 为部分衬板的形状。水泥生产中的滚筒式长磨机因为在磨机内进行隔离分仓，各仓要求的研磨特性不一样，所以，磨机的

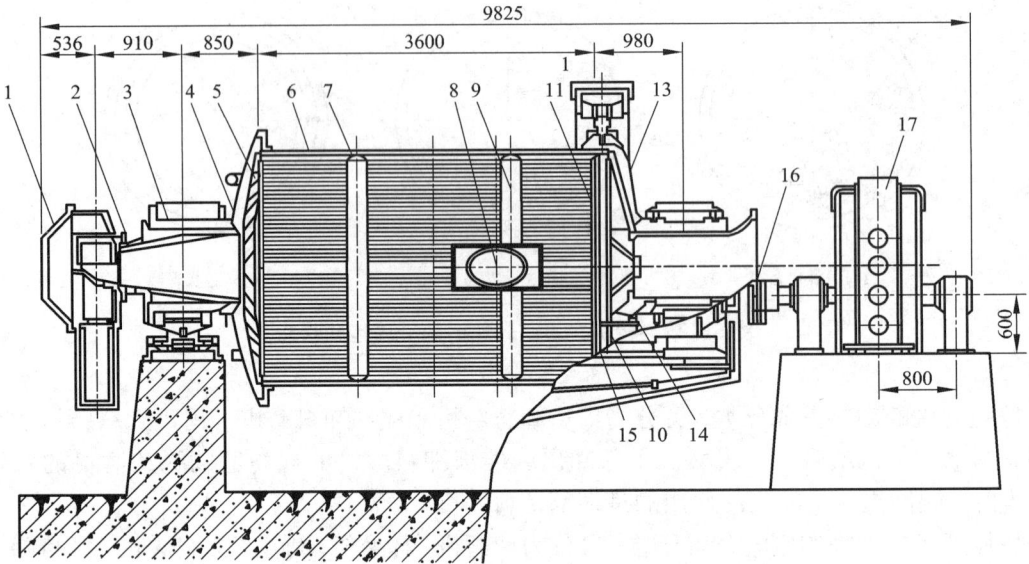

图 5－26 φ2700 mm×3600 mm 格子型球磨机结构示意图

1—联合给料器；2—轴颈内套；3—主轴承；4—给料端盖；5—扇形衬板；6—筒体；
7—衬板；8—人孔；9—楔形压条；10—中心衬板；11—格子衬板；12—齿圈；
13—排料端盖；14—轴颈内套；15—楔块；16—弹性联轴节；17—电动机

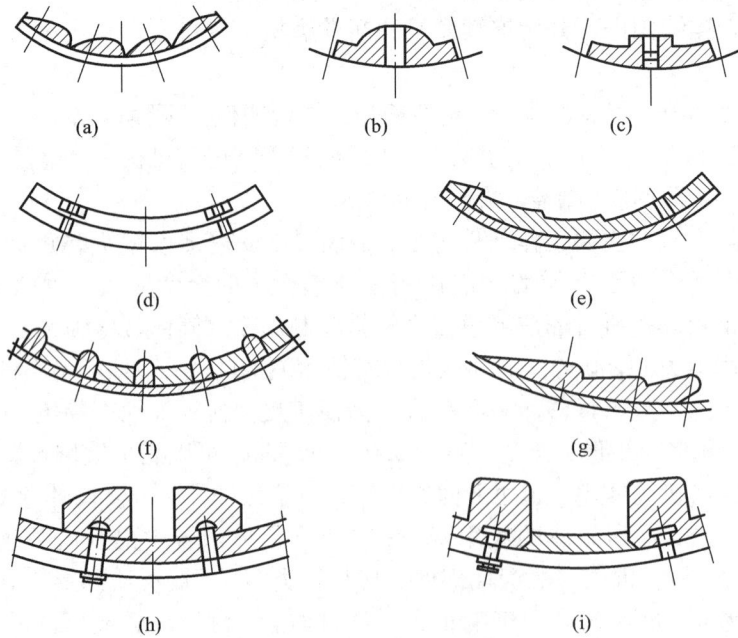

图 5－27 部分衬板的形状

衬板形状更加多样复杂化。总的来看，衬板形状分为平滑型和不平滑型两大类。平滑型衬板形状简单，制造方便，对研磨介质的提升能力差，介质的冲击作用小，介质容易滑动，介质的研磨作用强，因此，平滑型衬板更适合于细磨。不平滑型衬板形状较复杂，制造难度增加，衬板工作过程中磨损不均匀，但对介质的提升能力比平滑衬板大，介质滑动小，因此，造成介质的冲击作用大，研磨能力小，适合于粗磨。

衬板厚度一般为 50~150 mm。衬板的固定方式有螺栓连接和镶砌两种。安装衬板时，要使衬板紧贴在筒体内壁上，不得有空隙存在。

给料端盖 4 为带中空轴颈的整体铸件，通过法兰盘与筒体连接，是磨机的进料通道，并与排矿端盖一起将磨机的受力传递到磨机基座上。给料端盖的竖直内表面铺有平滑的扇形锰钢衬板 5，避免矿石和介质直接接触磨损端盖。给料端盖的中空轴颈内镶有内表面为螺旋叶片的轴颈内套 2，螺旋叶片的方向与磨机转向一致，因此，轴颈内套 2 既可保护轴颈不被矿石破坏，又有把矿石送入磨机内的作用。

排料端盖 13 也是带中空轴颈的整体铸件，通过法兰盘与筒体连接，是磨机的排料通道，并与给矿端盖一起将磨机的受力传递到磨机基座上。中空轴颈内镶有耐磨内套，内套有螺纹，帮助矿浆排出。螺纹方向与磨机转向一致。轴颈一端制成喇叭形叶片，便于引导矿浆顺叶片流出。

溢流型磨机的排矿端与格子型磨机的排矿端不同。溢流型磨机排矿是靠矿浆本身高过中空轴下边缘而自流溢出，因此，排矿端无须另外安装沉重的格子板。此外，为了防止球磨机内小球和粗粒矿块随矿浆一起排出，在中空轴颈衬套的内表面镶有反螺旋叶片起阻挡作用。

磨机给料器 1 直接安装在给料端盖上，随筒体一起转动。

传动装置由大齿轮圈、小齿轮、传动轴和弹性联轴节等组成。磨机筒体通过齿轮传动装置由电动机 17 经联轴节 16 带动回转。齿轮传动装置由装在筒体排料端的齿圈 12 和传动齿轮构成。传动齿轮装在传动轴上，传动轴支承在轴承座中的两个双列调心滚动轴承上。齿轮用防尘罩完全罩住。

中小型磨机的电动机可以使用异步电动机及减速器传动，大型磨机一般使用低速同步电动机传动。

滚筒式磨机的规格用筒体的直径和长度来表示，如 ϕ2.2 m×7 m，ϕ2.7 m×3.6 m，ϕ3 m×11 m 等。

5.4.1.2 设备性能

与其他类型的粉磨设备相比，滚筒式磨机的主要优点是：能连续生产，生产能力大，可满足现代化大规模工业生产的需要；对物料的适应性强；生产过程指标稳定；操作维护简单方便。它的主要缺点是：能量效率低，大部分电能都转变为热量而损失；机体笨重，大型磨机重达几百吨；投资大；研磨体和衬板的消耗量大；工作时噪声大。

不同类型的滚筒式磨机也有各自的特点。棒磨机磨矿时棒介质冲击力大，介质之间产生线接触，容易在棒与棒之间形成筛分作用，造成选择性磨矿，因此，棒磨机兼有强的破碎能力，选择性破碎作用强，产物粒度较均匀，产物粒度范围窄，不易发生过磨。球磨机磨矿时除冲击作用外，介质之间以及介质与物料之间主要产生点接触研磨作用，因此，球磨机的选择性破碎作用差，产物粒度不均匀，产物粒度范围宽，过粗和过细粒子含量高。球磨机的选择性粉磨作用虽然差，但可广泛应用于各种情况的物料粉磨，无论是何种物料，还是粗磨或细磨，球磨机都可采用。

　　格子型球磨机是低水平强制排矿，磨机内储存的矿浆少，已经磨细的颗粒能及时排出，因此，密度较大的矿物不易在磨机内集中，过粉碎比溢流型的轻，磨矿速度可以较快。格子型球磨机内储存的矿浆少，且有格栅拦阻，就可以多装球，并便于装小球，磨机内钢球下落时，受矿浆阻力使打击效果减弱的作用也较轻。因此，格子型球磨机的生产率比同规格的溢流型磨机高 10% ~25% 。溢流型球磨机构造简单，管理和检修比较方便，用于细磨时比格子型球磨机好。

5.4.2　雷蒙磨

5.4.2.1　设备构造与工作原理

　　雷蒙磨(Reymond mill)又称悬辊式磨机，其构造如图 5 – 28 所示，它主要由底盘、磨辊、刮板、梅花架、空气分级机等组成。底盘 3 的边缘上为磨环 4，底盘中间装空心立柱 23 作为

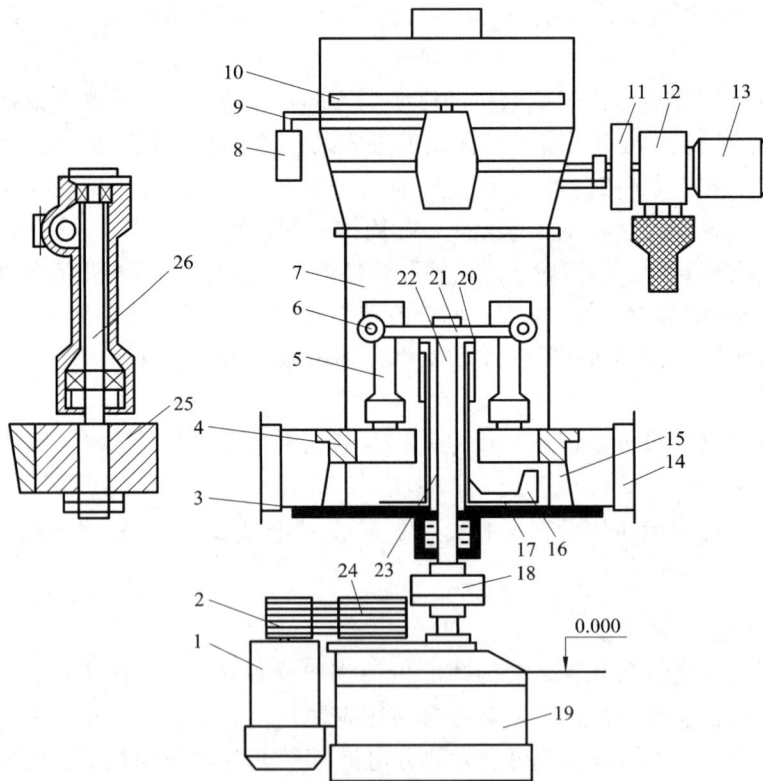

图 5 – 28　雷蒙磨结构示意图

1—电动机；2—三角带轮；3—底盘；4—磨环；5—磨辊；6—短轴；7—罩筒；8—滤气器；9—管子；
10—空气分级机叶片；11—三角带轮；12—电磁转差离合器；13—电动机；14—风筒；15—进风孔；
16—刮板；17—刮板架；18—联轴器；19—减速器；20—进料口；21—梅花架；22—主轴；
23—空心立柱；24—三角带轮；25—辊子；26—辊子轴

主轴的支座。主轴 22 装在空心立柱的中间，由电动机 1 通过减速器 19、联轴器 18 带动旋转。主轴上端装有梅花架 21，梅花架上有短轴 6，用来悬挂磨辊 5，使磨辊能绕短轴摆动。磨辊中间是能自由转动的辊子轴 26，轴的下端装辊子 25。每台磨机共有 3~6 只磨辊，沿梅花架均匀分布。在梅花架下面固定着套于空心立柱外面的刮板架 17，在刮板架上正对每只磨辊前进方向都装有刮板 16。在底盘下缘的周边上开有长方形的进风孔 15，最外缘为风筒 14。空气分级机叶片安装在磨机顶部。

雷蒙磨的工作原理是：当主轴旋转时，磨辊围绕主轴作公转运动，由于受离心力作用，磨辊紧压在磨环上，并且依靠磨环和辊子之间的摩擦力作用而产生绕磨辊轴中心线旋转的自转运动。从给料机加入落在底盘上的物料被刮板刮起撒到磨辊前面的磨环上，物料未及落下时即被随之而来的磨辊所粉碎。由风机鼓入的空气经风筒和进风孔进入磨机内，已粉碎至一定细度的物料被气流吹起，当经过磨机顶部的分级机叶片附近时，气流中的粗颗粒即被分出，回落至底盘上再行粉碎。达到要求粒度的物料随同气流离开磨机，进入外部的旋风分离器进行气固分离，收集固体颗粒。旋风分离器中的空气则从顶部出风管排出，经过风机后大部分空气重新鼓入磨内。

产品的粒度通过改变空气分级机转速的方法来调节。分级机转速增大，产品的细度变细。

雷蒙磨的规格表示为 ×R××××，如 4R3216，R 前面的数字代表磨辊的数量为 4 个；R 后面的前两位数字表示磨辊直径(32 cm)，后两位数字表示磨辊的高度(16 cm)。

5.4.2.2　设备性能

雷蒙磨的优点是：性能稳定，操作方便，能耗较低，产品粒度可调范围较大等。缺点是：一般不能粉磨硬质物料，否则磨辊和磨环磨损较大；另外，不能空车运转，否则磨辊直接压在磨环上甚至发生强烈的碰击，无疑会加剧它们的磨损。

雷蒙磨多用于干法粉磨煤、焦炭、石墨、石灰石、滑石、膨润土、陶土、硫磺等非金属矿物及颜料、化工原料、农药、化肥等。许多非金属加工厂都装备有雷蒙磨粉碎系统。表 5-4 列出了雷蒙磨的规格和主要性能。

表 5-4　为雷蒙磨的规格及主要性能

项　目	型　号		
	3R2714	4R3216	5R4018
磨环内径/mm	830	970	1270
磨辊直径/mm	270	320	400
磨辊高度/mm	140	160	180
磨辊数目/个	3	4	5
主轴转速/(r·min^{-1})	145	124	95
最大进料粒度/mm	30	35	40
产品粒度/mm	0.04~0.125	0.04~0.125	0.04~0.125
生产能力/(t·h^{-1})	0.3~1.5	0.6~3.0	1.1~6.0
分级机叶轮直径/mm	1096	1340	1710
通风机风量/(m^3·h^{-1})	12000	19000	34000
通风机风压/Pa	1700	2750	2750

5.4.3 立式磨机

5.4.3.1 设备构造与工作原理

立式磨机也称为立式辊磨机，或简称立磨。立式磨机的结构类型很多，下面介绍两种，即莱歇磨和 MPS 立式磨。

莱歇磨（Loesch Mill）结构如图 5-29 所示。它主要由锥形辊子、磨盘、内置离心分级机、传动机构等组成。辊子和磨盘是莱歇磨的主要粉碎部件。莱歇磨的辊子是锥形，倾斜放置，不随主轴运动。磨辊由液压装置调控压力，一组磨辊的下压力可达 12 t 左右。为方便更换磨辊衬套，设有轻便液压装置，通过控制阀由油缸旋转磨辊摇臂，使磨辊从机体检修孔中移出机外进行检修（如图中虚线所示）。莱歇磨的磨盘由立式减速机带动随主轴运动，磨盘与磨辊的间隙可通过螺栓调节。

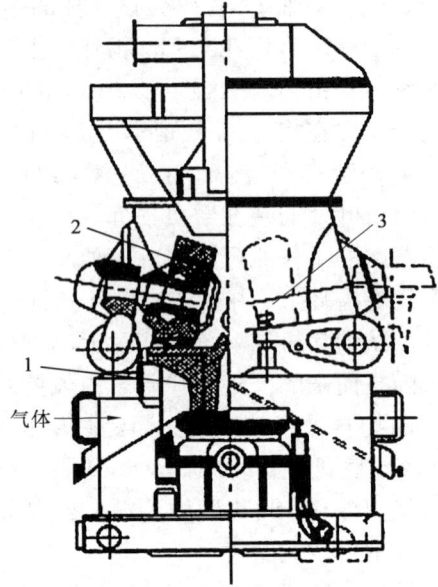

图 5-29 莱歇磨结构示意图

1—磨盘；2—磨辊；3—气皿

莱歇磨的工作原理是：物料被喂入锥形辊与磨盘之间的粉碎区受到辊压而粉碎，并在离心力作用下从盘缘溢出，被磨盘周围通入的空气扬升至顶部离心分级机分级，粗颗粒返回粉碎区再行粉磨，细颗粒排出机外由收尘器捕集。通过调节分级器转子转速可控制产品细度在 400~40 μm 左右。

图 5-30 所示为 MPS 立式磨的结构示意图。它与莱歇磨的主要区别在于磨辊为鼓形，磨盘为对应的环槽形，其他装置基本相同。其工作原理如下：3 个液压磨辊压在带环形沟槽的磨盘上，磨盘以一定的转速（20~30 r/min）旋转，受到磨辊向下的压力作用。此外，由于物料与磨辊间摩擦力

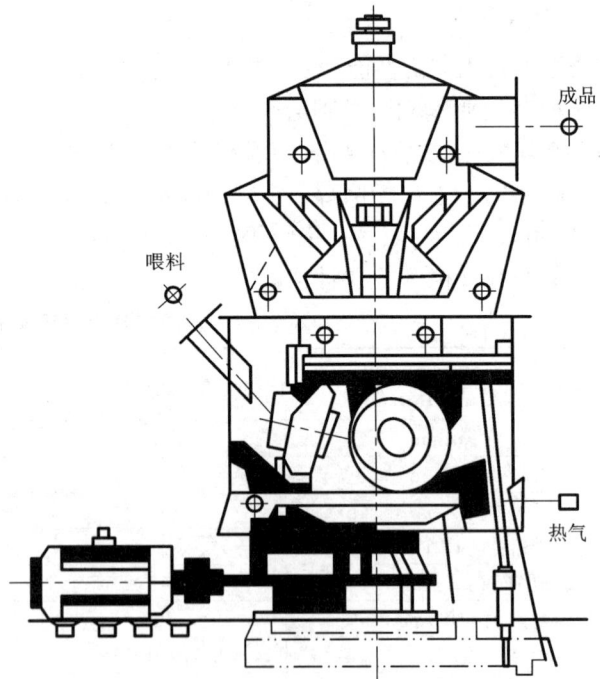

图 5-30 MPS 立式磨结构示意图

的作用，使磨辊在工作时绕本身轴线转动。由喂料溜管进入的物料（粒度为 80~100 μm）在

磨辊和磨盘之间被粉碎,当研磨至80%通过200目(0.074 mm)筛的细度,被磨盘周边环形进风口通入的压缩气体吹起,经上部分级机分级,粗粒回落至磨盘上再粉磨,细粉经出口排入收尘器捕集为成品。在相同粉磨能力时,MPS立式磨的磨盘直径比莱歇磨大,盘周有更多的通气孔,在一定风速下有较大的空气量。因此磨内空气压力比莱歇磨低20%左右。

5.4.3.2 设备性能

立式磨机主要用于水泥工业中粉磨煤粉和水分5%~10%的软质物料,应用于干磨工艺。与球磨机相比,立式磨的优点如下。

(1)由于磨机本身带有选粉装置,物料在磨内停留时间短(一般仅为3 min左右),能及时排出细粉,减少过粉磨现象。因而粉磨效率高,电耗低,产品粒度较均匀。另外,粉磨产品的细度调整较灵活,便于自动控制。

(2)带烘干装置的立式磨可利用各种窑炉的废热气处理水分达6%~8%的物料,加辅助热源则可处理水分高达18%的物料,因而可省去物料烘干系统。

(3)结构紧凑,体积小,占地面积小,约为球磨机的1/2左右,因而基建投资省,约为球磨机的70%左右。

(4)噪声小,扬尘少,操作环境清洁。

立式磨有如下缺点。

(1)一般只适合于粉磨中等硬度的物料,粉磨硬度较大的物料时,磨损较大。如在水泥厂多用于粉磨水泥生料。

(2)磨辊对物料的磨蚀性较敏感,一般石灰石都含有燧石等杂质,磨损大,故通常分体制造。辊套用抗磨性高的合金钢,辊芯可用一般材料。但这样对温度变化又较敏感。由于辊套是热装于辊芯上的,温度交替升降时辊套易产生松动,故热装时的温差须大于运转时的温差,使其在运转时有足够的箍紧力。

(3)制造要求较高。辊套一旦损坏,须由制造厂提供,且更换较费时,要求高,影响运转率。

(4)操作管理要求较高,不允许空磨启动和停车,物料太干时还需喷水润湿物料,否则物料太松散而不能被"咬"进辊子与磨盘之间进行粉碎。

5.4.4 高压辊式磨机

5.4.4.1 设备构造与工作原理

高压辊磨机又称为辊压机,其实现物料粉磨的机理是高压料层粉碎。如图5-31所示,物料由辊压机上部通过给料装置均匀喂入,在相向转动的两辊的作用下被拉入粉碎区。在高压区上部,所有物料首先进行类似于辊式破碎机的单颗粒粉碎。

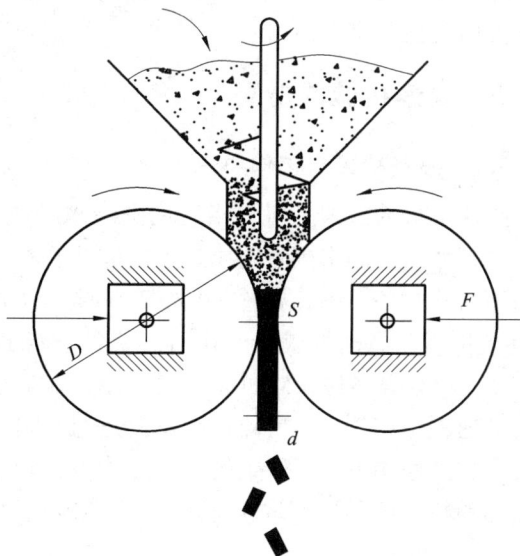

图5-31 高压辊磨机工作原理示意图

随着两辊的转动，物料向下运动，颗粒间的空隙率减小，在高压作用下，物料逐渐挤压成层，粉碎方式由单颗粒破碎逐渐转变为对物料层的挤压粉碎。这是其粉碎比较大的主要原因。料层粉碎的前提是两辊间必须存在一层物料，而粉碎作用的强弱主要取决于颗粒间的压力。由于两辊间隙的压应力高达 50～300 MPa（通常使用为 150 MPa 左右），故大多数被粉碎物料通过辊隙时被压成了料饼，其中含有大量细粉，并且颗粒中产生大量裂纹，这对进一步粉磨非常有利。在辊压机正常工作过程中，施加于活动辊的挤压粉碎力是通过物料层传递给固定辊的，不存在球磨机中的无效撞击和摩擦。试验表明，在料层粉碎条件下，利用纯压力粉碎比剪切和冲击粉碎能耗小得多，大部分能量用于粉碎，因而能量利用率高。这是辊压机节能的主要原因。

辊压机主要由给料装置、料位控制装置、一对辊子、传动装置（电动机、皮带轮、齿轮轴）、液压系统、横向防漏装置等组成。辊压机两个辊子的配置与辊式破碎机相似，一个是支承在轴承上的固定辊，另一个是活动辊子，它可在机架的内腔中沿水平方向移动。但与辊式破碎机不同的是，两个辊子必须以相同速度相向转动，两个辊子之间的间隙更小，而且在辊子两端设置有密封装置，以防止物料在高压作用下从辊子横向间隙中排出。此外，辊子上部设置有给料装置（重力或预压螺旋给料机），强化挤压喂料。

5.4.4.2 设备性能

辊压机由于采用料层高压粉碎，具有效率高，能耗低，磨损轻，噪声小，操作方便等优点，其节能效果显著。辊压机安装在管（球）磨机前作为预粉磨设备时，单位电能消耗为 2～5 kW·h/t；若用管（球）磨机作预粉磨设备时为 5～11 kW·h/t，因此，比管（球）磨机可节电 10%～20%，同时可使细磨机械增产 15%～30%。

辊压机最早主要在水泥行业中使用。近几年在金矿、铜矿、铁矿、钨矿等金属矿中也开始了推广使用。

应用辊压机进行粉碎的主要问题有设备的振动比较强烈，破碎时存在压辊边缘效应，压辊的辊面磨损严重等。

5.4.5 高速机械冲击磨

5.4.5.1 设备构造与工作原理

高速机械冲击式磨机是指利用围绕水平或垂直轴高速旋转的回转体（棒、锤和叶片等）对物料进行强烈的冲击，使颗粒与固定体或颗粒间发生冲击碰撞，以较强大的力量使颗粒粉碎的超细粉碎设备。高速机械冲击式粉碎机上的冲击元件冲击物料的线速度可达 60～125 m/s，甚至更高。高速机械冲击式粉碎机的粉碎机理除了主要的冲击作用之外，还有摩擦、剪切、气流颤振等多种粉碎机制。处于定子和转子间隙处的物料被剪切和反弹到粉碎室内与后续的高速颗粒相撞，使粉碎过程反复进行；同时，定子衬套和转子端部的打击元件之间形成强有力的高速湍流场，产生的强大压力变化可使物料受到交变应力作用而粉碎和分散。粉碎成品的颗粒细度和形态取决于转子的冲击速度、定子和转子之间的间隙以及被粉碎物料的性质。

高速机械冲击式粉碎机的类型很多。按照转子的布置方式，分为立式和卧式两大类。立式机械冲击式粉碎机的转子驱动轴竖直设置，转子围绕该竖直轴高速回转进行物料的粉碎，这类粉碎机大都内置分级轮。卧式机械冲击式粉碎机的转子驱动轴水平放置，转子围绕水平轴高速回转进行物料的粉碎。

下面介绍几个典型的高速机械冲击式粉碎机。

1. CZM型机械冲击式粉碎机

CZM型机械冲击式粉碎机属于立式机械冲击式粉碎机，其结构如图5－32所示。这种粉碎机主要由主轴、上下两个粉碎圆盘、分级转子、传动机构等组成。上下两个粉碎圆盘同时固定在主轴上，采用同一电机带动其旋转。

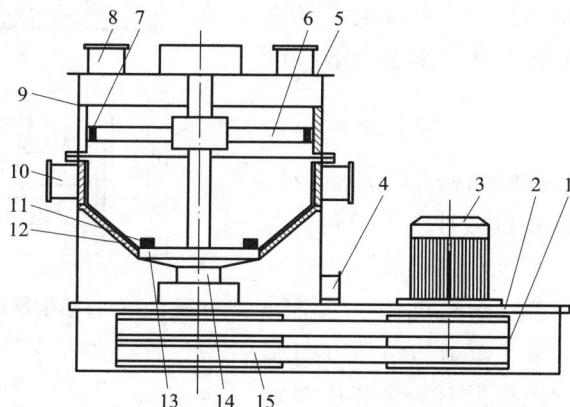

图5－32　CZM型机械冲击式粉碎机工作原理示意图

1—皮带轮；2—机架；3—电机；4—进风口；5—磨体；6—分级机转子；7—定子板；8—透视口；9—多孔挡板；10—给料口；11—锤头；12—出料口；13—粉碎圆盘；14—主轴；15—皮带

CZM型机械冲击式粉碎机的工作原理是：块状物料从进料口10进入锥体形破碎腔，落到旋转的下部粉碎圆盘上（圆盘边缘线速度达10～30 m/s），该圆盘的端部装有6～12只锤头，对物料进行强烈冲击而被粉碎，同时块状物料之间产生强烈的自磨作用而成为细粉。细粉在空气流的携带下上升，通过转动的上部圆盘（圆盘边缘线速度达60～150 m/s）和定子板之间的缝隙，受到强涡流的剪切作用而被粉碎成为微细粉体。微细粉体进入分级室后，

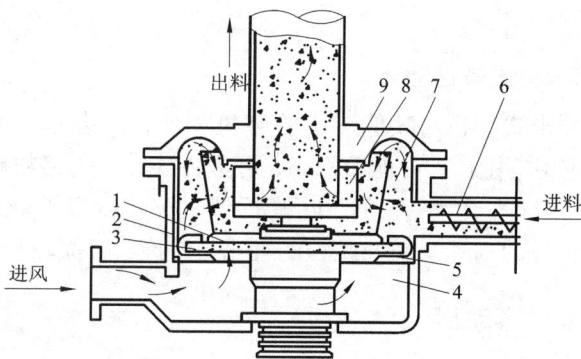

图5－33　ACM型机械冲击式粉碎机工作原理示意图

1—粉碎盘；2—齿圈；3—锤头；4—机壳；5—挡风盘；6—加料螺旋；7—导向圈；8—分级机叶轮；9—机盖

由于离心转子分级机的高速旋转在叶片间形成较强的离心场，细颗粒由于受到较小的离心力作用而穿过离心转子的叶片成为合格产品；粗颗粒由于受到较大的离心力作用而被抛向筒壁，沿锥形筒壁落回粉碎室再次粉碎。

2. ACM型机械冲击式粉碎机

ACM型机械冲击式粉碎机属于立式机械冲击式粉碎机，其结构如图5－33所示。这种粉

碎机主要由主轴、上粉碎圆盘、分级叶轮、传动机构等组成。粉碎圆盘固定在主轴上随电机带动高速旋转。

ACM 型机械冲击式粉碎机的工作原理是：物料由螺旋给料机强制性喂入粉碎室内，在高速回转的转子和带齿衬套的定子之间受到冲击剪切而粉碎成为粉体。粉体在气流的带动下通过导向环的引导进入中心分级区域分级，细粉随气流通过分级涡轮后从中心管排出机外，由收尘装置捕集下来成为合格产品，粗粉在重力作用下落回转子粉碎区再次被粉碎。

3. 喷射粉磨机

图 5 - 34 为喷射粉磨机的结构和工作原理示意图。这种粉磨机属于卧式机械冲击粉碎机，主要由重锤式冲击部件、分级轮、风扇轮、环形空气入口管、产品出口管、螺旋给料机和转子轴等组成。两边带有通风机，空气按箭头所指方向流动。在转子轴的附近装有分级叶片，靠叶片的旋转，粗颗粒返回粉碎室，已被粉碎的细颗粒则借气流输送通过分级叶片，再经风扇室送至机外被

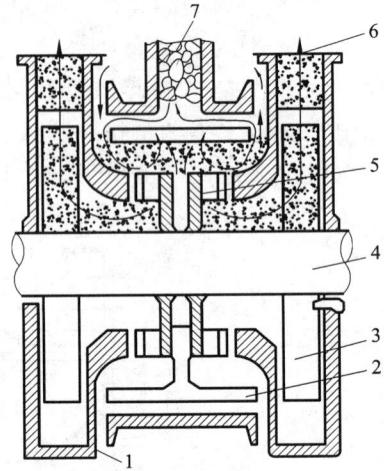

图 5 - 34　喷射粉磨机工作原理示意图
1—环形空气入口；2—冲击部件；3—风扇轮；
4—转子轴；5—分级轮；
6—产品出口；7—螺旋给料机

收集。产品细度可通过改变转子的转速和分级叶片的长度来调节，也可由风量进入调节。

该机可用于非金属及化工原料等的细磨或超细磨，由于具有内分级功能，因而产品的粒度分布均匀。

5.4.5.2　设备性能

冲击式磨机与其他形式的磨机相比，具有单位功率粉碎能力大，易于调节粉碎产品粒度，应用范围广，占地面积小，可进行连续、闭路粉碎等优点，广泛应用于煤系高岭土、方解石、大理石、白垩、滑石、叶蜡石等中等硬度以下非金属矿以及化工原料等的超细粉碎。但由于机件的高速运转及颗粒的冲击、碰撞，磨损较严重，因而不宜用于粉碎硬度太高的物料。

5.4.6　振动磨

5.4.6.1　设备构造与工作原理

振动磨是利用研磨介质在卧式筒体内作高频振动产生冲击、摩擦、剪切等作用，将物料磨细，同时将物料均匀混合、分散的超细粉碎设备。

振动磨的工作原理如图 5 - 35 所示。物料和研磨介质装入弹簧支承的磨筒内，磨机主轴旋转时，由偏心块激振装置驱动磨机作圆周运动，通过研磨介质的高频振动对物料

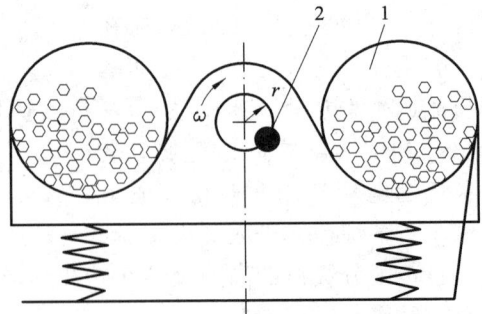

图 5 - 35　振动磨工作原理图
1—磨筒；2—偏心激振装置

作冲击、摩擦、剪切等作用而将其粉碎。

振动磨内研磨介质的研磨作用有：①研磨介质受高频振动；②研磨介质循环运动；③研磨介质自转运动等作用。这些作用使研磨介质之间以及研磨介质与筒体内壁之间产生强烈的冲击、摩擦和剪切作用，致使在短时间内将物料研磨成细小粒子。

振动磨按其振动特点分为惯性式、偏旋式；按筒体数目分为单筒式和多筒式；按操作方式又可分为间歇式和连续式。

振动磨的基本构造包括磨机筒体、激振器、支承弹簧及驱动电机等主要部件。

磨机筒体可以设计成单筒体、双筒体和三筒体。我国以双筒体和三筒体较为普遍。筒体长度与直径之比一般为6∶1。为保护筒体不受高频冲击下的磨蚀，一般对容积较大的工业生产振动磨在磨筒体内设置衬板，衬板以内筒形式固定于外筒，当内筒磨损时，可更换衬板，避免外筒损坏。

通过调节激振器来获得振动磨所需的工作振幅。它由安装于主轴上的两组共4块偏心块组成，偏心块的调整可以在0~180°范围内进行，通过调节偏心块的开度来确定振幅的大小。振幅一般为4~6 mm，最大可达15 mm。

支撑弹簧有各种形式和各种材质，如钢制弹簧、空气弹簧等。它是磨机的弹性支撑装置，应具有较高的耐磨性。

采用挠性联轴器来保护电机不受磨机的高频振动。它既传递动力，使磨机正常有效地工作，又对电机起隔振作用。我国生产的中、小型振动频率一般较高(约25 Hz, 50 Hz)，容积500 L以上的用较低频率(约12.5 Hz)。

研磨介质有钢珠、氧化铝珠、不锈钢珠以及钢棒等。可根据物料性质和要求的产品粒径来选择材质和形状。为了提高研磨效率，尽可能选用大直径的研磨介质。一般粗粉碎时采用棒状，而微粉碎时用球形；介质直径越小，研磨成品粒径越小。

双筒串联的连续振动磨机如图5-36所示。该机主要由带冷却或加热夹套的上筒体和下筒体组成，两者依靠支承板装置在主轴上，主轴通过万向节和联轴器与电动机连接。上筒体

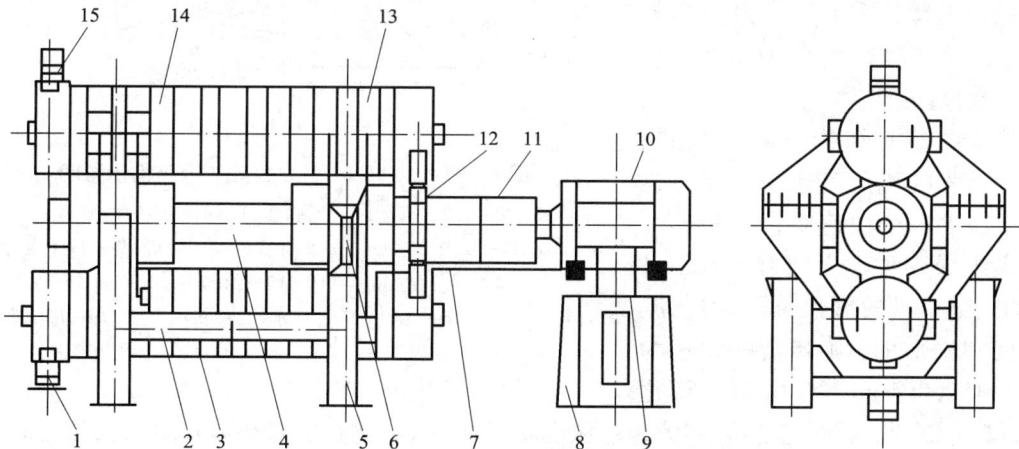

图5-36 连续振动磨机结构示意图

1—出料管；2—下筒体；3—冷却/加热管；4—轴；5—机座；6—弹簧；7—联轴器；8—支座；
9—支承板；10—电动机；11—万向节；12—连接管；13—紧固带；14—上筒体；15—加料管

出口与下筒体入口由上下筒体连接管相连，上下两个筒体出口端均有带孔隔板。物料由加料管加入上筒体内进行粗磨，被磨碎的物料通过带孔隔板，经上下筒体连接管被吸入下筒体，在下筒体内被磨成细粉。产品通过带孔隔板，经出料口排出。

5.4.6.2 设备性能

与球磨机相比，振动磨机有如下特点。

(1)由于高速工作，可直接与电机相连接，省去了减速设备，故机器质量轻，占地面积小。

(2)筒内研磨介质不是呈抛落或泻落状态运动，而是通过振动、旋转与物料发生冲击、摩擦及剪切而将其粉碎及磨细，单位能耗低。

(3)由于介质填充率高，振动频率高，所以单位筒体体积生产能力大。处理量较同体积的球磨机大 10 倍以上。

(4)通过调节振幅、频率、研磨介质配比等可加工不同物料，且所得粉磨产品的粒度均匀，产品的平均粒度可达到 1 μm 左右。

(5)结构简单，制造成本较低。

但大规格振动磨机对机械零部件(弹簧、轴承等)的力学强度要求较高。

5.4.7 胶体磨

5.4.7.1 设备构造与工作原理

胶体磨又称分散磨(colloid or dispersion mill)，是利用固定磨体(定子)和高速旋转磨体(转子)的相对运动产生强烈的剪切、摩擦和冲击等力，被处理的料浆通过两磨体之间的微小间隙，在上述各力及高频振动的作用下被有效地粉碎、混合、乳化及微粒化。

胶体磨按其结构可分为盘式、锤式、透平式和孔口式等类型。盘式胶体磨由一个快速旋转盘和一个固定盘组成，两盘之间有 0.02 ~ 1 mm 的间隙。盘的形状可以是平的、带槽的和锥形的，旋转盘的转速为 3000 ~ 15000r/min，盘由钢、氧化

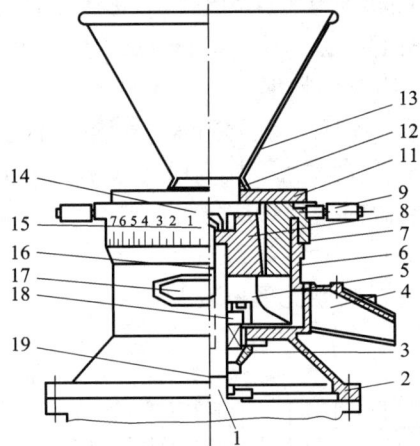

图 5-37 JTM120 型立式胶体磨结构示意图

1—电机；2—机座；3—密封盖；4—排料槽；5—圆盘；6,11—O 形密封圈；7—产品溜槽；8—转齿；9—手柄；10—间隙调整套；12—垫圈；13—给料斗；14—盖形螺母；15—注油孔；16—主轴；17—铭牌；18—机械密封；19—甩油盘

铝、石料等制成，圆周速度可达40 m/s，粒度小于0.2 mm 物料以浆料形式给入圆盘之间。盘的圆周速度越高，产品粒度越小，可达 1 μm 以下。

国产胶体磨主要有 JTM、JM 及 DJM 三种型号；直立式，旁立式和卧式三种机型。

图 5-37 所示为 JTM120 型立式胶体磨，物料自给料斗 13 给入机内，在快速旋转的盘式转齿 8 和定齿 7 之间的空隙内受到研磨、剪切、冲击和高频振动等作用而被粉碎和分散。定

子和转子的间隙可由间隙调节套10调节,最小间隙为0~0.03 mm,调节套上有刻度可以检查间隙的大小。定齿和转齿均经精细加工。

5.4.7.2 设备性能

由于胶体磨是让物料一次快速通过一个固定的间隙,因此,胶体磨可在较短时间内对颗粒、聚合体或悬浊液等进行粉碎、分散、均匀混合、乳化处理。胶体磨的两磨体间隙可调(最小可达1 μm),易于控制产品粒度,处理后的产品粒度可达几微米甚至亚微米。此外,胶体磨的结构简单,操作维护方便,占地面积小。因此,胶体磨广泛用于化工、涂料、颜料、染料、化妆品、医药、食品和农药等行业。

胶体磨的不足是,由于固定磨体和高速旋转磨体的间隙小,因此加工精度要求高。

5.4.8 搅拌磨

5.4.8.1 设备构造与工作原理

搅拌磨是一种广泛使用的超细粉碎设备。搅拌磨的基本工作原理是:在立式或卧式的圆柱形筒体内,依靠内置搅拌器的回转运动,推动筒体内添加的小尺寸研磨介质产生不规则的翻滚运动,对物料施加冲击、剪切、摩擦等作用使物料粉碎。

搅拌磨的种类很多,按筒体安放形式可分为立式和卧式搅拌磨(见图5-38);按密闭形式可分为敞开式和密闭式(见图5-38);按工作方式可分为间歇式、连续式和循环式三种类型;按照搅拌器的结构形式可分为偏心环式、盘式、棒式、环式和螺旋式搅拌磨等。俗称的研磨剥片机、砂磨机、塔式磨机等都属于搅拌磨,它们的名称或者来源于功能、或者来源于研磨介质的材质和种类、或者来源于设备的整体外观形状。搅拌磨机区别于其他类型磨机的根本特征在于小尺寸研磨介质及推动介质运动的搅拌器。搅拌器的类型如图5-39所示。

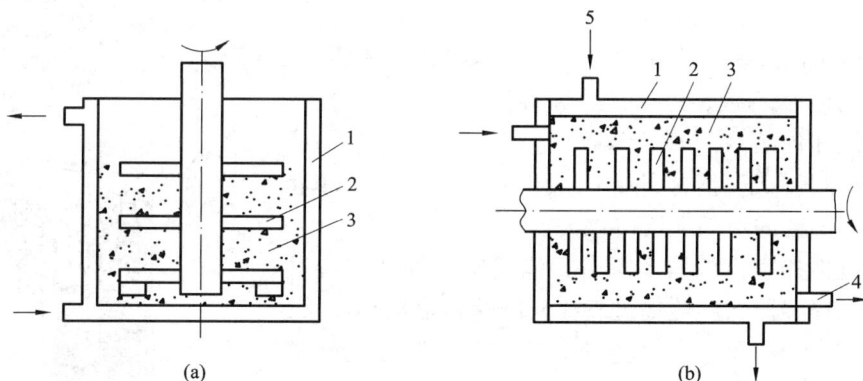

图5-38 早期典型的搅拌磨结构示意图

(a)立式敞开型 (b)卧式密闭型

1—冷却夹套;2—搅拌器;3—研磨介质球;4—出料口;5—进料口

不同类型的搅拌磨结构有所不同,但一般都由传动机构、筒体、搅拌器、物料和介质分离装置、物料循环装置、研磨介质等几个部分构成。

搅拌磨的传动机构包括电机、减速机。由于筒体内介质运动除受自身重力影响外,主要受搅拌器叶片端部的线速度影响。因此,减速机在控制搅拌机的转速方面起到了重要作用。

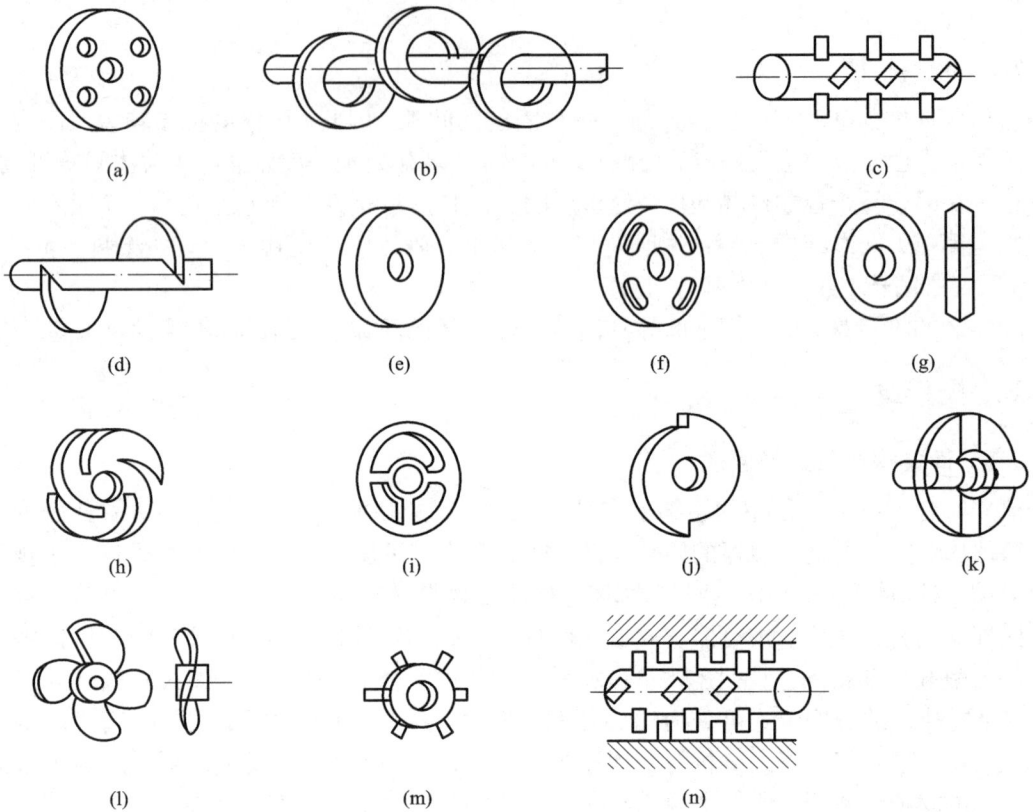

图 5-39　搅拌器的类型

搅拌器叶片端部的线速度为 3~5 m/s，高速搅拌时还要大 4~5 倍。

筒体为圆柱形，筒体上一般设置有给料孔、卸料孔及排料口等。筒体内装有衬板，内衬可用聚氨酯、合金钢或工程陶瓷等材料制成。筒体外部一般带有冷却套，冷却套内可通入不同温度的冷却介质以控制研磨时的温度。

搅拌器是搅拌磨机的核心部件，包括旋转轴和安装其上的搅拌子。搅拌器的旋转轴可直接与减速机输出轴连接，也可通过皮带与减速机输出轴连接。搅拌子安装在旋转轴的不同轴向位置上，搅拌子有圆盘、带隙圆盘、销棒、螺旋等不同形式。如用于片状矿物粉碎的剥片机的搅拌器为圆盘状；砂磨机的搅拌器有圆盘式和销棒式；螺旋搅拌磨和塔磨(见图 5-40)的搅拌器为螺旋式。

物料和介质分离装置设置在连续粉磨的搅拌磨中，用来阻止研磨介质随产品一起排出。目前常用的分离装置是圆筒筛，其筛面由两块平行的筛板组成，工作时，介质不直接打击筛面，因而筛面不易损坏；由于筛子的运动，筛面不易堵塞。这种筛子的筛孔尺寸为

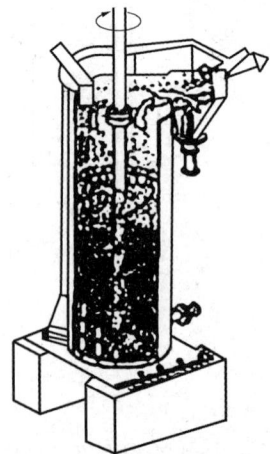

图 5-40　塔式搅拌磨示意图

50～100 μm。为防止磨损，筛子的前沿和尾部采用耐磨材料制作。其不足之处是难以分离黏度较高的料浆。

物料循环装置的作用是使物料在搅拌磨的筒体内外不断循环，它既可减少因物料沉积造成过粉碎，又能方便被磨物料在搅拌筒外进行冷却和分级。物料循环装置主要由循环泵、循环罐组成。搅拌磨工作时，料浆从筒体下部给料口泵压给入，经过一段时间研磨后，粉碎后的细粒浆料经过溢流口从上部的出料口排出，再进入物料循环装置。在循环罐内可进行分级，粒度合格的粒级排出，不合格的粒级则重新返回搅拌磨筒体内。一般循环罐的体积比搅拌磨筒体的体积要大得多，为磨机容积的10倍左右。如果不考虑分级和冷却作用，可以省去循环罐，直接用管道循环就可以减少物料沉积而造成过粉碎。

研磨介质一般为球形，其平均直径小于6 mm，用于超细粉碎时，一般小于1 mm。根据经验，介质的莫氏硬度最好比被磨物料的硬度大3级以上。常用的研磨介质有天然砂、玻璃珠、氧化铝、氧化锆、钢球等。

5.4.8.2　设备性能

由于搅拌磨的输入功率直接用于推动研磨介质运动来达到磨细物料的目的，因此，搅拌磨的能量利用效率很高，是一种很有发展前途的湿式超细粉磨设备。此外，搅拌磨还具有搅拌和分散作用，所以它是一种兼具多功能的粉碎设备。

立式搅拌磨和卧式搅拌磨都是应用较广泛的机型，它们各有特点。

（1）立式搅拌磨结构比卧式搅拌磨简单，易更换筛网及其他配件；卧式搅拌磨结构相对较为复杂，拆装和维修较困难。

（2）立式搅拌磨工作过程中的稳定性不如卧式搅拌磨，其操作参数比卧式搅拌磨要求严格，如搅拌器的运转、磨腔内的流动状况等，其原因是立式搅拌磨从顶端到底部研磨介质分布不均匀，下端研磨介质聚集较多，压实较紧，因此，上下层间应力分布不均匀。

（3）由于立式搅拌磨中研磨介质大部分聚集于底部，压应力大，且筒体越高，底层压应力越大，所以，研磨介质的破碎现象比卧式搅拌磨严重得多。这将给研磨介质的分离带来一定困难，另外，对产品的纯度和细度以及生产成本都有较大影响。

（4）卧式搅拌磨研磨介质的填充率可视物料情况在50%～90%的较大范围内进行选择，而立式搅拌磨研磨介质的填充率不宜过大，否则，会使磨机启动功率增大，甚至不能启动。

5.4.9　气流磨机

5.4.9.1　概述

气流磨机是最常用的干法超细粉碎设备之一。气流磨的工作原理如下：将压缩气体通过拉瓦尔喷管加速成亚音速或超音速气流（300～500 m/s），喷出的射流带动物料作高速运动，使物料碰撞、摩擦剪切而粉碎；被粉碎的物料随气流至分级区进行分级，达到粒度要求的物料由收集器收集下来，未达到粒度要求的物料再返回。气流磨机的工作介质可采用压缩空气、过热蒸汽或其他惰性气体。

气流磨机广泛应用于化工、非金属矿物的超细粉碎。其产品粒度上限取决于混合气流中的固体含量，与单位能耗成反比。固体含量较低时，产品的 d_{95} 可达5～10 μm；经预先粉碎降低入料粒度后，可获得平均粒度为1 μm的产品。气流磨产品除细度细外，还具有粒度较集中，颗粒表面光滑，形状规整，纯度高，活性高，分散性好等特点。由于粉碎过程中压缩气体绝热膨胀产生焦耳－汤姆逊降温效应，因而还适用于低熔点、热敏性高的物料超细粉碎。

气流磨机一般由进料系统、进气系统、粉碎－分级及出料系统等组成。目前工业上应用的气流磨机主要有如下几种类型：扁平式气流磨、循环式气流磨、对喷式气流磨、靶式气流磨和流态化对喷式气流磨。

5.4.9.2　扁平式气流磨

扁平式气流粉碎机的工作原理示意图见图 5－41，结构示意图见图 5－42。这种气流粉碎机的粉碎分级室由座圈和上下盖用 C 型快卸夹头紧固形成。一般在上、下盖及座圈内壁安装有不同材质制成的内衬以满足不同物料粉碎的需要。压缩气体在自身压强作用下，通过切向配置在座圈四周的数个喷嘴（超音速拉瓦尔喷嘴或音速喷嘴）产生高速喷射流与进入粉碎室内的物料碰撞。

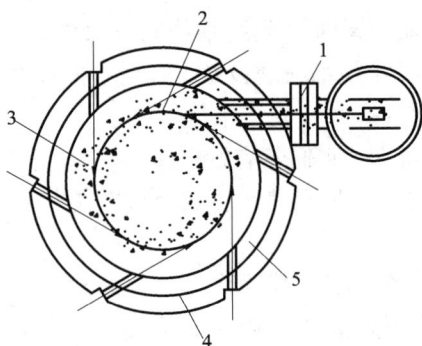

图 5－41　扁平式气流磨工作原理示意图
1—文丘里喷嘴；2—喷嘴；3—粉碎室；4—外壳；5—内衬

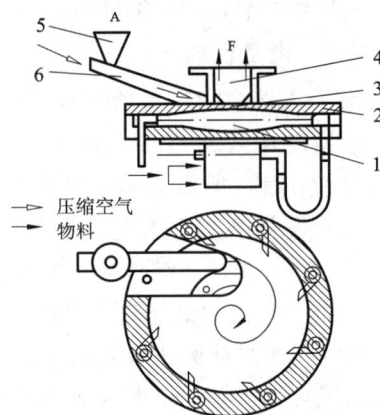

图 5－42　扁平式气流磨结构示意图
1—粉碎室；2—外壳；3—喷嘴；
4—粉碎室出口；5—料斗；6—推料喷嘴

由于扁平式气流粉碎机各喷嘴的倾角都是相等的，所以各喷气流的轴线切于一个假想的圆周，这个圆周称为分级圆。整个粉碎－分级室被分级圆分成两部分，分级圆外侧到座圈内侧之间为粉碎区，分级圆内侧到中心排气管之间为分级区。粉碎区内高速喷出气流的直接高速冲击作用、气体的旋流作用等使物料颗粒以不同的运动速度和运动方向以极高的碰撞几率互相碰撞而被粉碎。此外，还有部分颗粒与粉碎内壁发生碰撞，由于冲击和摩擦而被粉碎，这部分颗粒约占总量的 20%。

在粉碎机内的工作介质喷气流既是粉碎的动力，又是分级的动力。被粉碎物料由主旋流带入分级区以层流的形式运动而进行分级。大于分级粒径的颗粒返回粉碎区继续粉碎，而小于分级粒径的颗粒随气流进入中心排气管排出机外。

扁平式气流磨已相当成熟，国内外生产厂家较多。表 5－5 列出了 QS 型气流磨的主要技术参数。

表 5 – 5　QS 型气流磨的主要技术参数

规格	粉碎室直径/mm	粉碎压力/MPa	加料压力/MPa	耗气量/(m³·min⁻¹)	处理量/(kg·h⁻¹)	空压机功率/kW
QS – 50	50	0.7 ~ 0.9	0.2 ~ 0.3	0.6 ~ 0.8	1 ~ 3	7.5
QS – 100	100	0.7 ~ 0.9		0.6 ~ 0.8	0.5 ~ 2	7.5
QS – 300	300	0.6 ~ 0.8		5 ~ 6	20 ~ 75	37
QS – 350	350	0.7 ~ 1.0	0.3 ~ 0.5	8 ~ 10	75 ~ 150	65 ~ 75
QS – 500	500	0.7 ~ 1.0	0.3 ~ 0.5	23 ~ 25	250 ~ 500	
QS – 600	600	0.6 ~ 0.8	0.6	23	300 ~ 600	190
QSB① – 200	200	0.7 ~ 1.0	0.2 ~ 0.3	5 ~ 6	30 ~ 75	37
QSB – 280	280	0.7 ~ 1.0	0.2 ~ 0.3	7 ~ 10	50 ~ 150	65 ~ 75
QSB – 500	500	0.6 ~ 0.8	0.2 ~ 0.5	17 ~ 18	200 ~ 500	150

①QSB 系列为带内分级，粗粉循环粉碎。

5.4.9.3　循环管式气流磨

图 5 – 43 所示为 JOM 气流磨，是最常见的一种循环管式气流磨。压力气体通过加料喷射器 1 产生的高速射流使混合室内形成负压，将粉体原料吸入混合室并被射流送入粉碎室 3，气流经一组喷嘴 2 喷入变直径、变曲率"O"形循环管式粉碎室，使加料系统送入的颗粒产生激烈的碰撞、摩擦、剪切、压缩等作用，使粉碎过程在瞬间完成。被粉碎的粉体随气流在环道内流动，其中的粗颗粒在进入环道上端由逐渐增大曲率的分级腔中由于离心力和惯性力的作用被分离，经下降管返回粉碎腔继续粉碎，细颗粒随气流与环道气流成 130°夹角逆向流出环道，流出环道的气固二相流在出粉碎机前以很高的速度进入一个蜗壳形分级器 4 进行第二次分级，较粗的颗粒在离心力作用下分离出来，返回粉碎腔；细颗粒随气流通过分级室中心出料孔排出粉碎机进入捕集系统进行气固分离。

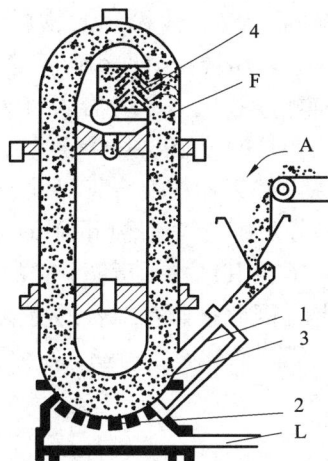

图 5 – 43　JOM 型循环气流磨工作原理示意图
1—文丘里喷嘴；2—气流喷嘴；3—粉碎室；
4—分级器；L—压缩空气；F—细粉；A—粗粉

循环管的特殊形状具有加速颗粒运动和加大离心力场的功能，以提高粉碎和分级的效果。

JOM 型气流磨的粉碎粒度可达 3 ~ 0.2 μm，广泛应用于填料、颜料、金属、化妆品、医药、食品、磨料以及具有热敏性、爆炸性化学品等的超细粉碎。

5.4.9.4　靶式气流磨

靶式气流磨(target type fluid energy mill)是利用高速气流夹带物料冲击在各种形状的靶板上进行粉碎的设备(见图 5 – 44)。除物料与靶板发生强烈冲击碰撞外，还发生物料与粉碎室壁多次的反弹粉碎，因此，粉碎力特别大，尤其适合于粉碎高分子聚合物、低熔点热敏性物料以及纤维状物料。可根据原料性质和产品粒度要求选择不同形状的靶板。靶板作为易损件，必须采用耐磨材料制作，如碳化物、刚玉等。

5.4.9.5 对喷式气流磨

对喷式气流磨是利用一对或若干对喷嘴相对喷射时产生的超音速气流使物料彼此从两个或多个方向相互冲击和碰撞而粉碎的设备。它是一种较理想和先进的气流磨，具有如下特点：冲击强度大，能量利用率高，可用于粉碎莫氏硬度9.5以下的各种脆性和韧性物料，产品粒度可达亚微米级，而且设备磨损轻，产品污染少。对喷式气流磨主要有布劳-诺克斯型气流磨、特劳斯特型气流磨、马亚克型气流磨与流化床对喷式气流磨等类型。

（1）布劳-诺克斯型气流磨(blaw knox mill)

图5-45为其结构示意图，它的工作过程是：物料经螺旋加料器3进入喷射式加料器9中，随气流吹入粉碎室6，在此受到来自4个喷嘴的气流加速并相互冲击碰撞而粉碎。被粉碎的物料经一次分级室4惯性分级后，较粗颗粒返回粉碎室进一步粉碎；较细颗粒进入风力分级机1进行分级，细粉排出机外捕集。在风力分级器入口2通入二次风的目的是使落入粗粒中的细颗粒重新被分级，提高细颗粒的分级效率。分级后的粗粉与新加入的物料混合后重新进入粉碎室。产品细度可通过调节喷射器的混合管尺寸、气流压力、温度以及分级器转速等参数来调节。

（2）特劳斯特型气流磨(trost jet mill)

图5-46为其结构示意图，它的粉碎部分采用逆向气流磨结构，分级部分则采用扁平式气流磨结构，因此它兼有二者的特点。内衬和喷嘴的更换方便，与物料和气流相接触的零部件可用聚氨酯、碳化钨、陶瓷、各种不锈钢等耐磨材料制造。

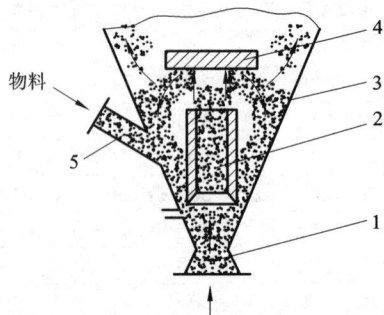

图5-44 靶式气流磨结构示意图
1—喷嘴；2—混合管；3—粉碎室；4—冲击板；5—加料管

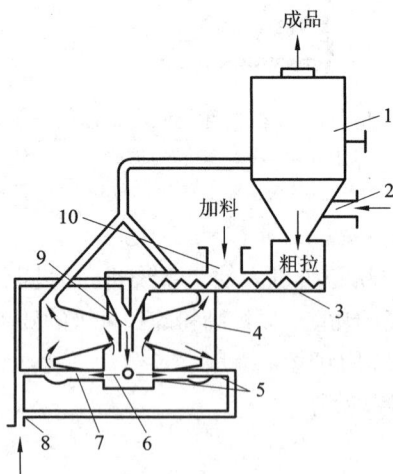

图5-45 布劳-诺克斯型气流磨的结构示意图
1—风力分级机；2—二次风入口；3—螺旋加料器；4——一次分级室；5—喷嘴；6—粉碎室；7—喷射器混合管；8—气流入口；9—喷射式加料器；10—物料入口

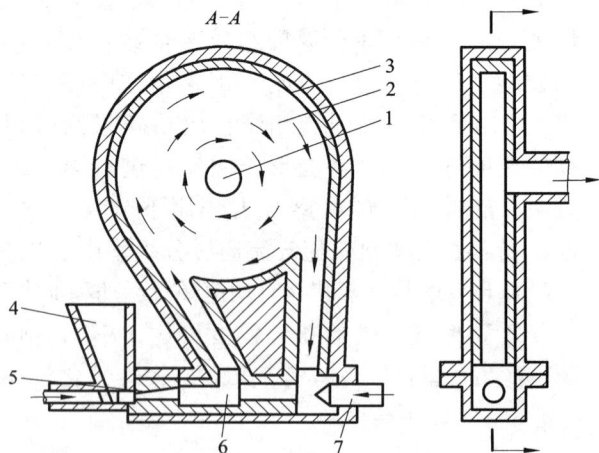

图5-46 特劳斯特型气流磨结构示意图
1—产品出口；2—分级室；3—内衬；4—料斗；5—加料喷嘴；6—粉碎室；7—粉碎喷嘴

该气流磨的工作过程:由料斗4喂入的物料被喷嘴喷出的高速气流送入粉碎室6,随气流上升至分级室2,在此气流形成主旋流使颗粒分级。粗颗粒排至分级室外围,在气流带动下返回粉碎室再行粉碎。细颗粒经产品出口1排出机外捕集为成品。一次分级大约有30%~50%的细颗粒成为合格产品。

(3)马亚克型气流磨(majac jet pulverizer)

图5-47为其结构示意图,其工作过程:物料由螺旋加料器5给入到上升管9中,被上升气流带入分级室进行预先分级,粗颗粒沿回料管10返回粉碎室8,在来自喷嘴6的两股高速喷射气流作用下冲击碰撞而粉碎。粉碎后的物料被气流带入分级室进行分级。细颗粒通过分级转子后成为成品。在粉碎室中,已粉碎的物料从粉碎室底部的出口管进入上升管9中。为更好地分级,在分级器下部经入口11通入二次空气。通过调节分级机内气流的上升速度及分级转子的转速可以调节最终产品的细度。

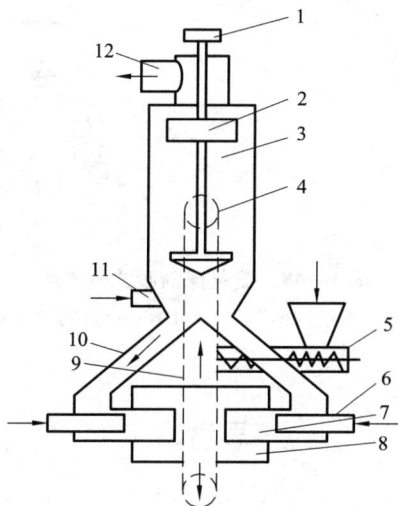

图5-47 马亚克型气流磨结构示意图

1—传动装置;2—分级转子;3—分级室;4——次风入口;5—螺旋加料器;6—喷嘴;
7—混合管;8—粉碎室;9—上升管;10—回料管;11—二次风入口;12—产品出口

(4)流化床对喷式气流磨

图5-48为其结构示意图。其中(a)为AFG型喷嘴三维设置,(b)为CGS型喷嘴二维设置。

喂入磨内的物料利用二维或三维设置的3~7个喷嘴喷汇的气流冲击作用下呈流化床状态悬浮翻腾,并产生相互碰撞、摩擦实现粉碎,被粉碎物料在负压气流带动下通过顶部设置的涡轮式分级装置,细粉排出机外由旋风分离器及袋式收尘器捕集,粗粉受重力沉降返回粉碎区继续粉碎。这种流化床对喷式气流磨是在对喷式气流磨的基础上开发的,属20世纪90年代最新型的超细粉碎设备。

流化床对喷式气流磨的特点是:粉磨效率高,能耗低,比其他类型的气流磨节能50%;产品细度高($d_{50}=3\sim10~\mu m$),粒度分布窄且无过大颗粒;采用刚玉、碳化硅等作易磨件,因而磨耗低,产品受污染少,可加工无铁质污染的粉体,也可粉碎硬度高的物料;结构紧凑;噪声小;可实现操作自动化,但该机造价较高。

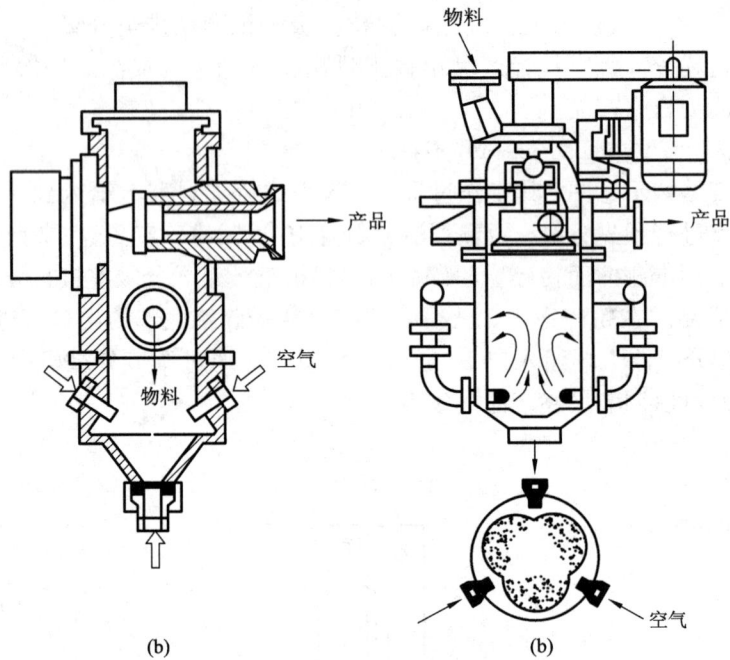

图 5 - 48　流化床对喷式气流磨

(a) AFG 型(喷嘴三维设置)　(b) CGS 型(喷嘴二维设置)

思考题

1. 哪些材料物性影响固体物料的粉碎?
2. 叙述各粉碎能耗定律的主要区别?
3. 什么是粉碎过程的机械力化学效应?机械力化学包括粉体材料的哪些变化?
4. 机械力化学应用的优点和缺点分别是什么?
5. 简摆颚式破碎机和复摆颚式破碎机在结构和性能上的主要区别是什么?
6. 锤式破碎机和反击式破碎机在结构和破碎原理上有哪些主要区别?
7. 立式磨机和雷蒙磨机在结构和破碎原理上有哪些主要区别?
8. 从制造和应用角度出发简单比较各种超细粉碎设备的优点和缺点?

第6章　粉体的分级与分级设备

本章内容提要

本章分别介绍几种主要的分级方法及其相应原理，列举了几类重要的分级设备，并详细介绍了用于评价分级效果的各种手段。

在粉磨作业中，通常需要分级作业配合，以便把粒度合格的物料及时分出，既可避免产品过粉碎，又能提高粉磨效率。在介质（液体或气体）中，物料按其沉降速度的不同分成若干粒度级别的过程称为分级。

分级与筛分的目的相同，都是将颗粒群分成不同的粒度级别，但它们的工作原理及产品的粒度特性不同。筛分是严格地按几何粒度（筛孔尺寸）分离的，具有严格的粒度界限，筛分通常用于 2～300 mm 物料的分离，对小于 2 mm 的物料，由于筛分效率很低，故采用水力或风力分级设备进行分级处理。分级则是按沉降速度差分开的，因此分级产物受密度影响，在同一级别中，密度大的颗粒的粒度将小于密度小的颗粒的粒度，因而使粒度范围变宽，另外颗粒的形状以及沉降条件对按粒度分级的精确性也有影响。

在粉碎过程中，随着物料粒度逐渐变细，其表面积急剧增加。高表面能的微细颗粒很容易互相团聚，颗粒越细其团聚的趋势越大，当颗粒细化到一定粒度后，出现粉碎与团聚的动态平衡，甚至因颗粒团聚变大而使粉碎工艺恶化。解决这一问题的关键是设置超细分级设备，与超细粉碎机配合成闭路，将合格细产品及时分离出来，粗粒返回再磨，以提高粉碎效率并降低能耗。加入分级机可明显地降低能耗。没有分级机的开路粉碎和有分级机的闭路粉碎，其能量利用率有较大的差异。以石灰石粉的气流粉碎为例，采用闭路系统所制得的粉体粒径分布较窄，最大粒径基本都小于 10 μm；而没有采用分级的细粉产品，粒度分布较宽。从动力消耗情况比较（表 6 – 1）可看出，对于生产 10 μm 以下的粉体颗粒，单独粉碎的功耗达到了 34.5 kW/kg，而闭路粉碎功耗只有 10.8 kW/kg。由此可以看出分级对超细粉生产的重要性。

表 6 – 1　开路及闭路粉碎的动力消耗比较

系统方式	处理能力/(kg·h^{-1})	– 10 μm 含量/kg	– 10 μm 产品的能耗/(kW·kg^{-1})
开路	2.1	0.63	34.5
闭路	10	20.4	10.8

6.1　粉体的分级

6.1.1　分级的方法与原理

分级按照所要分离的对象分为粗粒分级和细粒分级，区分两者的颗粒尺寸界限为 2～3 mm，大于 3 mm 的颗粒即可用不同筛孔的机械和手工筛进行分离；而小于 2 mm 大于约 5 μm 的物料则需用较复杂的各种细粒分级设备，如气流分级机、水力旋流器等。

按照分离所使用的介质，分级可分为水力分级（又称湿法分级）和风力分级（又称干法分级），其中水力分级可与湿磨、湿法改性设备等联用，同样干法分级设备则可与破碎、超细粉碎、干法改性设备等联用。

分级设备与其他相关设备的联用既可减少过磨、节省能耗，也可利用在粉磨过程中，由于大颗粒在粉碎或粉磨过程中受到机械能的作用，原来处于颗粒内部的位置成为表面而暴露出来，从而产生新的颗粒表面和缺陷位置，造成颗粒表面具有较高的反应活性，为高效改性等后续加工处理过程提供较理想的原料。

6.1.1.1　水力分级原理

水力分级是根据颗粒在运动介质中的沉降速度的不同，将粒度范围宽的混合粒群分为若干粒度范围窄的粒群。在水力分级的过程中，分级介质的运动形式大致有三种。一是介质的流动方向与颗粒沉降方向相反的垂直上升介质流；二是介质流动方向与颗粒沉降方向接近垂直的水平介质流；三是作旋转运动的介质流。

利用垂直上升介质流进行分级时，颗粒在介质中的运动速度 v 等于颗粒在静止介质中的沉降末速 v_0 与上升介质流速 u_a 之差，即

$$v = v_0 - u_a \tag{6-1}$$

由式（6-1）可知，$v_0 > u_a$ 时，颗粒在介质中下沉。$v_0 < u_a$ 时，颗粒在介质中上升；$v_0 = u_a$ 时，则颗粒在介质中悬浮。

因此，所有沉降末速大于上升介质流速的颗粒，都将下沉到分级设备的底部，作为沉砂或底流排出；所有沉降末速小于上升介质流速的颗粒随介质一同上升并从上端溢出，称之为溢流［见图6-1(a)］。若需分出两种以上的粒级产物，可将每次分级所得的溢流产物（或底流产物），在流速渐减（或渐增）的上升介质流中依次进行多次分级。

利用水平介质流进行分级时，颗粒在水平方向的速度与水流速度大致相同，而在垂直方向，依据颗粒粒度（还有密度及形状）的不同而有不同的沉降速度，从而导致不同粒度的颗粒在经历分级过程时具有不同的运动轨迹。沉降速度越大的颗粒，其运动轨迹越陡。所以，粗颗粒在距给料口较近处最先沉到底部，细颗粒则在距给料口较远的地方落到底部。至于一部分沉降速度最小的极细颗粒，将随水平介质流而成为溢流［见图6-1(b)］。

利用旋转介质流进行分级，目的是给分级过程提供一个离心力场，从而使分级过程获得强化。在旋转流中，不同粒度的颗粒是根据径向运动速度的差别，得以分离成粗、细粒两种粒级的产物，而介质流的向心流速则是决定分级粒度的基本因素。利用旋转介质流分级的典型设备如水力旋流器、卧式沉降式离心脱水机及旋风集尘器等皆是这种情形。

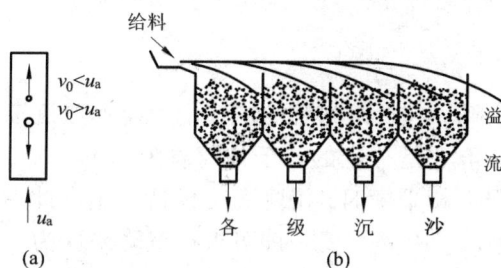

图6-1　颗粒在垂直介质流及水平介质流中的分级示意图

（a）垂直上升介质流分级　（b）在接近水平的介质流中分级

水力分级作为独立作业，可用于黏土质等矿物的洗选；作为辅助作业，可用于粉磨循环的预先分级、检查分级、控制分级，或用于脱水、脱泥；作为准备作业，可用于摇床等选别前的分级；同时，它又是检查细粒物料（-0.074 mm）粒度组成的主要手段（如水析）。

水力分级在粉体加工工艺中的主要用途是：

①作为粉磨时的检查性分级和预先分级。一般常用它与粉磨作业构成闭路，及时分出合格粒度的产物，避免或减少过粉碎现象的出现。

②在某些重选作业（如摇床、溜槽选等）之前，作为准备作业，即对原料进行分级，分级后的各产物，分别给入不同设备或在不同操作条件下分选。

③对原料或选后产物进行脱泥或脱水，如在选煤工艺中，水力分级主要用于煤泥水的沉淀与浓缩。

④对于单一密度组成的物料，采用水力分级可获得粒度分布较为精确的窄级别物料，如SiC磨料粉体。

⑤在实验室内利用水力分级的方法，测定微细物料（多为小于200目）的粒度组成，进行粒度分析。

6.1.1.2　精细分级原理

1. 重力和离心力分级原理

精细分级是根据不同粒度和形状的微细颗粒在介质（如空气或水）中所受的重力和介质阻力不同、具有不同的沉降末速来进行的。分级可以在重力场中进行，也可以在离心力场中进行。其基本原理是层流状态下的斯托克斯（Stocks）定律。

在重力场中，微细球形颗粒在介质中沉降时所受的介质阻力为

$$F_s = 3\pi\eta dv \qquad (6-2)$$

式中：η——介质黏度；

d——颗粒的直径；

v——为颗粒的沉降速度。

颗粒所受的重力为

$$F_g = \frac{\pi}{6}d^3(\delta - \rho)g \qquad (6-3)$$

式中：δ、ρ——颗粒物料及介质的密度；

    g——重力加速度；

    d——颗粒的直径。

设颗粒在介质中自由沉降。在沉降过程中颗粒的沉降速度逐渐增大，随之而来的反向介质阻力也增大。但是颗粒的重力是一定的。于是随着阻力的增加，沉降加速度降低。最后，当颗粒所受的重力与介质阻力相平衡时，沉降速度保持一定。此后，颗粒即以该速度继续沉降，该速度称之为沉降末速 v_0。由 $F_g = F_s$，即可求得沉降末速为

$$v_0 = \frac{\delta - \rho}{18\eta}gd^2 \qquad (6-4)$$

式(6-4)即为微细颗粒的沉降末速公式，称之为斯托克斯公式。在采用 cm、g、s 制时，式(6-4)中 v_0(cm/s)可表示为

$$v_0 = 5.45d^2\frac{\delta - \rho}{\eta} \qquad (6-5)$$

如果介质为水，常温时可取 $\eta = 0.001$ Pa·s，$\rho = 1$ g/cm^3。于是式(6-5)可简化为

$$v_0 = 5450d^2(\delta - 1) \qquad (6-6)$$

由式(6-6)可见，在适当的介质(水或空气)中，在温度一定的条件下，对于同一密度的颗粒，沉降末速只与颗粒的直径有关。这样，便可以根据颗粒沉降末速的不同，实现按粒度大小的分级，这就是重力分级的原理。

以上是假设颗粒为球形导出的，实际的颗粒形状各异。一般来讲，不规则形状颗粒较同体积球形颗粒所受的介质阻力大，所以沉降末速小。因此，对于形状不规则的颗粒要在沉降末速公式中引入形状系数进行修正，即

$$v_{0s} = P_s v_0 = P_P\frac{\delta - \rho}{18\eta}gd^2 \qquad (6-7)$$

式中：P_s——形状修正系数，该系数可查阅有关文献选取；

    v_{0s}——形状不规则颗粒的沉降末速。对于超细颗粒，颗粒的形状因素影响较粗颗粒要小，常忽略不计。

此外，上述各式是从自由沉降导出来的。实际的重力分级作业中，由于颗粒很多及器壁效应，自由沉降的条件基本是不具备的，一般属于干涉沉降。同样粒径颗粒的干涉沉降末速较自由沉降小，一般可表示为

$$v_{0h} = v_0(1 - \lambda^{2/3})(1 - \lambda)(1 - 2.5\lambda) \qquad (6-8)$$

式中：v_{0h}——颗粒的干涉沉降速度；

    λ——容积浓度(单位体积悬浮体内固体颗粒占有的体积)；

    $1 - \lambda^{2/3}$——反映流动断面积减小，使介质动压力增大的影响；

    $1 - \lambda$——反映悬浮体系密度增大的影响；

    $1 - 2.5\lambda$——代表悬浮液黏度增大所产生的影响。

将式(6-8)简化，可近似地表示为

$$v_{0h} = v_0(1 - \lambda)^6 \qquad (6-9)$$

因此，综合考虑颗粒形状和干涉沉降，颗粒的沉降末速可表示为：

$$v_{sh} = v_0 P_s(1 - \lambda)^6 \qquad (6-10)$$

在离心力场中,由于离心加速度较重力加速度大得多,因此,相同粒径的颗粒在离心力场中的沉降速度快,沉降相同距离所需的时间大大缩短。

颗粒在离心力场中的离心加速度为

$$r\omega^2 = \frac{v_t^2}{r} \tag{6-11}$$

式中:r——颗粒的回转半径;

  ω——颗粒的回转角速度;

  v_t——颗粒的切向速度。

密度为 δ 的颗粒在离心力场中所受到的离心力为

$$F_c = \frac{\pi d^3}{6}(\delta - \rho)\omega^2 r = \frac{\pi d^3}{6}(\delta - \rho)\frac{v_t^2}{r} \tag{6-12}$$

式中:d、ρ——颗粒的直径和介质的密度。

离心力的方向指向圆周。由式(6-12)可知,粒度一定的颗粒所受到的离心力随回转半径而变化。

颗粒离心沉降时所受的介质阻力为:

$$F_d = k\rho d^2 v_r^2 \tag{6-13}$$

式中:k——阻力系数;

  v_r——颗粒的径向运动速度。

介质阻力的方向与离心力的方向相反,指向旋转中心。对于微细颗粒,可采用斯托克斯阻力公式:

$$F_d = 3\pi\eta dv_r \tag{6-14}$$

由 $F_d = F_c$ 得微细颗粒在离心力场中的沉降速率为

$$v_{0r} = \frac{\delta - \rho}{18\eta}d^2\omega^2 r \tag{6-15}$$

由式(6-15)可知,在适当的介质(水或空气)中,在温度一定的条件下,对于同一密度的颗粒,在离心加速度 $\omega^2 r$ 或离心分离因素 $j(j = \frac{\omega^2 r}{g}$,$\boldsymbol{g}$ 为重力加速度)相同时,其离心沉降速度只与颗粒的直径有关。这样,便可根据颗粒离心沉降速度的不同,实现按颗粒大小的分级,这就是离心分级的原理。

与重力沉降一样,颗粒形状也影响其离心沉降速度。颗粒在介质中的运动阻力与其横切面积及表面积有关。非球形颗粒的阻力较大,因而沉降速度较球形颗粒慢。因此,在计算颗粒的离心沉降速度时也要考虑形状系数或将非球形颗粒按下式换算为当量球体直径

$$d_e = \sqrt{\frac{6V}{\sqrt{\pi A}}} \tag{6-16}$$

式中:d_e——非球形颗粒的当量球体直径;

  V——颗粒的体积;

  A——颗粒的表面积。对于微细颗粒,可取 $d_e = 0.7 \sim 0.8d$。

此外,当悬浮液固相浓度达到一定值后,出现阻滞沉降现象。颗粒沉降速度较自由沉降速度计算值小,并随浓度的增大而迅速减小。因此,在实际计算中要引进悬浮液浓度的修正

系数，一般可取 $(1-\lambda)^{5.5}$ 作为悬浮液中固相颗粒容积浓度的影响因素（λ 为悬浮液中固相颗粒的容积浓度）。

综合考虑颗粒形状和固相浓度对沉降速度的影响后，对于微细颗粒，离心力场中，悬浮液中固体颗粒的沉降速度可按下式进行计算：

$$v_{0r} = (1-\lambda)^{5.5}\frac{\delta-\rho}{18\eta}d_e^2\omega^2 r \qquad (6-17)$$

以上总结的是微细颗粒在重力场和离心力场中的分级原理。

6.1.2　分级效果的评价

6.1.2.1　沉降分级（离）极限

在一定的力场（重力或离心力）中，当固体颗粒小到某一程度而不能被分离时，称为沉降分离的极限。

悬浮于液体中的高度分散的微细固相颗粒能长时间在重力场甚至离心力场中保持悬浮状态而不沉降。根据胶体化学原理，这个现象可解释为由于微细粒子的布朗运动必然出现的扩散现象，即微细颗粒能自发地从浓度高处向低处扩散。作用在高度分散的微细颗粒上的重力或离心力被由浓度梯度所产生的"渗透"压力所平衡。这时，在某一瞬间经单位沉降面积所沉降的质量，等于由于浓度梯度向反方向扩散运动的质量，因此，可以采用布朗运动和扩散现象的规律来确定极限颗粒的直径。

在扩散过程中，颗粒在时间 t 内的平均位移距离 h 和扩散系数 D 之间的关系为 $h^2=2Dt$，而扩散系数 $D=kT/(6\pi\eta d)$。设在时间 t 内，在离心力场中，颗粒以沉降速度 v 所沉降的距离为 $h=vt$。由于颗粒直径很小，速度 v 按斯托克斯公式（6－15）计算。于是可得

$$h = \frac{6\ kT}{\pi d^3(\delta-\rho)\omega^2 r} = \frac{6\ kT}{\pi d^3\Delta\rho\omega^2 r} \qquad (6-18)$$

式中：k——玻耳兹曼常数（J/K）；

　　　T——绝对温度（K）；

　　　d——颗粒直径（cm）；

　　　$\Delta\rho$——固体颗粒与液体的密度差（g/cm³）；

　　　ω——转鼓回转角速度（1/s）；

　　　r——回转半径（cm）。

要用式（6－18）计算 d，关键是确定 h，如图6－2所示。设已沉降到鼓壁的两颗粒 O_1 和 O_2 间的微细颗粒 O_3，其最低点为 h_1。若其布朗运动的扩散距离为 h，当达到位置 h_2 时，则将从两颗粒间逸去而不沉降下来。按这种临界条件取 $d=0.6d_0$，则从图6－2中的几何关系可算得 $h=0.293d$，将 h 的值代入式（6－18），可得极限颗粒直径（d_L）的计算公式：

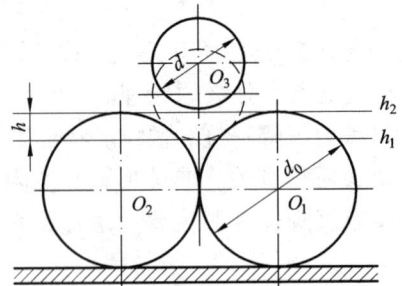

图6－2　已沉降到鼓壁上的颗粒的位置

$$d_L = 1.6\left(\frac{kT}{\Delta\kappa\rho\omega^2 r}\right)^{\frac{1}{4}} = 1.6\left(\frac{kT}{\Delta\rho F_r g}\right)^{\frac{1}{4}} \qquad (6-19)$$

式中：F_r——离心机的离心分离因素，$F_r = \dfrac{\omega^2 r}{g}$。

将 k 值及 g 值代入式(6-19)得

$$d_L = 0.31\left(\frac{T}{\Delta\rho F_r}\right)^{\frac{1}{4}} \qquad (6-20)$$

由式(6-20)可知，离心分离极限与固相及液相的密度差及离心分离因素等有关。密度差 $\Delta\rho$ 越大，离心分离因素 F_r 越高，可分离的极限粒度越小。例如，当分离因素 $F_r = 3000$，$T = 300K$，$\Delta\rho = 1.0 \sim 6.0g/cm^3$ 时，用式(6-20)算出 $d_L = 0.111 \sim 0.169\mu m$；当分离因素 $F_r = 8000$，其他条件一样，$d_L = 0.087 \sim 0.136\mu m$。在实际生产中，用高速离心机来进行高分散性悬浮液的分离或分级时，根据待分离的最小颗粒直径（即分离液中的最大颗粒直径）来确定所必需的最小分离因素，进而选定机型，由式(6-20)得

$$F_r = 9.2\frac{T}{d^4\Delta\rho} \times 10^{-3} \qquad (6-21)$$

式中：T——悬浮液的绝对温度；

d——待分离的最小粒子直径（单位为 μm）；

$\Delta\rho$——固液相密度差。

应当指出，在推导上述公式时，未考虑颗粒的表面电性。实际上颗粒由于带电而产生的静电作用力对微细颗粒的沉降和扩散运动也将产生影响，从而影响分离极限。

6.1.2.2 分级粒径

分级粒径或切割粒径，又称中位分离点，是衡量分级机技术性能的一个重要指标之一。

图6-3(a)中所示曲线 a 是粉体原料的粒度分布曲线，曲线 b 是分级后粗粒级物料的粒度分布曲线。设粒度 d 和 Δd 之间的原料质量为 W_a，粗粒级物料的总质量为 W_b。此外，在图6-3(b)中按相同粒度计算 W_b/W_a 值，绘制曲线 c。c 曲线称为部分分级效率曲线。该曲线中纵坐标50%所对应的横坐标上的颗粒粒度 d_c 称为分级粒径或分级粒度。这种图也称为部分分级效率曲线。

图6-4所示纵坐标为累积产率，横坐标为粒度。曲线1是分级后细产品中的粗粒累积产率；曲线2是粗产品中的细粒累积产率。两条曲线的交点 c 所对应的横坐标规定为分级粒径 d_T。由于这种曲线纵坐标表示的是错误粒级（细产品中的粗粒级和粗产品中的细粒级）的累积含量，因此也称为误差粒级累积曲线。

由于分级效率的原因，粗产品中夹杂一些细粒级物料，细产品中夹杂一些粗粒级物料。但较粗的粒级主要集中于粗产品中，较细的粒级主要集中于细产品中。各粒级分配于粗或细产品中的分配率，分别称为在粗产品和细产品中的分配率。图6-5所示即为根据各粒级在粗产品中的分配率绘制的分配曲线。相当于分配率50%的粒度，称为分级粒径 d_T。粒度大于 d_T 的各粒级，在粗产品中的分配率大于50%，即主要集中于粗产品中；粒度小于 d_T 的各粒级，在粗产品中的分配率小于50%，主要集中于细产品中；粒度为 d_T 或与 d_T 接近的粒级的物料，则进入粗或细粒级产品中的分配率各占一半，故 d_T 称为分级粒径。

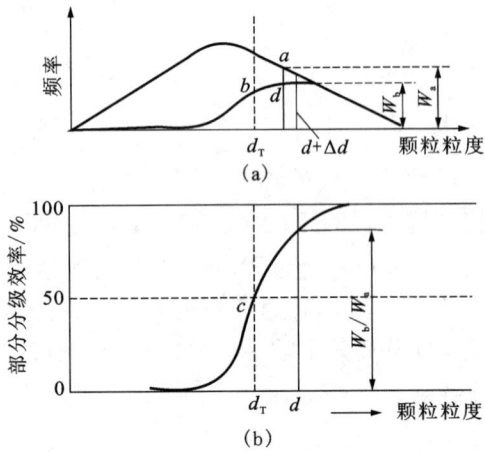

图 6-3   部分分级效率曲线

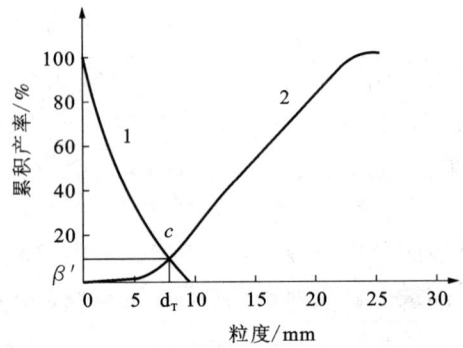

图 6-4   误差粒级累积曲线

图 6-6 所示为沉降式离心机中悬浮液(给料)和分离液(细粒级)中固相粒度分布的微分曲线 $f_1(d)$ 和 $f_2(d)$。$f_1(d)$ 中能被分离的最小粒子直径,也即分离液中的最大颗粒直径 d_c 称为临界粒子直径。直径小于 d_c 的各粒级物料一部分进入沉淀物中,一部分留在分离液中。其中 50% 进入沉淀物中和 50% 留在分离液中的颗粒的直径 d_{50} 称为分级粒径或分割粒径 d_T。

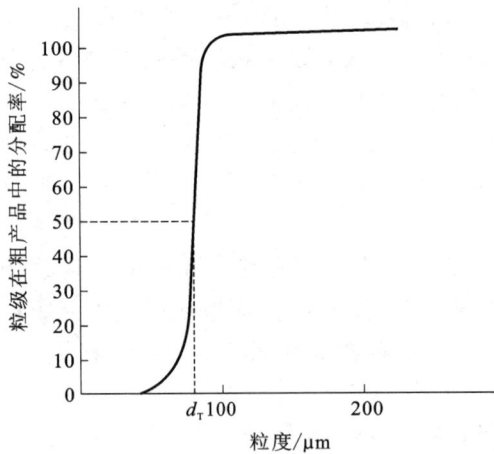

图 6-5   粒度分配曲线

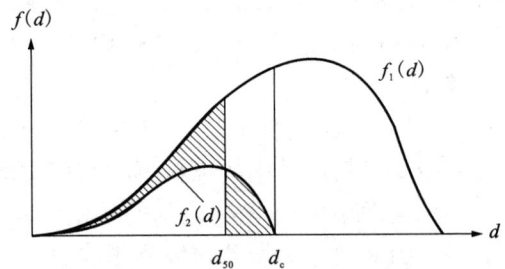

图 6-6   沉降离心机悬浮液和分离液中固相粒度分布曲线

6.1.2.3   分级效率与细粉提取率

表示分级效率的方法很多。常用的方法是牛顿分级效率公式和分级精度。将某一粒度分布的粉体物料用分级机进行分级,分成粗粒级和细粒级两部分,则牛顿分级效率的计算方法为

$$\eta_N = \frac{粗粒中实有的粗粒量}{原料中实有的粗粒量} - \frac{粗粒中实有的细粒量}{原料中实有的细粒量}$$

设 F 代表原料量，Q 代表粗粒物料量，U 为细粒物料量，a、b、c 分别为原料、粗粒物料和细粒物料中实有的粗粒级物料的含量，则有

$$F = U + Q \tag{6-22}$$

$$F \cdot a = U \cdot c + Q \cdot b \tag{6-23}$$

将式(6-22)代入式(6-23)得：

$$Q = \frac{F(a-c)}{b-c} \tag{6-24}$$

根据牛顿分级效率的计算方法

$$\eta_N = \frac{Q \cdot b}{F \cdot a} - \frac{Q(1-b)}{F(1-a)} \tag{6-25}$$

将式(6-24)代入式(6-25)整理后，得

$$\eta_N = \frac{(a-c)(b-a)}{a(1-a)(b-c)} \tag{6-26}$$

上式即为牛顿分级效率计算式。

相当于分配率为75%和25%的粒度 d_{75} 和 d_{25} 也可以用来表示分级效率。如用 E_T 表示偏差度，则可用

$$E_T = \frac{d_{75} - d_{25}}{2} \tag{6-27}$$

来表示分级精度或分级效率。E_T 小，说明只有少量粒级未能有效分离，因而分级精度或效率较高；反之，分级精度或效率较低。

也可用 $E_T' = d_{75}/d_{25}$ 来表示分级效率，E_T' 越小，分级精度越高。

在实际的设备选型比较中，可用小于某一粒度细粉的提取率来衡量或表示分级效率。如以 η_R 表示细粉提取率(%)；Q 为单位时间内分级机的处理量或给料量；q 为给料中小于某一指定粒度的粒级含量；F 为单位时间内分级机分出的细产品产量；f 为细产品中小于某一指定粒度的粒级含量，则有

$$\eta_R = \frac{Ff}{Qq} \times 100\% \tag{6-28}$$

如某分级机的小时处理量为2t，其中 $-10\ \mu m$ 的含量为65%；细产品产量为1t/h，其中 $-10\ \mu m$ 含量为97%，则该分级机的 $-10\ \mu m$ 细粉提取率为

$$\eta_R = \frac{1 \times 0.97}{2 \times 0.65} \times 100\% = 74.62\%$$

一般来说，细粉提取率越高，分级机的分级效率越好。

6.2 分级设备

根据分级介质的不同，当今工业型精细分级机可分为两大类：一是以水为介质的湿法分级机，主要有超细水力旋流器、卧式螺旋离心机和沉降式离心机等；二是以空气为介质的干法分级机，主要是转子(涡轮)式气流分级机。

干式精细分级机大多是伴随高速机械冲击式超细磨机和气流磨，尤其是对喷式流化床气流磨的引进和开发而发展起来的。这些干式精细分级机基本上都与相应的机械冲击式超细粉

磨机或气流磨配套使用，其分级粒径可以在较大的范围内进行调节。目前占市场主导地位的几种机型是 MS、MSS 和 ATP 型及其仿制型和改进型，以及 LHB 型干式精细分级机。其中 MS 及其类似的分级机的分级产品细度可达 $d_{97} = 10\ \mu m$，MSS 和 ATP 型及其类似的分级机的分级产品细度可达 $d_{97} = 5 \sim 6\ \mu m$。依分级机规格或尺寸的不同，单机处理能力从几十千克/小时到约 10t/h 不等。LHB 型干式精细分级机分级产品细度可达 $d_{97} = 5 \sim 7\ \mu m$，小时处理能力最大可达 10t 以上，分级效率及单位产品能耗与进口设备相当。

湿式分级机主要有两种类型：一是基于重力沉降原理的水力分级机；二是基于离心力沉降原理的旋流式分级机。这类分级机包括沉降离心机，如卧式螺旋离心分离（级）机、小直径水力旋流器、LS 离旋器、GSDF 型超细水力旋分机等机型，这是目前湿式精细分级主要采用的设备。这些分级机既可单独设置也可与湿式超细粉碎设备配套使用。其中，沉降离心机（包括卧式螺旋离心分级机）的溢流产品细度可达到 $d_{97} = 2\ \mu m$、GSDF 型超细水力旋分机的溢流产品细度可达到 $d_{95} = 2\ \mu m$，小直径水力旋流器组的溢流产品细度可达到 $d_{85} = 2\ \mu m$，LS 离旋器可达到 $d_{60} = 2\ \mu m$。

粉体加工工业中常用的分级设备包括用作选矿准备作业的螺旋分级机，湿法除砂（杂）和分级的水力旋流器、细筛、水力分级机及用于干法分级的风力分级机等。

6.2.1 湿法分级设备

6.2.1.1 水力旋流器

水力旋流器的构造如图 6 − 7(a)、(b) 所示，其工作原理如图 6 − 7(c) 所示。水力旋流器的上部是一个中空的圆柱体，下部是一个与圆柱体相通的倒锥体，两者组成水力旋流器的工作筒体。圆柱形筒体上端切向装有给料管，顶部装有溢流管及溢流导管。在圆锥形筒体底部有沉砂口。各部分之间用法兰盘及螺钉连接。给料口、筒体和沉砂口通常衬有橡胶、聚氨酯或辉绿岩铸石，以便减少磨损并在磨损后更换。沉砂口还可以制成可调的，根据需要调节其大小。小型水力旋流器还可完全由聚氨酯制成。

浆料以 $49 \sim 245$ kPa($2.5 \sim 215$ kgf/cm^2) 的压力、$5 \sim 12$ m/s 的高速，从给料管按切线方向进入圆柱体形筒体，随即绕轴线高速旋转，产生很大的离心力。浆料中颗粒的粒度和密度不同，受到的离心力也不同，所以它们在旋流器中的运动速度、加速度及方向也各不相同。粗而重的颗粒受的离心力大，被抛向筒壁，按螺旋线轨迹下旋到底部，成为沉砂从沉砂口排出。细而轻的颗粒受的离心力小，被带到中心。在锥形筒体中心形成内螺旋颗粒流向上运动，成为溢流从液流管排出。水力旋流器的分离粒度范围一般为 $0.3 \sim 0.01$ mm。

水力旋流器可用作高岭土、石英、长石等非金属矿的分级和脱泥设备。用做分级设备时，主要用来与磨机组成闭路磨矿分级系统。

水力旋流器的优点是：①构造简单，没有运动部件；②设备费用低，装拆维护方便，占地面积小、基建费用少；③单位容积处理能力大；④分级粒度细，最终可达 10 μm 以下；⑤分级效率较高，最高可达 80% 左右；⑥浆料在旋流器中滞留的量和时间少，停机时容易处理。

其缺点是：①给料砂泵的动力消耗大且磨损快；②给料口和沉砂口容易磨损；③给料浓度、粒度、黏度和压力的波动对工作指标有很大的影响。

6.2.1.2 水力沉降分级机

水力分级机一般分为槽形分级机和圆锥形分级机两类。这类分级机的特点是向分级机内

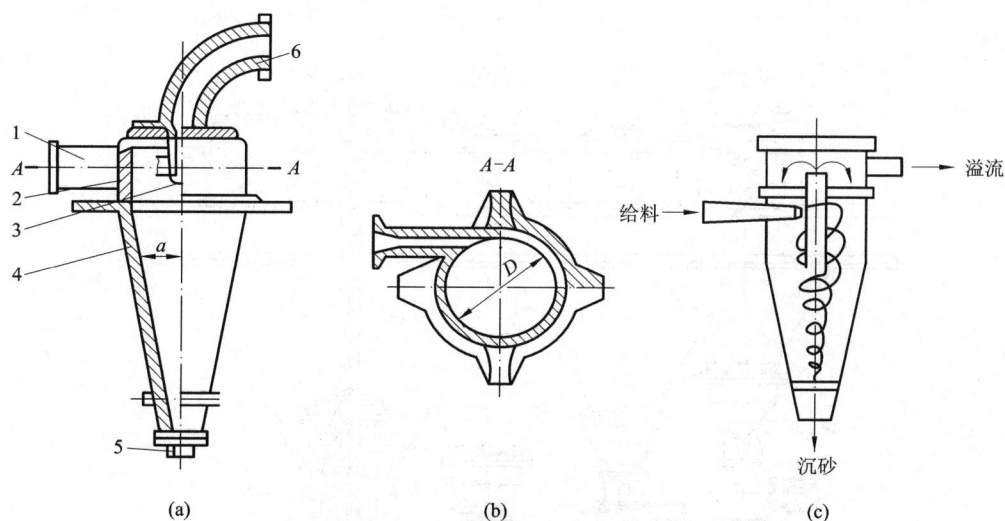

图 6-7　水力旋流器

（a）、（b）结构示意图，（c）工作原理图

1—浆料输入管；2—圆柱形筒体；3—溢流管；4—锥形筒体；5—沉砂出口；6—溢流出口

给入一定的上升水流，该水流方向与颗粒沉降方向相反。浆料由上端溜槽给入，依次进入各分级室内，由于各分级室的断面积依次增大，而上升水流依次减小，因而在分级室底部分出一系列由粗到细的几个粒级产品。这类分级机可用于石英、长石、金红石等非金属矿的分级或脱泥。

四室机械搅拌干涉沉降水力分级机的结构示意图见图 6-8，它主要由一个梯形槽、4 个角锥形箱体及带有叶片的搅拌器、传动装置以及分级排出装置组成。4 个箱体从给料端到溢流端逐个增大呈阶梯形配置。各箱体底部的分级装置包括搅拌室、分级室和压力水室。在分级装置下部有接收分级产品的受料器。各室箱内的垂直空心轴下部装有叶片搅拌器。由涡轮传动空心轴使搅拌器以一定速度回转，以便防止产生漩涡和粗砂沉积。

这种分级机的特点是分级带内浆料的固体浓度较高，颗粒在干涉沉降条件下进行分级，处理能力大、耗水量少、产品浓度大和机体容积较小。

6.2.1.3　圆锥形分级机

圆锥形分级机是倒立的圆锥体，主要用于脱泥（分离 0.15 mm 以下的颗粒）。图 6-9 所示为 YF 型圆锥水力分级机。它由槽体和主轴两个部分组成。工作时，支承在梁上的电机通过带轮使主轴 1 慢速转动。主轴的下端装有一个新式叶轮 2，在叶轮转动时，其上下两面均由中心向外甩出浆料，而内部形成负压，产生抽吸作用。叶轮上面抽吸给料和上循环浆料，下面只抽吸下循环浆料。浆料离开叶轮后进入盖板 3，以防止浆料在槽内作旋转运动。由于盖板叶片的定向作用大部分浆料转变为上升颗粒流。在上升过程中，细、轻颗粒上升，粗、重颗粒下沉。上升的细、轻颗粒进入溢流排出。下沉的粗、重颗粒进入槽上部，经过反复分级，使夹杂的细、轻颗粒被分到溢流中去。最后，粗、重颗粒进入槽底，从锥底排出。

该类分级机的特点是结构简单、操作维护方便、能严格控制溢流细度，适用于金属矿和

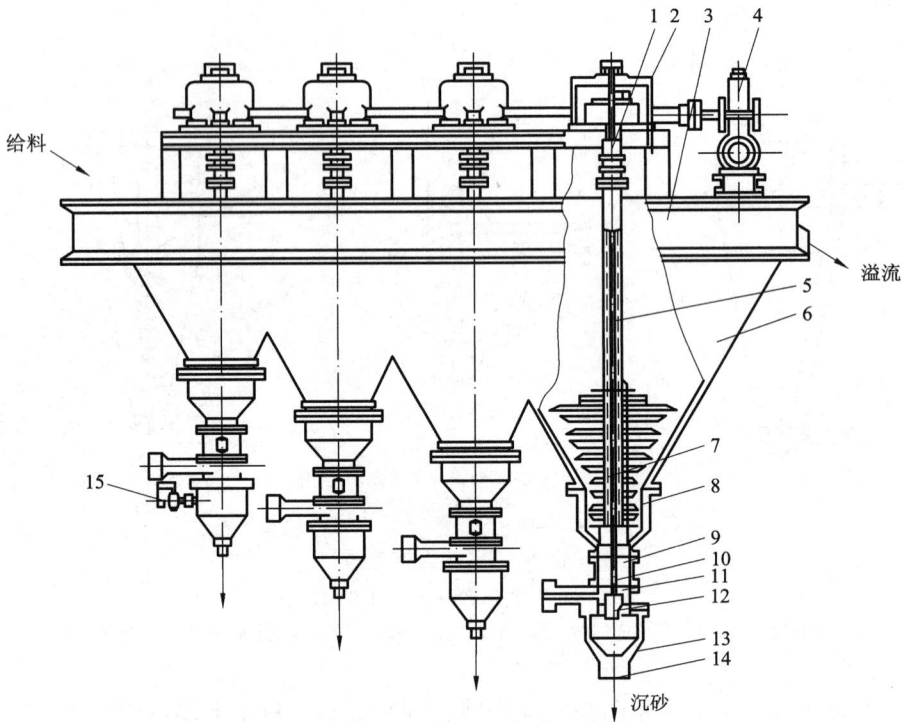

图 6－8　四室机械搅拌干涉沉降水力分级机

1—涡轮；2—凸轮机构；3—梯形槽；4—传动装置；5—垂直空心轴；6—角锥形箱体；
7—叶片搅拌器；8—搅拌室；9—分级室；10—连杆；11—压力水室；12—锥形阀；
13—受料器；14—卸料口；15—气门

非金属矿物的分级或脱泥，在石英等矿物的脱泥和分级中得到了应用。

6.2.1.4　超细水力旋分机

超细水力旋分机的结构及工作原理如图 6－10 所示。它是由 4 个同心圆环构成的 3 个环形空间，溢流、进料、底流分别在外、中、内的环形空间里，锥底孔与外环相通形成溢流；其锥顶孔则通入内环而形成底流。工作时用泵将料浆送入进料空间进入旋流器，在离心力作用下，粗粒由底流口排出，较细的颗粒由溢流口溢出。通过调整进浆压力、溢流压力和底流压力可获得不同细度的超细产品。

这种超细水力旋分机实质上也是由许多个小直径（10 mm）旋流器组成的，例如 GSDF21099 超细水力旋分机是由 99 个直径为 10 mm 的小旋流器组成。其旋分机结构件为不锈钢，旋流器为特种刚玉。

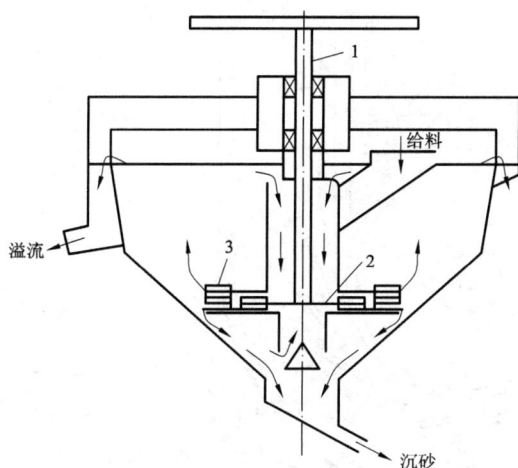

图6-9　YF型圆锥水力分级机结构示意图
1—主轴；2—叶轮；3—盖板

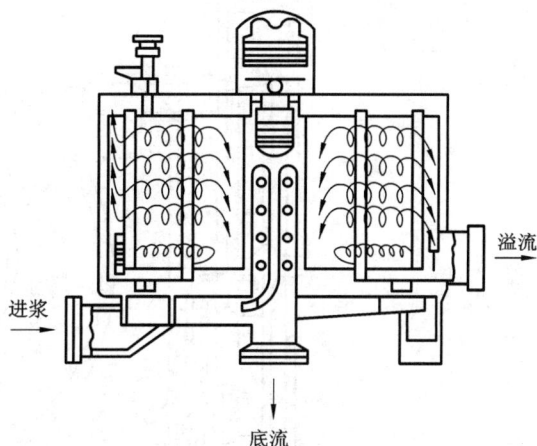

图6-10　超细水力旋分机的结构及工作原理示意图

6.2.2　干法分级设备

6.2.2.1　涡轮分级机

普通涡轮分级机的分级原理示意图如图6-11所示。该机是德国Alpine公司较为成熟的超细分级机，其物料由进料口进入分级室，分级室是由两块平行旋转圆板构成，保证了分级室内气流旋转速度的平均值与壁的旋转速度相近，气流由进气口进入可调导向叶片外侧。穿过叶片形成旋涡流，物料在离心力和气体黏性力的作用下分级。粗粒级物料由螺旋输送器送出，细粒物料由鼓风机排出进入循环室得到收集。通过调节叶片的角度就可改变气流旋转半径的大小，从而改变分级粒径的尺寸。

该机结构紧凑，分级效率高，适用于超细粉体的分级。其分级粒度范围为5~50 μm，处理量可达7t/h，并可实现全部分级自动化，通过计算机对各种参数进行修正，可提高分级精度。

吴敏等探索改善涡流分级机性能的试验表明：将进料方式从侧进式改变为中央进料式和增加喂料口的方法即可提高分级机的分级效率，而将涡壳由普通的圆筒形改变成阿基米德螺旋线形外壳也可改善涡流分级机的效果。此外选择合理的工艺配置和配套系统对提高机器的使用效率也是很重要的。

图6-12所示为HTC涡轮分级机，主要由进料系统、排料系统、动力系统、主分级室和二次进风室组成。其分级过程如下：主分级室内有一个可以任意调节转速的分级涡轮，物料由进料系统进入分级区并获得一定的初速度，进入分级区后颗粒受到风的阻力和由于涡轮叶片旋转而产生的离心力作用，因颗粒的大小不同而所受的离心力不同，从而粒径小、质量轻的颗粒从涡轮中间被分选出来。粒径较大的被涡轮叶片甩向器壁进入主分级室下面的二次进风室，在二次进风室中，粒径较小的颗粒再次被吹回主分级室进行分级，从而达到提高分级效率的目的。

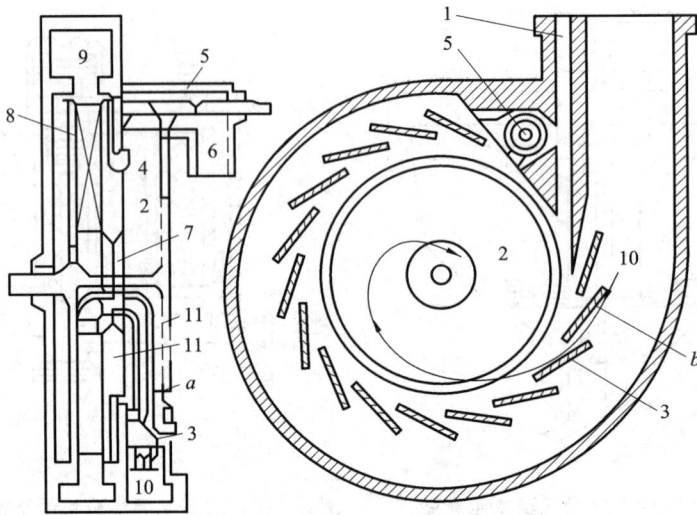

图 6-11　涡轮分级机结构示意图

1—进料口；2—分级室；3—导向叶片；4—分选楔块；5—螺旋输送器；6—粗粒出口；
7—气流孔；8—鼓风机；9—循环室；10—气流入口；11—连接板；
a、b 空气运动轨迹

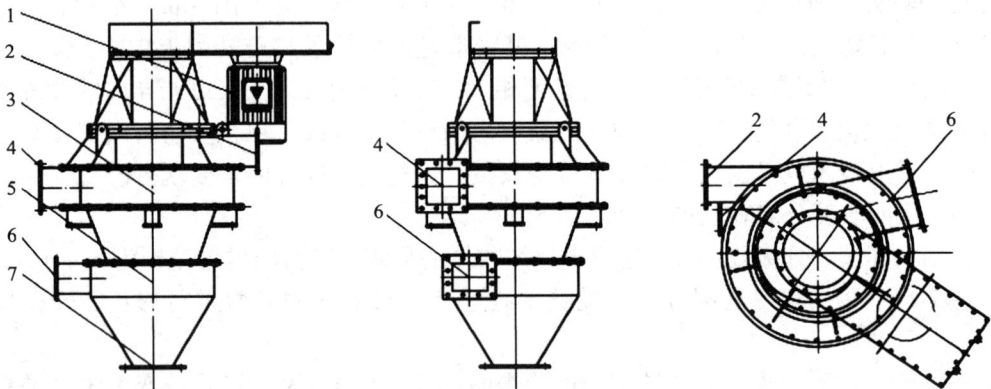

图 6-12　HTC 涡轮分级机结构示意图

1—电机；2—细粉出口；3—主分级室；4——次进风口；5—二次进风室；6—二次进风口；7—粗粉出口

　　CXF2200×4 型涡轮空气分级系统如图 6-13 所示，这种分级机系统主要由螺旋给料机、涡轮式分级机、集料器、鼓风机等部分组成，涡轮式分级机为该系统的主体设备。该系统的工作过程为：料仓中待分选的粉体物料由螺旋给料机均匀地给入分级机进行分级。分级后的粗粉由分级机底部排出，细粉由分级机上部出口进入集料器，由集料器收集的细粉即为产品。鼓风机是整个分级系统空气流的动力源。PC 电气控制使整个系统中的电机(分级机电机、风机电机、提升机电机等)按预先设定的参数正常协调运转，具有启动、停运、指示、报警等功能，系统可自动、连续运行。

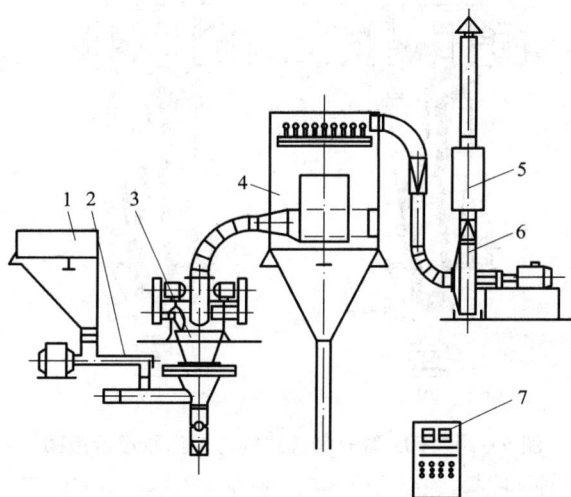

图6－13　CXF2200×4 涡轮式空气分级机系统示意图

1—料仓；2—螺旋给料机；3—涡轮式分级机；4—集料器；5—消音器；6—鼓风机；7—控制器

6.2.2.2　卧式涡轮转子型分级机

FJJ型分级机是卧式涡轮转子型分级机，类似于德国的ATP型。其结构见图6－14，主要分为上下两部分。上部分用涡轮转子分离细粉，在涡轮转子产生的流场条件下，物料中的粗粉按所设定的切割点分离。粗粉被反弹掉入下部粗粉分离仓，细粉进入涡轮转子，经输粉管路进入细粉收集装置(旋风分离器或过滤器)。粗粉向下掉入粗粉分离仓，又在A处受到强烈清洗，其中含有的细粉于中央区间由上升气流带入上部细粉分离区，对细粉再次分离。粗粉沿侧壁掉下，排出分级机。B处进风口对物料起上托作用，使细物料能够被送入细粉分级机。

图6－14(a)为上部下料式，物料直接投入到细粉分级区，进行粗细粉分离。携带部分细粉的粗粉被分级涡轮反弹后，有的被上升气流送回到细粉分级区，有的沿侧壁掉入粗粉分级区，对粗粉进行两次(A处进风、B处进风)强烈清洗。此结构形式相对于其他两种具有更高的分级效率，在相同规格下也有更高的处理量。缺点是安装结构较高，需要较高的厂房空间。图6－14(b)为中部下料方式，物料进入分级机后由上升气流将物料带入细粉分级区。此结构同样规格的分级机与图6－14(a)的结构形式相比，如要达到同样的分级效率，则处理量略低一些；与图6－14(c)的结构形式相比，喂料口位置较低，输送料较易。图6－14(c)为标准设计型，此型结构简单，加工制作较图6－14(a)、图6－14(b)容易些。因无清洗粗粉的侧向进风，分级效率较图6－14(a)、图6－14(b)型低。图6－14(d)结构形式为气送料方式，物料由下部进风口与气流一起进入分级机，并由上升气流送入细粉分级区，此结构喂料方式简单，可很容易与其他磨机组合成连续生产线。缺点是与图6－14(a)、图6－14(b)两种结构形式相比，要达到同样的分级效率，处理量低一些，但在对粗粉清洗度要求不高的情况下，同样具有大的处理量。

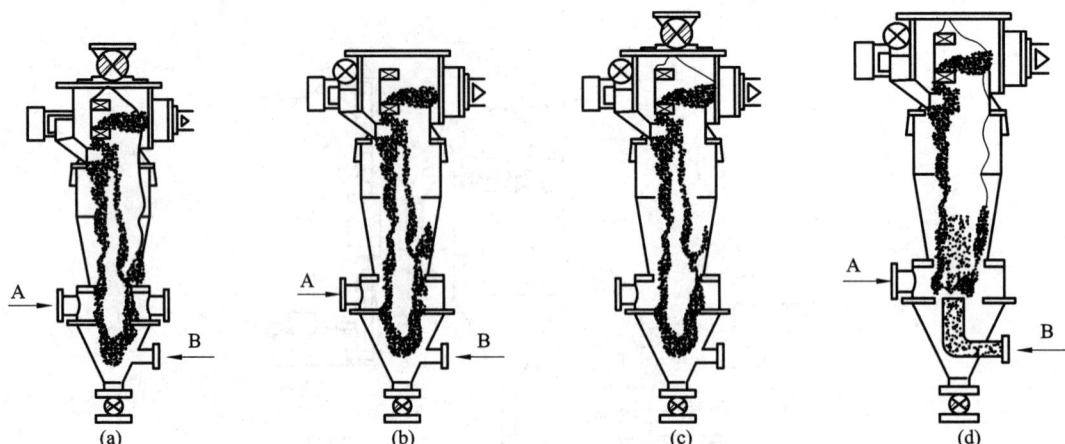

图 6-14 FJJ 型分级机结构与工作原理示意图

(a)上部下料式 (b)中部下料式 (c)标准设计型 (d)气送料方式

6.2.2.3 ADW 涡轮式微粉分级机

1. ADW 分级机结构。

ADW 涡轮式分级机的结构如图 6-15 所示。

(1)分级叶轮 1，直径为 100~750 mm，数量 1~6 个；材质为耐磨合金或陶瓷材料，也可按用户指定的材料制造；驱动为二级电机，皮带增速转动，转速极限 6000r/min；控制为变频器在 0~50 Hz 范围内调节转速，数字式测速仪动态显示分级机工作转速。

(2)传动系统 2，轴承采用高精密球轴承；润滑为人工方式高压油枪加油，自动排废油；采用空气冷却或水冷。

(3)分级机机体的分级叶轮和细粉排出管都安装在上筒体 6 的筒体内部；3~6 采用碳钢制造，内部做防锈或耐磨及防黏处理。

2. 工作原理

(1)气体混合进料：从粉体研磨设备出来的粉料进入气粉混合器与空气混合，由系统负压风抽吸入分级机，经过位于粗粉缓冲仓中部的导向管，向上经分级锥体

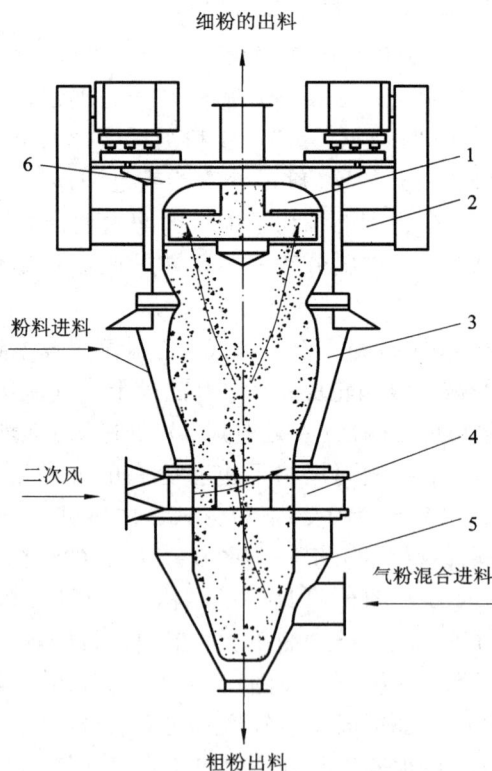

图 6-15 ADW 分级机结构及工作原理示意图

1—分级叶轮；2—传动系统；3—分级锥体；
4—细粉分选器；5—粗粉缓冲仓；6—上筒体

进入分级筒体6中的分级区。

水平安装的分级叶轮在电动机的驱动下高速旋转,在其周围形成强烈旋转的涡流流场,粉料颗粒在流场中的前进过程中受到空气曳力和离心力的双重作用,细颗粒受到的空气曳力大于离心力,做向心运动,可以穿过分级叶轮的叶片间隙,随空气一起由排气管送出机外,经高压脉冲收尘器捕集成为细粉成品,粗颗粒受到的空气曳力小于离心力,会被叶片和离心力甩至筒壁处自由落下。粗粉在落至细粉分选器4处时,会被此处进入的旋转的二次空气流强烈淘洗,混在粗粉中的部分细颗粒再次被淘洗出来,随气流上升,再次进入分级区进行分级,最终的粗粉继续下落到粗粉缓冲仓5的底部,由锁风回转下料器排出机外。

(2)粉状进料:从研磨设备出来的粉料进入斗提机,提升至分级机上部的料斗处,经回转加料器将粉料加入分级机上筒体6中部,在此与中心管吹来的空气混合分散后进入分级区,随后的分级、淘洗、排料等过程均与上面所述相同。

对于超细分级。建议采用气粉混合进料方式工作,以提高分级精度和效率,对于一般细度分级可采用粉状进料,系统阻力小,能耗相应较低。

6.2.2.4　叶轮式分级机

图6-16为叶轮式分级机的结构和工作原理示意图。其结构主要由鼓风叶轮,甩料盘、辅助叶轮、给料管、内筒、叶片、锥体、外筒、排料口等组成。其垂直轴上装有鼓风叶轮1和甩料盘4;辅助叶轮5使气流在内筒3和外筒8之间的空间循环流动。由于叶片6的角度及叶轮的转动,气流呈螺旋型轨迹在内筒上升,甩料盘排出的物料随气流一边旋转、一边向上运动。粗颗粒经排料口9排出;细粒物料随气流上升,在经过叶轮1和叶片6急剧改变运动方向的离心力的作用下与气流分离,经外筒8的内壁从细粒物料排出口10排出,气流则在机内循环使用。这种分级机可以单独设置,也可与粉碎机设在一起,其分级粒度为40~700 μm。表6-2为与雷蒙磨配套使用的RXJ型叶轮式分级机的主要技术参数。

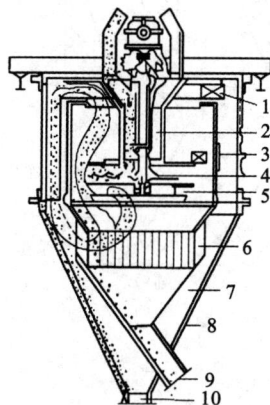

图6-16　叶轮式分级机示意图

1—鼓风叶轮;2—给料管;3—内筒;
4—甩料盘;5—辅助叶轮;6—叶片;
7—锥体;8—外筒;9—粗粒物料出口;
10—细粒物料出口

表6-2　RXJ型叶轮式分级机的主要技术参数

主轴极限转速/$(\text{r}\cdot\text{min}^{-1})$	2900
电机总功率/kW	13
成品粒径 d_{50}/μm	8~40
处理能力 /$(\text{kg}\cdot\text{h}^{-1})$	1000~2000
外形尺寸(长×宽×高)/mm	2300×1500×4000
质量/kg	1500

6.2.2.5 射流分级机

射流分级机的结构与工作原理图如图 6-17 所示,这是日本 Okuda 和 Yasukuni 应用射流技术的附壁效应研制成的一种新型分级机。其分级原理是喷射产生抛物作用,又受到不同方向的气流作用力,每个颗粒根据其大小不同都有不同的惯量,较小的颗粒具有较强的附壁效应,贴着附壁块表面流动,较大的颗粒因惯量大而被空气带得更远,由此导致不同粒径的粒子运动方向不同,同时附壁效应和射流沿半圆柱面流动时旋转产生的离心力促使其分级。其中的射流速度分布图见图 6-17(c),其分级粒径与抽风机风量、给料管的喷射速度、喷嘴宽度、韧边分隔出来的散射位置有关。其特点是分级精度高、重现性好、流场稳定、分级粒度可调、结构简单、易维修。此分级机能处理粒度小于 100 μm 的粉体,对 0.5~10 μm 范围的粉体其分级效率最高。这种分级机单位体积的产量高,可从 1 kg/h 到 2t/h 不等,分级粒径 d_T 为 0.5~50 μm。

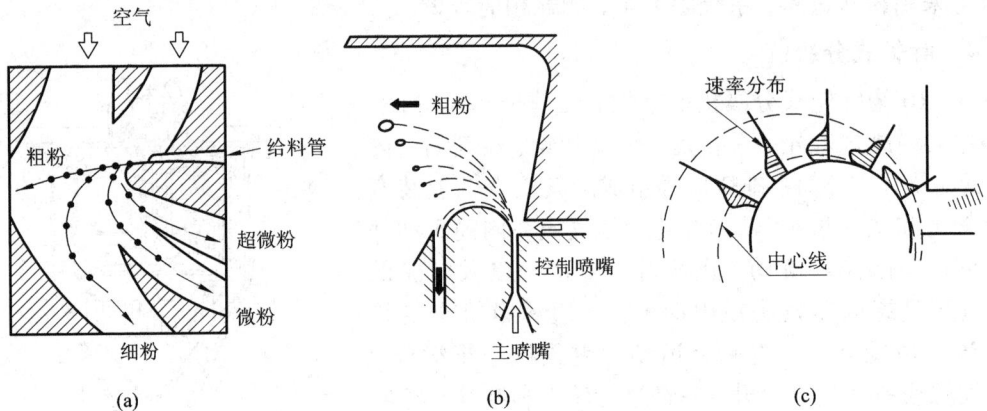

图 6-17 射流分级机结构示意图
(a)、(b)射流分级机结构示意图 (c)喷嘴射流出来后的速度分布

6.2.2.6 循环气流及旋风器式分级机

循环气流及旋风器式分级机的结构及工作原理如图 6-18 所示。物料经给料部 4 和给料管 7 送至旋转的分散盘 9 上,在离心力作用下甩至分级区 10。旋转叶轮 8 和分散盘由电动机 2 和减速器 1 带动。转动部件支承于轴承部 5 内。鼓风机 22 将气流送至洒落区 14,使夹杂于粗粒级中的细粒级有机会随气流向上排至分级区 10。气流夹带细粒级经排风部 6 排至旋风器 11。若干个(最多 8 个)旋风器布置在分级区的圆形机体周围。在分级区,物料在离心力和上升旋转气流作用下分为粗粒级和细粒级。粗粒级经下部机体 17 和粗粒级密闭排出口 18 排出。细粒级随气流向上运动,排至旋流器,自旋流器下部的密封排料口 13 经输送溜槽 16 最后排出。

在旋风器内脱除了细粒级物料的空气,经风管 19 返回鼓风机。鼓风机的风量可由节流阀或叶片调节器 21 通过转动装置 24 调节。鼓风机和节流装置在机座 25 上。20 管子接头通向集尘器。

这种风力分级机的气流不是由分级机内部的叶轮,而是由单独的鼓风机所产生。由于循环流已经在旋风器内将细粒级分出，从而物料不与鼓风机接触，鼓风机叶片的磨损大为减轻。分级粒度可通过调节气流量和旋转叶片的转速进行调节。

这种分级机分级效果好，生产量大，还可向机内导入新鲜空气使物料冷却，或导入热气流使物料干燥，操作较灵活。旋风器、排风部、下部机体的内壁有熔化玄武岩衬里，叶轮及周围的机体用硬镍铸铁制造，抗磨损性能好。

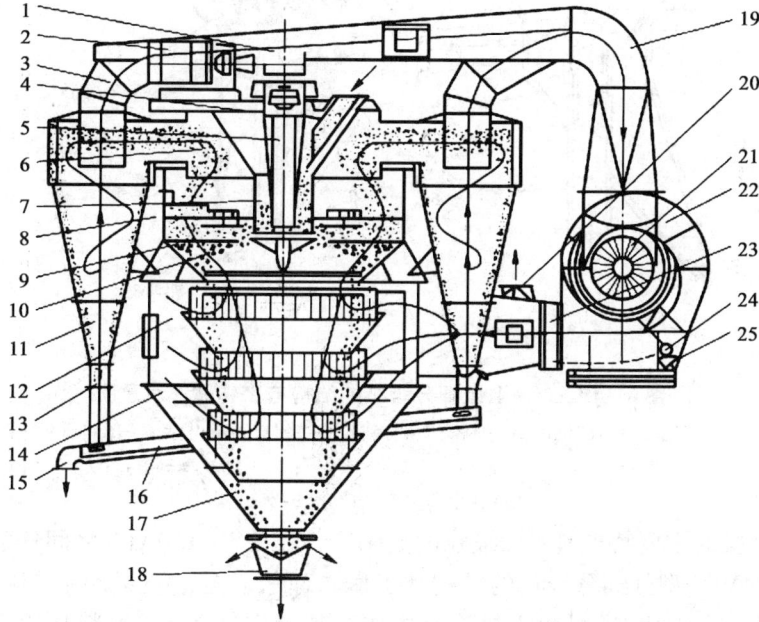

图 6 - 18　循环气流及旋风器式分级机

1—减速器；2—电动机；3—总风管；4—给料部；5—轴承部；6—排风部；7—给料管；8—旋转叶轮；
9—物料分散盘；10—分级区；11—旋风器；12—中部机体；13—细粒级密闭排料口；14—洒落区；
15—细粒级排料口；16—细粒级输送溜槽；17—下部机体；18—粗粒级密闭排出口；19—风管；
20—管子接头通向集尘器；21—节流阀叶片调节器；22—鼓风机；23—补偿器；24—调节器的转动装置；25—机座

6.2.2.7　MS、MSS 型微粉分级机

MS、MSS 型微粉分级机是日本细川公司的两款精细分级机。图 6 - 19 为 MS 型微细分级机的结构、工作原理示意图和外形。它主要由给料管 6、调节管 7、中部机体 2、斜管 4、环形体 3 及安装在旋转主轴 1 上的叶轮 9 构成。主轴由电机通过皮带轮带动旋转。其工作原理为：待分级物料和气流经给料管 6 和调节管 7 进入机内，经过锥形体进入分级区；轴 1 带动叶轮 9 旋转；叶轮的转速是可调的，通过调节转速可以调节分级粒度；细粒级物料随气流经过叶片之间的间隙向上经细粒物料排出口 10 排出，粗粒物料被叶片阻留，沿中部机体 2 的内壁向下运动，经环形体 3 和斜管 4 自粗粒级物料排出口 5 排出。上升气流经气流入口 8 进入机内，遇到自环形下落的粗粒物料时，将其中夹杂的细粒物料分出，向上排送，以提高分级效率。

通过调节叶轮转速、风量、二次气流、叶轮间隙或叶片数及调节管的位置可以调节分级

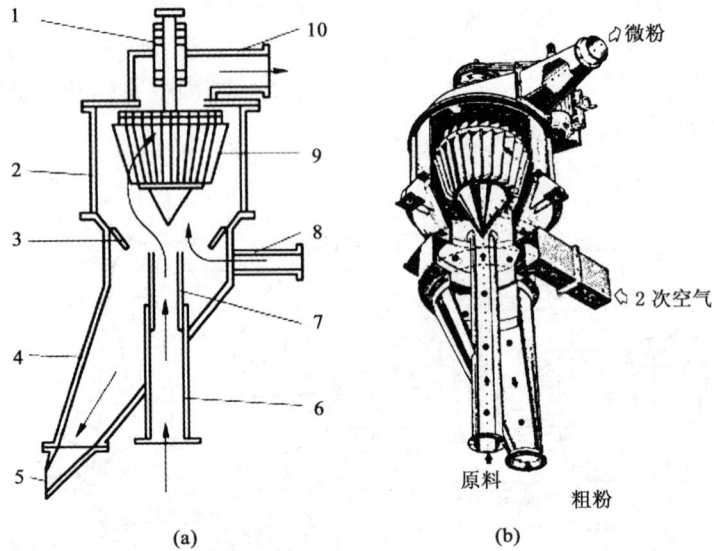

图 6-19 MS 型微细分级机的结构与工作原理示意图

1—轴;2—中部机体;3—环形体;4—斜管;5—粗粒物料出口;6—给料管;

7—调节管;8—二次气流入口;9—叶轮;10—细粒物料出口;

(a)结构与工作原理 (b)外形

粒度。这种分级机的主要特点是：分级粒度范围广，可在 3～150 μm 之间任意选择。

图 6-20 为 MSS 型微细分级机的结构和工作原理示意图，它主要由机身、分级转子、分级叶片、调隙锥、进风管、进料和排料管等构成。其工作过程为：物料从给料管被风机抽吸到分级室内，在分级转子和分级叶片之间被分散并进行反复循环分级，粗颗粒沿筒壁自上而

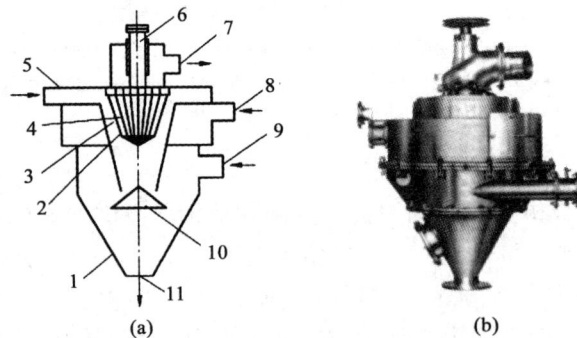

图 6-20 MSS 型微细分级机的结构与工作原理示意图和外形

1—下部机体；2—风扇叶片；3—分级室；4—分级转子；5—给料管；6—轴；

7—细粒物料出口；8—三次风入口；9—二次气流入口；10—调隙锥；11—粗粒物料出口

下，由下面的粗粉出口处排出；超细粉体随气流穿过转子叶片的间隙由上部细粉出口排出。在调隙锥处，由于二次空气的风筛作用，将混入粗粉中的细粒物料进一步析出，送入分级室

进一步分级。3 次空气可强化分级机对物料的分散和分级作用，使分散和分级作用反复进行，因而有利于提高分级精度和分级效率。

这种分级机的特点是，分级粒度较 MS 型更细，分级粒度范围为 2~20 μm，可获得 97%≤5 μm 的超细粉体产品；产品粒度分布窄，分级精度较高。

6.2.2.8 ATP 型超微细分级机

这是德国 ALPINE 公司开发的涡轮式精细分级机。这种分级机有上部给料式和物料与空气一起从下部给入两种给料方式，即单分级轮和多分级轮两种形式。图 6-21(a)，图 6-21(b)所示为上部给料和下部给料两种单分级轮的结构及工作原理示意图。它主要由分级轮、给料阀、排料阀、气流入口等部分构成。在图 6-21(a)所示的上给料式装置中，工作时物料通过给料阀 5 给入分级室，在分级轮旋转产生的离心力及分级气流的黏滞力作用下进行分级，分级后的微细物料从上部出口排出。在图 6-21(b)所示的分级机中，工作时原料与分级气流一起从下部 3 给入。这种分级机便于与以空气输送产品的超细粉碎机(如气流磨)配套。

图 6-21(c)所示为 ATP 多轮超微细分级机。其结构特点是在分级室顶部设置了多个相同直径的分级轮。由于这一特点，与同样规格的单分级轮相比，多分级轮的处理能力显著增大。

ATP 型超微细分级机具有分级粒度细、分布窄、精度较高、结构紧凑、处理能力较大等优点，常用于与流态化床对喷式气流粉碎机、高速机械冲击式磨机、球磨机等配套使用或与流态化床对喷式气流粉碎机及高速机械冲击式磨机做成一体，构成内闭路超细粉碎作业，以提高粉碎作业效率、控制产品细度和粒度分布。这种分级机在矿物超细粉体材料的加工中得到了广泛应用。

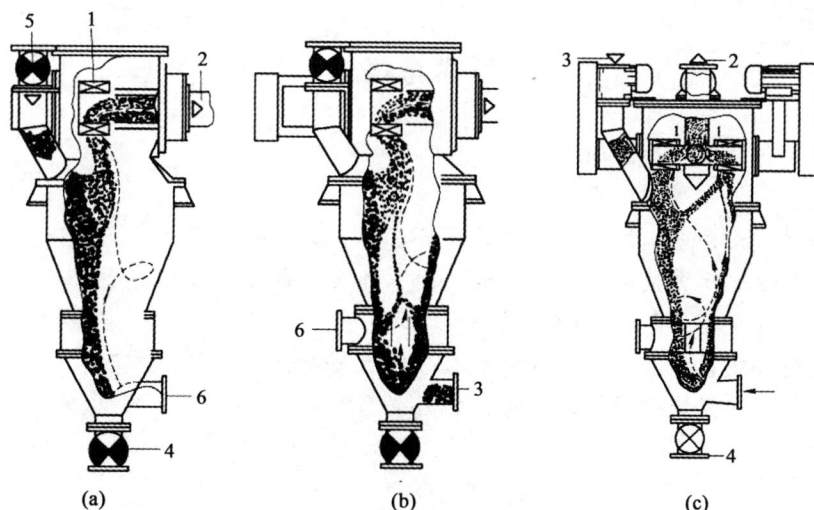

图 6-21 ATP 单(多)轮分级机的结构与工作原理示意图
(a)上部给料 (b)下部给料 (c)多轮分级机
1—分级轮；2—微细产品出口；3—气流(或气流与物料一起)入口；4—粗粒物料出口；5—给料阀；6—气流入口

6.2.2.9 Acucut 分级机

Acucut 分级机最早由美国 Donaldson 公司开发生产的,迄今已有几十年的历史,其结构示意图见图 6-22。结构及工作原理如下:中间部分为分级转子,转子外侧是固定壁,上下盖板将分级室密封。转轴上段空心轴作为细粉出口,下段实心轴装有皮带轮,由电机带动旋转。转子由上下转盘和叶片构成,转子旋转形成离心力场。同时在空心部分产生负压区,使气流随着转子旋转,并沿径向流向空心轴部,由此构成离心力

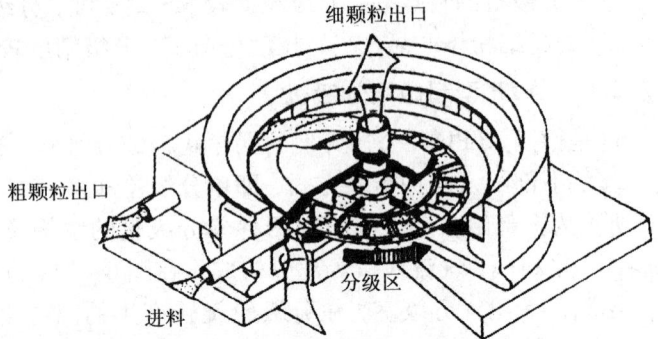

图 6-22 Acucut 分级机结构示意图

场与压力场共同作用的流体流动。分级室内颗粒受到流体夹带的作用,若颗粒受到径向夹带力大于离心力,则颗粒通过细粉出口排出,粗粉由切向出口排出。该机的特点是分级精度高,切割粒径可小于 1 μm,分级细度仅靠调整转子转速即可,最大处理量达 1t/h。Acucut 分级机的分离带限制在很狭窄的槽状空间中,给料口紧贴分级室的侧壁,防止了分级带湍流的产生。此种分级的分离粒径为 0.5~60 μm,分级精度 d_{75}/d_{25} 为 1.3~1.7,转子转速为 500~7000 r/min,粉体处理量为 0.5~2000 kg/h。

以上列举的是几种典型的干法和湿法分级设备,其他各种命名和各种类型的分级机还有很多,此处不再一一赘述,相应内容可查阅相关的手册和文献。

思考题

1. 对粉体进行分级的目的和意义是什么?
2. 水力分级的特点与作用是什么?
3. 干法分级与湿法分级的区别与联系是什么?各有什么优点?
4. 分级效率的表示方法有哪些?它们之间有什么区别与联系?
5. 简述水力旋流器的结构与分级原理。
6. 卧式涡轮分级机中四种结构的特点与分级原理有什么区别?
7. 射流分级机与气流分级机有什么区别与联系?

第7章　粉体的化学法制备

本章内容提要

粉体的制备方法有多种，本章介绍的是粉体的化学制备法。粉体的化学制备法常见的有气相化学制备法、固相化学制备法、液相化学制备法。

7.1　粉体的气相化学制备法

粉体的气相化学制备法涉及物质的化学反应和物质的化学反应自由能变化。根据制备反应类型，可将气相化学制备法细分为气相分解法和气相合成法等；根据制备原料状态还可分为：气－气反应制备法、气－液反应制备法和气－固反应制备法。下面重点介绍气相分解法和气相合成法。

7.1.1　气相分解制备法

气相分解制备法是将待分解的化合物进行加热、分解，从而制备出粉体颗粒。气相分解法制备粉体颗粒，要求原料中必须具有制备目标粉体颗粒物质所需全部元素的化合物，热分解一般具有下列反应形式：

$$A(g) = B(s) + C(g) \uparrow \qquad (7-1)$$

气相热分解的原料通常是容易挥发、蒸气压高、反应活性高的有机硅、金属氯化物或其他化合物，如 $Fe(CO)_5$、SiH_4、$Si(NH)_2$、$(CH_3)_4Si$、$Si(OH)_4$ 等，其相应的化学反应式如下：

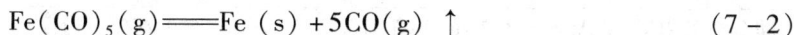

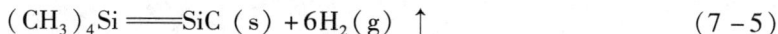

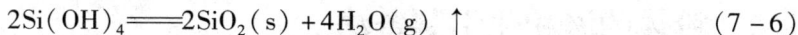

$$Fe(CO)_5(g) = Fe(s) + 5CO(g) \uparrow \qquad (7-2)$$
$$SiH_4(g) = Si(s) + 2H_2(g) \uparrow \qquad (7-3)$$
$$3[Si(NH)_2] = Si_3N_4(s) + 2NH_3(g) \uparrow \qquad (7-4)$$
$$(CH_3)_4Si = SiC(s) + 6H_2(g) \uparrow \qquad (7-5)$$
$$2Si(OH)_4 = 2SiO_2(s) + 4H_2O(g) \uparrow \qquad (7-6)$$

对某些氧化物微粒，如 Al_2O_3、ZrO_2、ZrO_2-SiO_2 等，可通过将相应溶液喷入等离子体中，经高温等离子体使溶液干燥，并使盐类分解挥发而制得这些物质的粉体颗粒。

当采用金属卤化物气相分解制备相应金属微粒时，通常还需要在反应体系中加入 H_2 与 NH_3 等还原性气体。然而，这类反应通常不仅仅是单元的气相分解反应问题，而是多元反应。

7.1.2　气相合成制备法

气相合成制备法通常是利用两种以上物质之间的气相化学反应，在高温下合成出相应的化合物，再经过快速冷凝，从而制备各类物质的粉体颗粒。利用气相合成法可以进行多种粉体颗粒的合成，其反应形式可以表示为以下形式：

$$A(g) + B(g) \Longrightarrow C(s) + D(g) \uparrow \tag{7-7}$$

下面是几个典型的气相合成反应：

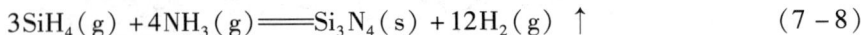

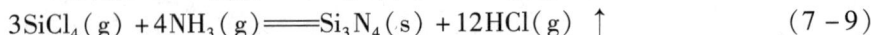

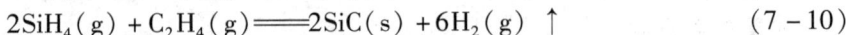

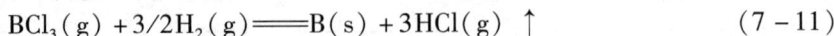

$$3SiH_4(g) + 4NH_3(g) \Longrightarrow Si_3N_4(s) + 12H_2(g) \uparrow \tag{7-8}$$
$$3SiCl_4(g) + 4NH_3(g) \Longrightarrow Si_3N_4(s) + 12HCl(g) \uparrow \tag{7-9}$$
$$2SiH_4(g) + C_2H_4(g) \Longrightarrow 2SiC(s) + 6H_2(g) \uparrow \tag{7-10}$$
$$BCl_3(g) + 3/2H_2(g) \Longrightarrow B(s) + 3HCl(g) \uparrow \tag{7-11}$$

气相合成法制备粉体颗粒，反应气体需要形成较高的过饱和度，反应体系要有较大的平衡常数；表 7 – 1 中列出了几类典型的反应体系及相应的平衡常数，此外，还要考虑反应体系在高温条件下各种副反应发生的可能性，并在制备过程中尽可能加以抑制。

表 7 – 1　几类典型反应体系的平衡常数[*]

化学反应方程	平衡常数($\lg Kp$)		产物粒径 /nm
	1000℃	1500℃	
$SiCl_4 + 4/3NH_3 \Longrightarrow 1/3Si_3N_4 + 4HCl$	6.3	7.5	10 ~ 100
$SiH_4 + 4/3NH_3 \Longrightarrow 1/3Si_3N_4 + 4H_2$	15.7	13.5	< 200
$SiCl_4 + CH_4 \Longrightarrow SiC + 4HCl$	1.3	4.7	5 ~ 50
$CH_3SiCl_3 \Longrightarrow SiC + 3HCl$	4.5	6.3	< 30
$SiH_4 + CH_4 \Longrightarrow SiC + 4H_2$	10.7	10.7	10 ~ 100
$(CH_3)_4Si \Longrightarrow SiC + 3CH_4$	11.1	10.8	10 ~ 200
$TiCl_4 + NH_3 + 1/2H_2 \Longrightarrow TiN + 4HCl$	4.5	5.8	10 ~ 400
$TiCl_4 + CH_4 \Longrightarrow TiC + 4HCl$	0.7	4.1	10 ~ 200
$TiI_4 + CH_4 \Longrightarrow TiC + 4HI$	0.8	4.2	10 ~ 150
$TiI_4 + 1/2C_2H_4 + H_2 \Longrightarrow TiC + 4HI$	1.6	3.8	10 ~ 200
$ZrCl_4 + NH_3 + 1/2H_2 \Longrightarrow ZrN + 4HCl$	1.2	3.3	< 100
$MoCl_5 + CH_4 + 1/2H_2 \Longrightarrow MoC + 5HCl$	19.7	18.1	200 ~ 400
$MoO_3 + 1/2CH_4 + 2H_2 \Longrightarrow 1/2Mo_2C + 3H_2O$	11.0	8.0	10 ~ 30
$WCl_6 + CH_4 + H_2 \Longrightarrow WC + 6HCl$	22.5	22.0	20 ~ 300

[*] 表中数据来自于［美］J・A・迪安主编《兰氏化学手册》，2003 年第 15 版。

7.2　粉体的液相化学制备法

液相化学法制备粉体颗粒的共同特点是以均相的溶液为出发点，通过各种途径使溶质与溶剂分离，溶质形成一定形状和大小的颗粒，得到所需粉末的前驱体，热解后得到粉体颗粒。目前常见的制备方法有液相化学沉淀法、水解法、水热法、喷雾法、溶胶 – 凝胶法等。

7.2.1　液相化学沉淀法

液相化学沉淀法是指在液相体系，可溶性盐溶液在遇到沉淀剂后产生沉淀，将沉淀热分解或与水相分离，制备出所需的粉体颗粒的一种化学制备法。液相化学沉淀法是一种能够得到组成均匀性优良粉体颗粒的方法。液相化学沉淀法根据物相数目多少，还可细分为单相沉淀法、多相沉淀法。

7.2.1.1 单相沉淀法

在含有一种或多种阳离子的溶液体系中，加入沉淀剂后，制备出的沉淀物为单一的化合物，称该方法为单相沉淀法。

例如，采用草酸为沉淀剂制备 $BaTiO_3$ 粉体，就是一种单相沉淀法。

在 Ba、Ti 的硝酸盐溶液中加入草酸沉淀剂后，形成了 $BaTiO(C_2O_4)_2 \cdot 4H_2O$ 单相化合物沉淀；将该沉淀煅烧分解，即可得 $BaTiO_3$ 粉体。采用草酸为沉淀剂制备 $BaTiO_3$ 粉体的试验装置，如图 7-1 所示。

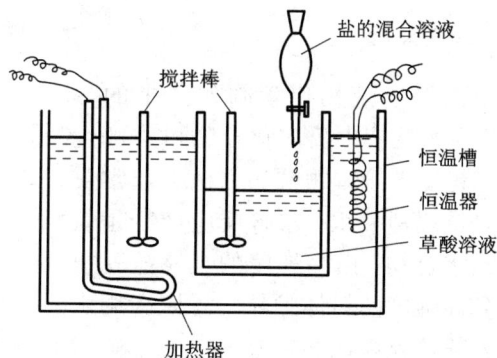

7.2.1.2 多相沉淀法

在含有多种阳离子的溶液体系中，加入沉淀剂后，制备出的沉淀物为混合物，称为多相沉淀法。

图 7-1 采用草酸为沉淀剂制备 $BaTiO_3$ 粉体试验装置图

采用化学沉淀法制备氧化锆 - 氧化钇粉体的方法，就是一种多相沉淀法。以 $ZrOCl_2 \cdot 8H_2O$ 和 YCl_3 为原料制备 $ZrO_2 - Y_2O_3$ 粉体，产物便是 $Zr(OH)_4$ 和 $Y(OH)_3$ 的混合物。

其反应式如下：

$$ZrOCl_2 \cdot 8H_2O + 2NH_3 \cdot H_2O \Longrightarrow Zr(OH)_4 \downarrow + 2NH_4Cl + 7H_2O \qquad (7-12)$$

$$YCl_3 + 3NH_3 \cdot H_2O \Longrightarrow Y(OH)_3 \downarrow + 3NH_4Cl \qquad (7-13)$$

得到的氢氧化物共沉淀物经洗涤、脱水、煅烧可得到具有很好烧结活性的 $ZrO_2 - Y_2O_3$ 微粒。多相沉淀过程是非常复杂的，溶液中不同种类的阳离子不能同时沉淀，各种离子沉淀的先后还与溶液的 pH 密切相关。

7.2.1.3 液相化学沉淀法制备氧化锌粉体

以氯化锌作为锌盐、氢氧化钠作为沉淀剂，反应所得沉淀即为氧化锌粉体。

其反应式如下：

$$Zn^{2+} + 2OH^- = ZnO \downarrow + H_2O \qquad (7-14)$$

制备工艺流程如图 7-2 所示。

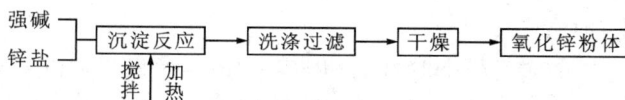

图 7-2 沉淀法制备氧化锌粉体的工艺流程

7.2.1.4 液相化学沉淀法制备单质银粉

液相化学还原法制备银粉是在一定温度下，利用还原剂把银从其盐或配合物水溶液中以纳米粒子的形式沉积出来，反应在常压敞开容器中进行，所得沉淀即为银粉。实验一般在水浴条件下进行。实验系统具有设备简单、操作简捷、易于控制，便于实现工业化等优点。实验装置如图7-3所示。

7.2.2 水解法

水解法属于液相化学制备法中的一种，是指在水溶液中反应化合物可水解生成沉淀，制备成粉体颗粒的方法。通常反应原料是金属盐和水，水解反应产物是氢氧化物或水合物；由高纯度的金属盐就很容易得到高纯度的粉体颗粒。可以采用水解法制备粉体颗粒的金属盐有氯盐、硫酸盐、硝酸盐、铵盐等，另外金属醇盐也可作为制备粉体颗粒的原料。水解法分为无机盐水解法和金属醇盐水解法两种。

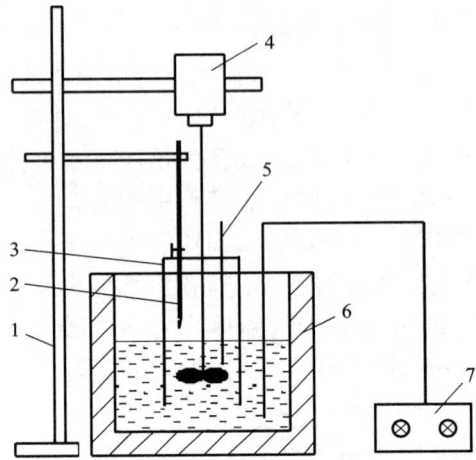

图7-3 液相化学沉淀法制备银粉试验系统装置
1—铁架台；2—滴定管；3—反应器；4—搅拌器；
5—温度计；6—恒温水浴锅；7—温度控制仪

7.2.2.1 无机盐水解法

无机盐水解法是指利用金属的氯盐、硫酸盐、硝酸盐等溶液，通过水解反应制备粉体颗粒的一种方法。最常见的是制备金属氧化物或水合金属氧化物。

例如，氧化锆纳米粉的制备就是将四氯化锆和锆含氧氯化物在热水中循环水解。生成的沉淀是含水氧化锆，其粒径、形状和晶型等随溶液初期浓度和pH等变化，可得到粒度均匀的粉体颗粒。

7.2.2.2 金属醇盐水解法

金属醇盐是用金属元素置换醇羟基中的氢的化合物总称。金属醇盐的通式是 $M(OR)_n$，其中 M 代表金属元素，R 是烷基。金属醇盐也可以称为金属化合物。金属醇盐与常用的有机金属化合物是不同的概念。醇盐是金属与氧的结合，生成 M-O-C 键的化合物称之为金属有机化合物。而有机金属化合物是指烷基直接与金属结合，生成具有 -C-M 键的化合物。

金属醇盐水解法是指金属有机醇盐在有机溶剂中发生水解，生成氢氧化物或氧化物沉淀来制备粉体颗粒的一种方法。此种制备方法有以下特点：

(1)有机试剂一般纯度较高，所以采用有机试剂作金属醇盐的溶剂，制备出的氧化物粉体纯度较高。

(2)可制备分析纯的复合金属氧化物粉体颗粒。复合金属氧化物粉末最重要的指标之一

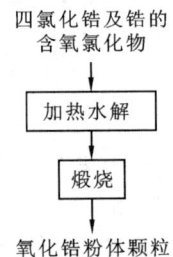

四氯化锆及锆的含氧氯化物

↓

加热水解

↓

煅烧

↓

氧化锆粉体颗粒

图7-4 用无机盐水解法制备氧化锆纳米粉流程图

是氧化物粉体颗粒之间组成的均一性,用醇盐水解法能获得具有同一组成的微粒。

水解过程不需要添加碱,因此不存在有害负离子和碱金属离子,反应条件温和、操作简单,但成本较高。

采用金属醇盐水解法制备 Al_2O_3 粉体的工艺流程如图7－5所示。$Al(OC_3H_7)_3$ 的水解产物受热分解温度、pH 和时间的影响,控制水解条件可制备高活性的 AlOOH 粉末,该 AlOOH 很容易与酸形成溶胶。具体制备过程和条件是:在 1 mol $Al(OC_3H_7)_3$ 中加入 100 mol 水(pH 为 2),在室温下水解 50 min,然后在所得到的 AlOOH 中,按 1 mol AlOOH 加 1 mol 盐酸的比例加入浓度为 0.1～0.5 mol/L 的盐酸。在 50～100℃下利用均化器或超声波使之形成稳定而透明的溶胶,通过调整粒子浓度使该溶胶具有一定的黏性和流动性,最终可以制备出形态和性能不同,具有高活性的粉体。

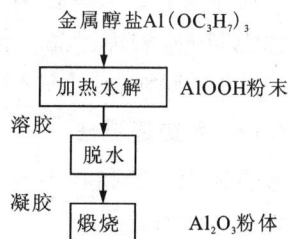

图 7－5 金属醇盐水解法制备粉体的工艺流程

利用同样方法可以制备氢氧化镁和二氧化硅溶胶。将这三种溶胶按一定比例混合,可以获得组成为尖晶石型、富铝红柱石型和董青石型的 Al_2O_3－MgO－SiO_2 溶胶体系。

醇盐水解法制备的超微粉体不但具有较大的活性,而且粒子通常呈单分散状态,在成型中表现出良好的填充性,因此具有良好的低温烧结性能。例如,用醇盐水解法制备的 TiO_2,烧结温度 800℃时的烧结体密度即可达到 99% 以上,而普通 TiO_2 1300～1400℃时的烧结体密度也只有 97%。

7.2.3 水热法

水热法是指在高温高压下,在溶剂(如水、乙醇或苯等)中,进行有关化学反应来制备粉体颗粒的方法。用水热法制备的粉体颗粒,颗粒的最小粒径可达到纳米级。根据反应类型的不同,水热法还可细分为水热氧化法、水热沉淀法、水热合成法、水热还原法等。

7.2.3.1 水热氧化法

水热氧化法是指在高温高压下,在水溶剂中,金属单质或合金发生氧化反应来制备金属氧化物粉体颗粒的方法。

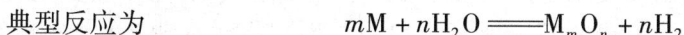

典型反应为 $$mM + nH_2O = M_mO_n + nH_2$$

例如,制备铬氧化物、铁氧化物及一些合金氧化物就是采用水热氧化法,其中 M 为金属单质或合金。

7.2.3.2 水热沉淀法

水热沉淀法是指在高温高压下,反应物在沉淀剂的作用下发生沉淀反应来制备粉体颗粒的方法。

例如利用水热沉淀法可制备 $KMnF_3$ 粉体产品:在一定温度下,称取定量的 $MnCl_2$ 于水相中,然后加入定量的 KF 溶液及特定的少量有机添加剂,有白色粉体沉淀 $KMnF_3$ 产生,反应完全后抽滤、洗涤、干燥即可得到 $KMnF_3$ 粉体产品。沉淀反应方程式为:

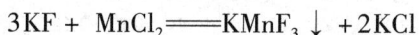

$$3KF + MnCl_2 = KMnF_3 \downarrow + 2KCl$$

7.2.3.3 水热合成法

水热合成法是指在高温高压下，两种或两种以上的反应物发生合成反应来制备粉体颗粒的方法。例如利用水热合成法可制备 MnO_2 粉体产品：将定量的 $MnSO_4 \cdot H_2O$ 和 $(NH_4)_2S_2O_8$ 加入水相中搅拌，然后在不锈钢高压釜中进行水热晶化反应；反应结束后过滤、洗涤、干燥得到黑色 MnO_2 粉体产品。合成反应方程式为：

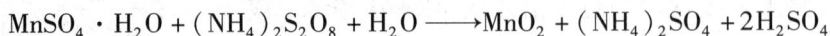

$$MnSO_4 \cdot H_2O + (NH_4)_2S_2O_8 + H_2O \longrightarrow MnO_2 + (NH_4)_2SO_4 + 2H_2SO_4$$

7.2.3.4 水热还原法

水热还原法是指在高温高压下，金属氧化物在还原剂的存在下发生还原反应制备金属单质粉体的一种方法。

例如利用水热还原法可制备纳米银粉体产品：将定量的硝酸银、氨水、乙二醇和少许分散剂加入高压反应釜中反应一定时间，然后离心分离、洗涤、干燥得到黑灰色银粉末。还原反应方程式为：

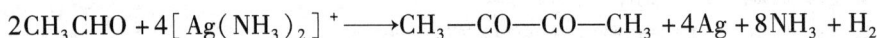

$$2CH_3CHO + 4[Ag(NH_3)_2]^+ \longrightarrow CH_3-CO-CO-CH_3 + 4Ag + 8NH_3 + H_2$$

7.2.4 溶剂蒸发法

溶剂蒸发法是指利用可溶性盐为原料，将其溶解在溶剂中，通过各种方式将溶剂蒸发掉，然后通过热分解反应得到混合氧化物粉体产品的制备方法。溶剂蒸发法与沉淀法和水解法相比，溶剂蒸发法不存在胶状物难于沉淀、水洗和过滤粉料中易于混入杂质等问题。

根据溶剂蒸发方式的不同，溶剂蒸发法又可分为喷雾干燥法、超临界流体干燥法、冷冻干燥法等。

例如采用喷雾干燥法制备 ZrO_2 粉体，就是将锆的硝酸盐、氯化物的酒精混合液喷雾燃烧，得到 0.1 μm 左右及形状均匀的 ZrO_2 粉体。而采用超临界流体干燥法则是从 $ZrOCl_2 \cdot 8H_2O$ 的锆盐水溶液出发，经制胶、陈化、洗涤、醇交换，最后采用超临界流体干燥得到 ZrO_2 粉体颗粒，最后将原粉经高温焙烧成为稳定的 ZrO_2 粉体。

冷冻干燥法是指将含有金属离子的溶液雾化成为微小液滴的同时急速冷却，使之固化。这样得到的冷冻液滴经升华将水全部汽化，制成溶质无水盐，把这种盐在低温下煅烧制备粉体颗粒的一种方法。冷冻干燥法是一种广泛应用的制备高活性粉体颗粒的方法。它的特点是：① 能由可溶性盐的溶液来调制出复杂组成的粉末原料。② 通过快速冷冻，可以保持金属离子在溶液中的均匀混合状态。③ 通过冷冻干燥可以简单地制备无水盐，无水盐的水合熔融，一般是在比无水盐的熔融温度低得多的条件下发生，因而，可以避免混合盐在熔融时发生组成分离。④ 经冷冻干燥生成多孔性干燥体，因此，制得的粉体气体透过性好。在煅烧时生成的气体易于放出的同时，其粉碎性也好，所以容易微细化。

7.2.5 溶胶 – 凝胶法

溶胶 – 凝胶法是指将前驱体溶入溶剂中形成均匀溶液，通过溶质与溶剂产生水解或醇解反应制备出溶胶，再将经过预处理的被包覆粉体悬浮液与其混合，在凝胶剂的作用下溶胶经陈化转变成凝胶，然后经高温煅烧可得包覆型复合粉体的一种方法。

例如采用溶胶 – 凝胶法将 $3Al_2O_3(2SiO_2)$ 溶胶分别于常压和压力条件下，对 SiC 微细粉进行包覆处理，该涂覆层在低于 1000℃ 下经 1 h 热处理可结晶成莫来石层，涂覆后的 SiC 微粉在中高温的表面抗氧化性明显提高。

7.3 粉体的固相化学制备法

粉体的固相化学制备法是指体系中的反应物质为固体,在制备过程中固体反应物直接参与化学反应并发生化学变化来制备粉体产物的一种方法。制备过程不仅限于化学反应过程,也包括物质迁移过程和传热过程。可见,固相反应除固体间的反应外,也包括有部分气、液相参与的反应。例如金属氧化物、碳酸盐、硝酸盐和草酸盐等的热分解,黏土矿物的脱水反应,以及煤的干馏等反应均属于固相反应。对于利用固相反应制备粉体颗粒,在进行反应之前通常需要对反应物进行粉碎,使之达到一定的细度,这不但有利于各种反应物的充分混合,也有利于粉体颗粒的生成。反应物简单的混合或接触是不会发生化学反应的,这就需要外界施与一定的能量,使之快速地发生反应生成粉体颗粒,促使固体间发生反应的能量通常有机械作用力(如研磨)、微波辐射、超声波作用等。

固相在发生化学反应时,通常需要外界施与一定的能量,这比较容易与其他粉体颗粒制备方法相混淆,特别是当外界能量为机械作用力的时候,故需要对固相化学制备法与机械粉碎法进行区分。

固相化学制备法利用机械能制备粉体颗粒,在机械作用力下,使两种(或多种)固体粉体反应物组分界面发生充分接触,这时有可能因机械力作用使反应组分的晶格发生某些变化,反应物在接触面上或晶粒或粉体内部发生化学反应而得到新的所需的粉体颗粒。这里机械作用力主要起着均匀分散,使固体反应物充分接触,进而引发或加速化学反应的作用。

而机械粉碎法则是由于机械力的作用,把物料粉碎为粉体颗粒。它与固相化学制备法的重要区别在于:固相化学制备法发生化学反应,涉及到物质内部的反应,并往往有新的物质生成,而机械粉碎法只局限于物料分子表面键合渗透等作用;固相化学反应中的机械作用只是加速、促进化学反应,在此作用下物料分子内部的键合发生变化,而后者则是由于机械力的强烈作用使反应物分子间作用力发生变化。

固相化学制备法的特点是固体质点如原子、离子或分子等具有很大的作用键力,故固态物质的反应活性通常较低,速度较慢。在多数情况下,固相反应是发生在两种组分界面上的非均相反应。对于粒状物料,反应首先是通过颗粒间的接触点或面进行,随后是反应物通过产物层进行扩散迁移,使反应得以继续。因此,固相化学反应一般包括物质在相界面上的反应和物质迁移两个过程。

根据固体化学反应类型的不同,固相化学制备法还细分为热分解法、固相反应法、火花放电法等。

7.3.1 固相热分解法

固相热分解法是指固体反应物料在热分解温度下发生分解反应,产生新的固相物质,从而制得粉体产品的一种方法。通常热分解反应如式7-15、式7-16所示。

$$A_s = B_s + C_g \tag{7-15}$$
$$A_s = B_s + C_g + D_g \tag{7-16}$$

式(7-15)是最常见的,式(7-16)是式(7-15)的特殊情形。热分解反应如果生成两种

155

固体,则不能用于制备粉体。热分解反应基本上是式(7-15)的形式。

例如制备金属氧化物就可以采用固相热分解法。该方法是将金属草酸盐 $M(C_2O_4)_n \cdot mH_2O$ 加热, $M(C_2O_4)_n \cdot mH_2O$ 首先脱水为 $M(C_2O_4)_n$,继续加热 $M(C_2O_4)_n$ 则发生分解反应,制得金属氧化物或金属单质。各种草酸盐的脱水温度及热分解温度数值见表7-2。金属草酸盐热分解反应方程式如式7-17、式7-18所示。

表7-2 草酸盐的脱水温度及热分解温度[*]

化合物	脱水温度/℃	热分解温度/℃
$BeC_2O_4 \cdot 3H_2O$	100~300	38~400
$MgC_2O_4 \cdot 2H_2O$	130~250	300~455
$CaC_2O_4 \cdot H_2O$	135~165	375~470
$SrC_2O_4 \cdot 2H_2O$	135~165	—
$BaC_2O_4 \cdot H_2O$	—	370~535
$Sc_2(C_2O_4)_3 \cdot 5H_2O$	140	—
$Y_2(C_2O_4)_3 \cdot 9H_2O$	363	427~601
$La_2(C_2O_4)_3 \cdot 10H_2O$	180	412~695
$TiO(C_2O_4) \cdot 9H_2O$	296	538
$Cr_2(C_2O_4)_3 \cdot 6H_2O$	150	160~360
$MnC_2O_4 \cdot 2H_2O$	—	275
$FeC_2O_4 \cdot 2H_2O$	240	235
$CoC_2O_4 \cdot 2H_2O$	260	306
$NiC_2O_4 \cdot 2H_2O$	200	352
$CuC_2O_4 \cdot 1/2H_2O$	170	310
$ZnC_2O_4 \cdot 2H_2O$	130	390
$CdC_2O_4 \cdot 2H_2O$	—	350
$Al_2(C_2O_4)_3$	—	220~1000
$Ti_2C_2O_4$	—	290~370
SnC_2O_4	—	310
PbC_2O_4	—	270~350
$(SbO)_2 \cdot C_2O_4$	—	270
$Bi_2(C_2O_4)_3 \cdot 4H_2O$	190	240
$UC_2O_4 \cdot 6H_2O$	250	300
$Th(C_2O_4)_2 \cdot 6H_2O$	130	360

[*] 表中数据来自于[美]J·A·迪安主编《兰氏化学手册》2003年第15版

$$M(C_2O_4)_n \Longrightarrow MO_n + nCO + nCO_2 \qquad (7-17)$$
$$M(C_2O_4)_n \Longrightarrow M + 2nCO_2 \qquad (7-18)$$

草酸盐的热分解反应产物究竟是氧化物还是金属单质,要根据草酸盐的金属元素在高温下是否存在稳定的碳酸盐而定。通常 Cu、Co、Pb 和 Ni 的草酸盐热分解后生成金属,Zn、Cr、Mn、Al 等的草酸盐热分解后生成金属氧化物。

7.3.2　固相反应法

固相反应法是指两种或两种以上的固体反应物在高温下发生反应合成所需粉体产品的一种方法。由固相热分解法可获得单一的金属氧化物，但氧化物以外的物质，如碳化物、硅化物、氮化物等以及含两种金属元素以上的氧化物制成的化合物，仅仅用热分解就很难制备。这就需要采用固相反应法，按最终合成所需组成的原料混合，再用高温使其反应，制得粉体产品。

固相反应法制备粉体工艺流程如图 7-6 所示。首先按规定的组成称量混合，通常用水等作为分散剂，在精磨介质为玛瑙球的球磨机内混合，然后通过压滤机脱水后再用电炉焙烧，通常焙烧温度比烧成温度低。对于电子材料所用的原料，大部分在 1100℃ 左右焙烧，将焙烧后的原料粉碎到 $1 \sim 21~\mu m$。粉碎后的原料再次充分混合而制成烧结用粉体，当反应不完全时往往需再次煅烧。

固相反应是陶瓷材料科学的基本手段，粉体间的反应相当复杂，反应虽从固体间的接触部分通过离子扩散来进行，但接触状态和各种原料颗粒的分布情况显著地受各颗粒的性质（粒径、颗粒形状和表面状态等）和粉体处理方法（团聚状态和填充状态等等）的影响。

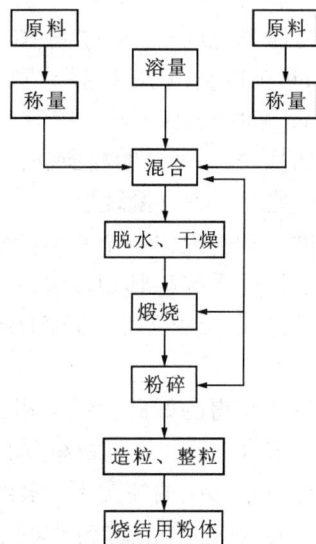

图 7-6　固相反应法制备粉体工艺流程

7.3.3　机械化学制备法

7.3.3.1　机械化学制备法定义

机械化学制备法是指利用高能球磨来制备新品种粉体的方法。这里强调"新品种"粉体是为了区别于一般的球磨工艺。一般的机械粉碎时，物料中并不发生化学反应。因此经过球磨，粉料的几何形态、粒度、比表面积发生了变化，但成分并未变化，而机械化学法制粉则是通过对反应体系施加机械能诱导其发生扩散及化学反应等一系列化学和物理化学过程，从而达到合成"新品种"粉体的目的。这一工艺的操作很简单，只要依据所要制备粉体的组成选取合适的反应剂，按配比称量好，放进高能球磨机中进行研磨即可。这是一种名副其实的固相合成工艺，不过这里宏观上既没加高温、高压，又没加电场、磁场，而仅仅只是靠球磨机对反应体系做机械功而已。

7.3.3.2　机械化学制备法发展背景

众所周知，发生化学反应必须要有一定的能量条件。目前为止，在进行粉体制备时基本上都是采用加热的方法，少数情况下也有用电（比如放电、电阻加热应归于一般加热类）、光（比如激光法）等办法。这里仅施加机械能，故被人们称之为机械化学法。这一名词最早是在 20 世纪初由 Ostwald 提出的，但此后几十年内并没有引起科技界应有的重视。20 世纪 60 年代，K. Peter 等人在这方面做了不少工作，并将机械能引发的化学过程定义为"机械化学反应"。但"机械化学"真正引起人们的注意还是 20 世纪 80 年代超细粉成为科研和生产中热点以后的事。机械化学法制粉技术目前已经是人所共知的制备高性能粉体特别是一些复合粉体的重要工艺。

7.3.3.3 机械化学制备法机理

在高能球磨中,通过粉体与球及器壁的猛烈撞击,大量的机械能被传给粉体。P. Butyagin 对这类(比如行星球磨、振动球磨等)球磨过程中的能量传递作了估算。他认为通常在 1 mm³ 的撞击区域内,持续时间 $10^{-5} \sim 10^{-4}$ s 的非弹性碰撞,其冲击能量 D 约小于 0.1 J。由此估算出每摩尔粉料所获能量,虽然仅为几百至几千焦耳,但其 1 cm³ 体积内的比功率却已达到兆瓦(MW)量级了。

机械化学过程中一个明显的特点是其时间上的脉冲性和空间上的局域性。在任何瞬间,粉体颗粒只是受到与其相接触的其他颗粒、研磨体及器壁的机械作用,所以过程动力学是由反应体系内每一颗粒每一瞬间所接受的机械能对整个体系和全部工作时间的积分效果所决定。

粉体所获得的如此大量的机械能有一部分被以焦耳热释放而使材料升温,虽然整体看来温升并不很高,但在发生机械作用的瞬间,在一个非常薄的表面层内其温升可达 10^3 K 量级。在脆性材料比如碳的情况下,裂纹末端的瞬间温度甚至可达 5000 K,而压力可达 1 GPa。应当指出,机械作用给粉体带来的后果远非发热一项,更表现在材料的变形、断裂及大幅增加的新鲜表面。微观上则是出现了大量的晶格畸变、位错以及化学键的变形和断裂等缺陷。

7.3.3.4 机械化学制备法应用实例

由于上述机械作用的结果,使得粉料中大量微区域,或者更确切地说其中的分子或离子处于高能态,这就导致反应剂体系活化能的显著降低,使得一些从常规热力学观点看是完全不可能发生的反应在机械化学合成中却都成为了现实。表 7-3 列出了其中的一些机械化学法的应用实例。由此可见,在机械化学合成中,反应能否进行的问题是不能简单地用 $\Delta G < 0$ 这一可逆过程热力学中的基本判据来回答的。

不仅如此,机械化学合成的反应动力学也跟通常情况有明显的区别。总的说来,它的反应速度要快得多,可以比一般情况下高出几个数量级。比如羰基镍的生成反应:

$$Ni + 4CO = Ni(CO)_4$$

如果镍粉只是以 H_2 进行表面还原处理后直接按常规方法进行上述反应,测得其 298 K 下的反应速度为 5×10^{-7} mol/h,而在同样温度下机械化学的反应速度则为 3×10^{-5} mol/h。其他实例还有很多,只不过绝大多数情况下,非机械化学的常规反应在室温下的速度实在太慢,无法检测,给不出定量数据。

表 7-3 常规条件下不可能而机械化学中已实现的反应实例*

反应物	生成物	ΔG_{298}^{Θ}/(kJ/mol)	反应物	生成物	ΔG_{298}^{Θ}/(kJ/mol)
$Au + 3/4CO_2$	$1/2Au_2O_3 + 3/4C$	311.5	$Fe_3O_4 + 2C$	$2CO_2 + 3Fe$	330.2
$C + 2H_2O$	$CO_2 + 2H_2$	62.4	$2MgO + C$	$CO_2 + Mg$	744.9
$2Cu + CO_2$	$2CuO + C$	140.2	$SiC + 2H_2$	$Si + CH_4$	58.9

* 表中数据来自于[美]J·A·迪安主编《兰氏化学手册》2003 年第 15 版

迄今为止，已被研究过的可用机械化学合成粉体的体系非常多。按其初始原料的组成大致可分为四类，各举数例如下：

（1）单质固体粉料之间，例如 Al/Ni，Al/Ti，Si/C，Fe/S 等。

（2）单质与化合物固体粉料之间，例如 Fe_3O_4/Al，Ag_2O/Al，Cr_2O_3/Al，CuO/Al，CuS/Al，V_2O_5/Al，ZnS/Al，CdO/Ga，ZnO/Ga，（$CuO + ZnO$）/ Ga，CuO/Mg，WO_3/Mg，Fe_3O_4/Ti，ZnO/Ti，Cr_2O_3/Zn，CuO/C，CuS/Si 等。

（3）化合物粉料之间，例如 Fe_2O_3/Cr_2O_3，Al_2O_3/Y_2O_3，Mn_2O_3/La_2O_3，$Ca(H_2PO_4)_2 \cdot H_2O/Ca(OH)_2$；这里化合物可以是无机亦可以是有机的。

（4）多组分交叉复合，例如 $Fe_2O_3/Y_2O_3/Al(OH)_3$，$Fe_2O_3/Cr_2O_3/NiO/Al$ 等。

目前这种工艺用得最多也比较成功的是制备一些复合粉体，应用实例见表 7-4。

表 7-4　机械化学合成复合材料的反应体系

反 应 体 系	反 应 体 系
$2BN + 3Al = 2AlN + AlB_2$	$Nb_2O_3 + 2Al = 2Nb + Al_2O_3$
$3CoO + 2Al = 3Co + Al_2O_3$	$2NiO + Si = 2Ni + SiO_2$
$Cr_2O_3 + 2Al = 2Cr + Al_2O_3$	$3SiO_2 + 4Al = 3Si + 2Al_2O_3$
$3CuO + 2Al = 3Cu + Al_2O_3$	$Ca(H_2PO_3)_2 \cdot H_2O + 2Ca(OH)_2 = Ca_3(PO_3)_2 + 5H_2O$
$Dy_2O_3 + 4Fe + 3Ca = 2DyFe_2 + 3CaO$	$V_2O_3 + 2Al = 2V + Al_2O_3$
$3MnO_2 + 4Al = 3Mn + 2Al_2O_3$	$WO_3 + 2Al = W + Al_2O_3$
$3ZnO + 2Al = 3Zn + Al_2O_3$	$WO_3 + 3Mg + C = WC + 3MgO$
$MoO_3 + 2Al = Mo + Al_2O_3$	$2WO_3 + 3Ti = 2W + 3TiO_2$

7.3.3.5　机械化学制备法的特点

机械化学制备法的优点：①设备和工艺比较简单；②可以制得一些常规工艺无法得到的粉体；③可以在较低的温度下得到常规工艺必须高温处理才能得到的相结构；④可以得到粒度达纳米级的超微粉。

当然，也应该看到该方法迄今为止还不很成熟，还存在以下问题：①所研究过的体系还不太多。而且，除了一些用于粉体表面处理的情况外，真正工业化生产的还很少。②对其机理研究不充分，比如，应力场对化学过程的影响以及固体中机械激活而形成的亚稳态情况等都还不太清楚。③机械化学制备法所制粉体的性能与其"机械处理强度"关系很大。因此，转速、球料比、球的大小、球磨时间等参数的选定至关重要，而球磨机设计，如筒体结构、球的流动方式以及球对料的作用方式则更为重要。

思考题

1. 简述粉体制备方法的分类及分类依据。
2. 机械粉碎法与机械化学制备法的实质性区别是什么？
3. 简述粉体的气相分解与气相合成制备法，并各举一例。
4. 简述粉体的液相化学制备法，并举一例。
5. 何谓水热法？试举出水热法制备粉体的应用实例。
6. 简述机械化学制备法的特点。

第8章　粉体的分散、混合与造粒

本章内容提要

本章介绍了粉体分散、混合与造粒的基本概念，对粉体分散、混合与造粒过程进行了分析，介绍了粉体分散、混合与造粒的常用设备情况。

8.1　粉体的分散

8.1.1　粉体的分散体系

粉体分散是指粉体颗粒在介质中分离散开并在整个介质中均匀分布的过程。按照分离介质的不同，粉体的分散体系主要有两种：粉体在气相(空气)中分散、粉体在液相(水相或非水相)中的分散。

在工业生产和科学研究过程中，保持粉体尤其是超细颗粒在不同体系中的分散具有重要意义。许多工业加工过程的成败甚至完全取决于粉体颗粒能否良好分散。如对于在空气中的固体颗粒，只有保证分散，才能通畅地输运粉体物料；同样，只有在充分分散状态下，才能实现细粉的干法分级。对于固体颗粒分散在液相中的产品，其质量和性能与颗粒的分散状况密切相关。在化工领域，将超细 TiO_2 粉体分散在水或有机溶剂中以制成具有抗紫外、自清洁或光催化等特殊功能的涂料，将某些具有特殊电磁性的超细颗粒分散在液相介质中以制成导电浆料或磁性浆料，将纳米级磨粒分散在液体中可制成高效化学机械抛光液等。这些涂料、功能浆料、抛光液以及染料、油墨、化妆品等产品制备的基本要求是其颗粒在液相中的均匀分散。在材料科学领域，原料粉体的均匀分散是采用胶态成型方法获得具有较好显微结构和性能的特种陶瓷制品的前提。微细矿粒的分选，要求它们首先在矿浆中充分分散。纳米材料的合成及利用现已成为高科技领域的热门课题，其中的关键问题是如何保证纳米颗粒在其合成的各个环节和后续的应用过程中保持分散而不团聚"长大"。粉体的分散也是制备高性能复合材料的基础。将无机粒子加入到某种基体中，可大大改善其性能，并可能产生一些新的特性，而粒子在基体中的均匀分散是发挥其作用的前提和保证。如把 Al_2O_3 颗粒分散到橡胶中，可提高橡胶的耐磨性和介电性；Al_2O_3 颗粒加入到玻璃中，可明显改善玻璃的脆性；在纺织原料中加入具有特殊性质的超微颗粒，可以制造出具有特殊的抗紫外线、吸收可见光和红外线、防静电、抗菌除臭等功能性的新型织物。另外，在粉体的测试中，如果粉体试样没有充分分散，即便使用很精密的仪器，也难以得到精确的测量结果。粉体分散的重要性已深入到冶金、化工、食品、医药、涂料、造纸、建筑及材料等领域。

8.1.2 粉体在空气中的分散

颗粒的分散与凝聚是颗粒群中粒子存在的两种不同状态，也是颗粒，尤其是细粒、超细粒在介质中两个方向相反的基本行为。颗粒彼此互不相干，能自由运动的状态称为分散；互相黏附，联结成聚集体的状态称为凝聚。超细颗粒，特别是微米或纳米级颗粒，在空气中极易黏结成团，发生凝聚，这种现象给超细粉体的加工带来极为不利的影响。分级、粒度测量、混合及储运等作业的进行，在很大程度上都依赖于颗粒的分散程度。下面首先分析造成颗粒在空气中凝聚的作用力，然后再讨论防止其黏结成团的方法。

8.1.2.1 空气中颗粒凝聚作用力

空气中造成颗粒凝聚的根源是粒间吸引力，有以下几种。

1. 分子作用力（范德华力）

范德华力是分子间的一种短程吸引力，与分子间距离的 7 次方成反比，作用距离极短，约 1 nm。但对于由大量分子集合体构成的体系，因为存在着多个分子的综合相互作用，随着颗粒间距离的增大，其分子作用力的衰减程度明显变缓，颗粒间分子作用力的有效间距可达 50 nm，因此是长程力。

范德华力由原子核周围电子云的涨落引起，可以通过伦敦 – 范德华微观理论和 Lifshitz – 范德华宏观理论进行计算。伦敦 – 范德华理论的范德华力 F_M 表达式如下。

球形颗粒间：

$$F_M = \frac{A}{6h^2} \times \frac{R_1 R_2}{R_1 + R_2} \qquad (8-1)$$

球粒和平板间：

$$F_M = \frac{AR}{12h^2} \qquad (8-2)$$

式中：h——颗粒间距，nm；

R_1、R_2、R——颗粒的半径，nm；

A——Hamaker 常数，J。

Hamaker 常数 A 是物质的一种特征常数。各种物质的 Hamaker 常数不同。在真空中，A 的波动范围介于 $0.4 \sim 4.0$ 之间。空气中两种不同物质的 Hamaker 常数有下列表达式：

$$A_{12} = \sqrt{A_{11} A_{22}} \qquad (8-3)$$

式中：A_{11}、A_{22}——物质 1 和物质 2 在真空中的 Hamaker 常数。

如果有第三种介质存在，Hamaker 常数为 A_{132}，其表达式为：

$$A_{132} = (\sqrt{A_{11}} - \sqrt{A_{33}})(\sqrt{A_{22}} - \sqrt{A_{33}}) \qquad (8-4)$$

A_{132} 可根据 Lifshitz – 范德华的微观理论求出。该理论把偶极子间的相互作用当作电磁特性加以考虑，由相位相关求出范德华力 F_M 为：

$$F_M = \frac{awR}{8\pi h^2} \qquad (8-5)$$

式中：a——Lifshitz 常数；

w——与两球粒介电常数有关的量；

　　aw——Lifshitz – 范德华常数，可根据已知的资料计算，对黏结成对的物质来说，aw介于 0.1 ~ 10eV 之间。

　　由式(8 – 4)可知，颗粒间若存在介质时，会削弱粒间吸引力。如果介质的 Hamaker 常数 A_{33} 介于颗粒的 Hamaker 常数 A_{11} 和 A_{22} 之间时，粒间的范德华力起排斥性作用，有利于颗粒分散在介质中；反之则促使颗粒聚集。为提高颗粒的分散程度，应选用和粒子亲和力强的介质。

　　对于半径为 1 cm 的石英球体，$A = 0.6 \times 10^{-19}$J，在间距 $h = 0.2$ nm 时，它与同质的石英平板在空气中作用，由式(8 – 2)，此时的分子间引力为 $F_M = 1.2 \times 10^{-3}$N。

2. 颗粒间的静电作用力

　　在干空气中大多数颗粒带有自然荷电。荷电的途径有三个：① 颗粒在其生产过程中荷电，例如电解法或喷雾法可使颗粒带电，在干法研磨过程中颗粒靠表面摩擦而带电。② 与荷电表面接触可使颗粒接触荷电。③气态离子的扩散作用是颗粒带电的主要途径，气态离子由电晕放电、放射性、宇宙线、光电离及火焰的电离作用产生。颗粒获得的最大电荷量受限于其周围介质的击穿强度，在干空气中约为 1.7×10^{10} 电子/cm^2，但实际观测的数值往往要低得多。气体中粒子间静电力主要来源于电位差、库仑力和镜像力。

　　(1)接触电位差引起的静电力 F_{ed}

　　两种导体颗粒相接近，由于彼此的功函数不同而导致电子转移，平衡后产生接触电位差(U)，其大小随物质种类、杂质、表面吸附等不同情况而变化，一般介于 0 ~ 0.5 eV 之间。半径为 r 的导电球形粒子(或颗粒和金属平板)相互接近时，因电位差而相互吸引，其静电作用力 F_{ed} 为

$$F_{ed} = \varepsilon_0 \pi \frac{U^2 R}{h^2} \qquad (8-6)$$

式中：ε_0——气体的介电常数；

　　　　h——两个球形粒子表面间距离；

　　　　R——球形颗粒的半径。

　　(2)库仑力引起的静电力 F_{ec}

　　当两个颗粒分别荷电 q_1 和 q_2 时，两球间的库仑静电力为

$$F_{ec} = \frac{1}{4\pi\varepsilon_0} \times \frac{q_1 q_2}{(2R + h)^2} \qquad (8-7)$$

　　(3)镜像力引起的静电力 F_{em}

　　镜像力实际上是一种电荷感应力。带有 q 电量的颗粒和具有介电常数 ε 的平面间的镜像力，可引起颗粒黏附在表面上，其静电力 F_{em} 的大小为

$$F_{em} = \frac{1}{4\pi\varepsilon_0} \times \frac{\varepsilon - \varepsilon_0}{\varepsilon + \varepsilon_0} \times \frac{q^2}{(2R + h)^2} \qquad (8-8)$$

　　对于绝缘体粒子，由于电子运动受限，从内部到表面都存积有相当数量的电子而形成空间电荷层，同时表面出现过剩的电荷。如果表面过剩电荷分别是 σ_1、σ_2，根据库仑定律，静电吸引力 F_{ei} 为

$$F_{ei} = \frac{\pi}{\varepsilon_0} \times \frac{\sigma_1 \sigma_2 R^2}{\left[1 + \left(\dfrac{h}{2R}\right)^2\right]} \qquad (8-9)$$

式中：ε_0——真空介电常数，其他符号意义同前。

对粒径为 $10\mu m$ 的各种类型颗粒（白垩、煤烟、石英、砂糖、粮食及木屑等）的测量结果表明，颗粒在空气中的电荷在 $600\sim1100$ 单位 $[(9.6\times0.18)\times10^{-17}C]$ 范围之内。据此可算得镜像力为 $(2\sim3)\times10^{-12}N$。可见，在一般情况下，颗粒与物体间的镜像力可以忽略不计。

3. 液桥力

当空气的相对湿度超过 65% 时，水蒸气开始在颗粒表面及颗粒间凝集，颗粒间因形成液桥而大大增强了黏结力。这是由于蒸气压的不同和颗粒表面不饱和力场的作用，大气中的水因凝结或吸附在粒子表面，形成了水化膜。其厚度视粒子表面的亲水程度和空气的湿度而定。亲水性越强，湿度越大，则水膜越厚。当表面水多到粒子接触点处形成透镜状或环状的液相时，开始产生液桥力，加速颗粒的聚集。在上述情况下，粒间液相还互不连接，此种状态称为摆动状态。随液体的增多，还可形成多种不同状态，如图 8-1 所示。

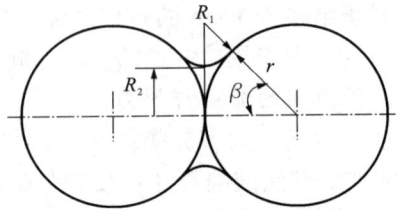

图 8-1　湿物料粒间液相状态

其中链索状态指接触点上液环扩大，粒子空隙中的液体互相连成网状，空气分布在其中；毛细管状态指粒间空隙被液体充满，仅在料层表面存在液气界面；浸湿状态是指粒子群浸在液体中，存在自由液面。

液桥黏结力比分子作用大 $1\sim2$ 个数量级。颗粒间的液桥力与其润湿性有很大关系。完全润湿的颗粒之间的液桥力最大。此外，当颗粒粒径大于 $10\mu m$ 时，液桥力与其他黏附力的差别尤其显著。因此，在湿空气中亲水颗粒间的黏结主要源于液桥力。

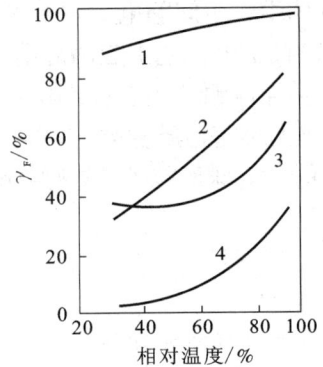

图 8-2　未经处理及处理过的玻璃球在玻璃板上的黏附率

1—未经处理的玻璃球与玻璃板；
2—玻璃板经过硅烷化处理；
3—玻璃球经过硅烷化处理；
4—玻璃球与玻璃板均经过硅烷化处理

液桥对粒子的黏结成团有重要的作用。

改变颗粒表面润湿性可显著地影响颗粒间的黏附力。图 8-2 表示玻璃球与玻璃板经过不同的疏水化处理后实测得的相对黏附颗粒数，玻璃球粒径为 $70\pm2\mu m$。由图 8-2 可知，疏水化的表面不单纯通过减少水蒸气在其上凝结而削弱黏结力，即使在湿度很小的环境中疏水化对颗粒在平板上的黏附也有明显的影响。

4. 固体桥

颗粒材料经烧结、熔融或再结晶，颗粒间可形成固体桥，也是颗粒聚集的重要因素。但通常难以计算，而是靠实验测得。由此可见，在一般情况下，前三种力对粒子在空气中的凝聚行为是最为重要的。

8.1.2.2　空气中三种基本凝聚原因的比较

图 8-3 表示静电力、范德华力和液桥力三种不同机理的作用力随球与板面距离 a 的变

化关系。由该图可看出：随距离的增大，范德华力（曲线4）迅速减小。当 $a > 1~\mu m$ 时，此项作用力已不再存在了。在 $a < 2 \sim 3~\mu m$ 的范围时，液桥力的作用非常显著，而且随间距变化不大。但若再扩大距离，它就突然消失了。当 $a > 2 \sim 3~\mu m$ 以后，能促进颗粒聚集，实际上，这时只存在静电力了。

　　由上述各项力的表达式可看出，液桥力、范德华力、静电力（包括绝缘体）的大小都随球粒半径的增大成线性增大的关系。图8-4是在适当的假设下，对球粒和平板间吸附力的计算结果，它描述了各种力的最大值和粒子尺寸的关系，同样也说明静电力比液桥力和范德华力小得多。说明在气体气氛中，粒子的凝聚，主要是液桥力造成的，而在非常干燥条件下，则是由范德华力引起的。因此，在空气状态下，保持物料，尤其细粒物料的干燥，是防止结团的极重要措施。采用助磨剂、表面改性剂的涂覆，都是极有效的办法。

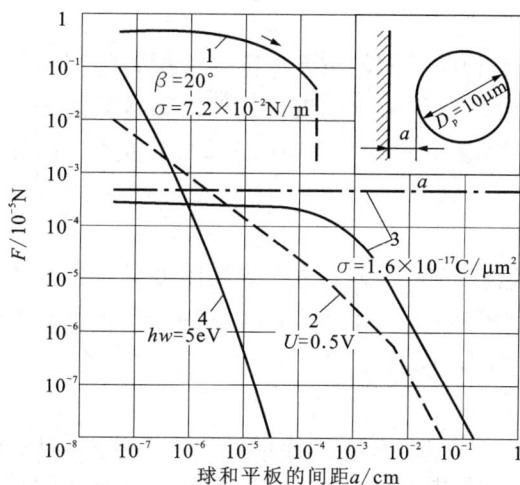

图8-3　各种附着力与球-板面
间距的函数关系

1—液桥力；2—导体的静电力；
3—绝缘体的静电力；4—范德华力

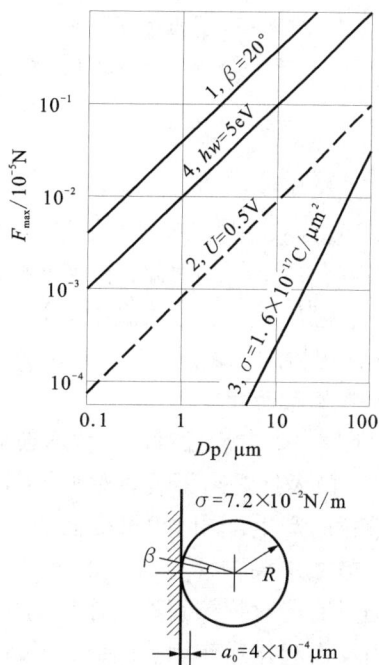

图8-4　球和平板的各种附着
力与球径的函数关系

1—液桥力；2—导体的静电力；
3—绝缘材料的静电力；4—范德华力

8.1.2.3　颗粒在空气中的分散方法

　　1. 机械分散

　　机械分散是指用机械力把颗粒聚团打散。这是一种常用的分散手段。机械分散的必要条件是机械力（通常是指流体的剪切力及压差力）应大于颗粒间的黏着力。通常机械力是由高速旋转的叶轮圆盘或高速气流的喷射及冲击作用所引起的气流强湍流运动而造成的。微细颗粒气流分级中常见的分散喷嘴（见图8-5）及转盘式差动分散器（见图8-6）均属于此例。

　　机械分散较易实现，但根本问题在于这是一种强制性分散。互相黏结的颗粒尽管可以在分散器中被打散，但是它们之间的作用力犹存，排出分散器又有可能重新黏结聚团。机械分散的另一问题是脆性颗粒有可能被粉碎，机械设备磨损后分散效果下降等。

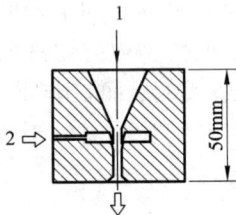

图 8 – 5　分散喷嘴示意图
1—给料；2—压缩空气

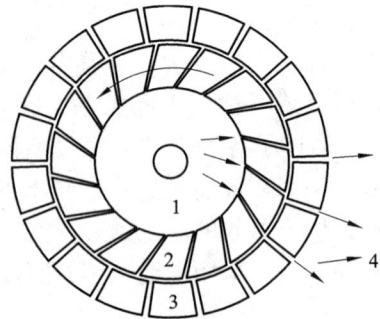

图 8 – 6　转盘式差动分散器示意图
1—给料；2—转子；3—定子；4—出料

2. 干燥处理

如前所述，潮湿空气中颗粒间形成的液桥是颗粒聚团的重要原因。液桥力往往是分子力的十倍或者几十倍。因此，杜绝液桥的产生或破坏业已形成的液桥是保证颗粒分散的重要手段之一。通常采用加温法烘干颗粒，如矿粒在静电分选前往往加温至 200℃ 左右，以除去水分，保证物料的松散。

3. 颗粒表面处理

在图 8 – 2 中曾经对比了普通玻璃及硅烷化玻璃球及平板之间的黏附差异。硅烷覆盖膜的存在，极大地提高了玻璃对水的润湿接触角（$\theta \rightarrow 118°$），使玻璃表面疏水化，因而可有效地抑制液桥的产生，同时也可降低颗粒间的分子作用力。

4. 静电分散

通过前述对颗粒间静电作用力的分析，便可发现，对于同质颗粒，由于表面荷电相同，静电力反而起排斥作用。因此，可以利用静电力来进行颗粒分散。问题的关键是如何使颗粒群充分荷电。采用接触带电，感应带电等方式可以使颗粒荷电，但最有效的方法是电晕带电。使连续供给的颗粒群通过电晕放电形成离子电帘，使颗粒荷电。其最终荷电量 q_{max} 可由下式下算：

$$q_{max} = \frac{1}{9 \times 10^9} \frac{3\varepsilon_s}{\varepsilon_s + 2} E_c R^2 \qquad (8-10)$$

式中：R —— 颗粒半径；

　　　ε_s —— 颗粒的相对介电常数；

　　　E_c —— 荷电区的电场强度。

8.1.3　粉体在液体中的分散

根据液相介质的不同，粉体在液体中的分散体系可分为水相体系和非水相体系。固体颗粒在液体中的分散过程，本质上受两种基本作用支配，即固体颗粒与液体的相互作用——浸湿(immersion)及在液体中固体颗粒之间的相互作用。

8.1.3.1 固体颗粒在液体中的浸湿

固体颗粒被液体浸湿的过程是指将粉体缓慢地加入到液体中形成漩涡,使吸附在粉体表面的空气或其他杂质被液体取代的过程,主要基于颗粒表面对该液体的润湿性。润湿性通常用润湿接触角 θ 来度量。

$90° < \theta < 180°$:表示不润湿或不良润湿;

$0 < \theta < 90°$:表示部分润湿或有限润湿;

$\theta = 0$(或无接触角):表示完全润湿。

可见,接触角越小,润湿性越好;完全润湿时,接触角为零。

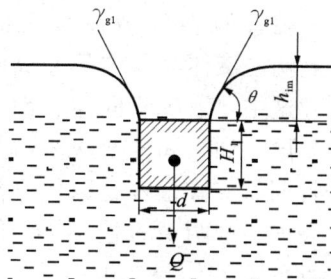

图 8-7 颗粒在液面的漂浮受力状况

密度大于液体密度、又可被液体完全润湿的固体颗粒,进入液体(即被液体完全浸湿)并不存在障碍。对于部分润湿,即接触角 $\theta < 90°$ 的颗粒,欲进入液相将受到气-液界面张力的反抗作用。以规则圆柱体颗粒为例(见图 8-7),如果气-液界面张力及润湿接触角足够大,如下式所示,则颗粒将稳定在气-液界面而不下沉。

$$4d\gamma_{g-1}\sin\theta d^2 \geq H(\rho_p - \rho_1)g + d^2 h_m \rho_1 g \qquad (8-11)$$

式中:d —— 圆柱体颗粒的横截面直径;

$\quad H$ —— 圆柱体颗粒的高;

$\quad \rho_P$ —— 颗粒的密度;

$\quad \rho_1$ —— 液体的密度;

$\quad \gamma_{g-1}$ —— 气-液界面张力;

$\quad \theta$ —— 接触角;

$\quad h_m$ —— 颗粒上表面的沉没深度。

在静力学条件下,球形颗粒在水面上的最大漂浮粒度 d_{max} 与颗粒密度及接触角的关系示于表 8-1。

表 8-1 球形颗粒在水面上的最大漂浮粒度

d_{max}/nm $\quad\quad\quad\theta$ σ /(kg·m^{-3})	30°	60°	75°	90°
2500	1.4	2.6	3.2	4.4
5000	0.8	1.6	1.95	2.28
7500	0.6	1.2	1.52	1.8

对于接触角较大,密度较小,粒度与表 8-4 中所列的对应数值相比要小的颗粒,完全浸湿是不易实现的。这些颗粒将漂浮在水面,部分体积暴露在空气中,另外部分体积浸没在水中。

在湍流场中，颗粒的最大漂浮粒度有显著的降低(见图8-8)。

可见，固体颗粒被液体浸湿的过程，实际上就是液体与气体争夺固体表面的过程。这主要取决于固体表面及液体的极性差异。如果固体及液体都为极性或非极性时，液体很容易取代气体而浸湿固体表面；若两者极性不同，例如固体是极性的而液体是非极性的，则固体颗粒的浸湿过程就不能自发进行，而需要对颗粒表面改性或施加外力。重力、流体动力学力等的作用即在于此。综合以上分析，可将固体颗粒的浸湿规律归纳为下列三点：

(1)具有完全润湿性的颗粒，它们没有接触角，它们极易被液体浸湿。

(2)不完全润湿颗粒($\theta > 0°$)，它们能否被液体浸湿取决于颗粒的密度及粒度，密度及粒度足够大，颗粒将被浸湿而进入液体中。

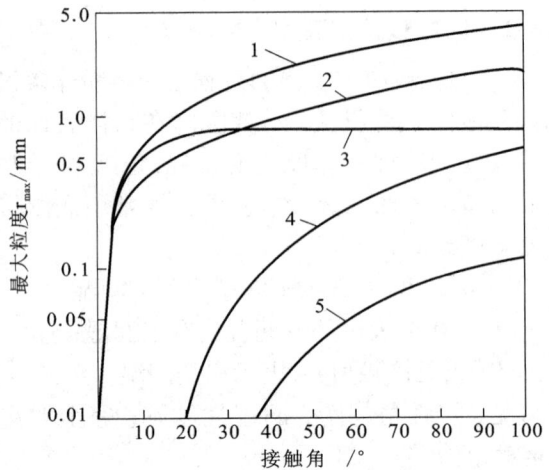

图8-8　颗粒的最大漂浮粒度
1—最大漂浮粒度；
2—考虑到气泡的毛细作用时的最大漂浮粒度；
3—最大运载粒度；
4、5—对应不同湍流强度(用平均脉动速度v_T表示)
的极限脱落粒度：$v_{t(4)} = 20$ cm/s；$v_{t(5)} = 100$ cm/s

(3)流体动力学条件对颗粒的浸湿有重要作用，提高液体湍流强度可降低颗粒的浸湿粒度。

8.1.3.2　颗粒在液体中的聚团或分散状态

无论是自发的或受强制作用，固体颗粒被液体浸湿后，在液体中可能发生两种方向相反行为：聚团沉降或分散悬浮。颗粒在液体中的聚团或分散状态取决于：① 颗粒间的相互作用；② 颗粒所处的流体动力学状态及物理场。

1. 液体中颗粒间的相互作用力

液体小颗粒间的作用力远比在空气中复杂，除了分子作用力外，还出现了双电层静电力、结构力及因吸附高分子而产生的空间位阻力。

(1)分子作用力

当颗粒在液体中时，必须考虑液体分子同组成颗粒分子群的作用以及此种作用对颗粒间分子作用力的影响。此时的 Hamaker 常数可用下式表示：

$$A_{131} = A_{11} + A_{33} - 2A_{13} \approx (\sqrt{A_{11}} - \sqrt{A_{33}})^2 \qquad (8-12)$$

$$A_{132} \approx (\sqrt{A_{11}} - \sqrt{A_{33}})(\sqrt{A_{22}} - \sqrt{A_{33}}) \qquad (8-13)$$

式中：A_{11} 及 A_{22}——颗粒1及颗粒2在真空中的 Hamaker 常数；

　　　A_{33}——液体3在真空中的 Hamaker 常数；

　　　A_{131}——在液体3中同质颗粒1之间的 Hamaker 常数；

　　　A_{132}—— 在液体3中不同质的颗粒1与颗粒2互相作用的 Hamaker 常数。

由分析式(8-13)可知，当液体 3 的 A_{33} 介于两个不同质颗粒 1 及 2 的 Hamaker 常数 A_{11}、A_{22} 之间时，A_{132} 为负值。根据分子作用力公式

$$F_M = \frac{-A_{132}R}{12h^2} \quad （球体-球体） \tag{8-14}$$

可见，F_M 变为正值，分子作用力为排斥力。对于同质颗粒，它们在液体中的分子作用力恒为吸引力，但是，它们的值比在真空中要小，一般大约小 4 倍。分子作用力虽然是颗粒在液体中互相聚团的主要原因，但它并不是唯一的吸引力。

（2）双电层静电作用力

在液体中颗粒表面因离子的选择性溶解或选择性吸附而荷电，反号离子由于静电吸引而在颗粒周围的液体中扩散分布，这就是在液体中的颗粒周围出现双电层的原因。在水中，此电层最厚可达 100 nm。考虑到双电层的扩散特性，往往用德拜参数 $1/\kappa$ 来表示双电层的厚度，或表示液体中空间电荷重心到颗粒表面的距离。例如，对于浓度为 1×10^{-3} mol/L 的 1∶1 电解质（如 NaCl、$AgNO_3$ 等）水溶液，双电层的德拜厚度 $1/\kappa$ 为 10 nm；但对同样电解质的非水溶液，由于其介电常数 ε 比水小得多，当离子浓度很稀时，例如 1×10^{-11} mol/L，$1/\kappa$ 可达 100 μm。双电层静电作用力的计算公式比较复杂，当颗粒表面电位 φ_0 小于 25 mV 时，对于两个同样大小的球体（半径为 R），可用如下的近似公式。

$$F_{dl} = \frac{2\pi R\sigma^2 \mathrm{e}^{-kh}}{\kappa\varepsilon\varepsilon_0} \tag{8-15}$$

或

$$F_{dl} = 2\pi R\varepsilon\varepsilon_0\kappa\varphi_0^2 \mathrm{e}^{-kh} \tag{8-16}$$

两式中：σ——表面电荷密度；

κ——德拜参数；

h——颗粒间最短距离；

ε_0——真空介电常数。

对于同质颗粒，双电层静电作用力恒表现为排斥力，因此，它是防止颗粒互相聚团的主要因素之一。一般认为，当颗粒的表面电位 φ_0 的绝对值大于 30 mV 时，静电排斥力与分子吸引力相比便占上风，从而可保证颗粒分散。

对于不同质的颗粒，表面电位往往不同值，甚至在许多场合下不同号。对于电位异号的颗粒，静电作用力则表现为吸引力，即使对电位同号但不同值的颗粒，只要两者的绝对值相差很大，颗粒间仍可出现静电吸引力。

（3）溶剂化膜作用力

颗粒在液体中引起其周围液体分子结构的变化，称为结构化。对于极性表面的颗粒极性液体分子受颗粒的很强作用，在颗粒周围形成一种有序排列并具有一定机械强度的溶剂化膜；对非极性表面的颗粒，极性液体分子将通过自身的结构调整而在颗粒周围形成具有排斥颗粒作用的另一种溶剂化膜。

水的溶剂膜作用力 F_s 可用下式表示。

$$F_s = K\exp\left(-\frac{h}{\lambda}\right) \tag{8-17}$$

式中：λ —— 相关长度，尚无法通过理论求算，经验值约为 1 nm，相当于体相水中的氢键键长；

K —— 系数，对于极性表面，$K > 0$；对于非极性表面，$K < 0$。

可见，对于极性表面颗粒，F_s 为排斥力；与此相反，对于非极性表面颗粒，F_s 为吸引力。

根据实验测定，颗粒在水中的溶剂化膜厚度约为几个到十几个纳米。极性表面的溶剂化膜具有强烈的抵抗颗粒在近程范围内互相靠近并接触的作用。而非极性表面的"溶剂化膜"则引起非极性颗粒间的强烈吸引作用，称为疏水作用力。

溶剂化膜作用力从数量上看比分子作用力及双电层静电作用力大 1~2 个数量级，但它们的作用距离远比后两者小，一般仅当颗粒互相接近到 10~20 nm 时才开始起作用，但是这种作用非常强烈，往往在近距离内成为决定性的因素。

从实践的角度出发，人们总结出一条基本规律：极性液体润湿极性固体，非极性液体润湿非极性固体。这实际上也反映了溶剂化膜的重要作用。

(4) 高分子聚合物吸附层的空间效应

当颗粒表面吸附有无机或有机聚合物时，聚合物吸附层将在颗粒接近时产生一种附加的作用，称为空间效应(steric effect)。

当吸附层牢固而且相当致密，有良好的溶剂化性质时，它起对抗颗粒接近及聚团的作用，此时高聚物吸附层表现出很强的排斥力，称为空间排斥力。显然，此种力只是当颗粒间距达到双方吸附层接触时才出现。也有另外一种情况，当链状高分子在颗粒表面的吸附密度很低，如覆盖率在 50% 或更小时，它们可以同时在两个或数个颗粒表面吸附，此时颗粒通过高分子的桥连作用而聚团。这种聚团结构疏松，强度较低，在聚团中的颗粒相距较远。

2. 液体中颗粒的聚集状态

被广泛接受的描述颗粒聚集状态的理论是 20 世纪 40 年代由前苏联学者 Derjaguin 和 Landau 与荷兰学者 Verwey 和 Overbeek 建立的 DLVO 理论。该理论作为经典的胶体化学理论之一，一直被用来解释胶体的聚团和分散现象，分析颗粒之间的相互作用和聚集状态。DLVO 理论认为颗粒的聚团与分散取决于粒间的分子吸引力与双电层静电排斥力的相对大小。当分子吸引力大于静电排斥力时，颗粒自发地互相接近，最终形成聚团；当静电排斥力大于分子吸引力时，颗粒互相排斥，需要加外力才能迫使它们互相接近；当静电排斥力非常强大时，例如颗粒的表面电位绝对值大于 30 mV，颗粒根本不可能互相靠拢，而处于完全分散的状态。

实际上，各种粒间作用力远较上述理论所描述的复杂。首先颗粒的相互作用与颗粒的表面性质，特别是润湿性有密切关系；其次，与颗粒表面覆盖的吸附层的成分、覆盖率、吸附强度、层厚等也有密切关系。而对于异质颗粒，还可能出现分子作用力成为排斥力而静电作用力成为吸引力的情况。

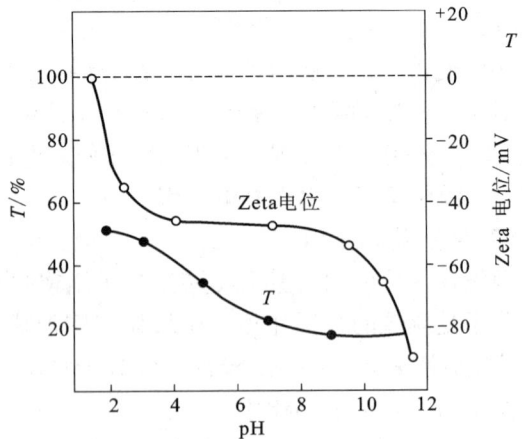

图 8-9 pH 对细粒石英矿物聚团行为和 Zeta 电位的影响

图 8-9 表示石英微粒在水中的聚集状态与 pH 的关系，其中 $T\%$ 为透光率。$T\%$ 愈大表

示聚团程度愈高，反之亦然。可见，在等电点(pH=2.0)附近，石英颗粒发生强的聚沉现象。这与DLVO理论的推断一致。但是，聚沉的发生并不意味着聚沉体中的石英颗粒是直接接触的。由于石英具有典型的亲水性表面，它的溶剂化程度很强，所以石英颗粒在形成聚沉体时将保留溶剂化膜，聚沉体中颗粒与颗粒之间相距约为溶剂化膜厚度的两倍。

图8-10是滑石微粒在水中的聚集状态与pH的关系。对比图8-9可知，尽管滑石与石英有相似的Zeta随pH变化规律，但聚集状态却不相同。石英只在pH接近2时发生聚沉，而滑石在pH<5时便产生了明显的聚团。这表明颗粒表面润湿性的不同也起重要作用。因此，改变颗粒表面的润湿性可以成为调控颗粒聚集状态的手段。

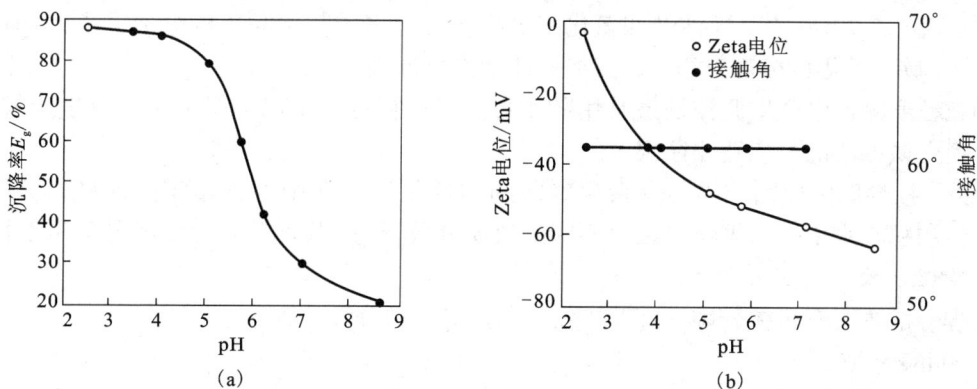

图8-10　滑石微粒在水中的聚集状态与pH的关系
(a)滑石在介质中的分散与凝聚　(b)Zeta电位和润湿性随pH的变化

8.1.3.3　颗粒在液体中的分散方法

固体颗粒在液相中的分散过程包括浸湿、解团聚及分散颗粒的稳定化三个步骤。首先固体颗粒在液体中要有良好的润湿以保证浸湿；再通过机械作用，使较大粒径的聚集体分散为较小的颗粒；进一步通过化学作用，以保证颗粒在液相中保持长期的均匀分散，阻止已分散粒子的重新聚集。因此，颗粒在液体中的分散方法可分为三大类：① 介质调控，即选择合适的分散介质来促进分散；② 物理分散，包括机械力分散、超声波分散等；③ 化学分散，指选择一种或多种适宜的分散剂来提高悬浮体的分散性，改善其稳定性和流动性。

1.介质调控

影响颗粒润湿性能的因素有多种，如颗粒形状、表面特性、表面吸附的空气量、分散介质的极性等。粉体在介质中的润湿遵循极性匹配原则，即极性表面容易被极性介质所润湿，非极性表面容易被非极性介质所润湿。若液体介质不能完全润湿粉体表面，可添加润湿分散剂促进其润湿。良好的润湿性能可以使颗粒迅速地与分散介质相互接触，有助于颗粒的分散。

根据颗粒的表面性质，按照极性匹配原则选择适当的分散介质，可以获得充分分散的悬浮液。例如，许多有机高聚物(聚四氟乙烯、聚乙烯等)及具有非极性表面的矿物(石墨、滑石、辉铜矿等)颗粒易于在非极性油中分散；而具有极性表面的颗粒在非极性油中往往处于聚团状态，难于分散。反之，非极性颗粒在水中则往往呈强聚团状态。常用的分散介质大体有水、极性有机液体、非极性液体三类。

(1)水

大多数无机盐、氧化物、硅酸盐等矿物颗粒及无机物体如水泥熟料、白垩、玻璃粉、立德粉、炉渣等倾向于在水中分散(常加入一定的分散剂)。煤粉、木炭、炭黑、石墨等碳质粉末则需添加鞣酸、亚油酸钠、草酸钠等令其在水中分散。

(2)极性有机液体

常用的有乙二醇、丁醇、环己醇、甘油水溶液及丙酮等。如锰、铜、铅、钴等金属粉末及刚玉粉、糖粉、淀粉及有机粉末在乙二醇、丁醇中分散;锰、镍、钨粉在甘油溶液中分散。

(3)非极性液体

环己烷、二甲苯、苯、煤油及四氯化碳等可作为大多数疏水颗粒的分散介质。如用作水泥、白垩、碳化钨等的分散介质时,需加亚油酸作分散剂。

颗粒粒度测量中介质调控是最常用的手段,因为它易于实现。但是在工业生产规模中,采用更换介质方法的可能性往往很小。

此外,极性匹配原则需要同一系列确定的物理化学条件相配合才能保证良好分散的实现。极性颗粒在水中可以表现出截然不同的聚团分散行为,说明物理化学条件的重要性。

2. 物理分散

物理分散主要有机械分散、超声波分散和高能处理分散三种。

(1)机械分散

机械分散主要通过外界撞击力或剪切力等机械能引起液体强湍流运动来实现液体介质中颗粒聚团的碎解,被认为是颗粒分散最简单而有效的手段。

工业常用的机械分散设备如表8-2所示。高速转子-定子分散器主要是利用机械旋转产生的冲击作用,兼有剪切作用。

表8-2 机械分散设备

设备形式	分类	设备形式	分类
搅拌槽(上动式搅拌器)	螺桨式叶轮 蜗轮式 震荡式	球磨、砾磨和珠磨	振动式 行星式 立式 卧式
搅拌槽(下动式搅拌器)	定子-转子式		
行星变换罐	单臂式 双臂式 互齿合式	胶体磨	单一表面 多表面
		辊磨	单辊　双辊
万能式混合器	Z式叶片 分散叶片 重型	搅拌磨	立式 卧式 连续式 间歇式

普通球磨是一个圆筒形容器,沿其轴线水平旋转。研磨效率与填充物性质及数量、磨球种类大小及数量、转速等很多因素有关,是最常用的机械分散方式。缺点是研磨效率较低。

振动球磨是利用研磨体高频振动产生的球对球的冲击来粉碎粉体粒子的,见图8-11。这种振动通常是二维或者三维方向的,其效率远高于普通球磨。

振动球磨的研磨效率较高,可以有效地降低粉体的粒径,提高比表面积。但粉体磨细到一定程度,再延长球磨时间,粉体粒径不会变化。这是由于细颗粒具有巨大的界面能,颗粒间的范德华力较强,随着粉体粒度的降低,颗粒间自动聚集的趋势变大,分散作用与聚集作用达到平衡,粒径不再变化。在球磨过程中常加入分散剂,使其吸附在粒子表面,不仅可以使球磨得到的粉体粒径更小,而且可以使浆料在较长时间内保持其稳定性。关于分散剂对悬浮体分散稳定性的影响将在后面的内容中详细介绍。表

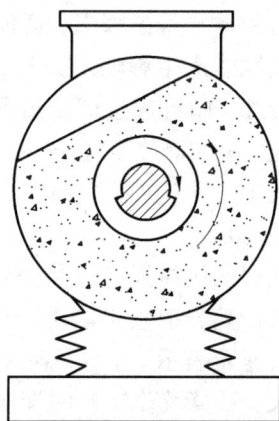

图8-11 振动球磨机结构示意图

8-3示出Al_2O_3粉体的平均粒径及比表面积随球磨时间的变化,球磨过程中添加了1wt%的2-膦酸丁烷—1,2,4-三羧酸(PBTCA)作分散剂。粉体的团聚程度用团聚系数(agglomerate factor)来表示,团聚系数A_F用如下公式计算:

$$A_F = \frac{d_{50}}{d_{BET}} \qquad (8-18)$$

式中,d_{50}是动态激光散射法测得的悬浮颗粒中位直径;d_{BET}是BET法测得的粉体等效直径,用下式计算:

$$d_{BET} = \frac{6}{\rho S_A} \qquad (8-19)$$

式中:S_A——粉体比表面积;

ρ——粉体密度。

A_F值越大,颗粒团聚越严重。由表8-3可见,随球磨时间的增加,粉体的粒径逐渐减小,比表面积增大,球磨24 h后粉体的平均粒径由初始的1100 nm降至430 nm左右。当球磨时间超过24 h后,球磨虽然仍能降低粉体的粒径,但对降低团聚程度的作用已不明显,因此适宜的球磨时间为24 h。

表8-3 球磨时间对粉体性质的影响

球磨时间/h	平均粒径/nm	比表面积 A/($m^2 \cdot g^{-1}$)	团聚系数
0	1100	4.4	3.1
2	900	4.9	2.8
4	790	3~5	2.6
8	710	5~8	2.6
24	430	6.4	1.7
32	400	7.1	1.8

尽管球磨是目前最常用的一种分散超细粉体的方法,但球磨也存在一些显著的缺点。最

大的缺点就是在研磨过程中,由于球与球、球与筒、球与料以及料与筒之间的撞击、研磨,使球磨筒和球本身被磨损,磨损的物质进入浆料中成为杂质,这种杂质将不可避免地对浆料的纯度及性能产生影响。另外,球磨过程是一个复杂的物理化学过程,球磨的作用不仅可以使颗粒变细,而且通过球磨过程可能大大改变粉末的物理化学性质。例如,可大大提高粉末的表面能,增加晶格不完整性,形成表面无定形层。另外在一些情况下,粉体的化学成分因球磨而发生变化,如钛酸钡在水中球磨,由于 $Ba(OH)_2$ 的形成和溶解,使 $BaTiO_3$ 粉料中 Ba^{2+} 遭受损失。

强烈的机械搅拌也是破碎团聚的有效方法,主要靠冲击、剪切和拉伸等作用来实现浆料的分散。其分散效果取决于机械搅拌速率和机械搅拌时间。图 8-12 表示搅拌强度(用搅拌叶轮转速 n 表示)对不同粒级的石英及菱锰矿的平衡聚沉度 E_{eq} 的影响。可见,随着搅拌强度的增大,石英及菱锰矿的聚沉度显著降低,当搅拌转速达到 1000 r/min 时,聚沉度降于零,这意味着所有的因聚沉而形成的聚团均被打散。

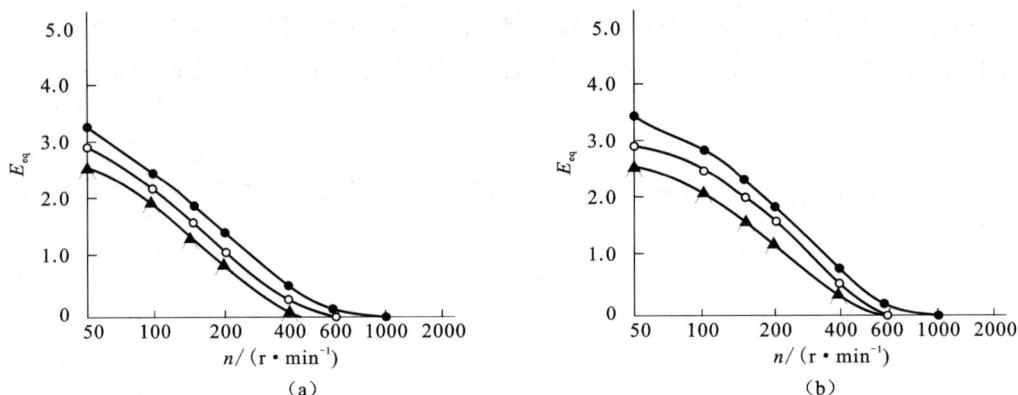

图 8-12 搅拌强度对石英(a)和菱锰矿(b)团聚行为的影响

事实上,机械分散是一个非常复杂的过程,通过对分散体系施加机械力,可引起体系内物质的物理、化学性质变化以及伴随的一系列化学反应来达到分散目的,这种特殊的现象称之为机械化学效应。高机械搅拌速率即在强剪切条件下可使聚团平均尺寸迅速减小,并容易达到较小的最终分散尺寸,对聚团的破碎和较高分散度分散体系的形成非常有利。但从另一方面来讲,转速越高或时间延长,机械能转化为热能的比率越高,能量利用率越低。

机械分散是简单的物理分散,属机械力强制性解团方法。聚团颗粒尽管在强制剪切力作用下解团,但颗粒间的吸引力仍存,一旦颗粒离开机械搅拌产生的湍流场,外部环境复原,它们又有可能重新形成聚团。

(2)超声波分散

超声波(20 kHz ~ 50 MHz)具有波长短、近似直线传播、能量容易集中传递的特点,能产生强烈的震动。超声波分散是将需处理的颗粒悬浮体直接置于超声场中,用适当频率和功率的超声波加以处理,利用超声波振荡将破坏聚团中微细粒子之间的库仑力和范德华力,从而打开聚团,使颗粒均匀地分散在液体介质中,是一种强度很高的物理分散手段。

在悬浮体系中,超声波的传播是以介质为载体,其传播过程存在着一个正负压强的交变周期，介质在交替的正负压强下受到挤压和牵拉。当用足够大振幅的超声波来作用液体介质时，在负压区内介质分子间的平均距离会超过使液体介质保持不变的临界分子距离，介质就会发生断裂，形成微泡，微泡进一步长大成为空化气泡。这些气泡一方面可以重新溶解于液体介质中，也可能上浮消失，还可能脱离超声场的共振相位而溃陷。这种空化气泡在液体介质中产生、溃陷或消失的现象，称为空化作用。空化作用可以产生局部高温高压，并且产生巨大的冲击力和微射流，颗粒在其作用下，表面能被削弱，聚团结构被破坏，颗粒间隙变大直至破裂，可以有效地防止颗粒的聚团使之充分分散。超声波还能改变液相结构，影响到介质与悬浮粒子间相互作用的方式，使颗粒表面的溶剂化膜增厚。此外，超声波可影响颗粒的表面性质，使粒子间作用发生改变，从而提高颗粒的分散度。

　　实验证明，对于悬浮体的分散存在着最适宜的超声频率，其值取决于悬浮粒子的粒度。例如，具有平均粒度为 100 nm 的硫酸钡的水悬浮液，在超声分散时，其最大分散作用的超声频率为 960 ~ 1600 kHz，粒度增加，其频率相应降低。图 8 - 13 所示为硫酸钡粉体在水体系中分散度与超声波频率的关系。若保持超声时间和频率恒定，则超声功率也会对浆料性能有较大影响。图 8 - 14 为 $ZrO_2 - Al_2O_3$ 双组分混合浆料的黏度随超声时间的变化，其中加入适量聚羧酸盐为分散剂，超声频率为 20 kHz。由图可见，与未超声的浆料相比，超声后浆料黏度明显下降，且在实验范围内，超声功率越大，黏度越低。较大的功率可以更有效地破坏粉体间的团聚，但采用大功率进行超声时，也要注意在分散过程中应避免由于持续超声时间过久而导致的过热，因为随着温度的升高，颗粒碰撞的几率也增加，可能进一步加剧团聚。所以，需选择适宜的超声分散时间。最好在超声一定时间后停止若干时间，再继续超声，可避免过热。超声中用空气或水进行冷却也是一个好方法。

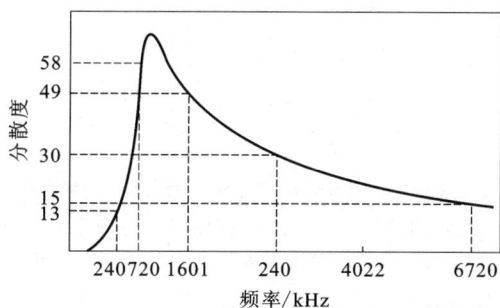

图 8 - 13　硫酸钡粉体的分散度与
超声波频率的关系

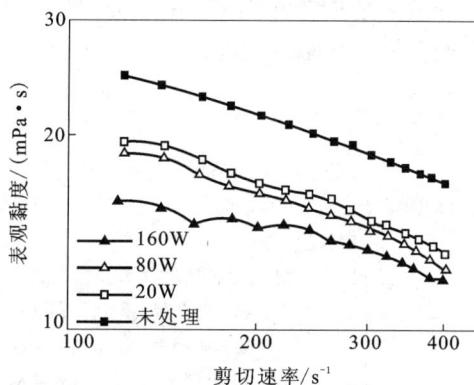

图 8 - 14　超声频率对 $ZrO_2 - Al_2O_3$ 双
组分浆料表观黏度的影响

　　超声时间的长短对水悬浮液分散度的影响也很明显。表 8 - 4 为不同超声周期以 Zetaplus 测定的 3Y - TZP 水悬浮液中粉体的平均粒径，实验过程中每超声 30 s，停 30 s，整个过程为一个周期。由该表可见，适当的超声时间可以有效地改善粉体的团聚情况，经过 4 个超声周期的处理，粉体平均粒径较未超声前下降了一倍多，可见选择适宜的超声时间是很重要的。

表 8 - 4　超声时间对 3Y - TZP 粉体的平均粒径的影响

超声周期数	0	1	2	3	4	5
平均粒径/nm	896.3	808.3	594.3	454.1	371.6	423.8

超声分散用于粉体悬浮液虽可获得理想的分散效果，但由于能耗大，大规模使用成本太高，因此目前在实验室使用较多，不过随着超声技术的不断发展，超声分散在工业生产中应用是完全可能的。

（3）高能处理分散

高能处理法是通过高能粒子作用，在颗粒表面产生活性点，增加表面活性，使其易与其他物质发生化学反应或附着，对颗粒表面改性而达到易分散的目的。高能粒子包括电晕、紫外光、微波、等离子体射线等。例如用紫外光辐射将甲基丙烯酸甲酯接枝到纳米 MgO 上，这种表面改性的纳米颗粒在高密度聚乙烯中的分散性得到了明显改善。

3. 化学分散

颗粒在介质中是一个分散与聚团平衡的过程，尽管物理分散法可以较好地实现颗粒在水等液相介质中的分散，但一旦机械力的作用停止，颗粒间由于范德华力的作用，又会相互聚集起来。而采用化学分散，即在悬浮体中加入分散剂，使其在颗粒表面吸附，可以改变颗粒表面的性质，从而改变颗粒与液相介质、颗粒与颗粒间的相互作用，增强颗粒间的排斥力，将产生持久抑制浆料絮凝聚团的作用。因此，实际生产中常将物理分散与化学分散相结合，利用物理手段解团聚，加入分散剂实现悬浮液的分散稳定化，可以达到较好的分散效果。

（1）分散剂与分散机理

分散剂是指能使固体颗粒在液体中分散的添加剂，一般可分为以下几类：无机电解质和无机聚合物、表面活性剂、有机高分子聚合物、偶联剂以及超分散剂。常用分散剂及其分类如下所示。

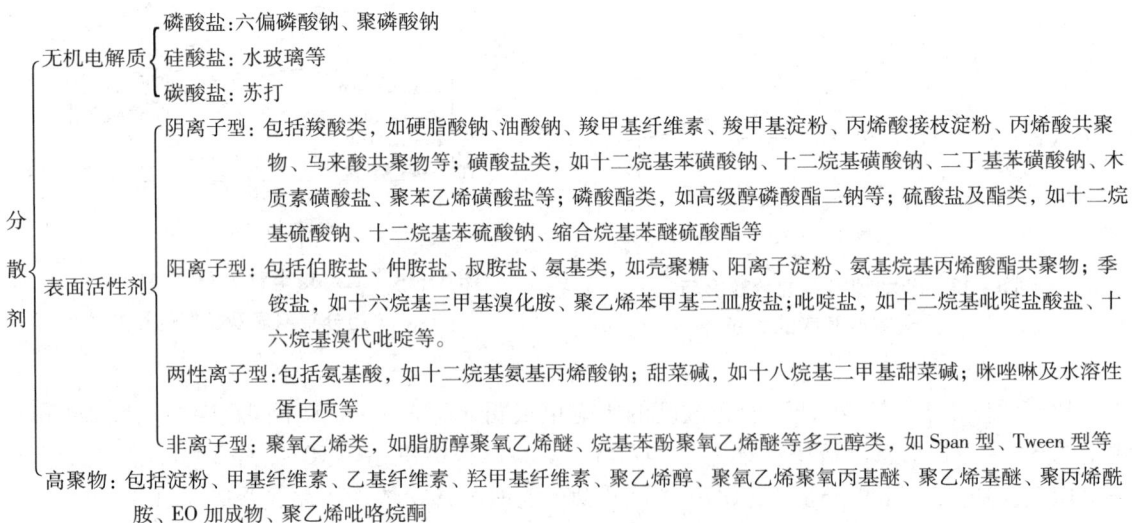

分散剂
- 无机电解质
  - 磷酸盐：六偏磷酸钠、聚磷酸钠
  - 硅酸盐：水玻璃等
  - 碳酸盐：苏打
- 表面活性剂
  - 阴离子型：包括羧酸类，如硬脂酸钠、油酸钠、羧甲基纤维素、羧甲基淀粉、丙烯酸接枝淀粉、丙烯酸共聚物、马来酸共聚物等；磺酸盐类，如十二烷基苯磺酸钠、十二烷基磺酸钠、二丁基苯磺酸钠、木质素磺酸盐、聚苯乙烯磺酸盐等；磷酸酯类，如高级醇磷酸酯二钠等；硫酸盐及酯类，如十二烷基硫酸钠、十二烷基苯硫酸钠、缩合烷基醚硫酸酯等
  - 阳离子型：包括伯胺盐、仲胺盐、叔胺盐、氨基类，如壳聚糖、阳离子淀粉、氨基烷基丙烯酸酯共聚物；季铵盐，如十六烷基三甲基溴化铵、聚乙烯苯甲基三皿胺盐；吡啶盐，如十二烷基吡啶盐酸盐、十六烷基溴代吡啶等
  - 两性离子型：包括氨基酸，如十二烷基氨基丙酸钠；甜菜碱，如十八烷基二甲基甜菜碱；咪唑啉及水溶性蛋白质等
  - 非离子型：聚氧乙烯类，如脂肪醇聚氧乙烯醚、烷基苯酚聚氧乙烯醚等多元醇类，如 Span 型、Tween 型等
- 高聚物：包括淀粉、甲基纤维素、乙基纤维素、羟甲基纤维素、聚乙烯醇、聚氧乙烯聚氧丙基醚、聚乙烯基醚、聚丙烯酰胺、EO 加成物、聚乙烯吡咯烷酮

粉体在液体中的分散稳定是指将粉体在分散剂作用下通过产生静电排斥、空间位阻或者静电位阻效应来屏蔽颗粒间的范德华引力，使颗粒保持分散悬浮而不再聚集的过程。按前述液体中颗粒之间相互作用力的不同，可将分散剂分散稳定粉体的作用机理分为静电稳定机理、空间位阻稳定机理、静电位阻稳定机理三种。

1）小分子量无机电解质和无机聚合物

目前使用最多的主要有硅酸盐、碳酸盐、铝酸盐、聚磷酸盐、各种无机酸和碱等，如硅酸钠（水玻璃）、铝酸钠、六偏磷酸钠、柠檬酸铵、2-膦酸丁烷-1，2，4-三羧酸（PBTCA）、三聚磷酸钾（$K_5P_3O_{10}$）、焦磷酸钾（$K_4P_2O_7$）等。这一类分散剂可以发生离解而带电，吸附在粉体表面可以提高颗粒表面电势，使静电斥力增大，提高浆料的稳定性。因此一般认为这类分散剂的作用机理是静电排斥稳定。不过近年来的研究结果表明，尽管这类小分子的分子量较小，但形成的吸附层也有几个埃到一二个纳米厚，这一吸附层也能起到空间位阻的作用。

根据双电层理论来解释分散体系静电排斥稳定机理。带电粒子进入极性介质（如水）后，在固体与溶液接触的界面上形成双电层。粒子周围被离子氛所包围，如图8-15所示。当两个粒子趋近而离子氛尚未重叠时，粒子间并无排斥作用；当离子相互接近到离子氛发生重叠时，处于重叠区中的离子浓度显然较大，破坏了原来电荷分布的对称性，引起了离子氛中电荷的重新分布，即离子从浓度较大区间向未重叠区间扩散，使带正电的粒子受到斥力而相互脱离，这种斥力是通过粒子间距离表示。当两个这样的粒子碰撞时，在它们之间产生了斥力，从而使粒子保持分离状态，如图8-16所示。

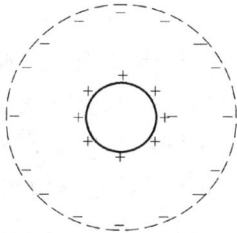

图8-15 颗粒表面双电层

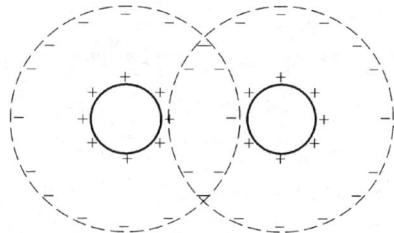

图8-16 颗粒表面离子氛重叠状态

由图8-17可知，当两粒子相距较远时，离子氛尚未重叠，粒子间"远距离"的吸引力在起作用，即引力占优势，曲线在横轴以下，总位能为负值；随着距离的缩短，离子氛重叠，此时斥力开始出现，总位能逐渐上升为正值，斥力也随距离变小而增大，至一定距离时出现一个位能峰。位能上升至最大点，意味着两粒子间不能进一步靠近，或者说它们碰撞后又会分离开来。如越过位能峰，位能即迅速下降，说明当粒子间距离很近时，离子氛产生的斥力，正是颗粒避免团聚的重

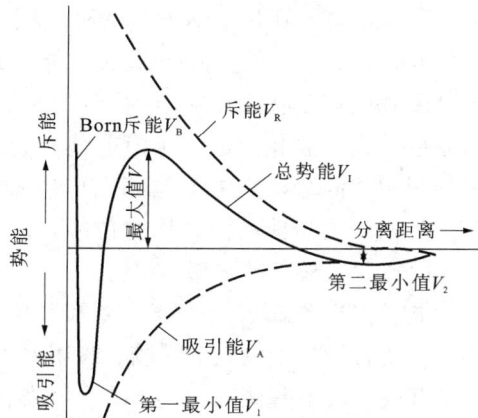

图8-17 两颗粒位能与距离曲线

要因素,离子氛所产生的斥力的大小取决于双电层厚度。因此,可通过调节溶液 pH 增加粒子所带电荷,加强颗粒之间的相互排斥;也可通过在溶液中加入电解质,这些电解质电解后产生的离子对颗粒产生选择性吸附,使得粒子带上正电荷或负电荷,从而在布朗运动中,两粒子碰撞时产生排斥作用,阻止凝聚发生,实现粒子分散。

无机电解质分散剂在应用时有时受到限制,如六偏磷酸钠在矿物加工中用得较多,分散效果较好,但是应用于特种陶瓷制备过程中,其构成离子如 Na^+、PO_4^{3-} 会对陶瓷性能如导电率、介电常数等带来不良影响。

2)表面活性剂

表面活性剂由亲油基(非极性基团)和亲水基(极性基团)两部分组成,按在水中是否电离可分为离子型和非离子型。根据电离后极性基团的电性质,离子型又可分为阳离子型、阴离子型和两性离子型。

a)阳离子型 具有带正电的极性基团,主要是有机胺的衍生物,常在酸性介质中作分散剂,有胺基、季胺基等,如十六烷基三甲基溴化胺(CTAB)、化三甲基十二烷基胺、氯化十八烷基二甲基苄基胺、氯化十四烷基胺丙基二甲基苄基胺。

b)阴离子型 具有带负电的极性基团,起作用的活性部分为阴离子,主要有羧基、磺酸基(酯)、磷酸根、膦酸基(酯)等,如十二烷基苯磺酸钠、硬脂酸钠。

c)两性离子型 带有两种活性基团,一种带正电,一种带负电。其中正电基团主要是胺基和季胺基,负电基团主要是羧基和磺酸基,如氨基酸等。

d)非离子型 包含的极性基团不带电,有 Tween 类、Span 类,如 Tween-80、Triton X-100、乙二醇等。

该类分散剂的分散机理主要是空间位阻效应,亲水基吸附在粉体表面,疏水链伸向溶剂中,对改善悬浮液的流变性有较好效果。如 CTAB 和双十八烷基二甲基氯化铵(DDAC)可以明显地改善膨润土在水中的分散情况。若加入与颗粒表面电荷相同的离子型表面活性剂,吸附会导致颗粒表面动电位增大,从而同时产生静电排斥作用,使体系稳定性提高。

总的来说,表面活性剂的分散稳定作用对分散体系的离子、pH、温度等因素较敏感。

3)有机高分子聚合物

有机高聚物分散剂具有较大的分子量,吸附在固体颗粒表面,其高分子长链在介质中充分伸展,形成几纳米到几十纳米厚的吸附层,增大了两粒子间最接近的距离,减小了范德华引力的相互作用,产生的空间位阻效应能有效阻止颗粒间相互聚集,使分散体系得以稳定。吸附了高聚物的粒子在互相接近时将产生两种情况:一是吸附层被压缩而不发生互相渗透;二是吸附层能发生互相渗透、互相重叠。这两种情况都会导致体系能量升高,自由能增大。第一种情况由于高分子失去结构熵而产生熵斥力位能;第二种情况由于重叠区域浓度升高,导致产生渗透斥力位能和混合斥力位能。因而,吸附了高分子的颗粒如果再发生团聚将十分困难,从而实现了粒子的分散。

聚合物依其能否离解分为离子型和非离子型。非离子型聚合物只是通过空间位阻作用稳定浆料,主要有阿拉伯树胶、明胶、羧甲基纤维素、鲱鱼油等。而离子型聚合物,即聚电解质,其主链或支链上基团在一定 pH 下可发生离解而使其带电,吸附在颗粒表面可增加其荷电量,提高颗粒间的静电斥能,因此除空间位阻作用外,还有静电稳定的机理,即产生静电位阻稳定效应。颗粒在距离较远时,双电层斥力起主导作用;颗粒在距离较近时,空间位阻阻止颗粒靠近，这种静电位阻效应被认为可以产生最佳的分散效果。在高固含量浆料的制备中，静电位阻作用是获得稳定浆料的最有效途径之一。目前常用的聚电解质类分散剂有聚（甲基）丙烯酸（盐）、木质磺酸盐、腐殖酸及其盐类、海藻酸盐、聚乙烯亚胺等。静电位阻稳定的悬浮液稳定性与pH、分散剂浓度等密切相关。聚电解质类分散剂由于其离解度随pH发生变化，其在颗粒表面的吸附状态及吸附量也将随之改变，通常阴离子型分散剂在碱性条件下可改善浆料的稳定性，而阳离子型分散剂则在酸性条件下起作用。

4）偶联剂

如钛酸酯偶联剂、锡类偶联剂和硅烷类偶联剂等。偶联剂具有两性结构，其分子中的一部分基团可与颗粒表面的各种官能团反应，形成强有力的化学键合，另一部分基团可与有机高聚物发生某些化学反应或物理缠绕。经偶联剂处理后的颗粒，既抑制了颗粒本身的团聚，又增强了颗粒在有机介质中的可溶性，使其能较好地分散在有机基体中，增大了颗粒填充量，从而改善制品的综合性能，特别是抗张强度、冲击强度、柔韧性和挠曲强度。

5）超分散剂

a）超分散剂的特点

超分散剂克服了传统分散剂在非水相分散体系中的局限性。与传统分散剂相比，超分散剂主要有以下特点：（a）在颗粒表面可形成多点锚固，提高了吸附牢度，不易解吸；（b）溶剂化链比传统分散剂亲油基团长，可起到有效的空间位阻作用；（c）形成极弱的胶束，易于活动，能迅速移向颗粒表面，起到润湿保护作用；（d）不会在颗粒表面导入亲油膜，从而不致影响最终产品的应用性能。

b）几种常见超分散剂的分子结构

（ⅰ）含取代氨端基的聚酯分散剂，用于颗粒在有机溶剂中的分散。分子结构如下：

$$G-R-NH-CO$$
$$\diagdown$$
$$N-R-NH-CO-Q$$
$$\diagup$$
$$G-R-NH-CO$$

式中：G—— —NCO、—NH_2；

R——C_2—C_{10}烷基；

Q——聚酯链（溶剂化段）。

（ⅱ）用于分散颜料的接枝共聚物分散剂，其分子结构包括两部分，主链为顺丁烯二酸酐同乙烯基单体的共聚物，侧链为醋酸乙烯酯或丙烯酸酯类聚合物。

（ⅲ）聚羟基酸酯类分散剂，用于颜料分散，其分子结构可写作 $HO-(XCOO)_n-M$，其中X为二价烷基，M为H或金属。

（ⅳ）低聚皂类分散剂，分子结构为：

$$COOC_2H_5ONa$$
$$|$$
$$(CH-CH_2-C-CH_2)_n$$
$$|\qquad\qquad|$$
$$OC_2H_5\qquad COOC_2H_5ONa$$

（v）水溶性高分子，分子结构如下：

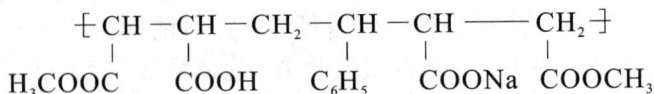

$$+CH-CH-CH_2-CH-CH \longrightarrow CH_2+$$

$$H_3COOC \quad COOH \quad C_6H_5 \quad COONa \quad COOCH_3$$

基于超分散剂分子本身的结构特点及其在非水相分散体系中的作用特性，在其应用过程中必须使锚固段在颗粒表面牢固地结合；超分散剂在颗粒表面形成较完整的单分子覆盖层；在介质中的溶剂化段有足够的长度以提供空间稳定作用。例如，我国上海三正高分子材料有限公司研制的KH系列超分散剂具有以下特点：①能快速充分地润湿颗粒，缩短达到合格颗粒细度的研磨时间，提高生产效率；②大幅度提高固含量，节省加工能耗，减少设备损耗和有机溶剂用量，保护环境；③降低分散体系黏度，改善分散体系流变性能，使分散体系便于泵输或进行其他操作；④提高分散稳定性，延长贮存期，减少贮存损耗，避免再分散；⑤具有较好的相容性，可使多种粉体在同一介质中稳定、均匀地分散，极大地方便了操作；⑥在非水相体系中使用的超分散剂不亲水，可消除使用传统分散剂时导入的亲水膜；⑦不易氧化，减轻了油墨、油漆产品的结皮现象，减少废弃物的产生等特点，在油墨、油漆、涂料、色浆、皮革、塑料色母、印花浆料等领域获得了较好的应用效果。

应当注意，当加入分散剂的量不足或过大时，将可能引起颗粒絮凝。因此使用分散剂分散时，必须对其用量加以控制。

（2）分散剂化学结构与颗粒分散性的关系

如前所述，颗粒在液体中的分散分为浸湿、解团聚及分散颗粒稳定化三个阶段。浸湿取决于润湿，要使液体润湿固体，必须控制液体在固体表面上的铺展系数大于零。添加分散剂降低固/液和液/气两界面张力，使接触角为0，即可达此目的。一旦液体润湿粒子，则粒子簇逐渐分散。分散剂的存在有利于粒子簇分散，因为分散剂分子吸附于固体粒子的微小裂缝上，可以减少固体断裂的机械能，且降低其自愈合能力。若吸附的是离子型分散剂，同种电荷之间的静电斥力，还能导致粒子间排斥能增大，更利于分散作用。而且，吸附了分散剂的粒子，其表面自由能降低，则体系的热力学不稳定性降低。在水介质中，分散剂分子的亲水基团朝向水相，产生空间势垒，可进一步减小粒子聚集的倾向，因而可防止已分散的粒子的重新聚集。

对于以水为介质的非极性粒子的分散，通常应用离子型分散剂。因为此时可形成阻止颗粒聚集的电势垒。Dearmitt等人用十二烷基苯磺酸钠作为稳定剂，制备聚吡咯胶体分散体系获得成功，得到的分散相粒子直径在20～80 nm范围内，体系可稳定数月。而不加分散剂时，聚吡咯粒子很快从介质中沉淀出来。因为在加入离子型分散剂时，不带电的分散相粒子表面因吸附分散剂粒子而带电，同种电荷相互排斥，从而形成了一个阻止粒子聚集的电势垒；且分散剂在粒子表面上形成的定向吸附层是疏水基指向粒子表面，而极性基朝向水相，因而降低了固/液界面的界面张力，更利于粒子在水中的分散。分散剂在非极性粒子上的吸附效率随其疏水基的碳链增长而增加。所以，长碳链的离子型分散剂的分散效果好于短碳链。对于荷电粒子的分散，可采用非离子型分散剂作为分散剂，非离子型分散剂分子的一部分基团吸附于粒子表面，另一部分伸于液相，从而产生一种空间势垒。该势垒随分子深入液相的距离增大而增加，因而阻止粒子间的相互吸引和聚集的效率也随非离子型分散剂分子链长而提高。聚氧乙烯类就是一类很好的分散剂，因为它们分子上高度水化的氧乙烯链以螺旋状伸入水相中,产生很大的空间位阻;而且,氧乙烯链的水化作用使周围形成很厚的水化层,该水化层本质上接近于水介质,这将使体系的有效 Hamaker 常数 A 值降低,同样有利于体系稳定。徐佳英等人在研究高密度压井液时曾发现,微量脂肪醇酰胺类非离子型分散剂存在时,压井液的表观黏度升高,滤失量降低,体系稳定性增强。例如,密度为 1.60 g/cm³ 的压井液,含有和不含有脂肪醇酰胺(0.17 wt%)时,体系在 0.70 MPa 压力下,30 min 的滤失量分别为 16.4 和 22.0 mL,而表观黏度分别为 59.75 和 48.25 MPa·s。但脂肪醇酰胺加量继续增大时,分散体系的稳定性又降低。

对于非水介质的分散体系,由于体系的介电常数较低,电性势垒对于体系分散或凝聚作用的贡献通常是极微小的。分散相粒子周围的空间势垒是体系分散稳定的主要因素。但是,若体系中存在微量水,电性斥力仍可成为稳定体系的主要原因。例如,用 AOT 稳定的氧化铝 – 环己烷体系。氧化铝粒子能稳定地分散于体系中,主要是吸附于粒子表面上的分散剂发生解离,使粒子间产生斥力所致。该稳定作用仅发生于体系含有微量水条件下,若含水量增多,体系的沉降速度又会增大。

8.1.4 粉体分散的评价方法

8.1.4.1 显微镜法

将分散前后的粉体在同样条件下按相同的方法制备样品,采用相对应的各种显微镜进行观测、拍照,以比较分散性的好坏。

8.1.4.2 黏度测量法

当悬浮液流动时,介质本身、介质和固体颗粒之间、固体颗粒之间都会产生相互作用,导致悬浮液黏度的变化。以水为介质时,介质和固体颗粒及固体颗粒之间的作用成为影响黏度变化的主要因素。悬浮液的流变学性质(黏度)可用以评价固体颗粒悬浮液分散和稳定性的好坏。η(表观黏度)$= \tau$(剪切应力)$/D$(剪切速率)。一般来说,黏度越小,体系在流动时克服的阻力小,分散程度越好;黏度增大,则反映出体系中颗粒间彼此聚集使体系的流动受阻,分散程度较差。

8.1.4.3 沉降法

用重力沉降法对分散效率进行初步筛选简单易行。粉体在水中的沉降速度,可以用斯托克斯定律来解释,其公式可表示为

$$u_0 = \frac{(\rho_s - \rho_0)d^2}{18\mu}g \qquad (8-20)$$

式中:u_0——沉降速度,m/s;

μ——分散介质黏度,Pa·s;

ρ_s——颗粒密度,kg/m³;

ρ_0——分散介质密度,kg/m³;

d——颗粒当量粒径,m;

g——重力加速度,m²/s。

由上式可知,颗粒的沉降速度与颗粒当量直径的平方及颗粒、介质间的密度差成正比,而与介质的黏度成反比。当用去离子水作测定的介质时,其黏度 μ 及密度 ρ_0 为定值,影响沉

降速度的因素则为粉体的直径 d 及密度 ρ_s，而粒径的平方与沉降速度成正比，则为主要因素。

如果粉体分散得不好，那么颗粒就会因随机接触而附着形成较大的团聚体，在进一步的沉降过程中，较小的颗粒被沉降更快的较大的颗粒所夹带一起下沉，结果是使悬浮液的下部为不透明的颗粒沉积相，其间为一突变的澄清界面使固液分开；相反，假定分散体没有絮凝，结果是较大的颗粒快速沉降，上部留下较小的颗粒，其沉降速度慢得多，这就导致颗粒悬浮体的上层有一定程度的浊度。因此，根据静置过程中粉体水悬浮液上层的外观为基础可用以判断分散稳定性的好坏。此外，测量澄清界面向下移动速度；或在相同时间里，从固定位置抽取定容悬浮液，测量其粒子浓度；还可测量沉积物体积变化等，用这些方法都能评价其粉体的分散性。

从理论上讲，通过沉降法来判断粉体分散性的好坏，是有粒度大小限制的，有计算表明：若颗粒密度为 2000 kg/m³，液体密度为 1000 kg/m³，液体黏度为 8.91 Pa·s，温度为 25℃，粒度为 1.2 μm 的粉体，单位时间的重力沉降位移与布朗运动引起的扩散位移相等。对于亚微米及纳米级颗粒，重力沉降作用衰退到完全可以忽略不计的程度。事实上，体系的分散好坏都是相对而言的，它们往往受分子作用力等吸引力的影响而团聚沉降。

表 8-5 为经过不同表面处理的矿粒在水相和非水相分散体系中沉降实验结果。从中可见，粒子分散性好，则粒子之间不易黏结聚集，澄清时间长，沉积物体积小且堆积紧密，如有机改性矿物在庚烷中和未改性矿物在水中；反之，粒子分散性差，易聚集，沉降速度快，沉积物松软且体积较大，如天然硅灰石在庚烷中属于这种情况。

表 8-5　沉降实验结果

样 品	液 体	沉降物高度 h/mm	澄清时间/h
碳酸钙	水	8.75	144
有机改性碳酸钙	水	浮于水面	6
碳酸钙	正庚烷	17.8	6
有机改性碳酸钙	正庚烷	5.0	7.2
天然硅灰石	水	—	286,未清
有机改性硅灰石	水	3.8	144
天然硅灰石	正庚烷	17.5	6
有机改性硅灰石	正庚烷	3.5	24

8.1.4.4　粒度分布测量法

在同样预处理条件下，在相同的仪器上测定悬浮液中固体颗粒的粒度分布，一般来说，分散后体系中细颗粒的个数增加，粒度分布变窄。

8.1.4.5　分光光度法

将分散与否的悬浮液，经过离心沉降或重力沉降等手段相同处理后，吸取上层清液，在分光光度计上测定一定波长入射光下的透光度或吸光度的大小来评价悬浮液的分散性。一般来说，分散性好的悬浮液，上层清液的透光度较低，吸光度较高。

如吸光度大小可由 Reylength 方程表示：

$$A = k \cdot n \tag{8-21}$$

式中：A——吸光度；

k——吸光常数；

n——单位体积的粒子数。

由上式可知，吸光度的大小和单位体积中粒子数成正比，吸光度越大，表明悬浮液中粒子浓度越高，则粒子在悬浮液中的分散性越好。

8.2 粉体的混合

混合是指物料在外力（重力及机械力等）作用下发生运动速度和方向的改变，使各组分颗粒得以均匀分布的操作过程。这种操作过程又称为均化过程。

混合与搅拌的区别并不严格。习惯上把同相之间的移动叫混合；不同相之间的移动叫搅拌；又把高黏度的液体和固体相互混合的操作叫捏合或混练，这种操作相当于混合及搅拌的中间程度。从广义上讲，一般将这些操作统称为混合。粉体的处理以固 - 固相为主，但固 - 液相、固 - 气相体系在粉体工程中也占有重要的地位。因此，除定义混合这一概念外，也叙述搅拌和捏合的定义。

物料混合的目的多种多样。例如，水泥、陶瓷原料的混合，是为固相反应创造良好条件；玻璃原料的混合是为窑内熔化反应配制适当且均匀的化学成分；在耐火材料和制砖的生产中，混合是为了获得所需的强度，制备有最紧密充填状态的颗粒配合料；绘画和涂料用颜料的调制，合成树脂与颜料粉末的混合是为了调色；粉末冶金中金属粉和硬脂酸之类的混合，以及焊条中焊剂的混合等是为了调整物理性质。咖喱粉等香辣调味品生产中，将涉及数种味道香料的均匀混合；饲料工业中营养成分的配合（混合），要求所用量间的变化极小。上述操作都属于粉体混合过程。

虽然物料混合的目的多种多样，对混合程度的要求和评价方式也不一样，但是，混合过程的基本原理是相同的。

8.2.1 混合过程的评价

衡量混合料的混合质量，通常是取若干个试样进行分析测定。在混合机中任意处的随机取样中某种成分的浓度值是一个随机变量。这是由于在每次测定之前无法确定它们的数值，每次测定都有其偶然性。大量试验统计表明，单个随机事件的出现固然有其偶然性一面，但就现象的整体来说，还遵循一定的统计规律性。混合料的成分既是波动的，又是有规律性的。因此，可以采用数理统计中的几种特征数来描述混合的均匀程度。

8.2.1.1 样品的合格率

在我国的企业中，有不少企业对原料、半成品和成品的质量控制，用计算合格率的方法来表示样品质量及均齐性。合格率的实际含义是：物料中若干个样品在规定质量标准上下限之内的百分率，即为一定范围内的合格率。这种计算方法虽然也在一定的范围内反映了样品的波动情况，但并不能反映出全部样品的波动幅度，更没有提供全部样品中各种波动幅度的分布情况。譬如有两组样品，要求某一成分的含量在 90% ~ 94% 之间。现每组取 10 个样品化验结果如表 8 - 6 所示。

表 8 - 6　样品化验结果

样品	1	2	3	4	5	6	7	8	9	10
第一组	99.5	93.8	94.0	90.2	93.5	86.2	94.0	90.3	98.9	85.4
第二组	94.1	93.9	92.5	93.5	90.2	94.8	90.5	89.5	91.5	89.9

第一组样品平均值为 92.58%、第二组样品平均值为 92.04%，两组的合格率都是 60%。这两组样品的合格率一样，平均值也相近。但仔细比较这两组样品，其波动幅度相差很大，第一组中有两个样品的波动幅度都在平均值 ±7% 左右，即使是合格的样品，不是偏近上限，就是接近下限，第二组的样品波动则要小得多。实际质量相差较大，但用合格率去衡量它们，却得到相同的结果，这说明必须用其他更为有效的计算方法。

8.2.1.2　标准偏差

标准偏差系指一组测量数据偏离平均值的大小。任意采取 n 个试样，由各测定数值 X_i 算出其算术平均值：

$$\overline{X} = \frac{1}{n} \sum_{i=1}^{n} X_i \qquad (8 - 22)$$

当测量次数趋于无穷大时，X 的极限为 a，被视为某组分的测定值：

$$a = \lim \left(\frac{1}{n} \sum_{i=1}^{n} X_i \right) \qquad (8 - 23)$$

$(X_i - a)$ 为离差。离差可能是正数，也可能是负数，离差相加时，正负会相抵消。将各离差平方，求出方差，并以测定值个数 n 除之，则得各离差平方和的算术平均数，然后开方所得均方根离差称为标准偏差。各次测定值 X_i 对于真值 a 的标准偏差为

$$\sigma = \sqrt{\frac{1}{n} \sum_{i=1}^{n} (X_i - a)^2} \qquad (8 - 24)$$

对于有限次测定，又是最接近真值的，各次测定值 X_i 对 $\overline{X}$ 的标准偏差为

$$S = \frac{1}{n-1} \sum_{i=1}^{n} (X_i - \overline{X})^2 \qquad (8 - 25)$$

上面两组数据，用式(8 - 22)计算其平均值，分别为 $\overline{X}_1 = 92.58$ 和 $\overline{X}_2 = 92.04$；用式(8 - 25)计算其标准偏差分别为 $S_1 = 4.68$ 和 $S_2 = 1.97$。由此可见，两组数据平均值相近，合格率相同，但第一组的标准偏差大得多。标准偏差小，则表明测定数据大多数集中在平均值附近，波动小；如果标准偏差较大，则表明测定数据偏离平均值较大，比较分散。

图 8 - 18 所示为某混合机(或混合过程)中混合质量的离差曲线，混合过程以机长 L（或混合时间 t）表示。图 8 - 19 表示测定值 X 的密度函数曲线。从图可知，S 越大曲线就越平坦，这意味着某组分浓度测定值 X_i 的离散程度大，偏离算术平均值 $\overline{X}$ 的距离较大，也即在混合机中各处的混合程度不均匀；S 值越小，测定值数据的集中程度就高，各次测定值也越接近算术平均值 X，混合的均匀程度就越好。

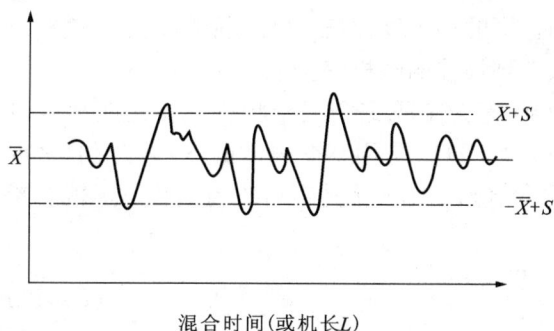

图 8 - 18　混合质量的离差曲线

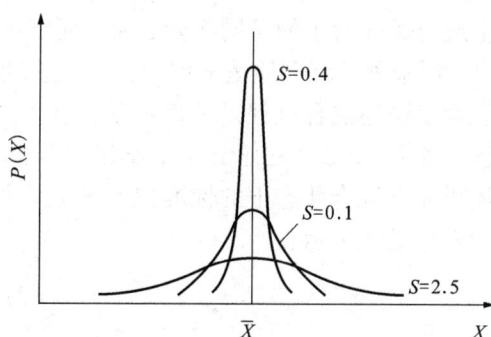

图 8 - 19　浓度的概率密度函数曲线

有时以混合前后物料的标准偏差之比表示均化效果：

$$H = \frac{S_1}{S_2} \qquad (8-26)$$

式中 S_1 及 S_2 分别表示混合前后的物料的标准偏差。均化效果 H 值越大，表示均化效果越好。

采用标准偏差值只反映出某组分浓度的绝对波动情况，还不能充分说明混合的程度如何。因此，用标准偏差来表示混合程度仍有缺点。除了没有把取样大小的影响包括进去外，当用于组成量相差悬殊的不同混合物时有误差。例如，某组分在混合料中含量为 50%，经测定其标准偏差为 0.02；而在另一种混合料中的含量虽仅为 5%，若测得其标准偏差也为 0.02 的话，则不易区别出各组分在混合料中的混合均匀程度。实际上，上述两种场合下的标准偏差虽然相同，但是混合料的混合质量是不同的。前一种组分在混合料中是均匀分布的，而后一种组分则还未混合均匀。由此可知，标准偏差只与各测定值相对 X 值的离差有关，而与各测定值本身的大小无关。

8.2.1.3　离散度和均匀度

单独使用 S 和 $\overline{X}$ 特征数还不足以全面客观地反映混合质量，而需要这两种特征数联合使用来表征。为此，引入离散度作为衡量一组测定值相对离散程度的特征量。离散度即不均匀度（或称变异系数）定义为一组测量数据偏离平均值的大小：

$$C_v = \frac{S}{\overline{X}} \times 100\% \qquad (8-27)$$

例如，上述两种组分中，第一种组分的相对离散值只有 4%，而第二种组分的相对离散值则达 40%。这样，将组成的算术平均含量百分数也包含进去，就可以比较确切地反映出某种组分在混合料内部的离散程度。与此相对应的均匀度定义为一组测量数据靠近平均值的程度：

$$H_s = 1 - C_v \qquad (8-28)$$

8.2.1.4　混合指数

上述表征混合质量尺度的量均未涉及试样大小的影响。然而，实际的随机完全混合状态只反映了总的均匀性，而局部并不是均匀的。当取样相当大时，有可能掩盖了局部的不均匀性；而取样较少，又可能用局部的不均匀性抹杀了整体的均匀性。由于标准偏差的测定值随着组成与试样大小的不同而异，为了便于不同场合下的均匀度比较，提出混合指数 M 这一特征量，用来表征混合质量从混合前的完全离散状态到最佳的随机完全混合状态的进程。

为了描述混合过程以及表示混合从 S_0 的起始状态向随机完全混合状态 S_r 推进了多长的路程，将 S_0、S_r 及 S 三者组合，给出混合指数的概念。这就是用某个瞬间的 S 值与混合之前及随机完全混合状态下的标准偏差 S_0 及 S_r 同时进行比较，用于描述混合进行的程度。混合指数一般用下式表示：

$$M = \frac{S_0^2 - S^2}{S_0^2 - S_r^2} \quad (8-29)$$

其中，M 值为无因次量。未混合时，$M=0$；达到随机完全混合状态时，$M=1$。实际的随机混合为 $1>M>0$。

上式的缺点在于当稍微作些混合时，M 值就接近 1，无法表示出混合的微量程度，故可将上式改为

$$M = \frac{\ln S_0 - \ln S}{\ln S_0 - \ln S_r} \quad (8-30)$$

8.2.1.5 混合速度

从图 8-20 可知，随着混合过程的进行，标准偏差逐渐减小，标准偏差 S 是时间 t 函数。要使混合过程能够有效地进行，混合时间 t 的方差 S^2 值要比混合前的 S_0^2 为小，而且愈小愈好。用其瞬间 t 的方差 S^2 与达到随机完全混合状态的方差 S_r^2 的接近程度来表示混合速度，即

$$\frac{\partial S^2}{\partial t} = -\phi(S^2 - S_r^2) \quad (8-31)$$

积分上式得

$$\ln S^2 = \frac{S_r^2}{S_0^2 - S_r^2} = \ln(1-M) = -\phi t \quad (8-32)$$

或

$$1 - M = e^{-\phi t} \quad (8-33)$$

由于 S_0 及 S_r 为已知数，则 $(S_0^2 - S_r) = K$ 为常数，故上式又可写为：

$$S^2 - S_r^2 = Ke^{-\phi t} \quad (8-34)$$

式中，ϕ 为混合速度系数(1/min)，与混合机大小、形状，物料性质及混合机操作条件等有关。

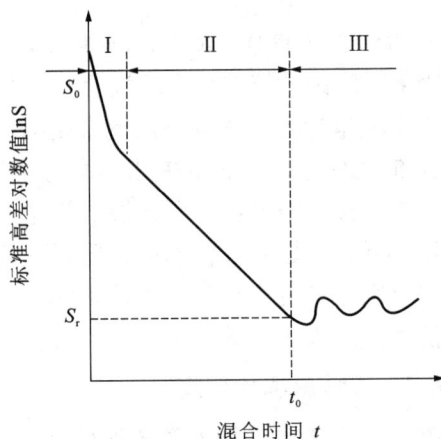
图 8-20 混合过程均化曲线

8.2.2 混合过程与机理

8.2.2.1 混合过程

混合过程一般用图 8-20 的曲线所示，混合初期（Ⅰ）为标准偏差 $\ln S$ 值沿曲线下降部

分，然后进入 S 值沿直线减少的阶段（Ⅱ），在某一有效时间 t_s 处 S 值达到最小值。在此之后（Ⅲ），尽管再增加混合时间，S 值也只是以 S_r 为中心作微弱的增加或减少，达到动态平衡，也即达到随机完全混合状态。在整个混合过程中，初期是以对流混合为主，显然这一阶段的混合速度较大；在第Ⅱ区域中，则以扩散混合为主；在全部混合过程中剪切混合都起作用。

物料在混合机中，从最初的整体混合达到局部的混匀状态。在混合的前期，均化的速度较快，颗粒之间迅速地混合。达到最佳混合状态后，不但均化速度变慢，而且要向反方向变化，使混合状态变劣，这种反混过程叫偏析或分料。当混合过程进行一定程度，混合过程总是进行着两种历程，颗粒被混合着，而同时又偏析着，偏析和混合反复交替进行，在某个时刻达到动态平衡。此后，混合均匀度不会再提高，一般再也不能达到最初的最佳混合状态。这种反常现象，认为是混合过程后期出现的反混合所造成的。

实际的情况，往往是混合质量先达到一最高值，然后又下降而趋于平衡。平衡的建立乃基于一定的条件，适当地改变这些条件，就可以使平衡向着有利于均化的方向转化，从而改善混合操作。混合过程要经混合质量优于平衡状态的暂时过混合过程，这是有利于生产的，可以掌握在较短的混合时间内达到较高的混合程度。

8.2.2.2 混合机理

混合机中，物料的混合作用方式一般认为有以下三种。

1. 对流混合（或称移动混合）

物料在外力作用下产生类似流体的骚动，颗粒从物料中的一处散批地移到另一处，位置发生移动，所有颗粒在混合机中的流动产生整体混合。

2. 扩散混合

把分离的颗粒撒布在不断展现的新生料面上，如同一般扩散作用那样，颗粒在新生成的表面上作微弱的移动，使各组分的颗粒在局部范围扩散达到均匀分布。

3. 剪切混合

在物料团块内部，由于颗粒间的互相滑移，如同薄层状流体运动那样，引起局部混合。

上述三种混合作用不能绝然分开，各种混合机都是以上述三种作用中的某一种起主导作用。各类混合机的混合作用见表 8 - 7。

表 8 - 7 各类混合机的混合作用

混合机类型	对流混合	扩散混合	剪切混合
重力式（容器旋转）	大	中	小
强制式（容器固定）	大	中	中
气力式	大	小	小

要详尽而准确地描述混合状态是较困难的。关于混合状态的模型如图 8 - 21 所示。设将两组分的物料颗粒看做黑白两种立方体颗粒，图 8 - 21（a）所示为两种颗粒未混合时的状态。经过充分混合后，理论上应该达到相异颗粒在四周都相间排列的状态见图 8 - 21（b）。显然这时两种颗粒的接触面积最大，这种状态称为理想完全混合状态。但是，这种绝对均匀化的理想完全混合状态在工业生产中是不可能达到的。实际混合的最佳状态如图 8 - 21（c）所示

那样，是无序的不规则排列。这时，无论将混合过程再进行多长时间，从混合料中任一点的随机取样中，同种成分的浓度值应当是接近一致的。这样一种过程称为随机混合，它所能达到的最佳状态称为随机完全混合状态。

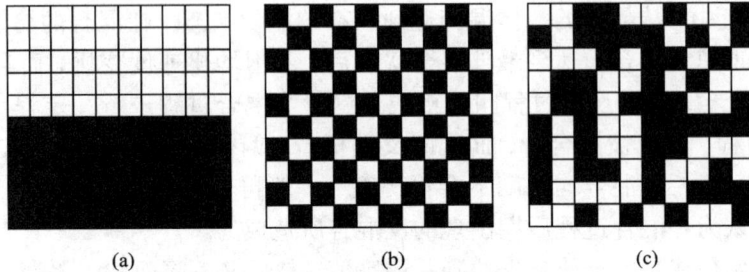

图 8-21　混合状态模型
（a）完全离散状态　（b）理想完全混合状态　（c）随机完全混合状态

8.2.3　混合设备

混合机的类型很多，可按以下几个方面进行分类。

1. 按操作方式来分

按操作方式分为间歇式和连续式两类。现在较常用的是间歇式混合机，连续式混合机对生产过程的自动化具有重要意义。连续混合时，选取合适的喂料机，它既能给料又能连续称量。出口处物料的均匀度应作连续检测并及时反馈讯号调节喂入量，以便获得最佳的均匀度。连续式混合机的优点是：可放置在紧靠下一工序的前面，因而大大减少混合料在输送和中间贮存中出现的分料现象；设备紧凑，且易于获得较高的均匀度；可使整个生产过程实现连续化、自动化，减少环境污染以及提高处理水平。其缺点是：参与混合的物料组分不宜过多；微量组分物料的加料不易计量精确；对工艺过程的变化，适应性较差；设备价格较高；维修不便。

2. 按设备运转形式来分

按设备运转形式有回转容器式和固定容器式两类。回转容器式混合机的特点是：几乎全部为间歇操作；装料较固定容器式为小；当粉料流动性较好而且其他物理性质差异不大时，可得到较好的均匀度，其中尤以 V 式混合机的混合均匀度为佳；容器内部容易清扫；可用于磨蚀性强的物料混合，多用于品种多而批量较小的生产中。其缺点是：混合机的加料和卸料，都要求容器停止在固定的位置上，故需加装定位机构；加卸料时容易产生粉尘，需要采取防尘措施。

固定容器式混合机的特点是：在搅拌桨叶强制作用下使物料循环对流和剪切位移而达到均匀混合，混合速度较高，可得到较满意的混合均匀度；由于混合时可适当加水，从而防止粉尘飞扬和分料。其缺点是：容器内部较难清理；搅拌部件磨损较大。

3. 按工作原理来分

按工作原理分为重力式和强制式两类。重力式混合机是物料在绕水平轴（个别也有倾斜轴)转动的容器内,主要受重力作用产生复杂运动而相互混合。这类混合机按容器外形来分有圆筒式、鼓式、立方体式、双锥式和 V 式等。这类混合机易使粒度差或密度差较大的物料趋向分料。为了减少物料结团,有些重力式混合机(如 V 式)内还设有高速旋转桨叶。

强制式混合机是物料在旋转桨叶的强制推动下,或在气流作用下产生复杂运动而强行混合。这类混合机按其轴的传动形式来分又有水平轴的(桨叶式、带式等)、垂直轴的(即盘式、定盘式和动盘式)、斜轴的(即螺旋叶片式)等。强制式混合机的混合强度较重力式为大,而且可大大减少物料特性对混合的影响。

4. 按混合方式来分

按混合方式分为机械混合机和气力混合设备两类。机械混合机工作原理上大致又可分为重力式(回转容器式)和强制式(固定容器式)两类。气力混合设备用脉冲高速气流使物料受到强烈翻动或由于高压气流在容器中形成对流流动而使物料混合,主要有重力式(包括外管式、内管式和旋管式等)、流化式和脉冲旋流式等。

机械混合机多数有机械部件直接与物料接触,尤其是强制式混合机,机械磨损较大。机械混合设备的容量一般不超过 20 ~ 60 m³,而气力混合设备却可高达 100 m³,这是因为它没有运动部件,限制性较小。此外,气力混合还有以下优点:结构简单,混合速度快,混合均匀度较高,动力消耗低,易密闭防尘,维修方便。但是,对于黏结性物料的混合则不宜使用。

5. 按混合与分料机理来分

按混合与分料机理分,有分料型混合机和非分料型混合机两类。前者以扩散混合为主,属重力式混合机;后者以对流混合为主,属强制式混合机。强制式混合机也存在有一定程度的分料,但远比重力式混合机为小。

物料也可分为分料型物料与非分料型物料两类。前者系指作自由流动(干燥的、自然休止角比较小的)、而存在密度差或粒度差的物料;后者则为较难流动的(可能由于水分或极细颗粒等影响)物料。属于非分料型的物料,则任何混合机都能适用。对于分料型物料,则只有采用非分料型混合机才能得到较好的混合。

6. 按混合物料来分

按混合物料分为混合机和搅拌机两类。通常将干粉料混合或增湿混合的机械称为混合机;将软质原料(如黏土、高岭土或白垩等)碎解在水中制成料浆,或使料浆保持均匀悬浮状态防止沉淀的机械设备称为搅拌机。

图 8-22 为各类混合机的示意图,其中(a)~(d)为回转容器式混合机,(e)~(g)为固定容器式混合机,(h)和(i)为气力混合设备。

选用混合机时,必须充分比较其混合性能。例如混合均匀度的好坏,混合时间长短,粉料物理性质对混合机性能的影响,混合机所需动力及生产能力,加、卸料是否简便,对粉尘的预防等等。这些问题需要统筹考虑,然后选取适应生产需要的混合机。

8.3 粉体的造粒

造粒是指将各类粉状、块状、溶液或熔融状原料制成具有一定形状和强度的固体颗粒,是增大粒径的过程,为颗粒技术的重要组成部分。这种物质存在形式上的转化过程在很早以前就被用于原始的工农业生产和生活中,如今造粒过程遍及许多工业部门。

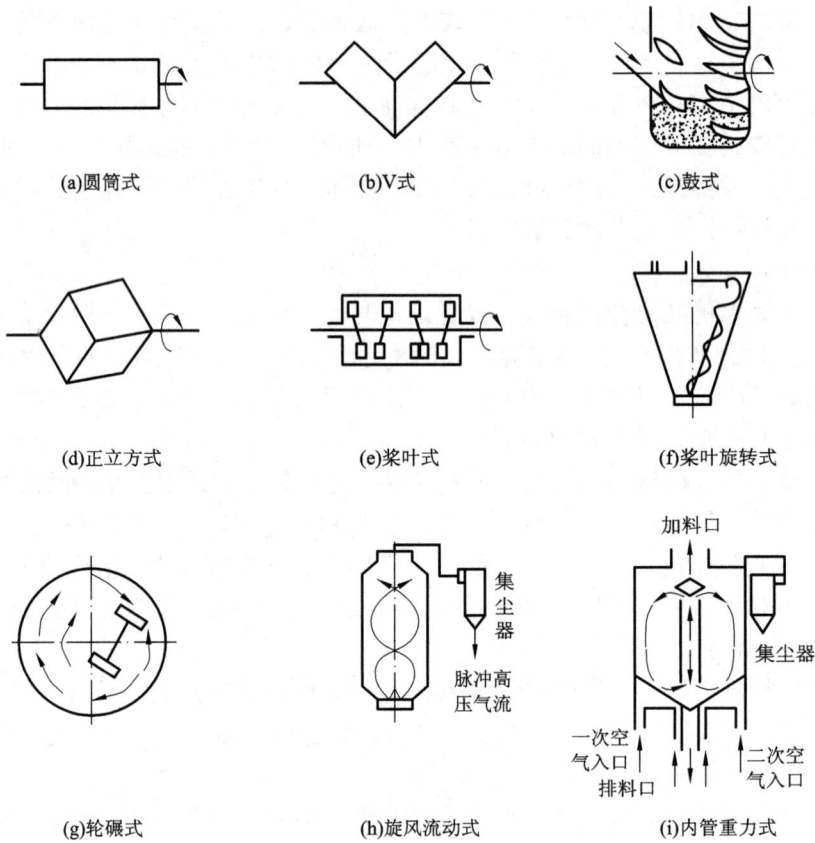

(a)圆筒式 (b)V式 (c)鼓式

(d)正立方式 (e)桨叶式 (f)桨叶旋转式

(g)轮碾式 (h)旋风流动式 (i)内管重力式

图 8-22 各类混合机示意图

　　造粒的目的和带来的好处可大致分为以下几点：①将物料制成理想的结构和形状，如粉末冶金成型和水泥生料滚动制球；②为了准确定量、配剂和管理，如将药品制成各类片剂；③减少粉料的飞尘污染，如将散状废物压团处理；④制成不同种类颗粒体系的无偏析混合体，如炼铁烧结前的团矿过程；⑤改进产品的外观，如各类形状的颗粒食品和用做燃料的各类型煤；⑥防止某些固相物生产过程中的结块现象，如颗粒状磷胺和尿素的生产；⑦改善粉粒状原料的流动特性，如陶瓷原料喷雾造粒后可显著提高成型给料时的稳定性；⑧增加粉料的体积质量，便于储存和运输，如超细的炭黑粉需制成颗粒状散料；⑨降低有毒和腐蚀性物料处理作业过程中的危险性，如将烧碱、铬酐类物料压制成片状或粒状后使用；⑩控制产品的溶解速度，如一些速溶食品；⑪调整成品的孔隙率和比表面积，如催化剂载体的生产和陶粒类多孔耐火保温材料的生产；⑫改善热传递效果和帮助燃烧，如立窑水泥生料的成球煅烧过程；⑬适应不同的生物过程，如各类颗粒状饲料的生产。

　　造粒时通常使用黏结剂，加入填料机后让黏结剂蒸发或升华，还可回收原微粉颗粒。

8.3.1　颗粒群的凝聚

　　许多颗粒相互黏结形成二次颗粒，并结合成团块的现象称为凝聚。凝聚现象对收尘、沉降浓缩、过滤等操作来说，可以增大粒径，有一定好处，但对分级、混合、粉碎等操作而言，都是不良的现象。造粒是有效地利用这一现象的操作。

8.3.1.1 凝聚的结合机理

使颗粒凝聚，颗粒之间的结合力必须起作用，其可能的机理可分为以下五种。

(1)固体架桥。由于烧结、熔融、化学反应而使一个颗粒的分子向另一个颗粒扩散。

(2)液体架桥和毛细管压强。在液体架桥中，界面力和毛细管压强可产生强键合作用，但如果液体蒸发则此种结合会消失。

(3)不可自由移动结合剂架桥处的黏附和内聚力。如焦油等高黏度结合介质能形成和固体架桥非常相似的结合力，其吸附层是固定的并在某些环境下能促进细粉粒的结合。

(4)固体粒子间的吸引力。如固体颗粒间距离足够短，则范德华力、静电力、磁力等，可以导致粉粒黏附在一起。

(5)封闭型结合。如小片状细粒，可相互交叉或重叠而形成"封闭型"结合。

由上述这些力凝聚而成的颗粒强度是评价造粒的重要指标。强度分为抗压强度和抗拉强度。抗压强度易于试验测定，抗拉强度则便于从理论上进行分析。

8.3.1.2 凝聚颗粒的抗拉强度

Rumpf 导出了由许多小等径球型颗粒凝聚而成的颗粒的抗拉强度计算式：

$$\gamma_{ZH} = \frac{9}{8} \cdot \frac{1-\varepsilon}{\varepsilon} \cdot \frac{F_k}{D_v^2} \qquad (8-35)$$

式中：γ_{ZH}——抗拉强度；

ε——成球颗粒的孔隙率；

F_k——两粒子间接触点的附着力；

D_v——小颗粒球径。

图 8-23 为各种结合力所得到的抗拉强度，对各种结合机理所形成的颗粒的相对强度作了比较。加湿造粒时，毛细管状态时的抗拉强度约为摆动状态时的 3 倍，链索状态时为两者的中间值，空隙饱和度接近 1 时，强度增加。

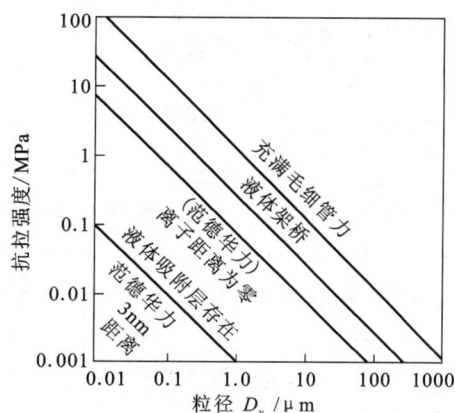

图 8-23 各种结合力所得到的抗拉强度

8.3.2 粉体的造粒方法

由于各工业部门特点和造粒目的及原料的不同，使这一过程体现为多种多样的形式。总体上可将其分为突出单个颗粒特性的单个造粒和强调颗粒群散体集合特性的集合造粒两类。前者侧重每一个颗粒的大小、形状、成分和密度等指标，因而产量较低，通常以单位时间内制成的颗粒个数来计量。后者则考虑制成的颗粒群体的粒度大小、分布、形状的均一性及容重等指标，处理量以 kg/h 或 t/h 来计量，属大规模生产过程。

造粒方法可按照原料、状态分类，也可按照造粒形式进行分类，如表 8-8 所示。

表8-8　造粒方法及分类

造粒形式	原料状态	造粒机理	粒子形状	主要适用领域	备注
熔融成形	熔融液	冷却、结晶、削除	板状、花料状	无机、有机药品、合成树脂	包含回转筒、蒸馏法
回转筒型	粉末、液体	毛细管吸附力,化学反应	球状	医药、食品、肥料、无机、有机化学药品、陶瓷	转动型
回转盘型	粉末、液体	毛细管吸附力,化学反应	球状	医药、食品、肥料、无机、有机化学药品	粒状大的结晶
析晶型	溶液	结晶化、冷却	各种形状	无机、有机化学药品、食品	
喷雾干燥型	溶液、泥浆	表面张力、干燥、结晶化	球状	洗剂、肥料、食品、颜料、燃料、陶瓷	
喷雾水冷型	熔融液	表面张力、干燥、结晶化	球状	金属、无机药品、合成树脂	
喷雾空冷型	熔融液	表面张力、干燥、结晶化	球状	金属、无机药品、合成树脂、无机、有机药品	使用沸点高的冷却体
液相反应型	反应液	搅拌、乳化、悬浊反应	球状	无机药品、合成树脂	硅胶微粒聚合
烧结炉型	粉末	加热熔融、化学反应	球状、块状	陶瓷、肥料、矿石、无机药品	有时不发生化学反应
挤压成形	溶解液糊剂	冷却、干燥、剪切	圆柱状、角状	合成树脂、医药、金属	
板上滴下型	熔融液	表面张力、冷却、结晶	半球状	无机、有机药品、金属	
铸造型	熔融液	冷却、结晶、离型	各种形状	合成树脂、金属、药品	制品形状过大就不能造粒
压片型	粉末	压力、脱型	各种形状	食品、医药品、有机、无机药品	压缩成型
机械型	板棒	机械应力、脱型	各种形状	金属、合成树脂、食品	冲孔、切削、研磨
乳化型		表面张力、相分离硬化作用、界面反应	球状	医药、化妆品、液晶	微胶束

　　从工艺上说,根据原始微细颗粒团聚方式的不同,造粒大致可分为压缩造粒、挤出造粒、滚动造粒、喷浆造粒、流化造粒。此外,还有某些特殊造粒方式,如热融造粒、液相和气相凝聚造粒等。

8.3.2.1 压缩造粒

压缩造粒是将混合好的原料粉体放在一定形状的封闭体模中，通过外部施加压力使粉体团聚成型，这是较为普遍和容易的方法。它具有颗粒形状规则、均一、致密度高、所需黏结剂用量少和造粒水分低等优点。其缺点是生产能力低，模具磨损大，所制备的颗粒粒径有一定的下限。该造粒方法多被制药打锭、食品造粒、催化剂成型和陶瓷行业等静压制微粒磨球等工艺所采用。

8.3.2.2 挤出造粒

挤出造粒是将与黏合剂捏合好的粉状物料投入带有多孔模具的挤出机中，在外部挤压力的作用下，原料以与模具开孔相同的截面形状从另一端排出，再经过适当的切粒和整形即可获得各种柱形或球形颗粒。这是较为普遍和容易的造粒方法，它要求原料粉体能与黏结剂混合成较好的塑性体，适合于黏性物料的加工。颗粒截面规则均一，但长度和端面形状不能精确控制。致密度比压缩造粒低，黏结剂、润滑剂用量大，水分高，模具磨损严重。但其生产能力很大，被广泛地用于农药颗粒、催化剂载体、颗粒饲料及食品的造粒过程。

8.3.2.3 滚动造粒

在希望颗粒形状为球形、颗粒致密度要求不高的条件下，多采用滚动造粒。该造粒过程中，粉料微粒在液桥和毛细管力的作用下团聚在一起，形成微核。团聚的微核在容器低速转动所产生的摩擦和滚动冲击作用下不断地在粉料层中回转、长大，最后成为一定大小的球形颗粒而滚出容器。该方法的优点是处理量大、设备投资少和运转率高；缺点是颗粒密度不高，难以制备粒径较小的颗粒。该方法多被用于冶金团矿、立窑水泥生料成球、粒状混合化肥以及食品的生产，也用作颗粒多层包覆工艺制备功能性颗粒。

8.3.2.4 喷浆造粒

喷浆造粒是借助于蒸发直接从溶液或浆体制取细小颗粒的方法，它包括喷雾和干燥两个过程。料浆首先被喷洒成雾状微液滴，水分被热空气蒸发带走后，液滴内的固相物就聚集成了干燥的微粒。对用微米和亚微米级的超细粉体制备平均粒径为几十微米至数百微米的细小颗粒来说，喷浆造粒几乎是唯一而且很有效的方法。所制备的颗粒近似球形，有一定的粒度分布。整个造粒过程全部在封闭系统中进行，无粉尘和杂质污染，因此该方法多被食品、医药、染料、非金属矿加工、陶瓷催化剂和洗衣料等行业采用。不足之处是水分蒸发量大，喷嘴磨损严重。

8.3.2.5 流化造粒

流化造粒是让粉料在流化床床层底部空气的吹动下处于流态化，再把水或其他黏结剂雾化后喷入床层中，粉料经过沸腾翻滚逐渐形成较大的颗粒。这种方法的优点是混合、捏合、造粒、干燥等工序在一个密闭的流化床中一次完成，操作安全、卫生、方便。该方法建立在流态化的技术的基础上，经验性较强。作为一种新的造粒技术，正在食品、医药、化工、种子处理等行业中得到普及推广。

8.3.2.6 热融造粒

热融造粒是将物料熔融细化，然后冷却凝固，通过不同的途径制粒，如铁矿的烧渣。

8.3.3 粉体的造粒设备

8.3.3.1 压缩造粒设备

1. 压粒机

压粒机是借助于在偏心曲轴驱使下的上下冲头在压模内进行相对运动来完成压粒过程，有单冲头压粒机和转换式压粒机两种。目前，单冲头压粒机的最大生产能力为 200 粒/min，而转盘式则高达 10000 粒/min。后者要求原料有很好的流动性和黏结性，一般情况下都需要添加黏结剂和润滑剂等辅助材料。用这种设备造粒，产品单颗粒特性较易控制。

2. 辊式压粒机

这类设备主要由两只等速相对转动的辊子组成，在螺旋给料机的推动下原料被强制压入辊子的缝隙中，随着辊子的转动，原料逐渐接近辊子间最狭窄部位；依据辊子的表面形式不同，可直接得到颗粒或片状饼块，再将其破碎筛分，便可获得各种粒度的不规则颗粒。

该设备生产的颗粒形状可灵活调整，而且处理量大，可达每小时十几吨。大部分的粉状料都能采用这种方法进行造粒，并可以获得多种形状的颗粒制品。它的缺点是颗粒表面不如压粒机所制精细，主要的生产成本是辊子的磨损、更换和能量消耗。选择辊子表面形式时必须考虑孔穴的形状及大小，以保证压好的颗粒能顺利脱模。

8.3.3.2 挤出造粒设备

挤出机的种类很多，基本上都是由进料、挤压、模具和切粒四部分装置组成。处理能力高达 25 ~ 30 t/h。

螺杆挤出机比较常见，螺杆在旋转过程中产生挤压作用，将物料推向设在挤压筒端部或侧壁上的模孔，从而达到挤压造粒的目的（见图8 - 24）。模孔的孔径和模板开孔率对产量和质量有很大的影响。

辊子式挤出机是由两个相对转动的辊子所

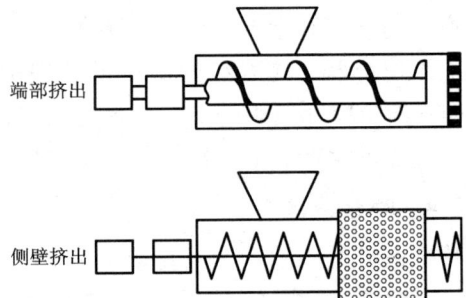

图 8 - 24 挤出造粒机结构

端部挤出

侧壁挤出

组成，在辊子的压力下，物料被挤入辊子上开设的模孔，经挤压和切割形成所需要的颗粒。依辊子形式的不同，有多种机型（见图 8 - 25）。

由于挤出造粒产品的水分较高，后续干燥工艺是不可缺少的。为了防止刚挤出的颗粒堆积在一起发生黏连，应对这些颗粒采用高温热风扫式干燥，使颗粒表面迅速脱水，然后再用振动流化干燥。

挤出造粒具有产量大的优点，但所生产的颗粒为短柱体，通过整形机处理后可以获得球状颗粒，用这种方法生产的球形颗粒比滚动成型的密度要高。

8.3.3.3 滚动造粒设备

1. 圆盘粒化机

圆盘粒化机是一种最常见的连续滚动造粒设备，目前应用较为广泛。它由斜置带边圆盘、垂直于盘底的中心轴、安在盘面上的刮刀及加水装置组成，如图 8 - 26 所示。粉状料与水或黏结剂自上方连续供入，粉料在水或黏合剂的作用下形成微粒，由于未粒化料与已粒化

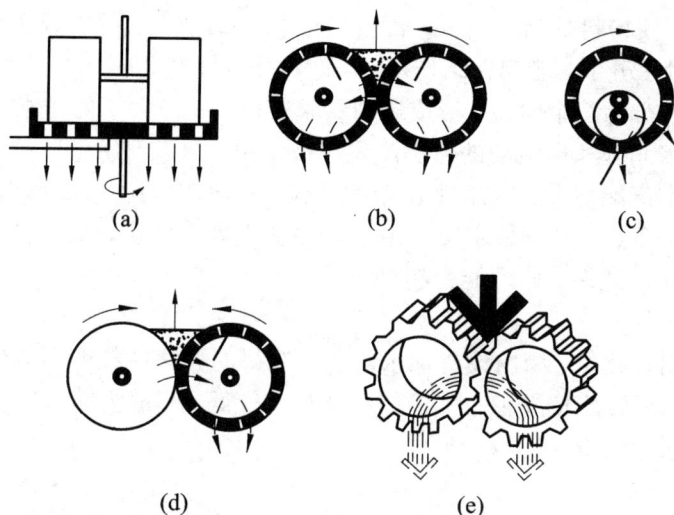

图 8-25　辊子式挤出造粒形式
(a)水平压辊；(b)双辊外挤压；(c)单辊内挤压；(d)单辊外挤压；(e)双齿外挤压

料在摩擦系数上的差异，后者在转盘的带动下逐渐升到高处，然后借助于重力向下滚落。这样反复运动，颗粒不断增大到一定粒径后越过下边缘而滚出(见图8-27)。这种分离作用使球粒均匀，不需过筛。圆盘的倾斜角可以借助螺旋杆在30°~60°间作调整。转盘直径越大，颗粒波动时的动能越大，有利于颗粒的密实化。转速越快，带动颗粒提升的能力越大，也能促进颗粒的压实。目前水泥厂生料成球常采用此法。

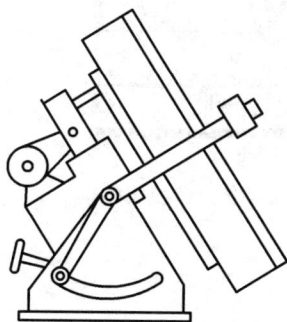

图 8-26　圆盘粒化机

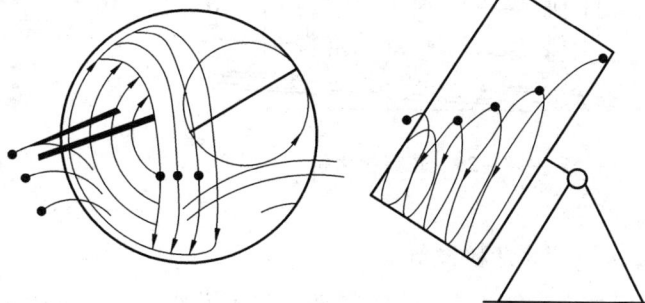

图 8-27　成球盘造粒机理

水分是粒化过程的先决条件，干粉料不可能滚动成球粒。水分不足或过多，都会影响粒化效率和料粒质量。粉料被水所润湿，一般认为分四个阶段进行：先是形成吸附水，然后是薄膜水、毛细管水，最后为重力水。在粉料的表面性质中，对粒化过程起作用的主要有颗粒表面的亲水性、形状与孔隙率。亲水性高，易被水润湿，毛细管力大，毛细管水和薄膜水的数量就多，受毛细管力影响的毛细管水的迁移速度也大，粒化性能好。表面形状决定了接触表面积，接触表面积大，易于粒化，球粒强度高。表面孔隙率大，则物料的吸水性大，有利于粒化。粒度小并具有合适的粒径分布，则接触面积增加和排列紧密，表面水膜减弱，毛细管的平均半径也减小，使粉料黏结力增大。配合料中加入黏结剂，可以改善粒化，如玻璃配合料中的纯碱，在适量水分下，能起黏结作用，一般粒化温度在 20～31℃ 之间，球粒形成良好。

粒化过程一般可分为三个阶段：形成球粒；球粒长大；长大了的球粒变得紧密。上述三个阶段主要依靠加水润湿和用滚动的方法产生机械作用力来实现。

圆盘粒化机的生产能力大，产品外表光滑且粒度大小均匀。盘面敞开、便于操作观察；但作业时粉尘飞散严重，工作环境不良。由于各种随机因素的影响，操作的经验性较强。最大的成球盘直径达 6 m 之多，处理能力超过 50 t/h。

2. 圆筒粒化机

图 8-28 为圆筒粒化机，筒内设有加水装置。制得的粒化料粒度不均匀，必须经过筛分。优点是单机产量大，运转比较平稳。圆筒内的装料率较低，一般为筒身容积的 10% 以下。筒身倾角在 6° 以内，转速为 5～25 r/min。

3. 搅拌混合造粒机

搅拌混合造粒机（见图 8-29）从广义上说也属于滚动造粒的范畴，其微核生成和长大的机理与滚动造粒相同，只是颗粒长大的过程不是在重力作用下自由滚动，而是通过搅拌棒驱使微颗粒无规则翻滚完成聚并和包层。部分结合力弱的大颗粒不断被搅拌棒打碎，碎片又作为核心颗粒经过包层进一步增大。伴随着物料从给料端向排料端的移动，颗粒增大与破碎的动态平衡逐渐趋于稳定。搅拌混合造粒所制备颗粒的粒度均匀性、球形度、颗粒密度等指标都不及成球盘中的滚动造粒。该方法处理量大，造粒又是在密闭的容器中进行，工作环境好，所以多被用于矿粉和复合肥料的造粒过程。

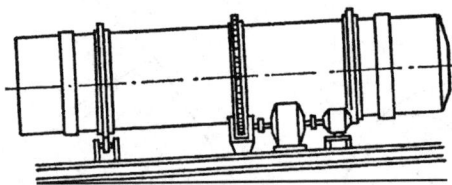

图 8-28　圆筒粒化机

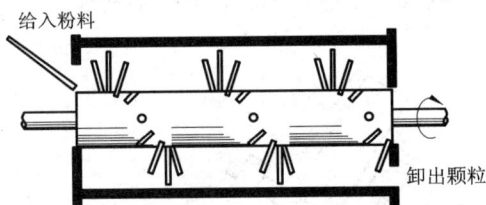

图 8-29　搅拌混合造粒机结构

8.3.3.4　喷浆造粒设备

喷浆造粒包括喷雾和干燥两个过程，其工业化生产系统是由雾化装置、热风源、干燥器和产品捕集设备所组成。典型的喷雾干燥器原理如图 8-30 所示。料浆经高压强制雾化，表面积迅速增大，与热气流相遇时，水分便迅速蒸发。又由于浆料雾化过程中水的表面张力作用，粉料会形成粒状的空心球。因此喷雾干燥的优点是料浆脱水效率高，同时，又可以得到流动性（成型性能）好的粉状颗粒。它是一种较理想的造粒方法。

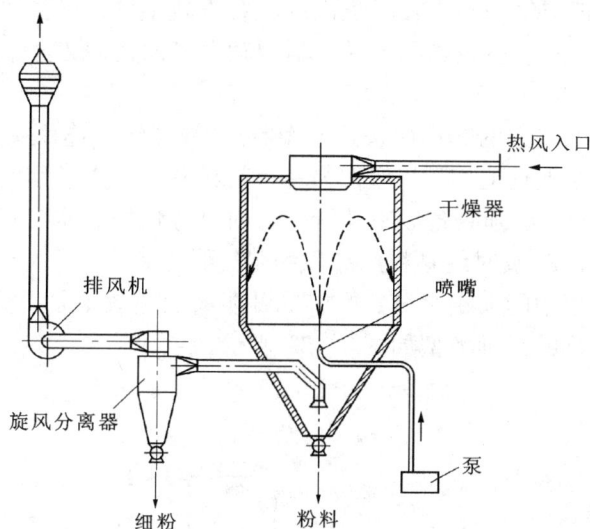

图 8 − 30　喷雾干燥器原理示意图

1. 雾化装置

料浆的雾化有加压自喷式、高速离心抛散式和压缩空气喷吹式三种(见图 8 − 31),雾化是造粒的关键。

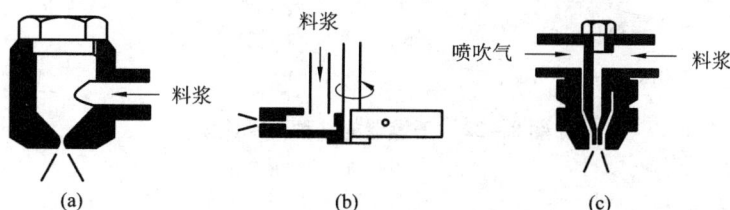

图 8 − 31　浆体不同的雾化方式

(a)压力自喷式;(b)离心抛散式;(c)喷吹式

加压自喷式雾化是用高压泵把料浆以十几兆帕的压力挤入喷嘴,经喷嘴导流槽后变为高速旋转的液膜射出喷孔,形成锥状雾化层。要获得微小液滴,除提高压力外,喷孔直径不能过大。料浆黏度的高低也影响成雾的效果,有些料浆需升温降黏后再进行雾化。这种雾化喷嘴结构简单,可在干燥器内的不同位置上多个设置,以使雾滴在其中均匀分布。缺点是喷嘴磨损较快,料浆的喷射量和压力也随着喷嘴的磨损而变化,作业不稳定,制备的颗粒比其他雾化方式偏粗。

高速离心抛散式雾化是利用散料盘高速旋转的离心力把料浆抛散成非常薄的液膜后,在散料盘的边缘与空气作高速相对运动的摩擦中雾化散出。因散料盘高速旋转,故对机械加工和其精度要求较高。为了能获得均匀的雾滴,散料盘表面要光洁平滑,运转平稳,在高速下无运动不平衡造成的振动。

压缩空气喷吹式雾化是利用压缩空气的高速射流对料浆进行冲击粉碎,从而达到使料浆雾化的目的。雾化效果主要受空气喷射速度和料浆浓度的影响，气速越高，料浆黏度越低，其雾滴越细、越均匀。按空气与料浆在喷嘴内的混合方式不同，有多种喷嘴形式。该方法可处理黏度较高的物料，并可制备较细的产品。但因动力消耗大，仅适合于小型设备。

2. 干燥器

对喷浆造粒过程影响较大的非标设备是干燥器。干燥器的结构比较简单，一般是根据雾化方式的特点设计成一个普通的容器，但作为一个有传热、传质过程的流体设备，其内部流型的合理设计是个关键，它必须具备以下功能：① 对已雾化的液体浆滴进行分散；② 使雾滴迅速与热空气混合干燥；③ 及时将颗粒产品和潮湿气体分离。

干燥器要蒸发掉料浆中的大量水分，追求尽可能高的热效率是干燥器设计的主要目的，因此多取塔状结构。典型的几种类型如图 8 – 32 所示。

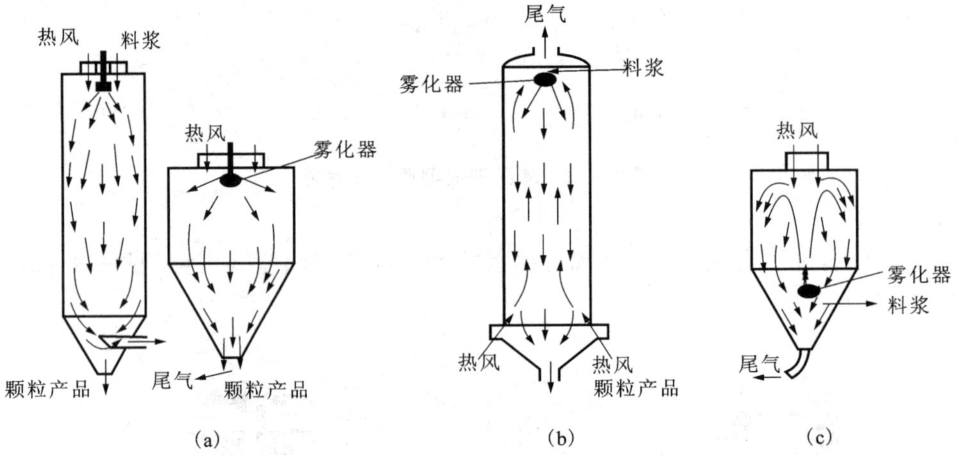

图 8 – 32　干燥器的几种内部流型
(a)并流　(b)逆流　(c)混合流

喷雾干燥制得的粉料性能对压制坯体乃至产品质量具有重要的影响。其中最重要的是粉料的水分和颗粒级配。日用陶瓷厂采用等静压成型时，对粉料的要求则更高。

调整粉料水分一般可采取以下两种方法：①当粉料水分与预定水分相差较大时，可调整热风炉温度，其可调的热风温度一般为 400 ~ 650℃。②当粉料水分与预定水分相差1% 左右时，可调节柱塞泵的压力。其压力可调范围为 0.2 ~ 0.3 MPa。此外，还可调整出口尾气温度等。现在已有红外测定仪与微机联合使用自动调节粉料水分的装置。

影响粉料颗粒级配的因素很多，如料浆含水率、料浆黏度、供料压力、喷嘴孔径等。料浆含水率或流动性增加，会促进料浆雾化并产生较小的粉粒。料浆黏度大，会产生大的颗粒。喷嘴直径大显然颗粒大，因此喷嘴如果磨损，要及时更换。实验证明，在相同的条件下，干燥器直径越大，则颗粒越大。

8.3.3.5　流化造粒设备

流化造粒系统是由流化床筒体、气体分布板、冷热风源、黏结剂喷射装置和除尘器组成（见图 8 – 33），根据处理量和用途不同，有连续和批次作业两种形式。

处理批量小产品期望粒径为数百微米的造粒过程，可采用批次作业方式的流化造粒设备。该设备的运转特点是先将原料粉流态化，然后定量喷入黏结剂，使粉料在流态化的同时团聚成所希望的微粒，原始颗粒的聚并是该过程的主要机制。

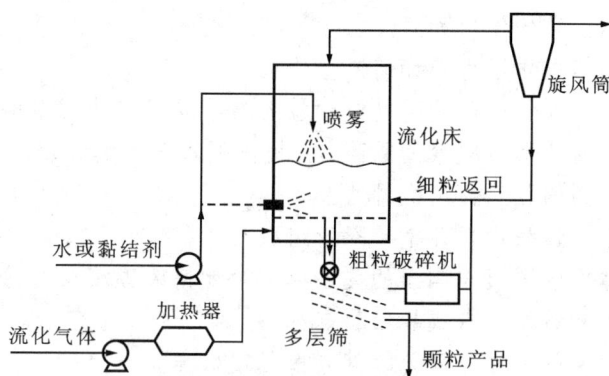

图 8 - 33　流化床造粒系统

当处理量较大时，则应选用连续式流化造粒设备，它是在原料处于流态化时，连续地喷入黏结剂，颗粒在床内翻滚长大后排出机外。这类装置多由数个相互连通的流化室组成。多室流化床可提供不同的工艺条件，使造粒的增湿、成核、滚球、包覆、分级、干燥等不同阶段分别在各自的最佳操作条件下完成。在某些情况下，这种设备可用于对已有的颗粒进行表面包层处理，如药物表面包衣和细小种子的丸粒化处理。这种造粒设备强调原始颗粒的表面浸润和包覆物细粉在颗粒表面吸附聚积。颗粒在床内硫化状态的稳定性和滞留时间决定着包覆层的均匀性和厚度。

喷动床造粒设备可作为一类特殊的流化造粒设备（见图 8 - 34）。在这类设备中，床体下端锥体收缩为一个喷口，而不设气体分布板，其造粒过程也是喷浆和干燥的组合。热空气从喷口射入床层，粉料和颗粒像喷泉一样向上涌起，当它们失去动能后在床层的周围落下。热气体和雾化后的黏结剂由下口向上喷入，在小颗粒表面沉积成一薄层，这样反复循环直至达到所要求的粒径。喷动床克服了流化床容易产生气泡、气 - 固接触条件差的缺点，特别适合于生产大颗粒。

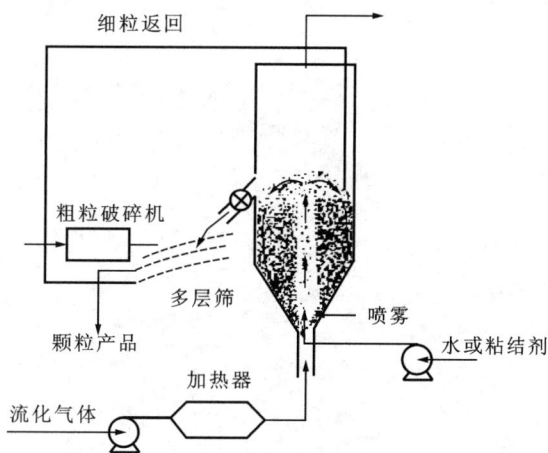

图 8 - 34　喷动床造粒系统

有些场合下，为了强化喷浆造粒的干燥过程，喷动床也可在填入一些惰性介质后，用于微颗粒的生产。惰性介质在热空气的推动下处于涌动状态，浆体喷射到其表面上后水分迅速蒸发，干聚在介质颗粒外层的粉饼受到介质涌动中的冲击研磨作用而破碎成更细小颗粒，经除尘器捕集便可得到细微粒产品。

思考题

1. 举实例说明粉体分散的作用和意义。

2. 空气中颗粒间的静电作用力是如何产生的？

3. 何谓液桥力？它是如何引起的？其对颗粒的黏结成团有什么影响？

4. 分析空气中造成粉体颗粒凝聚的原因，并提出促进分散的措施。

5. 液体中粉体颗粒间的相互作用有哪些？

6. 液体中粉体的分散过程由哪几个步骤所组成？

7. 固体颗粒在液体中的浸湿与润湿的关系如何？如何改善液相对粉体的润湿性？

8. 如何描述液体中颗粒的分散或聚团状态？

9. 根据液体中颗粒间的相互作用分析其分散稳定机理。

10. 说明物理分散和化学分散的含义和区别。

11. 叙述分散剂的分类、特点及其促进粉体分散稳定的作用。

12. 表征粉体分散性的方法有哪些？

13. 什么是物料的混合？其混合目的有哪些？

14. 描述物料的混合过程和机理。

15. 物料的混合设备如何分类？请简述各类混合设备的特点。

16. 什么是物料的造粒？造粒目的有哪些？

17. 请分析造粒的影响因素和结合机理。

18. 说明造粒的方法及相应设备。

第 9 章　粉体的表面改性

本章内容提要

本章主要讨论粉体表面改性的必要性，表面改性的机理、方法、设备、工艺以及改性效果评价。

9.1　表面改性

粉体的表面改性是指采用物理、化学、机械等方法对粉体表面进行处理，有目的地改变颗粒表面的物理、化学性质，以满足科技与应用的需要。粉体的表面改性直接影响着粉体的使用价值和应用领域。粉体的表面改性与很多学科领域密切相关，是粉体工程与表面科学及其他众多学科的边缘学科。粉体表面改性包括改变颗粒表面晶体结构和官能团、表面能、表面润湿性、电磁性、光学性质以及表面吸附性和反应等特性。通过改变颗粒表面性质，可以改善粉体材料的应用性能，从而满足新材料、新工艺和新产品发展的需要。例如对膨润土进行有机阳离子覆盖处理，可提高其在弱极性或非极性体系中的膨胀、悬浮、触变等特性；通过表面改性，可提高涂料的分散性并改善涂料的光泽、着色力、遮盖力以及耐热性、保光性、保色性等。

9.2　表面改性方法

粉体的表面改性方法很多，可分为物理表面改性、化学表面改性和机械化学改性三类。

9.2.1　物理表面改性

凡是不用表面改性剂或所使用的改性剂与粉体颗粒表面不发生化学反应而达到表面改性的方法称为物理表面改性。其常见方法有包覆改性和高能改性。

9.2.1.1　包覆改性

包覆改性是一种对粉体表面简单处理的方法，它是借助于黏附力，利用高聚物或树脂等对粉体进行包覆而达到表面改性的方法。例如，用聚乙二酸包覆硅灰石，将此改性硅灰石填充聚丙烯 PP，能有效地提高 PP 的缺口冲击强度和低温性能；用酚醛树脂或呋喃树脂等包覆石英砂以提高精细铸造砂的黏结性能；用呋喃树脂包覆的石英砂用于油井钻探可提高油井产量等。

影响包覆改性效果的因素较多，一般来讲主要有颗粒的形状、比表面积、孔隙率、包覆剂的种类及用量、包覆处理工艺等。

以树脂包覆石英砂为例，表面包覆改性方法可分为冷法和热法两种。在包覆处理前对石英砂进行冲洗或擦洗和干燥。

冷法包覆砂是在室温下制备的，先将粉状树脂与砂混匀，然后加入溶剂（工业酒精、丙酮或糠醛），溶剂加入量根据混砂机能否封闭而定。封闭者，酒精用量为树脂用量的 40% ~ 50%；不能封闭者为 70% ~80%，再继续混碾到挥发完，干燥后经粉碎和筛分即得产品。但该法使用有机溶剂量大，仅用于少量生产。

热法覆膜是将砂子加热进行覆膜，即先将石英砂加热到 140~160℃，然后与树脂在混砂机中混匀（其中树脂用量为石英砂用量的 2% ~5%）。这时树脂被热炒软化，包覆在砂粒表面，随着温度降低而变黏，此时加入乌洛托品分布在砂粒表面，并使砂激冷（乌洛托品作为催化剂可在壳膜形成时使树脂固化）。再加硬脂酸钙（防止结块）混数秒钟后出砂，然后粉碎、过筛、冷却后即得产品。此法效果好，适合大量生产，但工艺控制较复杂，并需专门的混砂设备。

W. J. Iley 研究了用高聚物包覆无机颗粒时颗粒粒度和孔隙率对表面包覆效果的影响。试验是在 Wurster 流态化床中进行的。试验结果表明，颗粒越细（比表面积越大）的粉体表面包覆的高聚物量越多，包覆越薄。另外，带孔隙的颗粒，由于毛细管的吸力作用，包覆材料（即高聚物）进入孔隙中，表面包覆效果较差，无孔隙的高密度球形颗粒的包覆效果好。

9.2.1.2 高能改性

高能改性是指利用超声波、紫外线、红外线、电晕放电、等离子体照射及其他高能射线辐射对粉体表面进行改性处理的方法。高能改性是粉体表面改性的一个新动向，可以完成其他方法所不能完成的任务。但是，该方法工艺复杂、成本高，因此在粉体表面处理方面受到限制。下面简要介绍一些常见的高能改性方法。

1. 超声波处理

超声波波长短，能量易集中，能产生强烈的振动及对介质的空化作用，可使粉体材料的特性和状态发生变化。如被浮选的矿物经超声波处理后，其可浮性增加。

低频超声波主要用于药剂分散，降低表面张力以及矿物颗粒表面的清洗。高频超声波可用于提高药剂的吸附能力和气泡在浮选中的分散。

2. 高能射线辐射处理

高能射线能在极短的时间内将能量传递给介质，使介质发生电离和激发等变化，引起热效应、荷电效应、缺陷生成、辐射化学反应等效应，从而使颗粒表面发生变化。常见的有等离子体辐射等。如用 ArC_3H_6 低温等离子体处理后的 $CaCO_3$ 与未经处理的 $CaCO_3$ 相比，可改善 $CaCO_3$ 与 PP 的界面黏结性。

此外，电磁波、中子流、α 粒子、β 粒子在矿物颗粒表面改性领域均有应用。其作用表现在辐射能改变矿物表面结构及电荷性质，可使颗粒表面空位等晶体缺陷增加，从而改变了颗粒表面的能量状态，使其润湿性、吸附能力均有所增加。电子辐射加热处理可使某些矿物颗粒的磁性或表面荷电性质发生变化，从而有利于磁力分选和静电分离。

9.2.2 化学表面改性

凡是使粉体颗粒表面发生化学反应而达到表面改性的方法称为化学表面改性。常见的有表面化学改性、沉淀反应改性、电化学改性和微胶囊化改性。

1. 表面化学改性

通过表面改性剂与颗粒表面进行化学反应或化学吸附而使粉体材料表面得到改性的方法称为化学表面改性。除利用表面官能团改性外，这种方法还包括利用游离基反应、螯合反应、溶胶吸附以及偶联剂处理等进行表面改性。表面化学改性所使用的表面改性剂种类很多，常用的有偶联剂、高级脂肪酸及其盐、饱和有机酸和有机硅等。因此，改性剂的选择范围较大，具体选用时要综合考虑粉体的表面性质、改性产品的用途、质量要求、处理工艺以及表面改性剂的成本等因素。

表面化学改性一般在高速加热混合机或捏合机、流态化床、研磨机等设备中进行。这是因为粉体的表面改性处理大多是在粉体物料中加入少量表面改性剂溶液进行的操作。如果在溶液中进行表面改性处理（如浸渍）也可在反应釜或反应罐中进行，处理完后再进行脱水干燥。

影响无机粉体物料表面化学改性的主要因素为：①颗粒的表面性质，如表面官能团的类型、表面酸碱性、水分含量、比表面积等；②表面改性剂的种类、用量及用法；③工艺设备及操作条件，如设备性能、物料的运动状态或机械对物料的作用方式、反应温度和反应时间等。

表面化学改性方法应用较广泛，主要用于无机填料或颜料的表面改性处理以及塑料和橡胶工业中以补强作用为目的的颗粒填料上。

2. 沉淀反应改性

沉淀反应改性是指通过沉淀反应使无机化合物在颗粒表面沉积，以形成一层或多层包覆膜，从而达到改善粉体表面性质，如光泽、着色力、遮盖力、保色性、耐候性、耐热性、电性、磁性等。沉淀反应改性是无机染料表面改性最常用的方法之一，沉淀反应改性一般是在粉体颗粒表面包覆无机氧化物（氧化物可以是多种）或氢氧化物及其盐类，如珠光云母的制备，即通过金属氧化物（氧化钛等）在白云母颗粒表面的沉淀反应包覆于云母颗粒表面而制得的；用氧化铝或二氧化硅处理二氧化钛（钛白粉）；碳化硅晶须表面包裹三氧化二铝工艺等。

粉体的沉淀反应改性一般采用湿法，即在分散的粉体料浆中加入所需的改性（处理）剂，在适当的 pH 和温度下，使无机改性剂以氢氧化物或水合氧化物的形式均匀沉淀在颗粒表面，形成一层或多层包覆膜，然后经过洗涤、脱水、干燥、焙烧等工序使该包覆膜牢固地固定在颗粒表面，从而达到改进粉体表面性能的目的。

沉淀反应改性一般在反应釜或反应罐中进行。影响其改性效果的因素较多，主要有料浆的 pH、浓度，反应温度和反应时间，颗粒的粒度、形状以及后续处理工序，如洗涤、脱水、干燥或焙烧等。其中 pH 及温度因直接影响无机改性剂在水溶液中的水解产物，是沉淀反应改性最重要的影响因素之一。

3. 微胶囊化改性

微胶囊化改性是在粉体颗粒表面上覆盖均质并且有一定厚度薄膜的一种表面改性方法。微胶囊的直径大都在一到几百微米范围内，微胶囊的壁膜通常是连续且坚固的薄膜。微胶囊制备的方法较多，大致可分为物理法、化学法和物理化学法三类。微胶囊化改性不仅能制备无机-有机复合胶粒，还可利用其缓释性将固体药粉胶囊化，另外它还能够将液滴固体（胶囊）化。

微胶囊化改性最先应用于现代医药领域，目的是使药物超细粉的药效实现缓释效应。如今，微胶囊化改性应用领域越来越广泛，技术方法也多种多样。

9.2.3 机械化学改性

机械化学表面改性指的是通过粉碎、磨碎、摩擦等强烈机械力作用，有目的地对粉体表面进行激活，在一定程度上改变颗粒表面的晶体结构、溶解性能（表面无定形化）、化学吸附和反应活性（增加表面的活性点或活性基团）等。机械化学改性被认为是一种最具应用价值的高效改性方法，可用于填料表面的改性、表面接枝改性、粒－粒包裹改性等。影响机械激活作用强弱的主要因素是：粉碎设备的类型、机械作用的方式、粉碎环境（干、湿等）、助磨剂或分散剂的种类和用量、机械力的作用时间以及粉体的粒度大小与分布或比表面积等。能够对粉体材料进行机械激活的粉碎设备主要有各类型球磨机（筒式球磨机、行星球磨机、离心球磨机、搅拌球磨机、振动球磨机等）、气流磨及机械冲击式磨机等。

目前仅仅依靠机械力激活作用于表面改性处理还难以满足应用领域对粉体表面物理化学性质的需要。但是，机械化学作用激活了颗粒表面，提高了颗粒与其他无机物或有机物的作用活性；利用机械力对表面的激活作用和由此产生的离子和游离基引发苯乙烯、烯烃类进行聚合，形成聚合物接枝的填料或使偶联剂等表面改性剂高效附着而实现改性。因此，如果在粉碎过程中添加表面活性剂及其他有机化合物，包括聚合物，那么机械激活作用可以促进这些有机化合物分子在无机粉体（如填料或颜料）表面的化学吸附或化学反应，达到边产生新表面边改性，即粒度减小和表面有机化同时进行的目的。此外，还可在一种无机粉体物料的粉碎过程中添加金属粉或另一种无机物，使无机核心材料表面包覆金属粉或另一种无机物粉体，或进行机械化学反应生成新相。如将 ZnO 和 Al_2O_3 一起在高速行星球磨机中强烈研磨四小时以后，即有部分物料生成新相 $ZnAl_2O_4$；将石英和方解石一起研磨时生成 CO_2 和少量 $CaO \cdot SiO_2$ 等。

综上所述，粉体表面改性的方法多种多样，其实除了上面所述还有酸碱处理方法，它是一种表面辅助处理方法，通过酸碱处理可以改善粉体表面（或界面）的吸附和反应活性。此外还有化学气相沉积（CVD）和物理沉积（PVD）等方法。

9.3 表面改性效果的评价

考察改性产品自身性能，即测试表面特性及若干物理化学性质而对改性效果进行预先评价便显得十分必要。对改性产品进行预先评价可避免因考察其加工制品性能而由制品其他加工条件带来的评价误差，同时简单、易行。

改性效果的表征评价方法有许多种。主要有药剂吸附量评价法、表面自由能评价法、表面润湿性评价法，此外，采用红外光谱等现代分析技术，通过研究改性剂与矿物表面的作用机理，也是预先评价改性效果的手段之一。改性后粉体颗粒表面性质的变化是预先评价改性效果的最主要依据。

9.3.1 药剂吸附量评价法

通过测定药剂吸附量的方法来评价矿物表面改性效果的实例中，首推 Thomas G. Waddell 等人的水杨醛法检测丙胺基硅氧烷与白炭黑偶联效果的研究。丙胺基硅氧烷中的—NH_2基团对水杨醛呈显色反应，因而与白炭黑反应后，体系中未反应的药剂可被水杨醛萃取显色。通过吸光度的检测,可了解白炭黑表面吸附的硅烷含量从而达到评价偶联效果的目的。

利用上述原理,检测硅烷偶联剂与黏土表面改性效果的方法已得到应用。不过,矿物改性粉体的填充性能不仅取决于改性剂在表面吸附量的多少,还取决于药剂与矿物间的作用性质,两者化学键合作用越强,则改性效果越好。因此,药剂吸附量的测定有时还需与红外光谱等表面分析手段相结合,才能对矿物表面改性效果作出更准确的评价。

由于吸附是一种表面现象,所以测定矿物颗粒对特定物质吸附程度的变化也可以评价改性效果,如 SiO_2 表面因含有 —OH,可以从苯中吸附甲基红分子,但经有机化改性后,吸附能力下降,甚至不能吸附。

9.3.2 表面自由能评价法

通常使用的粉体材料一般都具有较大的表面自由能。改性药剂的表面能远小于粉体材料表面自由能,因此,粉体颗粒表面经改性剂附着后,表面能降低。表面能的降低往往反映药剂的附着程度,因而其变化反映改性效果。例如,硬脂酸对碳酸钙的改性,测定表面能的变化可作出改性效果与条件的定量表征评价。随硬脂酸用量的增加,改性效果明显。

9.3.3 表面润湿性评价法

粉体表面润湿性的直接表征方式是界面接触角,表面润湿性的变化还直接决定粉体在液体介质中的分散与聚团行为,直接决定矿物粉体在液体介质中与气泡的黏附行为;另外,表面润湿性的变化还直接影响较高浓度固液悬浮体的黏度。因此,利用表面润湿性评价改性效果主要借助上述各种特性的测定来完成。

9.3.3.1 测定界面接触角

接触角反映了粉体颗粒与液体介质之间的润湿能力。接触角小,润湿能力强;接触角大,润湿能力差。显然,比较改性粉体在极性液体或非极性液体中接触角的大小,便可对改性效果作出评价。

粉体颗粒表面接触角的测定,比较实用的方法主要有两种。第一,压片直接测定法,即将粉体在固定条件下压制成可测量的固体片或块,在接触角测量仪上直接测量;第二,润湿平衡高度法,通过测量一定紧密度粉体柱中液体的上升高度随时间的变化,然后换算出接触角数值,此法为间接测量,仅适合小于 $90°$ 的接触角的测量。

测定界面接触角评价改性效果的方法已获得应用。如经硬脂胺改性后,$\alpha - Al_2O_3$ 对水的接触角由改性前的 $12.7°$ 增大到 $89.6°$,这说明,改性使 $\alpha - Al_2O_3$ 表面由亲水变为疏水。

9.3.3.2 评判分散与聚团行为

粉体颗粒在溶剂中的分散与聚团行为受颗粒间界面作用能的制约。颗粒间界面极性相互作用能的性质(吸引、排斥)和程度与颗粒表面性质和溶剂极性有关。所以,评判矿物粉体在溶剂中的分散与聚团行为便可了解表面性质,进而对改性效果作出评价。

1. 定性描述分散行为

通过直接观察,定性描述矿物粉体在溶剂中的分散行为,可对改性效果进行评价。这种方法简便、直观,一般只用于改性前后的比较,用于条件的选择则误差较大。可通过利用分散特性对球磨机磨矿中添加十六醇和十八烷基硅氧烷改性石英的行为进行评定。未改性时石英在水中分散状态良好，而在添加改性剂并经不同时间磨矿后，在水中的分散行为变差，在癸烷中变好，说明十六醇和硅烷对石英表面产生了疏水化改性。通过分散特性的描述还对上述两种改性剂改性 Al_2O_3 和 SiC 的效果进行了评价，并取得了满意效果。

硬脂胺改性前后 α - Al_2O_3 在不同溶剂中的分散行为差别很大。改性前后，α - Al_2O_3 在水中的分散由好变差，说明硬脂胺对 α - Al_2O_3 的疏水化改性有效。云母粉经不同种类偶联剂改性后，在甲苯介质中的行为有所差异：呈现"均匀分散"，说明改性效果好；呈现"团块沉底"，说明改性效果差。由此可筛选出最合适的偶联剂。

2. 测量累计沉降率

通过测量累计沉降率可评定颗粒间的分散与团聚行为。沉降率大，表明颗粒在介质中的分散性弱、聚团性强；沉降率小，颗粒间聚团性弱、分散性强。根据前面分析的颗粒表面性质与其在溶剂中分散与聚团行为的关系，可依据沉降分析结果评价改性效果。

图 9 - 1 为测试的不同用量下硬脂酸钠改性碳酸钙粉体在水（曲线 1）和煤油（曲线 2）中相同时刻的累计沉降率。结果显示，改性后，碳酸钙粉体在煤油中的沉降率比未改性时明显下降，并且下降幅度随硬脂酸钠用量的增加而不断加大，在水中的沉降率则不断上升，这说明碳酸钙粉体颗粒已由表面

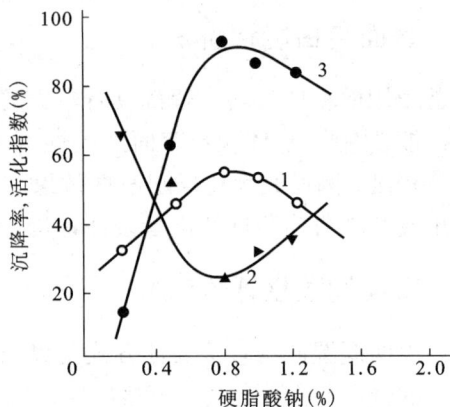

图 9 - 1　硬脂酸钠改性重质碳酸钙的效果
1—水中沉降率；2—在煤油中的沉降率；3—活化指数

亲水疏油不断向亲油疏水转变，沉降率的差异表明疏水化改性程度在各条件间的定量差别。在水和煤油中，沉降率均在用量 0.8% 时分别达到极大值与极小值，因此认为该用量是合适的。用量再增加，可能会出现药剂的反向吸附作用，所以疏水性下降，表现为沉降率在油中上升，在水中下降。基于累计沉降的原理，通过沉降率的测量，计算出粉体在不同性质溶剂中的粒度分布也常被用来评价改性效果。

9.3.3.3　测量沉降物体积变化

基于疏水聚团沉降体积大于相同颗粒粉体非聚团因素沉降体积的原理，对比不同条件下粉体沉降体积的变化，可评判聚团行为进而评价改性效果。测定沉积物体积常用沉降试验的方法，即测量一定浓度悬浮液澄清界面向下移动的速度。通过测定沉降体积的变化对碳酸钙和硅灰石的有机化改性效果进行评价的实例表明，改性前后碳酸钙粉体在正庚烷中的沉降体积（高度）分别为 17.8 cm 和 5.0 cm，硅灰石分别为 17.5 cm 和 3.5 cm，这说明改性导致两种矿物在有机液中的聚团行为大大降低，因而亲油性增强，有机化改性效果显著。

9.3.3.4　测量悬浮体黏度

较高固体含量的固液悬浮体的黏度与颗粒表面和液体间的润湿亲和作用有关。相同温度下，若固液间亲和作用强，则黏度低，若亲和作用弱，则黏度高。如前所述，亲和作用受颗粒表面性质和液体极性支配，因此，借助测量固液悬浮体黏度的方法便可对改性效果作出评价。

对于疏水化表面改性，常用矿物粉体与有机液体组成的悬浮体进行黏度测定评价，对亲水化改性，则使用水作为悬浮液体。悬浮体的黏度常用旋转黏度计进行测量。

黏度法评价 L－CaCO$_3$ 粉体铝酸酯偶联剂改性效果显示，未改性 L－CaCO$_3$ 粉体在液体石蜡中的黏度极高(无法测出)；经改性后急剧下降，至一定用量后趋于平稳。比较不同药剂的黏度平稳值和出现平稳值时的药剂用量便可做出药剂与用量的选择。经测试，云母钛珠光粉在液体石蜡中的黏度为 5.42 Pa·s，经有机化改性后降为 2.1 Pa·s，改性提高了云母表面的疏水化程度。

除以上五种方法外，基于表面性质的变化预先评价改性效果还可采用测定吸油量、测定吸水率和水渗透速度的方法。

测定吸油率常用蓖麻油(LSO)等作为测定用油。吸油量的变化反映了矿物表面的改性程度，如未改性碳酸钙对 LSO 的吸油量为 64 mL/g，以 0.5% 的偶联剂改性后吸油量降至 46 mL/g，以 0.75% 和 1% 的偶联剂进行改性后则吸油量分别降至 44 mL/g 和 42 mL/g。

将被测样品置于湿度、温度相同的环境中，测量样品含水量的变化可测出吸水率，经疏水化改性后，矿物粉体的吸水率将大大降低。如经改性剂 AS 和 AA 处理，重质碳酸钙的相对吸水率(20d)从 20.4% 分别降至 8.31% 和 6.69%。

水渗透速度是反映矿物粉体吸水程度的又一标志，通常是将粉体在压力机上压成模块，然后在表面上滴加少量蒸馏水测其渗透时间来反映渗透速度。如经硬脂胺改性后，硅灰石样品的水渗透时间为 620 s，而改性前为 3.3 s，渗透速度降低 99.47%，说明改性使表面呈现疏水性变化。

9.4　表面改性设备

一般粉体表面改性设备，主要担负三项职责：一是混合；二是分散；三是表面改性剂在设备中熔化和均匀分散到物料表面，并产生良好的结合。由于混合物的种类和性质各不相同，混合、分散和表面改性要求的质量指标也不相同，因而出现多种性质不同的改性设备，而这些设备大多数是从化工、塑料、粉碎、分散等行业中引用过来的。根据所用的表面改性工艺的不同，表面改性设备可分为干法设备和湿法设备两大类。其中干法设备主要有高速加热式混合机、卧式加热混合机、SLG 型(涡流式)连续式粉体表面改性机、PSC 型连续式粉体表面改性机、高速冲击式粉体表面改性机、流化床式粉体表面改性机、涡旋磨等；湿法改性设备主要是可控温反应釜、反应罐或搅拌反应筒。

9.4.1　干法表面改性设备

1. 高速加热式混合机

高速加热式混合机是无机粉体，如无机填料或颜料表面化学包覆改性常用的设备之一，这是塑料制品加工行业广泛使用的混料设备。其结构如图 9 - 2 所示，它主要由回转盖、混合锅、折流板、搅拌装置、排料装置、机座等组成。

混合室成圆筒形，是由内层、加热冷却夹套、绝热层和外套组成。内层具有很高的耐磨性和光洁度，上部与回转盖相接，下部有排料口(见图9 - 2)。为了排去混合室内的水分子与

挥发物，有的还装有抽真空装置，叶轮
是高速加热式混合机的搅拌装置，与
驱动轴相连，可在混合室内高速旋转。
折流板断面成流线形，悬挂在回转盖
上，可根据混合室内物料量调节其悬
挂高度。折流板内部为空腔，装有热
电偶，测试物料温度。混合室下部有
排料口，位于物料旋转并被抛起时经
过的地方。排料口接有气动排料阀门，
可以迅速开启阀门排料。

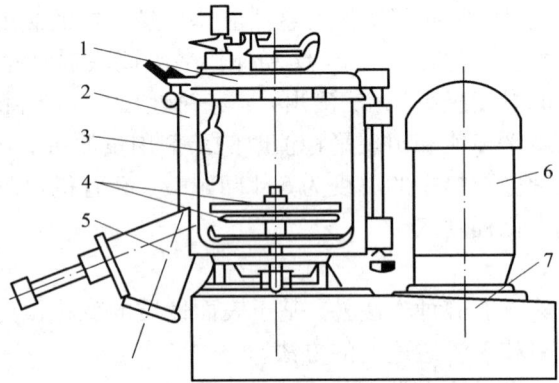

图 9-2　高速加热混合机结构示意图
1—回转盖；2—混合锅；3—折流板；4—搅拌装置；
5—排料装置；6—驱动电机；7—机座

高速加热式混合机的工作原理如
图 9-3 所示。当混合机工作时，高速
旋转的叶轮借助表面与物料的摩擦力
和侧面对物料的推力使物料沿叶轮切
向运动。同时，由于离心力的作用，物
料被抛向混合室内壁，并沿壁面上升到一定高度后因重力作用又回到叶轮中心，接着又被抛
起。这种上升运动与切向运动的结合，使物料实际上处于连续的螺旋状上、下运动状态。由
于转轮速度很高，物料运动速度也很快。快速运动着的颗粒之间相互碰撞、摩擦，使得团块
破碎，物料温度相应升高，同时迅速地
进行交叉混合。这些作用促进了物料的
分散和对液体添加剂（如表面改性剂）
的均匀吸附。混合室内的折流板进一步
搅乱物料流态，使物料形成无规则运
动，并在折流板附近形成很强的涡流。
对于高位安装的叶轮，物料在叶轮上下
形成了连续交叉流动，使混合更快、更
均匀。混合结束后，夹套内通冷却介
质，冷却后物料在叶轮作用下由排料口
排出。

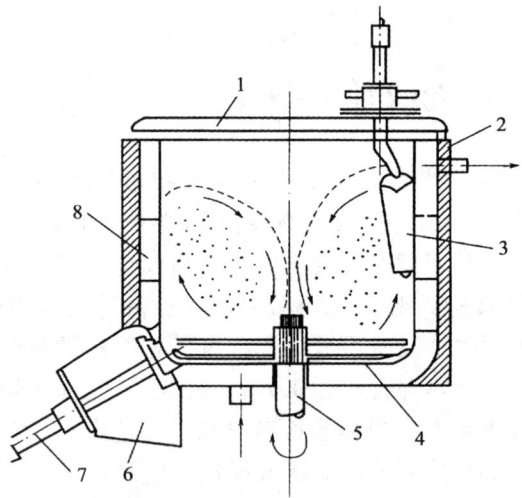

图 9-3　高速加热混合（捏合）机的工作原理
1—回转盖；2—外套；3—折流板；4—叶轮；
5—驱动轴；6—排料口；7—排料气缸；8—夹套

高速加热式混合机的表面改性效果
与许多因素有关，主要有叶轮的形状与
回转速度、物料温度、物料在混合室内
的充满程度（即填充率）、混合时间、添
加剂（表面改性剂）加入方式和用量等。

高速加热式混合机是一种间歇式的
批量粉体表面改性设备，它的处理时间
可长可短，很适合中、小批量的表面化学包覆改性和实验室进行改性剂配方实验研究。

高速加热式混合机是物料加工行业的定型设备，型号有 SHR 型、GRH 型、CH 型等，依
生产厂家不同而不同。主要技术参数为总容积、有效容积、主轴转速、装机功率等。总容积

从10 L到800 L不等，其中10 L高速加热式混合机主要用于实验室试验研究；排料方式有手动和气动两种；加热方式有电加热和气加热两种。

2. SLG型粉体表面改性机

SLG型粉体表面改性机是一种连续干式粉体表面改性机。其结构主要是有温度计、出料口、进风口、风管、主机、进料口、计量泵和喂料机组成。主机由三个呈品字形排列的改性圆筒组成（见图9－4），所以又称为三筒式连续表面改性机。

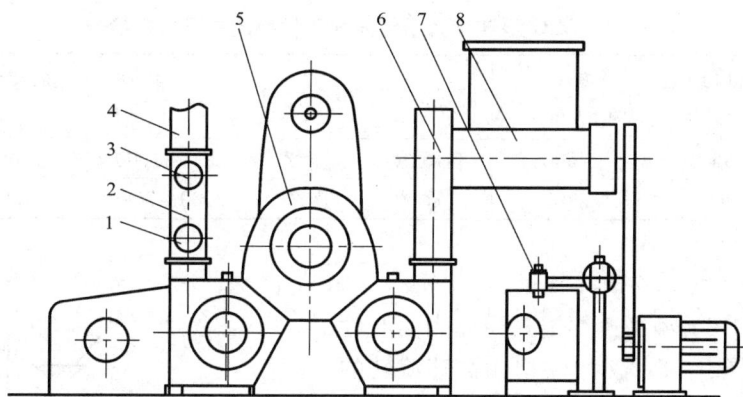

图9－4 SLG型连续粉体表面改性机结构示意图

1—温度计；2—出料口；3—进风口；4—风管；5—主机；6—进料口；7—计量泵；8—喂料机

工作时，待改性的物料经喂料机给入，经与计量和连续给入的表面改性剂接触作用后，依次通过三个圆筒形的表面改性腔，然后从出料口排出。在改性腔中，特殊设计的高速旋转的转子和定子与粉体物料冲击、剪切和摩擦作用产生粉体表面改性所需要的温度。这一温度可以通过转子转速、粉料通过的速度或给料速度以及风门的大小来调节，最高可到150℃。同时转子的高速旋转强制粉体物料松散并形成涡旋二相流，使表面改性剂能迅速、均匀地与粉体颗粒表面作用，包覆于颗粒表面。因此，该机的结构和工作原理基本上能满足对粉体及表面改性剂的良好分散性、粉体与表面改性剂的接触或作用机会均等的技术要求。

SLG型连续粉体表面改性机的工艺配置由给料装置、给药装置、SLG型连续粉体表面改性机、旋风集料器及除尘器组成。该机的工艺配置使其具备了连续生产、无粉尘污染等工艺特性，而且操作简便、单机处理能力较大、单位产品能耗低。

这种表面改性机可用于与干法制粉工艺（如超细粉碎工艺）配套，连续大规模生产各种表面化学包覆的无机粉体，如无机活性填料和颜料，也可单独设置用于各种微米级粉体的表面改性以及纳米粉体的解聚和表面改性。

这种连续式粉体表面改性机可以使用各种液体和固体表面改性剂，能满足同时使用两种表面改性剂进行复合改性，还可以用于两种无机"微米／微米"和"纳米／微米"粉体的共混和复合。

影响SLG型连续式粉体表面改性机改性效果的主要因素是物料的水分含量、改性温度和给料速度。要求原料的水分含量 ≤1%。给料速度要适中，要依原料的性质和粒度大小进行调节，给料速度过快，粉体在改性腔里的充填率过大，停留时间太短，难以达到较高的包覆率;给料速度过慢,粉体在改性腔中的充填率过小,升温慢,表面改性效果差,而且处理能力下降。改性温度要依表面改性剂的品种、用量和用法来进行调节,不要太低,也不能超过表面改性剂的分解温度。

目前,国产的该型粉体表面改性机共有两种工业机型,其型号及主要技术参数详见表9-1。瑞士ABV公司制造的类似连续式粉体表面改性机的最大机型为HSTM3/1000,处理能力可达5000 kg/h以上。

表9-1　SLG型连续式粉体表面改性机的主要技术参数

型号	电机功率 / kW	转速 / (r·min⁻¹)	加热方式	生产方式	生产能力 / (kg·h)	外形尺寸(长×宽×高) / m
SLG-3/300	55.5	4500	自摩擦	连续	500~1000	6.8×1.7×6
SLG-3/600	111	2700	自摩擦	连续	2000~3000	11.5×2.8×7

3. 高速冲击式粉体表面改性机

日本制造的HBY型高速冲击式粉体表面改性机的主机结构如图9-5所示,主要由高速旋转的转子、定子、循环回路、翼片、夹套、给料和排料装置等组成。投入机内的物料在转子、定子等部件的作用下被迅速分散,同时不断受到以冲击力为主的包括颗粒相互间的压缩、摩擦和剪切力等诸多力的作用,在较短时间内即可完成表面包覆、成膜或球形化处理。

整套系统由混合机、计量给料装置、HBY主机、产品收集装置、控制装置等组成。该系统不仅可用于粉体的表面化学包覆、胶囊化、机械化学改性和粒子球形化处理,还可用于"微米/微米"和"纳米/微米"粉体的共混和复合。用这个系统进行粉体表面改性处理的特点是:物料可以是无机物、有机物、金属等,适用范围广,而且是短时间干式处理。

HBY系统的型号及规格如表9-2所示。

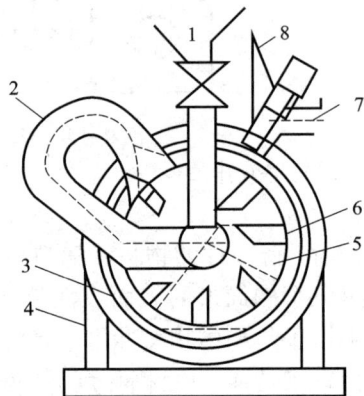

图9-5　HBY主机的结构和工作原理示意图

1—投料口;2—循环回路;3—定子;4—夹套;
5—转子;6—翼片;7—排料口;8—排料阀

表9-2　HBY系统的型号及规格

型号	转子直径 / mm	动力 / kW	处理量 / (kg·h⁻¹)	设备重量 / kg
NHS-0	118	1.98	—	—
NHS-1	230	3.7~5.5	3.5	140
NHS-2	330	7.5~11	6	350
NHS-3	470	15~22	15	800
NHS-4	670	30~45	35	2000
NHS-5	948	55~90	50	4200

HBY 系统有 NHS - 0 至 NHS - 5 型六种规格,其中 NHS - 0 是专门为研究开发部门设计的结构紧凑的台式机型,适于少量样品进行表面改性处理试验(一次投料 50 g);NHS - 1 型是用于少量样品生产的标准实验室型。其他机型处理量是以此机型为基准按二倍递增直到 NHS - 5,共有五级。NHS - 1 型以上的几种,计量供料与间歇处理联动,可连续、自动运行。NHS - 2 和 NHS - 5 型与粉体物料接触部位均采用不锈钢材质。NHS - 0 型和 NHS - 1 型机可按需要在转子、定子和循环管内表面涂覆耐磨的氧化铝陶瓷内衬。

4. PSC 型粉体表面改性机

PSC 型粉体表面改性机是一种连续干式粉体表面改性机。其结构主要有喂料机、加热螺旋输送机、主轴、搅拌棒、冲击锤、排料口等组成(见图 9 - 6)。

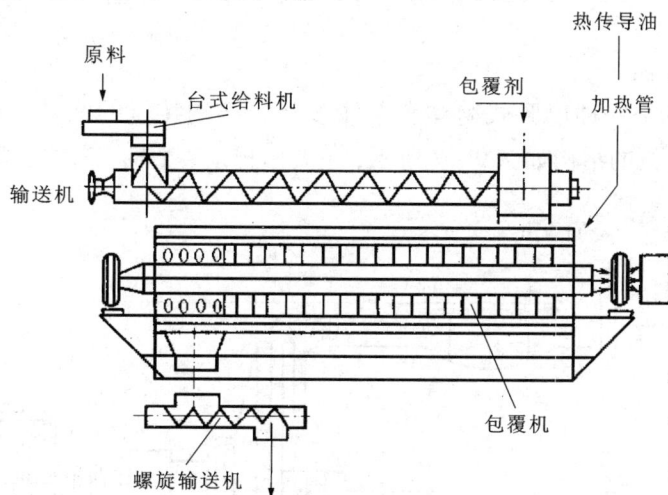

图 9 - 6　PSC 型粉体表面改性机的结构示意图

PSC 型粉体表面改性机整套工艺系统由给料装置、加热装置(导热油)、给药(表面改性剂)装置、改性主机、集料装置、收尘装置等组成。

工作时,粉体原料经给料输送机被送至主机上方的预混室,在输送过程中由给料输送机特设的加热装置将粉体物料加热并干燥,同时固体状的表面改性剂也在专用加热容器内加热熔化至液态经输送管道送至预混室。

预混室内设有两组喷嘴,均通入由给风系统送来的热压力气流。其中一组有四只喷嘴,按不同位置分布于预混室内壁,其作用是将由给料输送系统送来的粉体物料吹散;另一组只有一只喷嘴与改性剂输送管道相通,将液态表面改性剂吹散雾化。粉体物料和表面改性剂在预混室内预混合随即进入主机,在主机内搅拌棒的搅拌下,受到冲击、摩擦、剪切等多种力的作用,使粉体物料与表面改性剂得到更加充分的接触、混合,以完成表面包覆改性。主机夹层内循环流动的高温导热油使机内始终保持着稳定的工作温度。主机出口处高速旋转运动的冲击锤将表面包覆改性后的粉体物料进一步分散和解聚,以避免改性后粉体颗粒的团聚。

表面包覆改性后的物料输送至成品收集仓。在气流输送过程中,利用输送气流将物料过高的热量吸收,并经布袋除尘器除尘后排出室外,成品进入收集仓后即可降至可存储的温度。

PSC 型粉体表面改性机的主要技术参数如表9-3所示。这种表面改性机的主要工艺控制参数是处理温度、处理时间(即物料在改性机内的停留时间)和转速。

表9-3 PSC 型粉体表面改性机的主要技术参数

型号	PSC-300	PSC-400	PSC-500
直径 / mm	300	400	500
主机功率 / kW	15	22	37
最大处理能力 /(t·h⁻¹)	1.0	1.5	2.5
加热方式	导热油	导热油	导热油

5.卧式桨叶混合机

卧式桨叶混合机是一种以卧式筒体和单体多桨为结构特点的间歇式粉体表面改性机。φ1200卧式桨叶混合机的结构如图9-7所示，主要由传动、主轴、筒体、端盖等组成。

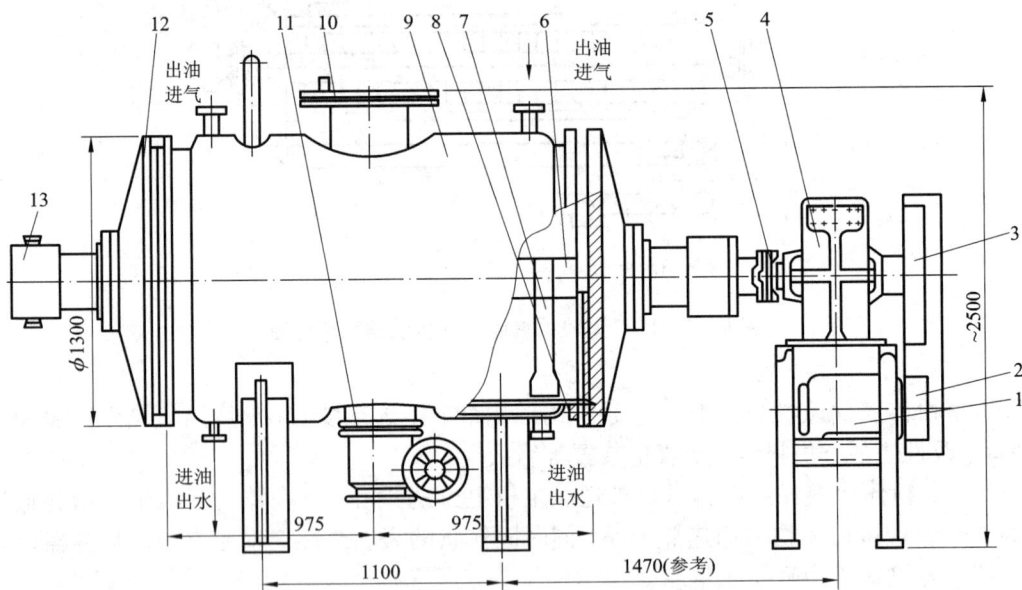

图9-7 φ1200卧式桨叶混合机的结构

1—电机；2—小皮带轮；3—大皮带轮；4—减速机；5—联轴器；6—主轴；7—桨叶；
8—内套；9—外筒体；10—入料孔；11—蝶阀；12—端盖；13—轴承座

主轴为主要工作部件，主轴长3005 mm，直径100 mm，主轴沿径向装有19根桨叶。

筒体分别由内筒和外筒组成，内筒体内径1200 mm，长1950 mm，用厚为10 mm的不锈钢制成；外筒体内径1300 mm，长1950 mm，用6 mm低碳钢板制成。内外筒体之间形成隔套。外筒体左右两侧上端均装有进气(出油)管道和联结法兰，外筒体左右两侧下端均装有出水(进油)及联结法兰。内筒体中间部分的上方开有450 mm直径的入孔及进料口，并有法兰联结；内筒体中间部位的下方为出料口，出料口管道中装有蝶阀，旋动手轮可使蝶阀轻松地打开或关闭；内筒体上部还装有出气管，物料混合时蒸发的水分由出气管排出。

端盖装在筒体的左右两侧，用螺钉与筒体连接。端盖的中心部位装有轴承座，内装双向滚子轴承。轴承装在主轴轴颈上，主轴工作中产生的轴向、径向力及扭力均由轴承座通过连接螺钉传到端盖部件。因此端盖部件既起到密封筒体的作用，又起到支撑主轴的功能。

这种间歇式表面改性机的工作原理是：无机粉体，如重质或轻质碳酸钙和表面改性剂在桨叶的作用下，一方面沿内筒体内壁做径向滚动，另一方面物料又沿桨叶两侧与主轴带有15°倾斜角的法线方向飞溅，在内筒体整个空间时使物料不断地对流扩散，从而使表面改性剂包覆于粉体颗粒表面。

这种表面改性机是针对轻质和重质碳酸钙的表面改性设计的，它分为 A、B 两种类型，其中 A 型加热介质为导热油，B 型加热介质为水蒸气，其主要参数列于表 9 - 4。

表 9 - 4 ϕ1200 卧式桨叶混合机的主要技术参数

技术参数	容器内	夹套内
工作温度 / ℃	>100	135
设计温度 / ℃	147	147
全容积 / m³	2.21	—
处理能力 / (kg·h⁻¹)	600	—
电机功率 / kW	11	—
主轴转速/(r·min⁻¹)	60	—

这种表面改性机的特点是：桨叶带有倾角，混合较均匀，表面改性剂不产生偏析；另外，混合的同时具有烘干作用。混合(改性)时间约为每次 40～50 min。

6. 流态化床改性机

图 9 - 8 为用于表面涂覆改性的 Wurster 流态化床改性机结构示意图。这种流态化床改性机的底部有两相喷嘴，以使表面改性剂溶液雾化后涂覆于颗粒表面。这种 Wurster 流态化床改性机的主要参数和操作条件列于表 9 - 5，可用于各种无机粉体颗粒的有机包覆或涂覆改性。

表 9 - 5   Wurster 流态化装置涂覆处理的操作条件

进口气流温度 / ℃	85～90
气流速度 / (m·s⁻¹)	0.5
床内温度 / ℃	40
高聚物雾化速度 / (g·min⁻¹)	30
高聚物固体含量 / %	40
高聚物温度 / ℃	同周围温度
喷嘴直径 / mm	1
雾化空气压力 / MPa	0.15
引流管高度 / mm	50
引流管直径 / mm	70

图 9 - 8   Wurster 流态化床改性机结构示意图

1—空气分配盘；2—空气流；

3—喷涂器；4—涂覆区；5—颗粒运动区

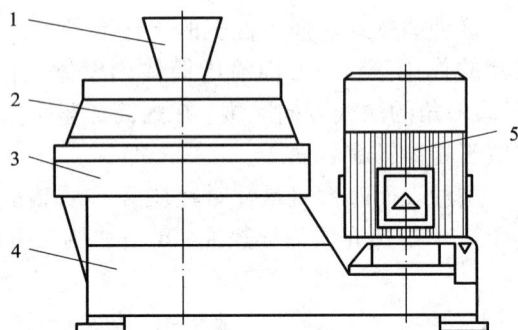

图 9 - 9   HWV 涡轮的外形图

1—进料口；2—粉碎腔；3—出料口；4—机座；5—电机

7. 兼具粉碎或干燥功能的表面改性机

(1) 涡轮(旋)磨

图 9 - 9 是用于粉体(如重质碳酸钙)连续表面改性的 HWV 涡轮磨的外形图，其结构主要由机座，驱动部分，粉碎腔，间隙调节和进、出料口组成。

工作时，物料从设备顶部进入，逐级通过各个研磨区，受到机械力和气动力产生的冲击、剪切和互磨等复合作用。配合加热和给药设备，HWV 涡轮磨可组成粉体表面改性系统，目前这一系统主要用于与超细重质碳酸钙生产线配套进行表面改性，很少单独用于粉体的表面改性。表 9 - 6 所示为 HWV 涡轮磨的主要技术参数。

表 9 - 6   HWV 涡轮磨主要技术参数

型号规格	转子直径 / mm	电机功率 / kW	气流通过量/（m³·h⁻¹）	设备质量 / kg
HWV100	100	3	200	100
HWV250	250	18	1000	350
HWV400	400	45	2000	1000
HWV630	630	75	3600	2200
HWV800	800	75	3600	2500
HWV1000	1000	90	5000	3500
HWV1200	1200	132	7200	3500

（2）干燥式粉碎及表面改性机

图9－10所示是一种兼具加热、粉碎和表面改性的多功能设备。这是一种连续生产的设备，运转过程的温度和停留时间等可以调节。这种设备具有快速干燥功能，物料中的水分和表面改性剂的溶剂组分能迅速地被气化，留下的活性组分吸附在颗粒表面。

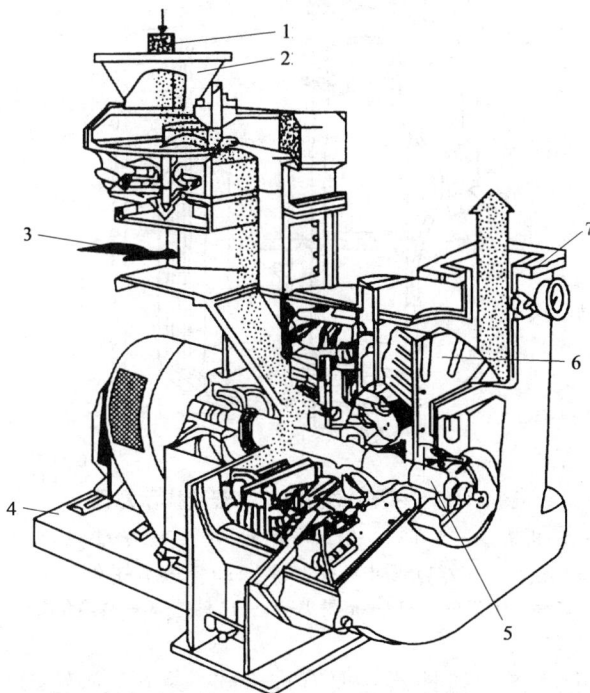

图9－10　干燥式粉碎及粉体表面改性机

1—物料；2—给料口；3—气流进口；4—机座；5—主轴；6—转盘；7—物料出口

9.4.2　湿法表面改性设备

目前湿法表面改性设备主要采用可控温搅拌反应釜或反应罐。这种设备的筒体一般做成带夹套的内外两层，夹套内通过加热介质，如蒸汽、导热油等。一些较简单的表面改性罐也可采用电加热。

粉体表面化学包覆改性和沉淀包膜改性用的反应釜或反应罐，一般对压力没有要求，只要满足温度和浆料分散以及耐酸或碱腐蚀即可，因此结构较为简单。

图9－11所示为一般夹套式搅拌反应釜结构，主要由夹套式筒体、传热装置、传动装置、轴封装置和各种接管组成。

釜体的筒体一般为钢制圆筒。常用的传热装置有夹套结构的壁外传热和釜内装设换热管传热两种形式。应用最多的是夹套传热。夹套是搅拌反应釜或反应罐最常用的反应结构，由圆柱形壳体和底封头组成。

搅拌装置是反应釜的关键部件。筒体内的物料借助搅拌器的搅拌，达到充分混合反应。搅拌装置通常包括搅拌器、搅拌轴、支撑结构以及挡板、导流筒等部件。中国对搅拌装置的

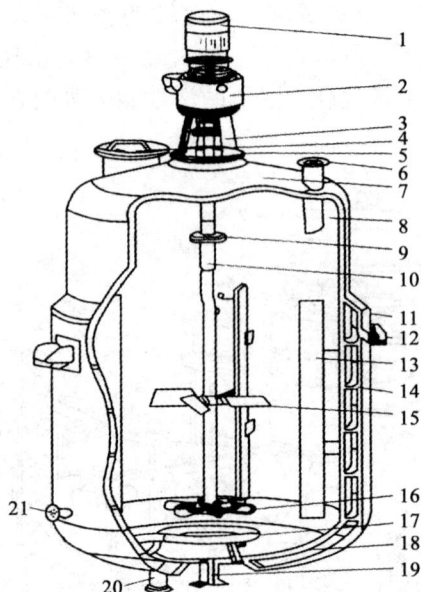

图 9 - 11　夹套式搅拌反应釜结构示意图

1—电机；2—减速机；3—机架；4—人孔；5—密封装置；6—进料口；7—上封头；8—筒体；9—联轴器；
10—搅拌轴；11—夹套；12—载热介质出口；13—挡板；14—螺旋导流板；15—轴向流搅拌器；
16—径向流搅拌器；17—气体分布器；18—下封头；19—出料口；20—载热介质进口；21—气体进口

主要零部件已实行标准化生产。搅拌器主要有推进式、桨式、涡轮式、锚式、框式及螺带式等类型。具体选用时要考虑流动状态、搅拌目的、搅拌容量、转速范围及浆料最高黏度等因素。

思考题

1. 什么是粉体的表面改性？表面改性主要针对粉体的哪些方面进行处理？并简述表面改性的意义。

2. 列举表面改性的方法,分别介绍其优缺点及应用范围。

3. 表面改性效果的表征评价方法有哪些？分别作简要介绍。

4. 表面改性设备分为哪几类？分别列举每一类中主要的设备。

第 10 章　粉体的输送

本章内容提要

本章主要讨论粉体输送的方法及常用的输送设备。粉体输送的方法有干法和湿法两种，干法输送主要包括机械力输送、气力输送、容器输送等，湿法输送主要是水力输送或浆体输送。输送设备主要介绍应用较广泛的机械输送设备，包括胶带输送机、螺旋输送机、斗式提升机和链板输送机。介绍了胶带输送机的构造、参数确定、特点、应用；螺旋输送机的结构、种类和应用；斗式提升机的构造、特点和应用；链板输送机的分类和应用。

10.1　粉体的输送方法

目前粉体的输送方法有许多种，笼统的可分为干法输送和湿法输送。所应用的输送方法不同，对应的输送设备也就不同，但需指出的是，每种输送方法或设备都具有优缺点，并且难以笼统地说明。因此，在选择与设计粉体物料的输送装置时，要综合考虑物料的性质、对质量的影响、输送量、输送距离、输送路线的情况、前后段的设备以及运转管理的难易和费用等，以保证能完成预期的输送任务，同时合理地决定所采用设备种类和容量，以及与此有关的问题。

10.1.1　干法输送

干法输送方式应用较多，主要包括机械力输送、气力输送、容器运输等方法。

1. 机械力输送

主要是借助机械装置的机械力作用输送粉体物料的。常用的机械装置有带式输送机、链式输送机、螺旋输送机、振动输送机和斗式提升机。这些装置在后面的一节中有详细的介绍。

2. 气力输送

气力输送指借助空气的流动在管道中输送干燥的散状固体粒子或颗粒物料的输送方法。空气的流动直接给管道内物料粒子提供移动所需的能量，管内空气流动则是由管子两端压力差来推动。气力输送已有 100 多年的历史，作为防尘的一项技术措施，已广泛用来输送粉状或纤维状物料。气力输送把工艺改革与防尘工作紧密结合起来，既促进了生产，又从根本上改善了劳动条件和工作环境。

气力输送的特点：防尘效果好，可直接输送散装物料，不需要包装，操作效率高；便于实现机械化、自动化，可减轻劳动强度，节省人力；运送过程中，可以同时进行多种工艺操作，如混合、粉碎、分选、干燥、冷却；保证输送物料的质量，防止受潮解、污染或混入杂物等；

可方便地实现集中、分散、大高度(达 80 m)、长距离(达 2000 m)、适应各种地形的运输。但是,气力输送也存在着一些缺点,如动力消耗大,尤其在长距离输送中更为明显;设备(主要是分离器入口)和管道(主要是弯头)磨损较快,如果设计、施工或运转不当,容易造成物料沉积,以致堵塞,使输送中断;不宜输送黏性大、湿度大的物料。

气力输送系统根据工作压力不同,可分为两大类型:一种是输料管道的压力低于大气压力的称为吸送式(真空)气力输送。吸送式根据系统的真空度,可分为低真空(真空度小于 9.8 kPa)和高真空(真空度为 40 kPa ~60 kPa)吸送式两种。另一种是输料管道的压力高于大气压力的称为压气式气力输送。压气式根据系统的作用压力,可分为高压(压力为 1×10^5 Pa ~7×10^5 Pa)、低压(0.5×10^5 Pa 以下)压气式和流态化输送,此外,还将有两种形式组合起来的混合系统、封闭循环系统和脉冲气力输送系统。

在设计气力输送装置时,首先要充分了解气固混合体的基本性质,对输料管内压力损失进行准确的计算,因为它是选定压气机械装置各部分结构的基础,并且影响整个系统装置的优劣、设备费用及生产费用的高低。

3.容器输送

容器输送总指散装输送和容器搬运,散装输送指运用专用船、专用货车、罐车输送,容器搬运指运用集装容器、箱、袋。

10.1.2 湿法输送

湿法输送主要是水力输送或浆体输送,是用管道来输送由固体颗粒和水组成的混合体。它具有效率高、成本低、占地少、污染小、安全可靠和可合理配置等优点,目前已被广泛应用于煤炭、冶金、化工、水利和环保等诸多工业领域。浆体输送的分类一般可分为牛顿体和非牛顿体两大类。大多数的浆体特别是高浓度浆体为非牛顿体,常见的为宾汉体和伪塑性体。宾汉体多见于高浓度煤浆、矿浆以及泥沙、石灰石浆体;而伪塑性体是一种常见的均质流体,见于某些高浓度的细颗粒组成的泥沙和聚合物的溶液。

浆体是固液两相流,这种流体在管道内的流动在许多方面不同于均质液体的流动,它的流动性质不能用像液体那样能用管路系统和流体的物理性质的知识来表征。根据在管、槽横断面上浆体内固体颗粒的分布情况,可将浆体分为均质和非均质两大流体。均质流体指管、槽横断面内上下层无明显的固体浓度梯度,浆体内悬浮固体没有趋于向下沉降的惯性力,黏滞力在颗粒间起主导作用。非均质流体与此正好相反,横断面上下层固体浓度的变化非常明显,悬浮固体颗粒受惯性力的影响很强烈,而黏滞力几乎不存在。但严格来说,真正的均质流体客观上是很少见的。因为在浆体中绝对静止的悬浮固体是不存在的,故客观上只存在着近似均质的流体,一般称为"准均质"。目前,所谓管道输送的"高浓度输送"主要是指这类浆体。

对于非均质流体,随着管路平均流速的减小,固体颗粒越来越显著地变化,直到某流速下在管道底部出现固定或滑动的床面。这时的临界流速称为淤积流速。此时的流速象征着安全运行的下限,更低的流速会导致管内形成固体颗粒床面,摩阻损失随之相应地增大。如果流动减慢,将导致管道堵塞。而对于均质流体的压降与流速的关系与单相液体相似。此时临界流速的出现相应于从紊流到层流的过渡,随着浆体黏度的增大而增大(即随固体颗粒含量的增加和颗粒粒径的减小而增加)。因此,要克服流体黏滞力的束缚正常运行,流速必须大于过渡流速。浆体管道水利输送关键是确定以固体颗粒粒径为函数的最小运行流速(即临界流速)

及在此流速下的水力坡降（即摩阻损失），然后利用等于或大于临界流速的流速输送，才能使输送动力及管道内的压力损失减到最低而且不会发生颗粒沉淀。

浆体管道输送的优点在于：连续运输、无回程、运输量大、效率高；基本投资较省、施工周期较短；受地形限制少、易于克服天然障碍物；运营费用较低，管理人员少；易于实现自动化控制，维护检修较简单；占地少，对环境影响小，受气候影响小；颗粒物料在运输过程损耗少。但是，高浓度长距离浆体管道输送也存在着若干的局限性，如只能对一种或数种与水混合不会发生化学变化的颗粒状物料作单向运输，不能对经过地区的开发起综合运输作用；管道系统对输送量的变化适应性较差；需耗费较多的水量、缺水地区不宜采用；对易碎物料在运输过程中会产生细化，造成终点脱水困难等问题。不过，尽管它存在这些局限性，但其优点比较突出，故它是一种输送大宗颗粒行之有效的运输方式。

浆体管道输送技术使实际生产更优化、更合理，而工程的实际要求又促进了技术的发展与更新。

10.2 常用的输送设备

粉体输送设备种类繁多，从大的方面分机械输送设备、气力输送设备和交通运输工具（汽车、火车和船舶）。本章主要介绍应用较广泛的机械输送设备，如胶带输送机、螺旋输送机、斗式提升机和链板输送机。

10.2.1 胶带输送机

胶带输送机是工业过程中应用最为普遍的一种连续输送机械，可用于水平方向和坡度不大的倾斜方向对粉体和成件物料的输送。例如，在水泥厂中通常用于矿山、破碎、包装、堆存之间运送各种原料、半成品和成件物品。同时，胶带输送机还可以用于流水作业生产线中，有时还可作为某些复杂机械的组成部分。如大型预均化堆场中就少不了胶带输送机，再如卸车机，装卸桥的组成部分中，也少不了胶带输送机。这种输送设备之所以获得如此广泛的应用，主要是由于它具有生产效率高，运输距离长，工作平稳可靠，结构简单，操作方便等优点。

胶带输送机按机架结构形式不同可分为固定式、可搬式、运行式三种。三者的工作部分是相同的，所不同的只是机架部分。因此，本节只讨论固定式胶带输送机的构造、性能及选型计算。

10.2.1.1 胶带输送机的构造

胶带输送机的构造如图10-1所示，一条无端的胶带1绕在改向滚轮14和传动滚筒6上，并由固定在机架上的上托辊2和下托辊10支撑。驱动装置带动传动滚筒回转时，由于胶带通过螺旋拉紧装置7张紧在两滚筒之间，便由传动滚筒与胶带间的摩擦力带动胶带运行。物料漏斗4加至胶带上，由传动滚筒处卸出。加料点和卸料点可根据工艺过程要求设在相应的位置。

下面分别介绍胶带输送机的各主要部件。

1. 输送带

输送带起拽引和承载作用。输送带主要有织物芯胶带和钢绳芯胶带两大类。织物芯胶带中的衬垫材料通常用棉织物，近年来也用化纤物衬垫，如人造棉、人造丝、尼龙、聚氨酯纤维和聚酯纤维等。目前用作输送带的有橡胶带和聚氯乙烯塑料输送带两种。其中橡胶带应用广

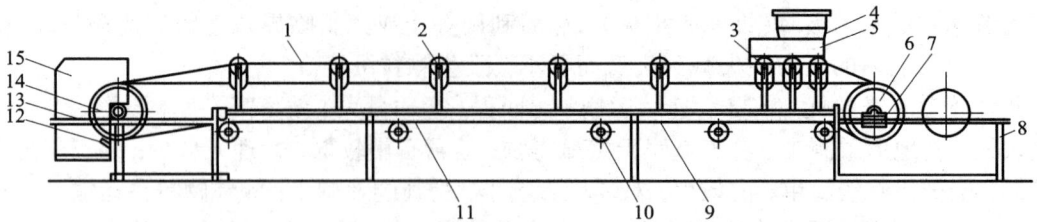

图 10 – 1　胶带输送机的构造

1—胶带；2—上托辊；3—缓冲托辊；4—漏斗；5—导料槽；6—传动滚筒；7—螺旋拉紧装置；8—尾架；
9—空段清扫器；10—下托辊；11—中间架；12—弹簧清扫器；13—头架；14—改向滚筒；15—头罩

泛，而塑料带由于除了具有橡胶带的耐磨、弹性等特点外，尚具有优良的化学稳定性、耐酸性、耐碱性及一定的耐油性等，也具有较好应用前景。

橡胶带是由若干层帆布组成，帆布层之间用硫化方法浇上一层薄的橡胶，带的上面及左右两侧都覆以橡胶保护层，如图 10 – 2 所示。

帆布层的作用是承受拉力。显然，胶带越宽，帆布层亦越宽，能承受的拉力亦越大；帆布层越多，能承受的拉力亦越大。但带的横向柔韧性越小，胶带就不能与支撑它的托辊平服地接触，这样就有使胶带走偏而把物料倾卸出机外的可能。常用橡胶带的帆布层数如表 10 – 1 所示。

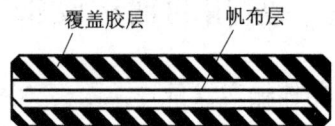

图 10 – 2　橡胶带断面图

表 10 – 1　橡胶带的宽度和帆布层数的关系

橡胶宽度 B	500	650	800	1000
帆布层数 Z	3 ~ 4	4 ~ 5	4 ~ 6	5 ~ 8

帆布的层数可根据带的最大张力计算：

$$Z = \frac{S_{max} m}{B \sigma}$$

式中：Z——帆布层数；

S_{max}——输送带的最大张力，N；

m——安全系数，硫化接头取 8 ~ 10，机械接头取 10 ~ 12；

B——带宽，cm；

σ——输送带的径向扯断张力，每层普通型橡胶带 $\sigma = 560 (N/m)$；每层强力型橡胶带 $\sigma = 960 (N/m)$。

橡胶层的作用，一方面是保护帆布不致受潮腐烂，另一方面是防止物料对帆布的摩擦作用。因此，橡胶层对于工作面和非工作面是有所不同的。工作面橡胶层的厚度有 1.5，2.0，3.0，4.5，6.0 mm 等五种，非工作面橡胶层的厚度有 1.0，1.5，3.0 mm 等三种。橡胶层的厚度根据物品的尺寸及物理性质而定。通常情况下多选用 1.5 ~ 3.0 mm 的橡胶层。

橡胶带的连接是影响胶带使用寿命的关键问题之一，由于接头处强度较弱，计算时橡胶带的安全系数势必取得较大，因此影响胶带能力的充分发挥。为了保证胶带正常运转和节约橡胶，就必须合理地解决连接问题。

橡胶带的连接方法可分为两类，即硫化胶结和机械连接。硫化胶结法是将胶带接头部位的帆布和胶层按一定形状和角度割切成对称差级，涂以胶浆使其黏结，然后在一定的压力、温度条件下加热一定时间，经过硫化反应，使生橡胶变成硫化橡胶，以使接头部位获得黏着强度。

塑料输送带有多层芯和整芯两种。多层芯塑料带和普通橡胶带相似，其每层径向扯断张力为 560 N/cm。整芯塑料带的生产工艺简单，生产率高，成本低，质量好。整芯塑料带厚度有 4 mm、5 mm 和 6 mm 三种。塑料带的接头方法有机械和塑化两种。机械接头的安全系数与橡胶带相似，塑化接头能达到塑料本身强度的 70% ~ 80%。安全系数取 $m = 9$，因此，整芯塑料带采用塑化接头很有必要。塑料带和橡胶带的单位长度质量分别列于表 10 - 2 和表 10 - 3。

表 10 - 2　塑料带的质量

带宽 B/mm	500	650	800
芯层厚度/mm	3		
上下塑料层厚度/mm	4 + 3		
每米长度质量 W_0/(kg/m)	6.75	8.75	10.75

表 10 - 3　橡胶带的质量

帆布层数	上胶 + 下胶厚度/mm	带宽度 B/mm			
		500	650	800	1000
		胶带每米长度的质量 W_0/(kg/m)			
3	3.0 + 1.5	5.02			
	4.5 + 1.5	5.88			
	6.0 + 1.5	6.74			
4	3.0 + 1.5	5.82	7.57	9.31	
	4.5 + 1.5	6.68	8.70	10.70	
	6.0 + 1.5	7.55	9.82	12.10	
5	3.0 + 1.5		8.62	10.60	13.25
	4.5 + 1.5		9.73	11.98	14.98
	6.0 + 1.5		10.87	13.38	16.71
6	3.0 + 1.5			11.80	14.86
	4.5 + 1.5			13.28	16.59
	6.0 + 1.5			14.65	18.32
7	3.0 + 1.5				16.47
	4.5 + 1.5				18.20
	6.0 + 1.5				19.93
8	3.0 + 1.5				18.08
	4.5 + 1.5				19.81
	6.0 + 1.5				21.54

夹钢绳芯橡胶带是以平行排列在同一平面上的许多条钢绳芯代替多层织物芯层的输送带。钢绳以很细的钢丝捻成，直径在 2.0～10.3 mm。钢绳的材料为直径 1 mm 的钢丝，这些钢丝经淬火处理后表面镀铜，以提高橡胶与钢绳的黏着力。经处理后的钢丝再冷拉至直径为 0.25 mm 的细丝。夹钢丝芯橡胶输送带的主要优点是抗拉强度高，适用于长距离和陡坡输送；伸长率小，因而可缩短拉紧行程；带芯较薄，纵向挠曲性能好，易于成槽，这不仅能增大输送量，也可防止皮带跑偏；横向挠曲性能好，滚筒直径可以较小；动态性能好，耐冲击、耐弯曲疲劳，破损后易修补，因而可提高作业速度；接头强度高，安全性较高；使用寿命长，是普通胶带使用寿命的 2～3 倍。其缺点是，当覆盖胶损坏后，钢丝易腐蚀，使用时要防止物料卡入滚筒与胶带之间，因其延伸率小而容易使钢绳拉断。带式输送机已向长距离、大输送量、高速度方向发展。目前各国使用的长距离、大输送量、输送机上多数采用夹钢绳芯橡胶带。

2. 托辊

托辊用于支撑运输带和带上物料的质量，减小输送带的下垂度，以保证稳定运行。托辊可分为如下几种。

（1）平形托辊

如图 10-3（a）所示，一般用于输送成件物品和无载区，以及固定犁式卸料器处。

（2）槽形托辊

如图 10-3（b）所示，一般用于输送散状物料，其输送能力要比平托辊用于输送散状物料提高20%以上。旧系列的槽角一般采用20°、30°，目前都采用35°、45°，国外已有采用60°槽角的槽形托辊。

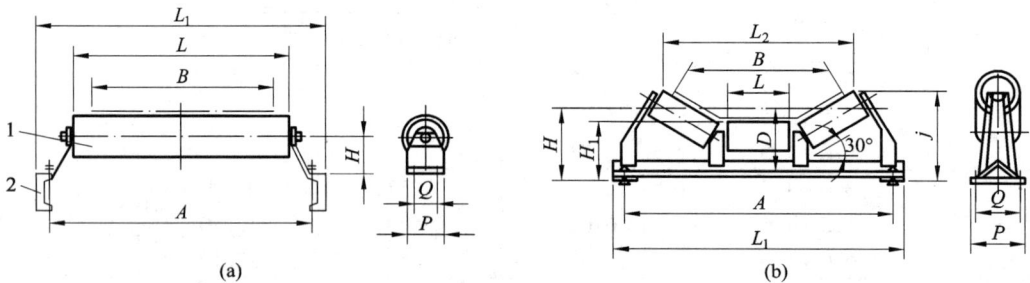

图 10-3 平形托辊和槽型托辊结构示意图
（a）平形托辊 （b）槽形托辊
1—滚柱；2—支架

（3）调心托辊

由于运输带的不均质性，致使带的延伸率不同，以及托辊安装不准确和载荷在带的宽度上分布不均等原因，都会使运动着的输送带产生跑偏现象。为了避免这种趋向，承载段每隔10组托辊设置一组槽形调心托辊或平形调心托辊；无载段每隔6～10组，设置一组平形调心托辊。图 10-4 为槽形调心托辊示意图，当输送带跑偏而碰到导向滚柱体时，由于阻力增加而产生的力矩使整个托辊支架旋转。这样托辊的几何中心便于带的运动中心线不相垂直，带和托辊之间产生一滑动摩擦力，此力可使输送带和托辊恢复正常运行位置。

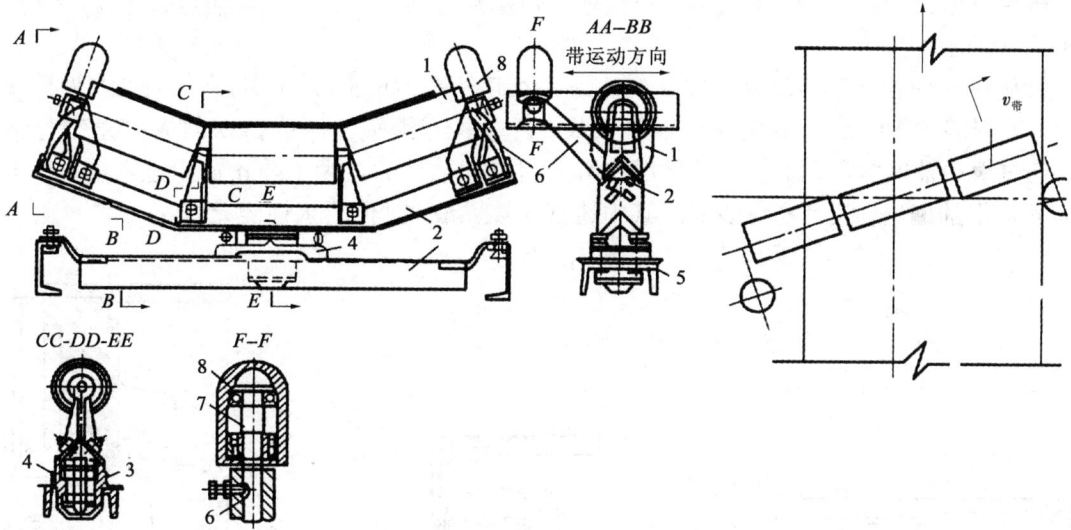

图10－4　槽形调心托辊结构示意图

1—托辊；2—托辊支架；3—主轴；4—轴承座；5—槽钢；6—杠杆；7—立滚轴；8—导向滚柱体

（4）缓冲托辊

如图10－5所示，用在被处理物料的粒度及重量能严重损坏输送带的加料段，它起支撑装置的作用；以减缓被输送物料特别是所含大块料的重量引起的对输送带的冲击，它的滚柱是采用由覆盖一层厚的富有韧性的橡胶制成。

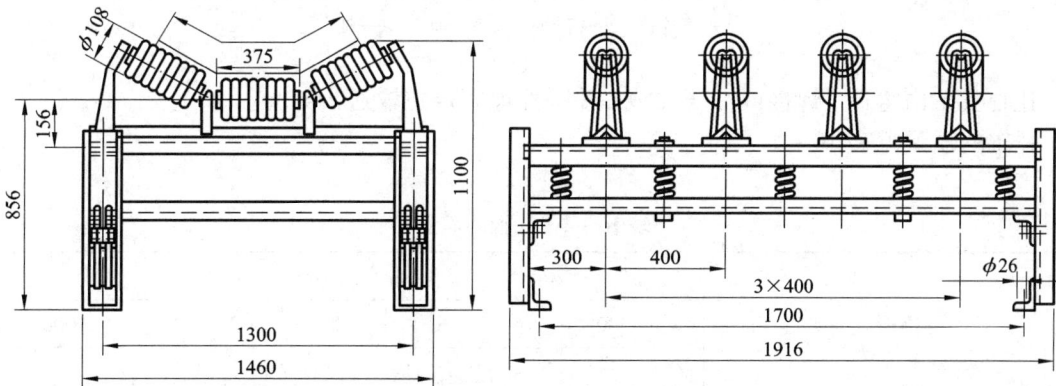

图10－5　缓冲托辊结构示意图

（5）回程托辊

用于下分支支承输送带，有平形、V形、反V形几种，V形和反V形能降低输送带跑偏的可能性。当V形和反V形两种形式配套使用时，形成菱形断面，能更有效地防止输送带跑偏。

（6）过渡托辊

安装在滚筒与第一组托辊之间，可使输送带逐渐形成槽形，以降低输送带边缘因成槽延伸而产生的附加应力。

托辊由滚柱和支架两部分组成。滚柱是一个组合体，如图 10-6 所示，它由滚柱体、轴、轴承、密封装置等组成。滚柱体用钢管截成，两端具有钢板冲压或铸铁制成的壳作为轴承座，通过滚动轴支承在轴上。少数情况也有采用滑动轴承的。为了防止灰尘进入轴承，也为了防止润滑油漏出，装有密封装置。其中迷宫式效果最佳，但防水性能差。

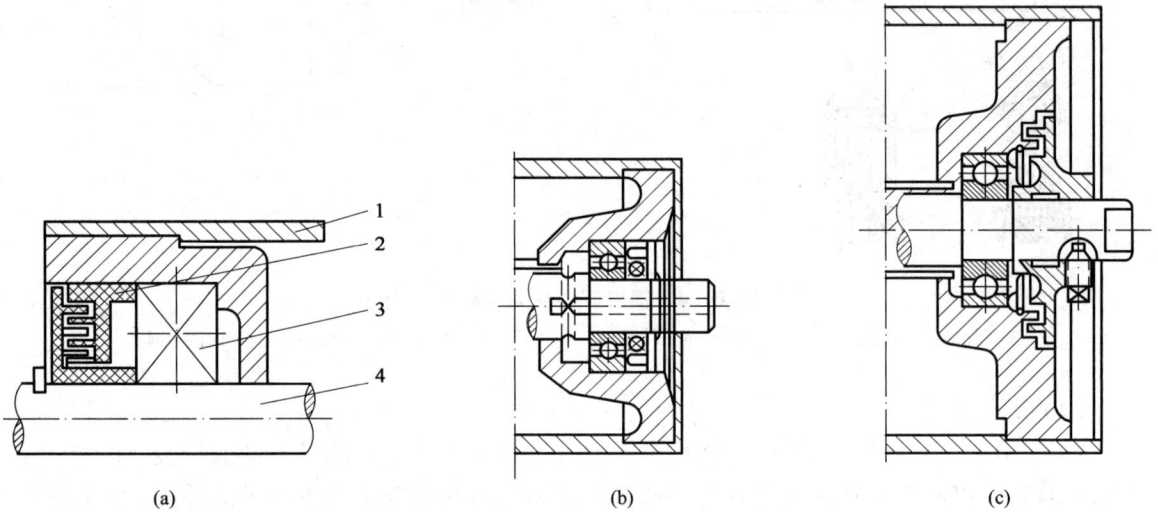

(a)   (b)   (c)

图 10-6 托辊结构示意图

(a)迷宫式密封的托辊   (b)填埋密封的托辊   (c)迷宫-毛毡密封的托辊

1—滚柱体；2—密封装置；3—轴承；4—轴

托辊支架由铸造、焊接或冲压而成，并刚性地固定在输送机架上。

托辊的质量见表 10-4。

表 10-4 托辊的质量

托辊形式		带宽度 B/mm			
		500	650	800	1000
		托辊转动部分质量/(g·kg^{-1})			
槽形托辊	铸铁座	11	12	14	22
	冲压座	8	9	11	17
平形托辊	铸铁座	8	10	12	17
	冲压座	7	9	11	15

胶带输送机上托辊的间距应根据带宽和物料的物理性质选定。受料处托辊间距视物料容

积密度及粒度而定，一般取上托辊间距的1/2～1/3。下托辊间距一般可取为3 m。头部滚筒轴线到第一组槽形托辊的间距可取为上托辊间距的1.3倍。尾部滚筒到第一组托辊间距不小于上托辊间距。输送质量大于20 kg的成件物品时，托辊间距不应大于物品输送方向上长度的1/2。对输送质量小于20 kg以下的成件物品时，托辊间距可取为1 m。

3. 驱动装置

传动滚轴与减速器及电动机连接，传动滚筒与输送带之间的摩擦作用牵引输送带运行。通常传动滚筒位于输送机的头部。若用于向下倾斜的输送机时，传动滚筒则位于输送机的尾部。

输送机滚筒结构大部分采用焊接制成，如图10-7所示。

滚筒直径的大小关系到输送带的磨损速度和因反复弯曲引起的层裂程度，直接影响着输送带的使用年限。滚筒直径越大，输送带压向滚筒的面积愈大，输送带在滚筒上的弯曲程度愈缓，芯层间的剪切应力愈小，由此而引起的层裂现象愈轻。但是，滚筒直径太大会使输送机显得庞大和笨重。标准输送带的滚筒直径为300、400、500、600、750、900、1050、1200、1400、1800 mm等。

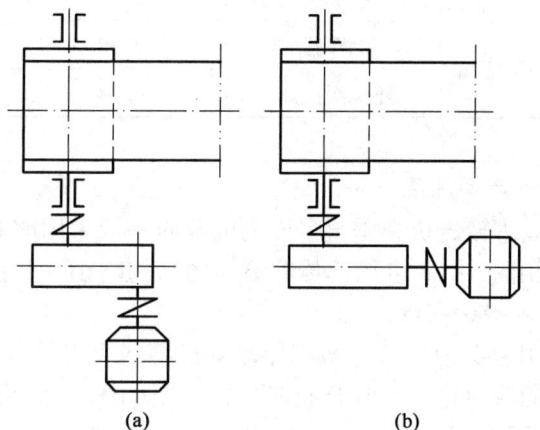

图10-7 驱动装置

(a)圆柱齿轮减速器驱动装置
(b)圆柱-圆锥齿轮减速器或涡轮减速器驱动装置

传动滚筒分光面和胶面两种。光面滚筒的摩擦系数一般为0.20～0.25，适用于功率不大，环境湿度小的场合；反之，则采用滚筒外敷一层橡胶的胶面滚筒，以增大摩擦系数。

驱动输送带的条件是：为了避免输送带在传动滚筒上打滑，传动滚筒趋入点的输送带张力 S_n 和奔离点的输送带张力 S_1 之间的关系应满足尤拉公式

$$S_n \leqslant S_1 e^{\alpha\mu}$$

式中：S_n——传动滚筒趋入点的输送带张力，N；

S_1——传动滚筒奔离点的输送带张力，N；

e——自然对数的底数；

μ——传动滚筒与输送带间的摩擦系数；

α——输送带与传动带滚筒的包角，(°)。

$e^{\alpha\mu}$——见表10-5。

另外有一种电动滚筒，它是把电动机和减速装置都装在传动滚筒之内。电动滚筒具有结构简单，紧凑、占有空间位置小，操作安全，整机操作方便，减少停机时间等优点。与同规格的外部驱动装置相比，电动滚筒质量约减轻60%～70%，可节约金属材料58%，功率范围为2.2～55 kW。一般适用于环境温度不超过40℃的场合。

表 10 – 5 $e^{\alpha\mu}$ 值

传动滚筒情况及 μ 值		包角 α/(°)			
		200	210	240	400
		$e^{\alpha\mu}$ 值			
光滑滚筒	环境潮湿 $\mu=0.2$	2.01	2.09	2.31	4.04
	环境潮湿 $\mu=0.25$	2.39	2.50	2.85	5.74
胶面滚筒	环境潮湿 $\mu=0.35$	2.39	3.60	4.34	11.47
	环境潮湿 $\mu=0.4$	4.04	4.35	5.35	16.40

4. 改向装置

胶带输送机在垂直平面内的改向一般采用改向滚筒,改向滚筒的结构与传动滚筒的结构基本相同,但其直径比传动滚筒的结构略小一些。改向滚筒直径与胶带帆布层之比,一般可取 $D/Z \geqslant 80 \sim 100$。

用 180°改向者一般用作尾部滚筒或垂直拉紧滚筒;用 90°改向者一般用作垂直拉紧装置上方的改向轮;用小于 45°改向者一般用作增面轮。

此外,还可以采用一系列的托辊达到改向目的。如输送带由倾斜方向转为水平,即可用一系列的托辊来改向,其托辊间距可取正常情况的一半。此时输送机构曲线是向上凸起的,其凸起弧段的曲率半径可按下式计算

$$R_1 \geqslant 18B$$

式中:B——带宽,m。

有时可不用任何改向装置,而让输送带自由悬垂成一曲线来改向。如输送带由水平方向转为向上倾斜方向时即可采用这种方法,但输送带下仍需要设置一系列托辊。此时凹弧段的曲率半径可按下式计算

$$R_2 \geqslant S/W_0$$

式中:S——凹弧段输送带的最大张力,N;

$\quad\quad W_0$——每米输送带质量,kg · m^{-1}。

R_2 推荐值见表 10 – 6。

表 10 – 6 R_2 推荐值

带宽/m	R_2/m	
	$\gamma \leqslant 1.6$ t/m^3	$\gamma \geqslant 1.6$ t/m^3
500、600	80	100
800、1000	100	120

5. 拉紧装置

拉紧装置的作用是通过移动滚筒来伸长或缩短输送带的调整设备。在维修时拉紧装置可松弛输送带以便于维修;在运行时可拉紧输送带以保持必需的张力,还可防止拖轮间输送带

过分下垂。在输送带启动或超载时，输送带会暂时伸长而改变输送带长度，拉紧装置可起到补偿的作用。拉紧装置分螺旋式、车式、垂直坠重式三种。

（1）螺旋式拉紧装置

螺旋式拉紧装置如图 10 – 8 所示，由调节螺旋和导架等组成。回转螺旋即可移动轴承座沿导向架滑动，以调节带的张力。但螺旋应能自锁，以防松动。这种拉紧装置紧凑、轻巧，但不能自动调节。它适用于输送距离短、功率小的输送带机上。

该拉紧装置的螺旋拉紧行程有 500、800、1000 mm 三种。

（2）车式拉紧装置

车式拉紧装置又分为重锤车式拉紧装置和固定绞车式拉紧装置。如图 10 – 9（a）所示是一种重锤式拉紧装置，这种拉紧装置适用于输送距离较长、功率较大的输送机。其拉紧行程有 2 m、3 m、4 m 三挡。固定绞车式拉紧装置用于大行程、大拉紧力（30 ~ 150 kN）、长距离、大运输量的带式输送机，最大拉紧行程可达 17 m。

图 10 – 8　螺旋式拉紧装置

（3）垂直坠重式拉紧装置

垂直坠重式拉紧装置如图 10 – 9（b）所示，其拉紧原理与车式相同。它适用于采用车式拉紧装置布置较困难的场合。可利用输送机走廊的空间位置进行布置，可随着张力的变化靠重力自动补偿输送带的伸长，重锤箱内装入每块 15 kg 重的铸铁块调节拉紧张力。该拉紧装置的缺点是改向滚筒多，且物料易掉入输送带与拉紧滚筒之间而损坏输送带，特别是输送潮湿物料或黏性物料时，由于清扫不干净，这种现象更为严重。

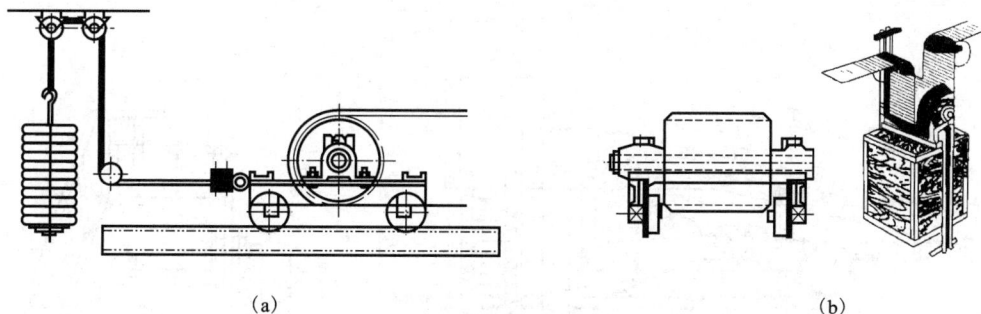

（a）　　　　　　　　　　　　　（b）

图 10 – 9　车式和垂直式拉紧装置

（a）车式　（b）垂直式

6. 装料及卸料装置

装料装置的结构取决于被输送物料的性质，对输送成品物件的输送机，都配有倾斜溜槽或滑板，成件物品经溜槽或滑板落在输送带上。对输送散料的输送机，一般都装有固定式或移动式进料斗；对供应量、供应速度有严格要求的输送机，则须设置供料器。

供料装置除了要保证均匀地供给输送机定量地被输送物料外，还要保证这些物料在输送带上分布均匀,减少或消除装卸时物料对带的冲击。

　　卸料装置的形式决定于卸料的位置。最简单的卸料方式是在输送机的末端卸料。这时除了导向卸料槽之外,不需要任何其他装置。如需要从输送机上任意一处卸料,则需要采用犁式卸料器(见图 10 – 10)和电动小车。

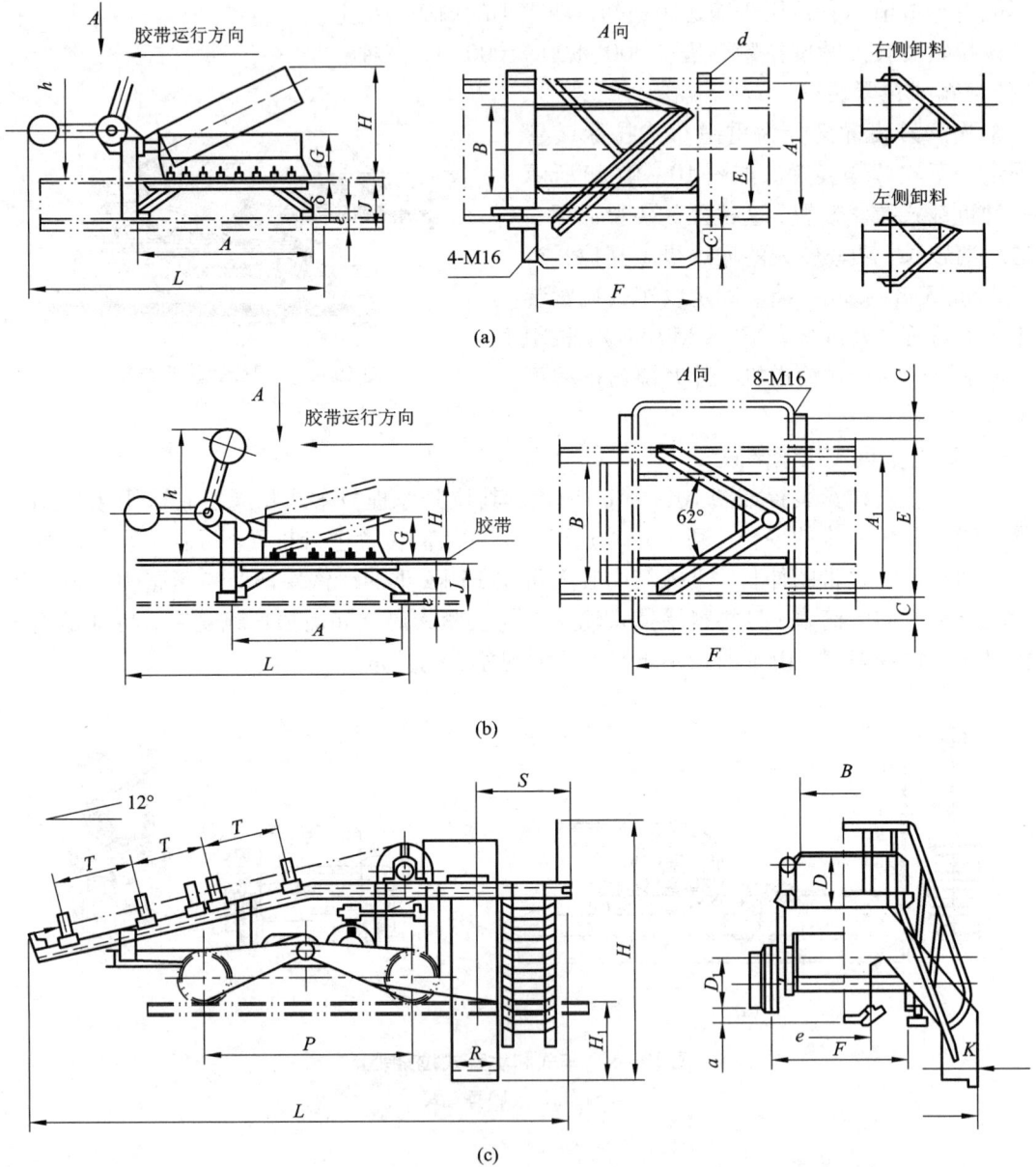

(a)

(b)

(c)

图 10 – 10　犁式卸料器和电动小车

(a)固定单侧式卸料器　(b)固定两侧式卸料器　(c)电动卸料器

7. 清扫装置

清扫器的作用是清扫输送带上黏附的物料,以保证有效地输送物料,同时也为了保护输送带。尤其在输送黏湿性物料时,清扫器的作用就显得更为重要。

清扫器分头部清扫器和空段清扫器两种。头部清扫器又分重锤刮板式清扫器和弹簧清扫器,装于卸料滚筒处,清扫输送带的黏料。空段清扫器装在尾部滚筒前,用以清扫黏附于输送带非工作面的物料。空段清扫器的结构如图 10-11 所示。

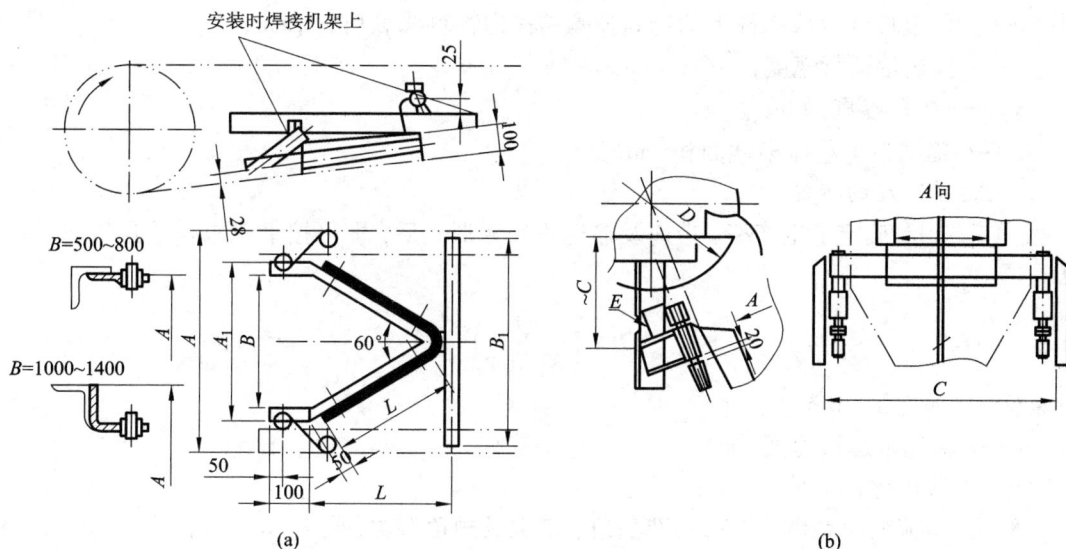

图 10-11　清扫器
(a)空段清扫器　(b)弹簧清扫器

8. 制动装置

倾斜布置的胶带输送机在运行过程中如遇到突然停电或其他事故而引起突然停机,则会由于输送带上物料的自重作用而引起输送机的反向运转。这在胶带输送机的运行中是不允许的,为了避免这一现象的发生,可设置制动装置。常见的制动装置有三种:带式逆止器、滚柱式逆止器和电磁闸瓦式制动器。

10.2.1.2　主要参数计算

1. 输送带运行速度的确定

输送带的运行速度是带式输送机的一个重要参数。当输送量不变时,增大带速可减小带宽和张力,减轻机重降低造价;同时也带来一些缺点:提高带速,延长了物料加速时间,加剧输送带磨损,使输送带易跑偏,输送倾角降低,易扬起粉尘,普遍地降低输送机零部件的使用寿命等。选择带速,可考虑以下几个方面;

输送摩擦性小、颗粒不大、不易破碎的散料,宜取较高的速度,通常可在 $2 \sim 4 \text{ m/s}$ 之间。

输送易扬尘的物料或粉料,宜选较低速度,如输送面粉时带速 $v \leqslant 1 \text{ m/s}$。

输送脆性物料时,选取较低的带速,以免物料在加料点和卸料点碎裂。

输送潮湿物品时,要选择较高带速,使物料在切点处容易卸料。

输送成件物品时应选较低的带速，一般为 0.75~1.25 m/s。

较长距离及水平的输送机可选较高带速，倾角越大或输送距离越短，带速应越低。

输送带的宽度、厚度较大时，跑偏的可能性较小，可取较大带速。

生产率的确定：

带式输送机的生产率是指输送机在单位时间内所输送物料的量。

输送散料时，带式输送机重量生产率为：

$$Q = 3.6qv = 3600Fv\gamma_0$$

式中：q——单位长度承载构件上的物料质量，称为物料线载荷，kg/m；

v——输送带运行速度，m/s；

γ_0——物料容重，t/m^3；

F——输送带上料流横截面积，m^2。

2. 输送带宽度的确定

按照工艺设计确定了生产率、带速及输送机布置形式后，即可按下式求得输送散料时的带宽 B。

$$B = \left(\frac{Q}{K\gamma Cv\phi}\right)^{\frac{1}{2}}$$

式中：Q——输送量，t/h；

v——输送带运行速度，m/s；

γ——散粒物料容重，t/m^3；

K——料流断面系数，与物料堆积角、带宽及槽角有关（见表 10-7）；

C——与倾角有关的系数（见表 10-8）；

φ——与速度有关的系数（见表 10-9）。

表 10-7　断面系数 K 值

带宽 B/mm	堆积角									
	15°		20°		25°		30°		35°	
	槽形	平形	槽形	平形	槽形	平形	槽形	平形	槽形	平形
	K 值									
500	300	105	320	130	355	170	390	210	420	250
650										
800	335	115	360	145	400	190	435	230	470	270
1000										

表 10-8　倾角系数 C 值

倾斜角 β	≤6°	8°	10°	12°	14°	16°	18°	20°	22°	24°	25°
C 值	1.0	0.96	0.94	0.92	0.90	0.88	0.85	0.81	0.76	0.74	0.72

表 10-9 速度系数 φ 值

带速(m·s^{-1})	≤16	≤2.5	≤3.15	≤4.0
φ 值	1.0	0.95~0.98	0.90~0.94	0.80~0.84

10.2.1.3 特点及应用

带式输送机是一种生产技术成熟、应用极为广泛的输送设备,具有最典型的连续输送机的特点,近几年来发展很快。其主要优点是:

结构简单,自重轻,制造容易。

输送路线布置灵活,适应性广,可输送多种物料。

输送速度快,输送距离长,输送能力大,能耗低。

可连续输送,工作平稳,不损伤被输送物料;操作简单,安全可靠,保养检修容易,维修管理费低。

带式输送机的主要缺点:输送带易磨损,且其成本大(约占输送机造价的40%);需用大量滚动轴承;在中间卸料时必须加装卸料装置。

10.2.2 螺旋输送机

螺旋输送机俗称"绞龙",是一种无挠性牵引构件的连续输送设备,它借助旋转螺旋叶片的推力将物料沿着机槽进行输送。这种移动物料的方法广泛用来输送、提升和装卸散状固体物料。

10.2.2.1 结构

螺旋输送机的结构如图 10-12 所示,内部结构如图 10-13 所示。它主要由螺旋轴、料

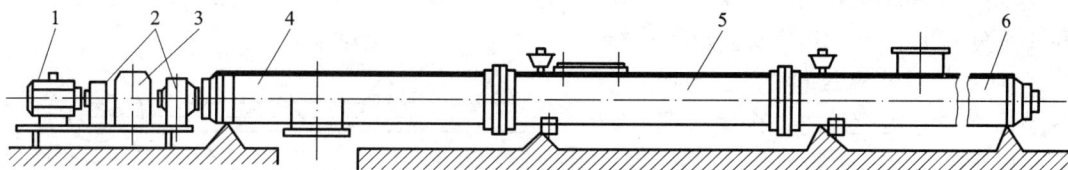

图 10-12 螺旋输送机的结构

1—电动机;2—联轴器;3—减速器;4—头节;5—中间节;6—尾节

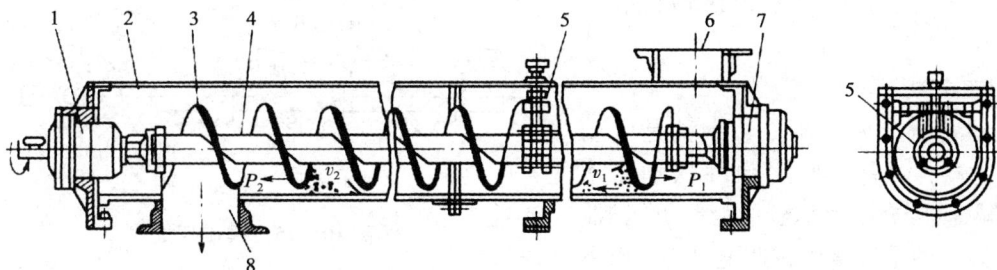

图 10-13 螺旋输送机的内部结构

1—端部轴承;2—槽体;3—叶片;4—转轴;5—悬挂轴承;6—进料口;7—端部轴承;8—出料口

槽和驱动装置所组成。料槽的下半部是半圆形,螺旋轴沿纵向放在槽内。当螺旋轴转动时,物料由于其质量及它与槽壁之间摩擦力的作用,不随同螺旋轴一起运动,这样由螺旋轴旋转而产生的轴向推力就直接作用在物料上而成为物料运动的推动力,使物料沿轴向滑动。物料沿轴向滑动,就像螺旋杆上的螺母,当螺母沿周向被持住而不能旋转时,螺杆的旋转就使螺母沿螺杆做平移,物料就是在螺旋轴的旋转过程中朝着一个方向推进到卸料口处卸出的。其装料和卸料方式如图 10 – 14 所示。

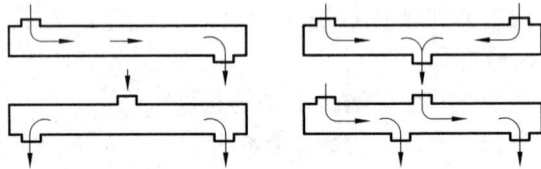

图 10 – 14　螺旋输送机的装料和卸料的几种布置方式

10.2.2.2　螺旋输送机的主要构件

1. 螺旋体

螺旋体是螺旋输送机的基本构件,螺旋体由螺旋叶片和螺旋心轴构成,为减轻重量,螺旋轴多为空心圆管,螺旋叶片形式有多种,如图 10 – 15 所示。

2. 中间轴承

中间轴承又称悬挂轴承,在较长螺旋输送机上作为螺旋轴的中间支承。由于中间支承固定在料槽上,所以螺旋叶片在中间支承处间断,在一定程度上阻碍物料的输送。对中间轴承结构的设计成功与否也是螺旋输送机设计的一个关键因素。

3. 料槽

螺旋输送机的料槽一般由薄钢板制成,根据需要其外形可为圆管形或 U 形槽,其与螺旋叶片的间隙根据螺旋输送机的螺旋叶片直径尺寸及所输送物料的种类而不同。

4. 驱动装置

驱动装置有两种形式,一种是电动机、减速器,两者之间用弹性联轴器连接,而减速器与螺旋轴之间用浮动联轴器连接。另一种是直接用减速电动机、而不用减速器。在布置螺旋输送机时,最好将驱动装置和出料口同时装在头节,这样使螺旋轴受力较合理。

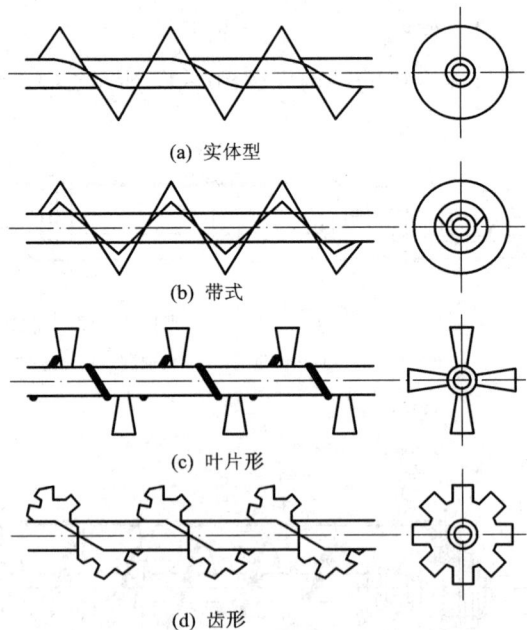

(a) 实体型

(b) 带式

(c) 叶片形

(d) 齿形

图 10 – 15　螺旋形式

10.2.2.3　螺旋输送机的种类、工作原理及特点

1.螺旋输送机的种类

按结构和布置形式，螺旋输送机分为水平螺旋输送机、垂直螺旋输送机、可弯曲螺旋输送机以及螺旋管输送机(滚筒输送机)。

2.各类螺旋输送机工作原理及特点

(1)水平螺旋输送机

水平螺旋输送机的工作原理如同不旋转的螺母沿着转动的螺杆作平移运动一样，当物料加入固定的机槽内时，由于物料的重力以及与机槽的摩擦力作用，堆积在机槽下部的物料不随螺旋体旋转，而只在螺旋叶片推动下向前移动，达到输送物料的目的。由于螺旋输送机的结构便于多点装料与卸料，输送过程中可同时完成混合、搅拌或冷却功能。但对超载敏感，易堵塞；能耗大；对物料产生破碎损耗。

(2)垂直螺旋输送机

按照经典的垂直螺旋输送机工作原理，垂直螺旋输送机依靠离心力和摩擦力使得物料获得向上运动的推力，由于物料受到重力的作用，螺旋体转速必须达到一定的临界值，以克服物料下降的重力，从而实现垂直输送。

(3)可弯曲螺旋输送机

其螺旋体心轴为可挠曲的，因此输送线路可根据需要按空间曲线布置。根据布置线路中水平及垂直(大倾角)段的长度比例不同，其工作原理按水平螺旋输送或垂直螺旋输送机设计，避免物料转载，不设中间轴承；阻力小，噪声小。

(4)螺旋管输送机

螺旋管输送机又叫滚筒输送机，圆筒形机壳内焊有连续的螺旋叶片，机壳与叶片一起转动。加入的物料由于离心力和摩擦力的作用随机壳一起转动并被提升，而后在物料的重力作用下又沿螺旋面下滑，实现了物料的向前移动，如同不旋转的螺杆沿着转动的螺母作平移运动一样，达到输送物料的目的。这种螺旋输送机能耗低，维修费用低；在端部进料时，能适应不均匀进料要求，可同时完成输送、搅拌、混合等各种工艺要求，物料进入过多时也不会产生卡阻现象；可输送温度较高的物料。

10.2.2.4　螺旋输送机的应用

螺旋输送机的工作环境温度应在 −20 ~ +50℃ 范围之内；被输送物料的温度应小于200℃。

我国目前采用的螺旋输送机有 GX 系列和 LS 系列。GX 系列螺旋直径从 150 ~ 600 mm 共有 7 种规格，长度一般为 3 ~ 70 m，每隔 0.5 m 为一挡。螺旋轴的各段长度分别有 1500 mm、2000 mm、2500 mm 和 3000 mm 4 种。可根据物料的输送距离进行组合，驱动方式分单端驱动和双端驱动两种。

LS 系列是近几年设计并已投入使用的一种新型螺旋输送机，它采用国际标准设计、等效采用 ISO1050.75 标准。它与 GX 系列的主要区别有：①头、尾部轴承移至壳体外；②中间吊轴采用滚动、滑动可以互换的两种结构，设置的防尘密封材料用尼龙和聚四氯乙烯树脂类，具有阻力小、密封好、耐磨性强的特点；③出料端设有清扫装置；④进、出料口布置灵活；⑤整机噪声低、适应性强。

10.2.3 斗式提升机

斗式提升机是一种应用极为广泛的粉体垂直输送设备，由于其结构简单，横截面的外形尺寸小，占地面积小，系统布置紧凑，具有良好的密封性及提升高度大等特点，在现代工业的粉体垂直输送中得到普遍的应用。

10.2.3.1 构造

图 10-16 是一种常见的斗式提升机结构图，斗式提升机是一种沿垂直或倾斜路程输送散状固体物料的输送机。由环形输送机或链条以及附在其上的料斗、头部或底部传动机械、支架和外壳所组成。斗式提升机的所有部件一般都罩在机壳里。机壳上部与传动装置和链轮组成提升机的机头。机壳下部与张紧装置、链轮组成提升机机座。机壳的中部由若干节连接而成。

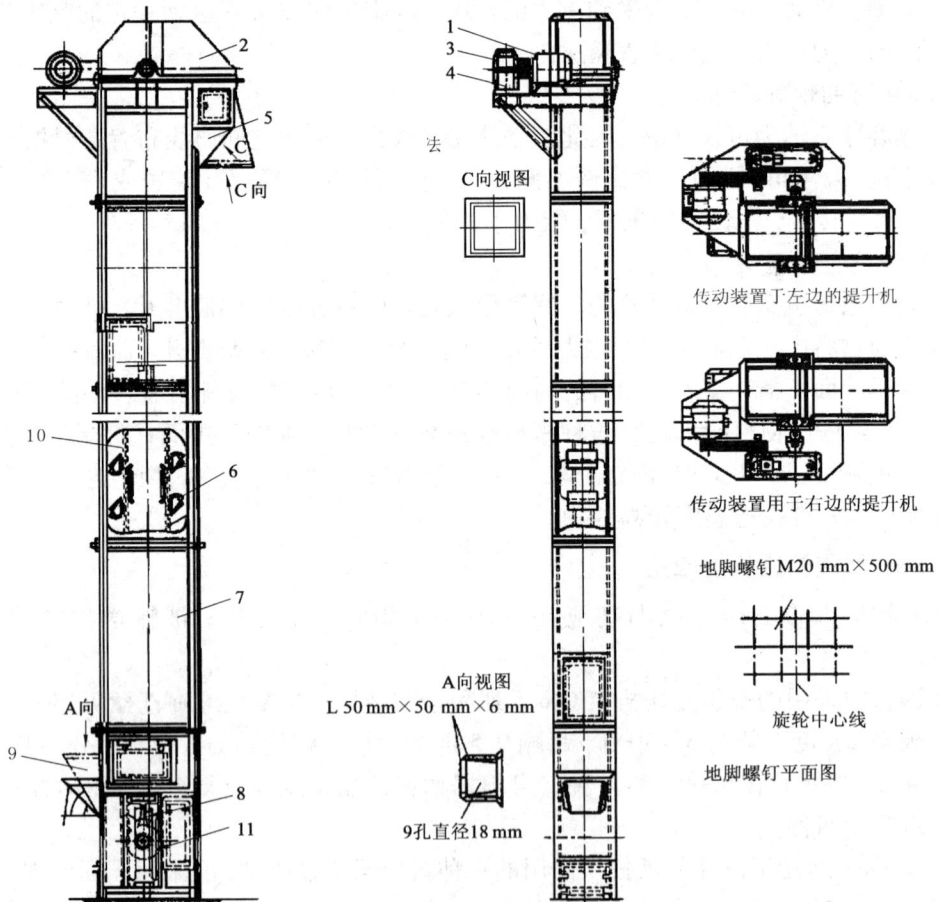

图 10-16 斗式提升机

1—电动机；2—驱动链轮；3—三角皮带传送；4—减速器；5—出料口；6—料斗；
7—机壳；8—张紧装置；9—进料口；10—链条；11—张紧链轮

为防止运行时由于偶然原因产生链轮和料斗运行方向的反向坠落造成事故,在传动装置上设有逆止联轴器。

被输送的物料由进料口喂入后,被连接向上的料斗舀取、提升,由机头出料口卸出。

按照牵引构件的形式,斗式提升机可分为带式提升机和链式提升机。带式提升机以胶带为牵引构件。优点是成本低,自重小,工作平稳无噪声,并可采取较高的运行速度,因此有较大的生产率。其主要缺点是料斗在胶带上固定力较弱,因此在输送难于舀取的物料时不宜采用。

链式提升机是以链条为牵引构件。优点是不受物料种类的限制,而且提升高度大。缺点是运转时,链节之间由于进入灰尘而磨损严重,影响使用寿命,增加检修次数。

10.2.3.2 主要部件

1. 牵引构件

带式提升机用的胶带与前述胶带输送机用的胶带是相同的。选择的带宽应比料斗宽度大30~40 mm。胶带中帆布的层数按照胶带输送机的计算方法确定,但考虑到带上连接料斗时所穿的孔会降低胶带的强度,因此应将胶带输送机验算的安全系数增大10%左右。

链式提升机用的链条是铸造环链或板链。图 10-17 是铸造环链结构图;图 10-18 是板链结构图。

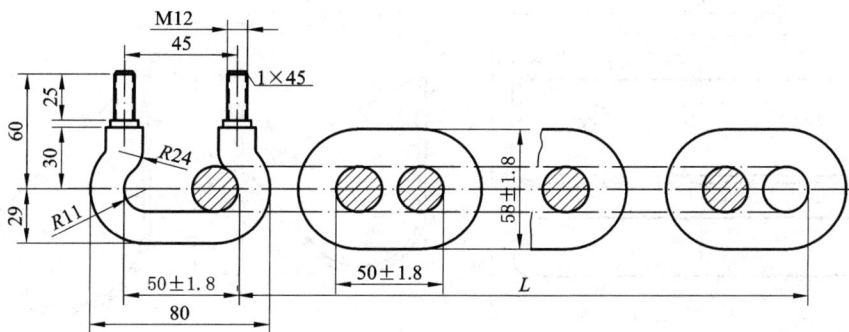

图 10-17 铸造环链

2. 料斗

料斗用铸铁或钢板制成,是用于装载输送物料的容器。其材质、形状及结构根据被输送物料的性质、粒度大小、提升速度以及卸料方式不同而不同。根据物料特性及安装、卸料的不同,常制成深斗、浅斗和鳞斗三种。

(1)深斗

称为 S 制法,深斗的几何形状如图 10-19 所示。由于其边唇的倾斜角度大,深度大,因此适应于输送干燥的、松散的、易于投出的物料,如水泥、碎煤块、干砂、碎石等。

(2)浅斗

称为 Q 制法,浅斗的几何形状如图 10-19 所示。由于其边唇的倾斜角度大,深度小,因此适应于输送潮湿的、容易结块的、难于卸出的物料,如湿砂、黏土等。

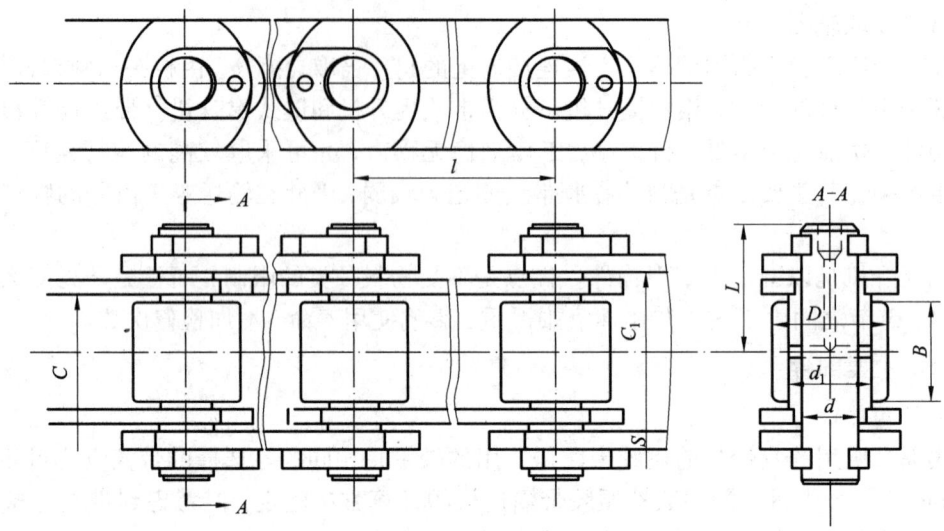

图 10 − 18　板链结构

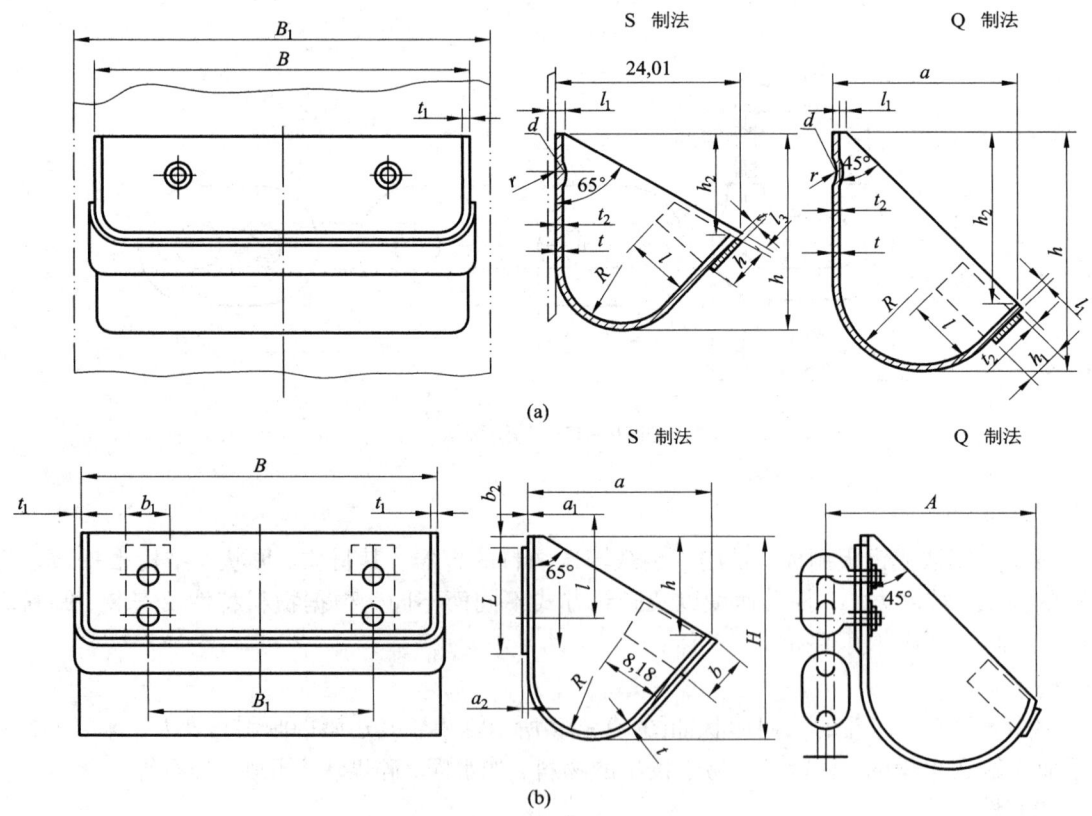

(a)

(b)

图 10 − 19　深斗和浅斗的几何形状

（3）鳞式料斗

鳞式料斗也称尖斗，其几何形状如图10－20所示。具有导向的侧边在牵引构件上是连续布置的，因此卸料时物料沿着斗背溜下，这种料斗用于输送密度较大的物料；同时，适用于低速运行的提升机。

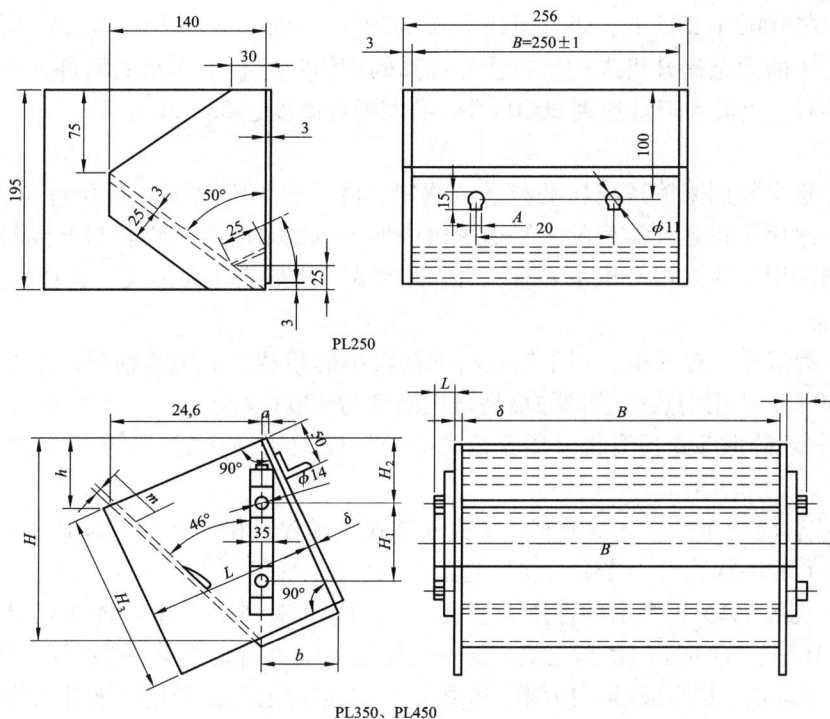

PL250

PL350、PL450

图10－20 鳞式料斗

3. 传动装置

板式斗式提升机的传动装置基本与环链式相同，其区别是用一对升式齿轮传动代替皮带传动；驱动链轮与板链之间为齿轮啮合传动，因此链轮有齿。链轮的齿数通常为6～20，取偶数。

带式提升机的传动装置与环链式基本相同，只是用鼓轮代替了环链式的槽轮。传动装置中的逆止制动器通常采用逆止联轴器。

4. 张紧装置

与输送机的张紧装置基本相同，有弹簧式、螺旋式及重锤式三种。

5. 机壳

提升机的机壳一般由厚2～4 mm的钢板焊成，并以角钢为骨架制成一定高度的标准段节，选型时必须符合标准节的公称长度。同时，机壳必须密封以防止操作时粉尘泄漏。

10.2.3.3 特点及应用

1. 特点

斗式提升机的优点是结构简单、紧凑、占地面积小；有良好的密封性，可避免灰尘飞扬；

生产率大，提升高度大；工作平稳可靠，噪声低；耗用动力少；如果将提升机底部插入料堆，能自动取料而不需要专门的供料设备，可用于输送均匀、干燥的细颗粒散状固体物料等。缺点是对过载敏感，料斗容易损坏，维修费用高，维修不易，经常需停车检修；机壳内部空气含尘浓度高、不能在水平方向输送物料等。

目前，我国生产的斗式提升机，最大提升高度为 80 m，环链式一般使用的高度只在 40 m 以下，生产率在 1000 t/h 以下，动力消耗在 0.0039 ~ 0.006 kW·h(t·m) 范围内。在国外，一些用在矿井中的大型提升机采用抗拉强度极高的钢绳芯橡胶带作牵引构件，并以专门的设备进行定量供料，使最大产量达到 2000 t/h，最大提升高度达 350 m。

2. 应用

斗式提升机主要用来输送疏松的或散状物料，物料的块度大小要符合料斗的装料要求。斗式提升机一般用于将各种类型的水平输送机或加料机送来的散状物料提升到料仓、储斗或加料斗。我国采用的斗式提升机主要有三种，即带式、环链式和板链式。其规格性能如表 10 -10 所示。

D 型——胶带斗式提升机。用于输送磨蚀性较小的粉状、小块状物料，选用普通胶带时温度不超过 80℃；使用耐热橡胶带的最高适用温度为 200℃。

HL 型——环链形斗式提升机。用于输送磨蚀性较大的块状物料，被输送物料的温度不应超过 250℃。

PL 型板式套筒滚子链斗式提升机，简称板链式斗式提升机。适用于输送中等、大块、易碎、磨蚀性较大的块状物料，被输送物料的温度不超过 250℃。

根据原一机部 1979 年提出的通用斗式提升机新系列标准，上述三种斗式提升机相应的型号确定为 TD 型、TH 型和 TB 型三类，这些代号均为汉语拼音的第一个字母，T 为提升机，D 为带式，H 为环链，B 为板链。根据原建材部 1992 年对水泥工业用环链斗式提升机颁布的标准中，其代号又为 TZH，其中 Z 表示重力式卸料方式。

表 10 -10　斗式提升机的规格性能

| 型号 | 料斗制法 | 输出能力 /(m³·h⁻¹) | 料斗 | | | | 传动齿轮速度 /(r·min⁻¹) | 运行部分质量 /(kg·m⁻¹) | 输送物粒最大粒度 /mm |
			容积 /L	斗距 /mm	斗宽 /mm	斗速 /(m/s)			
HL300	SQ	28 16	4.45.2	500	300	1.25	37.5	24.8 24.0	40
HL400	SQ	47.2 30	10.5 10	600	400	1.25	37.5	29.2 28.3	50
D160	SQ	8.0 3.1	1.1 0.65	300	160	1.0	47.5	4.72 3.8	25
D250	SQ	21.6 11.8	3.2 2.6	400	250	1.25	47.5	10.2 9.4	35
D350	S Q	42 25	7.8 7.0	500	350	1.25	47.5	13.9 12.1	45
D450	S Q	69.5 48	15 14.5	640	450	1.25	37.5	21.3 31.3	55

型号	料斗制法	输出能力 /(m³·h⁻¹)	料斗				传动齿轮速度 /(r·min⁻¹)	运行部分质量 /(kg·m⁻¹)	输送物粒最大粒度 /mm
			容积 /L	斗距 /mm	斗宽 /mm	斗速 /(m/s)			
PL250	$\phi=0.75$ $\phi=1.0$	22.3 30	3.3	200	250	0.5	18.7	36	55
PL350	$\phi=0.85$ $\phi=1.0$	50 59	1.2	250	350	0.4	15.5	64	80
PL450	$\phi=0.85$ $\phi=1.0$	85 100	22.4	320	450	0.4	11.8	92.5	110

10.2.4 链板输送机

链板输送机也是一种应用较广泛的粉体连续输送设备。这类输送设备的主要特点是以链条作为牵引构件、另以板片作为承载构件，板片安装在链条上，借助链条的牵引，达到输送物料的目的。

根据输送物料种类和承载构件的不同，链板输送机主要有板式输送机、刮板式输送机和埋刮板输送机三种。

10.2.4.1 板式输送机

板式输送机的构造如图10－21所示，它用两条平行的闭合链条作为牵引构件，链条连接有横向的板片2或3，板片组成鳞片状的连续输送带，以便装载物料。牵引链套在驱动链轮4和改向链轮5上，用电动机经减速器、驱动链轮带动。在另一端链条绕过改向链轮，改向链轮装有拉紧装置。因为链轮传动速度不均匀，坠重式的拉紧装置容易引起摆动，所以，拉紧装置都采用螺旋式。重型板式输送机，牵引链大多数采用板片关节链(见图10－21)。在关节销轴上装有滚轮6，输送的物料以及输送的运动构件等的质量都由滚轮支承，沿着机架7上的导向轨道滚动运行。

板式输送机有以下几种类型：板片上装有随同板片一起运行的活动栏板8的输送机，如图10－21(d)所示；在机架上装有固定栏板的输送机如图10－21(a)所示；无栏板的输送机，如图10－21(b)所示；前两种多用来输送散状物料。板片的形状有平板片，如图10－21(b)所示；槽形板片，如图10－21(d)所示；波浪形板片，如图10－21(e)所示。为了提高输送机的生产能力，特别是在较大的倾角时，波浪形板片具有明显的优越性。

输送散粒状物料时，板式输送机的输送能力为

$$Q = 3600Fv\varphi\rho_s$$

式中：F——承载板上物料的横截面积，m²；

v——板的速度，m/s；

φ——填充系数；

ρ_s——物料的堆积密度，t/m³。

对于有栏板的输送机，承载板上物料的横截面积取等于承载板料槽的横截面积。考虑到物料有填充不够之处，在计算中引入填充系数修正。在计算承载板的宽度时，不仅考虑到输

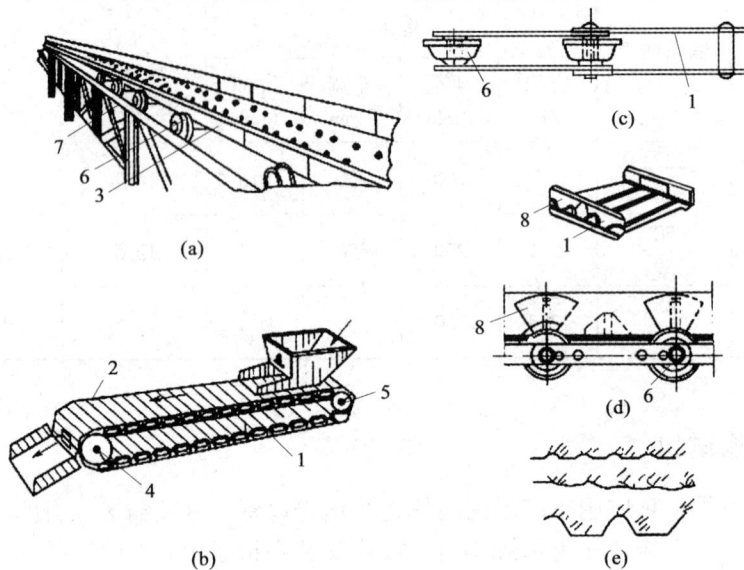

图 10 – 21　链板输送机

1—牵引件；2—平板；3—槽形板；4—驱动链轮；5—改向链轮；6—滚轮；7—机架；8—栏板

送能力，同时还要考虑到料块的大小。料块的尺寸不应大于宽的 1/3。栏板的高度一般取 120 ~ 180 mm。

板式输送机的特点是：输送能力大；能水平输送物料，也能倾斜输送物料，一般允许最大输送倾角为 25° ~ 30°；如果采用波浪形板片，倾角可达 35°或更大；由于它的牵引力和承载件强度高，输送距离可以较长，最大输送距离为 70 m；特别适合输送沉重、大块、易磨和炽热的物料，一般物料温度应小于 200℃；但其结构笨重，制造复杂，成本高，维护工作繁重，所以一般只在输送炽热、沉重的物料时才选用。

10.2.4.2　刮板式输送机

刮板输送机是借助链条牵引刮板在料槽内的运动，来达到输送物料的目的。如图 10 – 22 所示，料槽 1 固定在机座 2 中，牵引链 3 上安装刮板 4，绕过两端的驱动轮 5 和改向链轮 6，形成一条闭合的链条。链条的运动由驱动链轮带动，料槽中的物料就在链条的运动中，由链条上的刮板推动向前运动，从而达到输送物料的目的。改向链轮上也装有张紧装置，以使链条处于紧张状态，便于驱动轮的动力得以有效地传递。

链条带上的刮板要高出物料，物料不连续地堆积在刮板的前面，物料的截面呈梯形（见图 10 – 23）。由于物料在料槽内是不连续的，所以又称为间歇式刮板输送机。这种输送机利用相隔一定间距固定在牵引链条上的刮板，沿着料槽刮运物料。闭合的链条刮板分上、下两支，可在上分支或下分支输送物料，也可在上、下两支同时输送物料。牵引链条最常用的是圆环链，可以采用一根链条与刮板中部连接，也可用两条链条与刮板两端相连。刮板的形状有梯形和矩形等，料槽断面与刮板相适应。物料由上面或侧面装载，由末端自由卸载；也可以通过槽底部的孔口进行中途卸载，卸载工作能同时在几处进行。

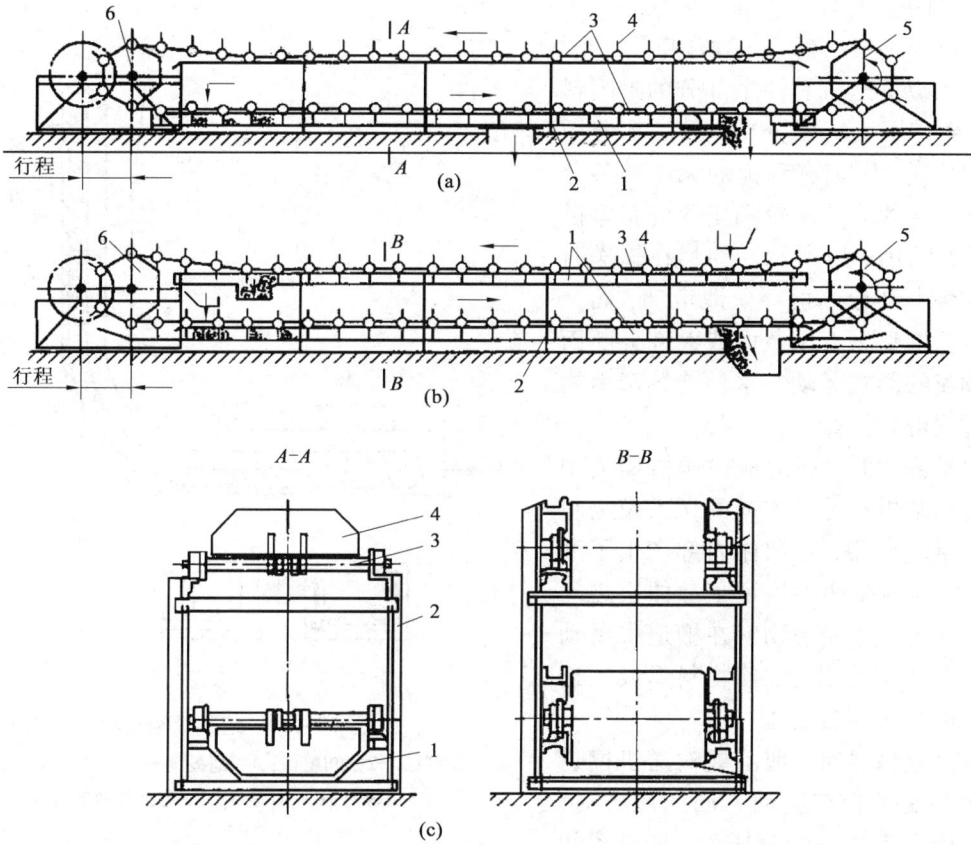

图 10－22 间歇式刮板输送机

1—料槽；2—机座；3—牵引链条；4—刮板；5，6—改向链轮

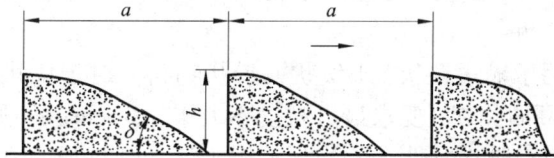

图 10－23 刮板前的物料堆积形状

这种输送机适合在水平或小倾角方向输送散料、粒状物料，如碎石、煤和水泥物料等，不适宜输送易碎的、有黏性的或会挤压成块的物料。该输送机的优点是结构简单，可在任意位置装载和卸载；缺点是料槽和刮板磨损快，功率消耗大。因此输送长度不适宜超过 60 m，输送能力不大于 200t/h，输送速度一般在 0.25～75 m/s。

10.2.4.3 埋刮板输送机

埋刮板输送机是一种连续粉体输送设备。由于它在水平和垂直方向都能很好地输送粉体和散粒物料,因此近年来在工业各部门得到较多的应用。

1.埋刮板输送机的工作原理

埋刮板输送机有两个部分的封闭料槽:一部分用于工作分支;另一部分用于回程分支,固定有刮板的无端链条分别绕在头部的驱动链轮和尾部的张紧链轮上,如图10-24所示。物料在输送时并不由各个刮板一份一份地带动,而是以充满料槽整个工作截面或大部分断面的连续流的形式运动。这种连续牵引物料的过程可分析如下:

水平输送时,埋刮板输送机槽道中物料受到刮板在运动方向的压力及物料本身质量的作用,在散体内部产生了摩擦力,这种内摩擦力保证了散体层之间的稳定状态,并大于物料在槽道中滑动而产生的外摩擦阻力,使物料形成了连续整体的料流而被输送。

在垂直输送时,埋刮板输送机槽道中的物料受到板在运动方向的压力时,在散体中产生横向的侧压力,形成了物

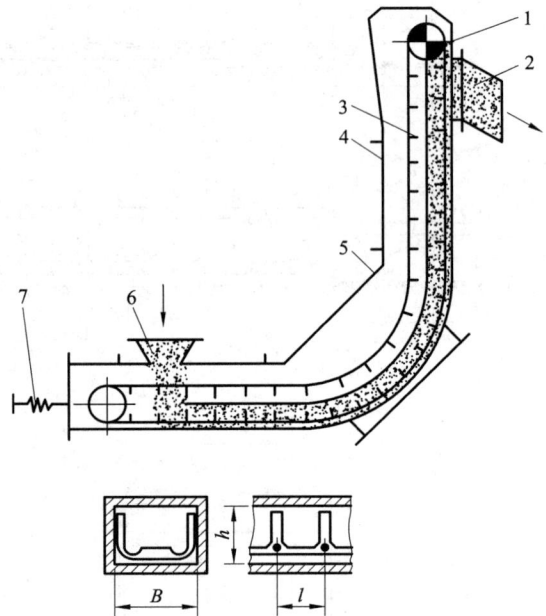

图10-24 埋刮板输送机

1—头部;2—卸料口;3—刮板链条;4—中间机壳;
5—弯道;6—加料口;7—尾部拉紧装置

料的内摩擦力。同时由于板在水平段不断给料,下部物料相对上部物料产生推移力。这种内摩擦力和推移力的作用大于物料在槽道中的滑动而产生的外摩擦力和物料本身的质量,使物料形成了连续整体的物料而被提升。

由于在物料输送过程中,刮板始终被埋于物料之中,所以就称为埋刮板输送机。

2.埋刮板输送机的应用

埋刮板输送机主要用于输送粒状、小块状或粉状物料。对于块状物料,一般要求最大粒度不大于3.0 mm;对于硬质物料,要求最大粒度不大于1.5 mm;不适于输送磨蚀性大、硬度大的块状物料;也不适用于输送黏性大的物料。对于流动性特强的物料,由于物料的内摩擦系数小,难于形成足够的内摩擦力来克服外部阻力和自重,因而输送困难。

埋刮板输送机的主要特点是:物料在机壳内封闭运输,扬尘小,布置灵活,可多点装料和卸料;设备结构简单,运行平稳,电耗低。水平运输长度可达80~100 m;垂直提升高度为20~30 m。

通用型埋刮板输送机主要有三种(见图10-25):MS型——为水平输送,最大倾角可达30°;MC型——为垂直输送,但进料端仍为水平段;MZ型——为"水平-垂直-水平"的混合型,形似Z字,所以有Z形刮板输送机之称。

选用时,首先对物料要有一定的要求:物料密度 $\rho = 0.2 \sim 1.8$ t/m³,其中Z形要求 $\rho \leqslant 1.0$ t/m³;物料温度 $\leqslant 100℃$。

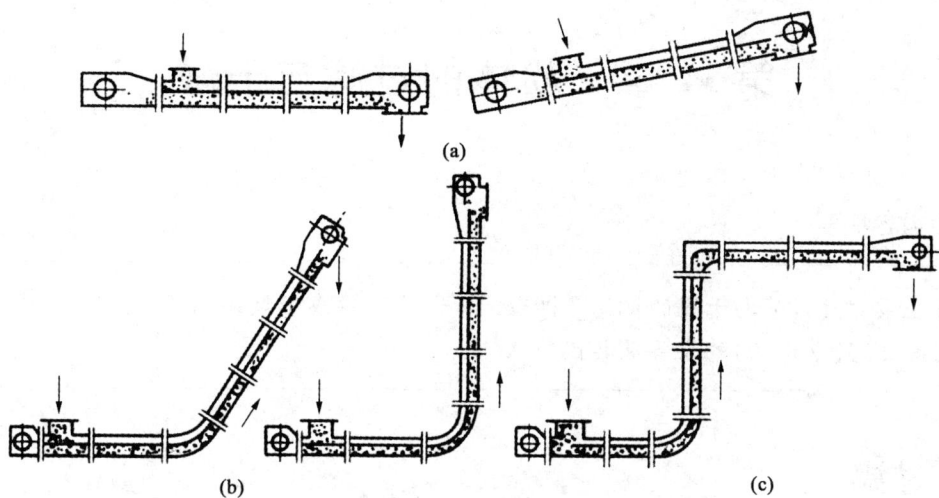

图 10 – 25　埋刮板输送机的形式

(a) MS 型；(b) MC 型；(c) MZ 型

　　物料粒度一般要小于 3.0 mm；其他物性如含水率低，在输送过程中物料不会黏结、不会压实变形；硬度和磨蚀性不宜过大。

思考题

1. 粉体输送设备有哪几种？各用在什么场合？
2. 胶带输送机构造有哪些？各部件的作用是什么？
3. 斗式提升机由哪几个部分组成？常用的料斗结构形式有哪几种？
4. 简述链板输送机工作原理及应用特点。
5. 螺旋输送机的种类有哪些？各自的工作特点是什么？

第 11 章　粉体的过滤与干燥

本章内容提要

　　本章主要讲述过滤与干燥的概念、机理，各影响过滤或干燥的因素，过滤与干燥的主要方法，主要过滤(或干燥)的设备及其优缺点。

11.1　过滤

11.1.1　基本概念

　　1. 过滤的定义

　　过滤(filtration)：过滤是指粉体悬浮液通过可渗透性介质后，在介质表面上存有截留的粉体颗粒，从而实现固液分离的过程。图 11-1 为过滤过程意图。

　　2. 过滤驱动力

　　为了使粉体悬浮液能够通过可渗透性介质实现固液分离，应该在介质两边保持一定的液体流动的驱动力，即液压降 ΔP。通常这个驱动力有四种类型：重力、真空、压强和离心力。按照驱动力的类型，可将过滤分为重力过滤、真空过滤、压滤和离心过滤。

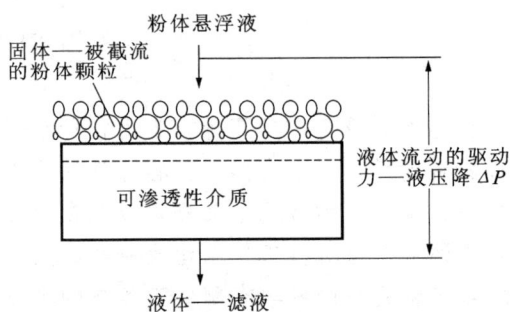

图 11-1　过滤过程示意图

　　3. 过滤方式

　　在实际操作中使用的过滤方式主要有以下两种：

　　(1)表面过滤

　　表面过滤也称为滤饼过滤，其中粉体以滤饼的形式沉积在过滤介质的表面，如图 11-2 所示。在表面过滤中，过滤介质的起始压强降比较小。

　　在表面过滤中，大于孔隙的以及与孔隙大小相等的颗粒涌向孔隙，造成一些更窄的通道，这些更窄的通道能将进料液中更小的颗粒分离出来形成滤饼。滤饼在以后悬浮液的过滤中起过滤介质的作用。为了防止过滤介质被堵塞，使用助滤剂在过滤介质上面形成一个起始滤层即预涂层。有些细颗粒进入预涂层或过滤介质中常常是不可避免的。

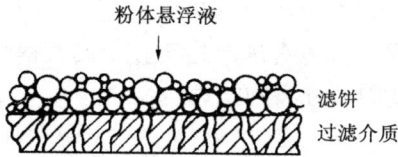

图 11 - 2 表面过滤

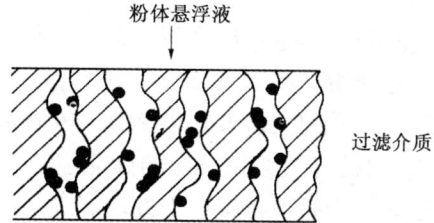

图 11 - 3 深层过滤

表面过滤通常用于过滤粉体浓度较高的悬浮液过程中,因为在处理低浓度悬浮液时会发生过滤介质堵塞现象。不过,这种现象有时可通过人为提高进料浓度或加助滤剂来避免;由于助滤剂具有很多孔隙,因此助滤剂存在于滤饼中可改善渗透性,往往能使低浓度的和难过滤的浆体进行滤饼过滤。

(2)深层过滤

粉体颗粒沉积在过滤介质内部,而不在过滤介质表面形成滤饼,如图 11 - 3 所示。

在深层过滤过程中,粉体颗粒小于过滤介质的孔隙,因此这些颗粒可进入较长而弯曲的孔隙,在重力、扩散和惯性等机制作用下,被收集于其中,并在分子力和静电力作用下附着在过滤介质上面。

在效率相近的情况下,深层过滤的起始压强降一般比表面过滤的高。随着粉体颗粒不断被收集,深层过滤器的压强降会逐渐增高。深层过滤一般用于净化,即从很稀的粉体颗粒很小的悬浮液中将细颗粒分离出来。

在上述两种过滤方式中,表面过滤应用较广,因此下面只讨论表面过滤。

4. 不可压缩滤饼与可压缩滤饼的定义

(1)不可压缩滤饼

当粉体悬浮液过滤时,流过滤饼的流体,通过表面的动量传递,给粉体颗粒一个拽应力,该力通过点接触的粉体颗粒向前传递,沿流动方向逐渐积累。若滤饼结构在此累积的拽应力作用下,颗粒不互相错动,滤饼的孔隙度不产生变化,则称这种滤饼为不可压缩滤饼。

在不可压缩滤饼中,由于粉体颗粒在饼层中是静止的,饼层的孔隙率均匀不变,因而通过滤饼任意横截面的滤液平均线速度也是常量。实际上,这种理想的滤饼并不存在。

(2)可压缩滤饼

当粉体悬浮液过滤时,滤饼结构在上述所说的拽应力作用下,颗粒互相错动,滤饼的孔隙度产生变化,则称这种滤饼为可压缩滤饼。

工业上的滤饼或多或少都有一些可压缩性。这是因为:①料浆中实际上很少存在真正的单个颗粒,而存在程度不同的聚团,聚团界面承受不了流体的拽力而使滤饼变形;②颗粒表面几乎均有盐膜,盐膜在流体作用下会产生变形;③粉体颗粒在凝聚剂或絮凝剂作用下形成的凝聚体或絮团,仅有很小的抗剪切性能,在流体作用下极易产生形变。在可压缩滤饼中,颗粒在流体拽力作用下会重新排列,显示出种种不同于不可压缩滤饼的过滤性能。

5. 过滤介质

(1) 定义

过滤介质是指过滤设备中截留粉体颗粒而让液体通过的可渗透性物质。

过滤介质被认为是过滤设备的心脏。实际上,过滤设备能否理想地工作,很大程度上取决于过滤介质的性能及在未堵塞、未破损的情况下实现固液分离的能力。

(2) 过滤介质必须具备的性能

过滤介质必须具备以下性能:①能产生清洁的滤液,能有效地阻挡微粒物质;②不会或很少发生突然的或累积式的阻塞;③具有良好的卸饼性能;④具有适当的耐清洗能力;⑤具有一定的机械强度和耐化学腐蚀能力;⑥能耐微生物作用;⑦有较高的过滤速度。

(3) 常见的过滤介质

过滤介质种类极多,常见的有滤布、滤网、滤毡、滤纸、滤垫、刚性多孔陶瓷、刚性多孔金属陶瓷、多孔塑料、多孔矿物材料等。滤布、刚性多孔烧结金属网、多孔硅藻土微结构示意图见图 11-4。

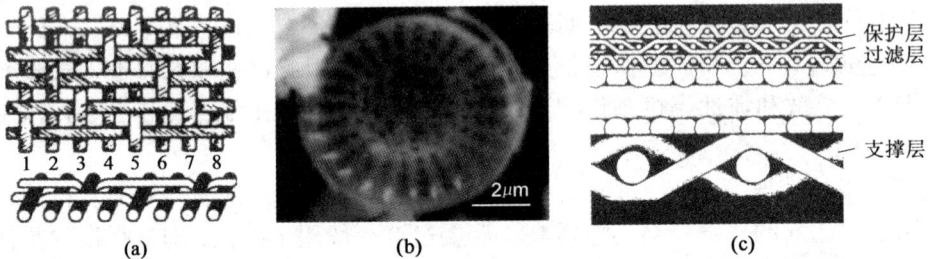

图 11-4 滤布、多孔硅藻土、刚性多孔烧结金属网断面的微结构示意图

(a)滤布;(b)多孔硅藻土;(c)刚性多孔烧结金属网

11.1.2 过滤原理

1. 达西(Darcy)过滤方程——适用于无滤饼的过滤介质

在过滤开始时,全部压强——驱动力都加在过滤介质上,因为此时尚无滤饼形成。由于过滤介质中孔隙一般都很小,滤液流量也不大,所以几乎总是处在层流条件下。1956 年法国科学家 Henry Darcy 提出计算滤液流量

$$Q = K \frac{A\Delta p}{\mu L} \tag{11-1}$$

式中:A——滤层表面积;

K——称为滤层渗透性的常数;

L——滤层厚度;

μ——滤液黏度。

式(11-1)通常写成下列形式:

$$Q = \frac{A\Delta p}{\mu R} \tag{11-2}$$

式中：R——过滤介质阻力，其值等于 L/K，即过滤介质厚度除以滤层渗透性。

如果所过滤的是一种澄清液，式（11−1）与（11−2）中各参数均为常数，其结果是当压强降不变时，滤液的流量亦将不变，滤液累积体积随时间延长而线性增加，如图 11−5 所示。不过，当分批过滤含有粉体颗粒的悬浮液时，在过滤介质表面上便开始累积滤饼，滤饼本身所占压强降的比例将逐渐变得较大。结果是滤层阻力显著增大，导致流量 Q 逐渐减小。

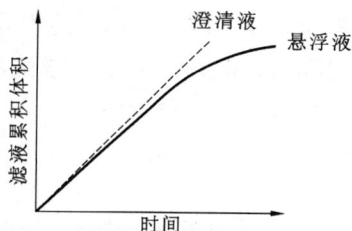

图 11−5　滤液的累积体积与时间的关系

2. 鲁思（Ruth）基本过滤方程——适用于表面形成滤饼的过滤介质

在驱动力不变的情况下，滤液流量是时间的函数，因为滤液先后受到两个阻力的作用，一个是过滤介质阻力 R，可假定 R 是一个常数；另一个是滤饼阻力 R_c，它却随时间延长而增大。

于是可将式（11−2）写成

$$Q = \frac{A\Delta p}{\mu(R + R_c)} \tag{11−3}$$

实际上，当粉体颗粒冲击过滤介质时，难免发生过滤介质被穿透及孔隙被堵塞的现象，所以上述关于过滤介质阻力不变的假定，常常是不确切的。

假定滤饼阻力与沉积的滤饼质量成正比，则

$$R_c = \alpha\omega \tag{11−4}$$

式中：ω——单位面积上沉积的滤饼质量，kg/m^2；

α——为比滤阻，m/kg。

将 R_c 代入式（11−3），得到众所周知的鲁思（Ruth）过滤方程：

$$Q = \frac{\Delta pA}{\alpha\mu\omega + \mu R} \tag{11−5}$$

式（11−5）表达了滤液流量 Q 与压强降 Δp、沉积的滤饼质量 ω 等与其他一些参数的关系。

3. 影响滤液流量的因素

（1）压强降

压强降 Δp 可以随时间而变化，也可以是一个常数，这取决于所用泵的特性或所用驱动力。如果压强降随时间变化，则函数 $\Delta p = f(t)$ 通常是已知的。

（2）过滤介质表面积

过滤介质表面积 A 通常是一个常数，但是对于管状过滤介质或转鼓上累积滤饼较多的那些设备则是可变的。

（3）液体黏度

如果液体属于牛顿液体，并且假定在过滤过程中温度保持不变，则液体黏度 μ 为一常数。

（4）比滤阻

不可压缩滤饼的比滤阻 α 应为一常数，但是由于滤饼在液流作用下会变得密实起来，所以比滤阻 α 会随时间而变化；同样，在可变流量过滤中，由于液体线速度是可变化的，比滤阻也会随时间而变化。

但是，大多数滤饼是可压缩的，其比滤阻是随滤饼两边的压强降 Δp_c 变化而变化的。在这些情况下，应以平均比滤阻 α_{av} 代替式（11 - 5）中的 α。如果根据中间过滤试验即弹形过滤机试验（bomb filter tests），或使用压缩 - 渗透性测定池进行的试验确定了函数 $\alpha = f(\Delta p_c)$

则 α_{av} 可按下式计算

$$\frac{1}{\alpha_{av}} = \frac{1}{\Delta p_c} \int_0^{\Delta p} \frac{\mathrm{d}(\Delta p_c)}{\alpha} \qquad (11-6)$$

在不大的压强范围内，有时可以使用下列经验关系式

$$\alpha = \alpha_0 (\Delta p_c)^n \qquad (11-7)$$

式中：α_0——单位压强降下的比滤阻；

n——实验测得的压缩性指数，对于不可压缩的物质其值等于零。

使用式（11 - 7），可根据式（11 - 6）将平均比滤阻 α_{av} 表示为

$$\alpha_{av} = (1-n)\alpha_0 (\Delta p_c)^n \qquad (11-8)$$

（5）单位面积上沉积滤饼的质量

在分批过滤过程中，单位面积上沉积滤饼的质量 ω 是时间的函数。在时间 t 内，沉积滤饼的质量 ω 与滤液累积体积 V 之间的关系为

$$\omega A = cV \qquad (11-9)$$

式中：c——悬浮液中粉体的浓度，即单位体积滤液中的粉体质量，kg/m^3。这里未考虑滤饼滞留液体中的粉体，因为在大多数情况下这个量是可以忽略的。

（6）过滤介质阻力

过滤介质阻力 R 通常应该是不变的，但是由于某些粉体进入过滤介质，R 可以随时间变化。另外，由于过滤介质中的纤维有压缩性，故 R 也会随所受压强的变化而变化。

安装好的过滤机上的总压强降，不仅包括过滤介质中的压强降，也包括有关管路以及进、出料口中的压强降。在实践中宜将这些额外的阻力，包括在过滤介质阻力 R 之中。

11.1.3　过滤的基本方法

11.1.3.1　重力过滤

1. 定义

当粉体悬浮液通过过滤介质时，粉体悬浮液流因重力沉淀作用自上而下地流过过滤介质，这个过程称为重力过滤，也叫直接过滤。重力深层过滤示意图见图 11 - 6。

2. 滤芯过滤

重力深层过滤常采用的过滤介质

图 11 - 6　重力深层过滤示意图

包括滤布、滤网、滤毡、滤纸、滤垫、刚性多孔陶瓷、刚性多孔金属陶瓷、多孔塑料、多孔矿物材料等等。这些过滤介质可以做成复合滤芯。滤芯过滤的应用领域很宽，市场很大，尤其是在制药、电子、机动车及其他需要保护机械免于悬浮物损害的工业。随着膜制造技术的进

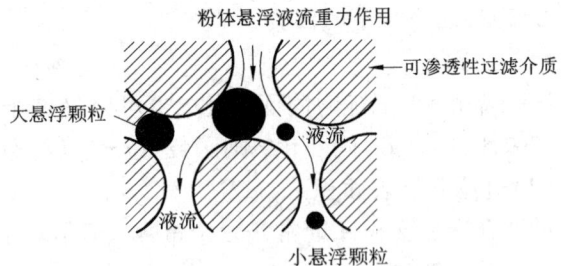

步，以膜为过滤介质的滤芯过滤机已广泛用于精密过滤和超过滤。滤芯膜过滤机能截留小到 0.1 μm 的粒子，并能除掉小于该尺寸的胶体粒子。

(1)滤芯的几何形状、材质、分类

图 11-7 给出了滤芯过滤的过滤元件和机壳的几何形状。单个元件在压强降升高到最大允许值之前，只能除掉 10 g 悬浮物。但可通过并联来提高除污能力，延长工作时间。

图 11-7　滤芯过滤的过滤元件和机壳的几何形状

用于制造滤芯的材料有各种滤布织物以及滤纸、玻璃纤维、尼龙(66)、聚四氟乙烯(PTFE)、聚丙烯(PP)、聚偏氟乙烯(PVDF)、纤维素、烧结金属粉末及烧结金属纤维。近年来，以膜为材料的滤芯过滤机已被广泛应用。但是用疏水性膜如 PTFE 膜和 PP 膜过滤水时，必须用易与水溶混的、低表面张力的液体将膜润湿，或者借助压力使水通过膜孔。

滤芯过滤可分成三类：深度过滤、表面过滤、边缘过滤。

(2)滤芯式深度过滤

所有深度过滤介质都需要具有合理的厚度。例如烧结金属纤维过滤介质，其厚度约 1 mm，由有效层和支承层组成，孔隙率高达 87%，因此能在高流量速率下截留住小至 3 μm 的粒子。烧结金属纤维片的结构类似滤毡，故孔隙率高。

玻璃纤维和其他聚合物纤维都具有均匀的滤毡型内部结构。目前常用的 PTFE 过滤介质也类似于滤毡。

还有所谓的结合式滤芯，是这样制成的：先将合成纤维或天然纤维制作成一定厚度的板，然后用树脂浸透。这样制作成的过滤介质，质轻多孔，比较便宜。

以上深度过滤介质中的纤维都是随机放置在一起的。

所谓绕线式滤芯，是通过将纤维纱线绕在线圈架上或芯子上而制成的，纳污能力很强。缠绕用的纱线是用羊毛、棉花、玻璃纤维或合成纤维纺成的。如果将纱线按不同节距缠绕在同一个芯子上，就能得到结构不均匀的滤芯，即节距小的纱线层比较致密，反之亦然。

图 11-8 为断面粗细分层的滤芯，其材质为尼龙或聚丙烯。滤芯的最外层的孔隙尺寸为 40 μm，然后越往里层孔隙尺寸越小，到了最里层孔隙尺寸只有 0.5 μm。通过改变纤维的直

径就能实现分层,而且各层又具有均匀的孔密度。这种滤芯由外层截留大的粉体颗粒,最里层截留微小颗粒,因而工作寿命长。

(3)滤芯式表面过滤

只有粗滤才真正反映了表面过滤机理。多数情况下,表面过滤的滤芯也利用了深度过滤的机理。如果滤芯的形状很简单,那么其过滤面积将很有限,纳污能力低,工作时间短。

为了克服上述缺点,可以将表面过滤介质打褶后围成圆柱形,这样的滤芯具有较大的过滤面积。例如尺寸为长度×外径×内径 $=230$ nm $\times 34$ nm $\times 16$ nm 的滤芯,其过滤面积高达 0.5 m^2。可将这些滤芯串叠起来,以便得到更大的过滤面积。

(4)滤芯式边缘过滤

滤芯式边缘过滤的过滤元件,是由许多中央带孔的金属圆圈或聚合物垫圈串叠在三棱柱上而构成的。圆圈的一面上有三个均布的、高度仅若干微米的小凸起,圆圈的另一面为光滑平面;这样,当凸起面与光滑平面叠合在一起时,它们的边缘便形成了宽度为若干微米的缝隙。滤液进入缝隙后,进入圆圈中央孔与三棱柱围成的空间,再流出机外,而粉体颗粒则被微小缝隙所截留(见图 11 –9)。

还有由螺线管型弹簧形成的边缘过滤元件。过滤时,螺旋弹簧处于压缩状态;每圈线匝之间只留很窄的缝隙,以便滤液流入螺旋中央后排出机外;而悬浮粒子则由螺旋外缘截留(见图 11 –9)。

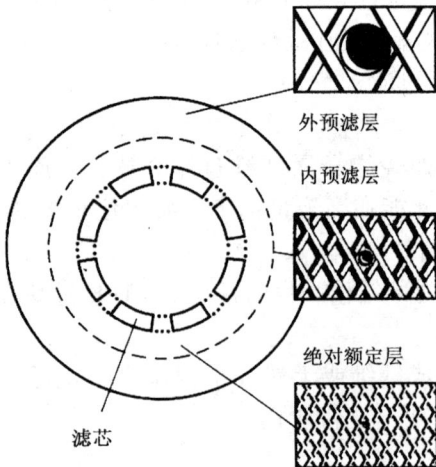

图 11 –8   分层滤芯的断面

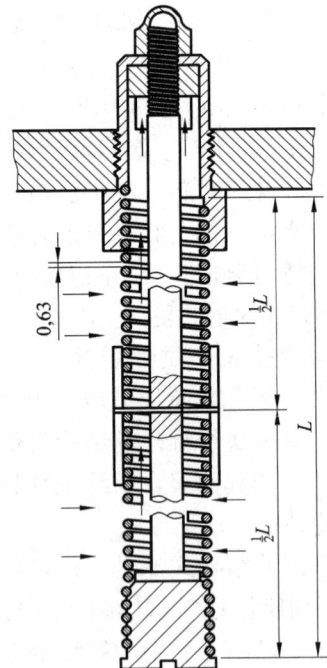

图 11 –9   螺线管型弹簧形边缘过滤元件

11.1.3.2　真空过滤

1.定义

真空过滤是指在过滤介质一侧造成一定程度的真空负压使滤液排出,从而实现固液分离的一种过滤方法。

真空过滤是应用最为广泛、在理论与实践方面最为成熟的一种过滤方法。

2.真空过滤的基本过程

真空过滤的驱动力是过滤介质一侧的真空负压。其推动力较小,一般为 0.04 ~ 0.06 MPa,最高可达 0.08 MPa。由于滤饼两侧的压力降较低,因此过滤速度较慢,微细物料滤饼的含水量较高,这是真空过滤主要的不足之处;但真空过滤的优点则在于能在相对简单的机械条件下连续操作,而且在大多数场合能获得比较满意的工作指标。因此,与其他类型的过滤方式相比,真空过滤长期以来一直得到用户的青睐。

真空过滤过程一般可分为以下六个阶段:①成饼阶段;②脱水阶段;③洗涤阶段;④压实阶段;⑤干燥阶段;⑥卸饼阶段。

其中成饼阶段、脱水阶段及最后的卸饼阶段是真空过滤过程所具有的基本过程,而洗涤压实干燥等阶段则视实际需要而定。

在过滤过程中,每一操作步骤所占用的时间份额随过滤机而异。对常见的真空过滤机,各操作阶段所占时间份额如表 11 – 1 所示。成饼阶段是严格意义上的过滤过程,在这一过程中,固体物料借真空作用(如下部给料)或真空与重力联合作用(如上部给料)而吸附在过滤介质表面,逐渐形成一定厚度的滤饼;随着滤饼的逐渐增厚,相应的过滤阻力也逐渐增大,因此在这一阶段的过滤速度,即单位时间内单位面积的过滤介质所通过的滤液体积呈逐渐下降趋势。

表 11 – 1　真空过滤机各操作阶段所占过滤周期的百分比

过滤机类型	成饼	脱水	洗涤(最大)	压实(最大)	卸饼
转鼓式	25 ~ 27	23 ~ 55	30	25	20
圆盘式	30	45	—	—	25
水平带式	视需要	视需要	视需要	可变	—
平台式	视需要	视需要	视需要	—	25
翻盘式	视需要	视需要	视需要	—	25

3.真空过滤的影响因素

(1)过滤时间

过滤时间对过滤指标的影响是比较复杂的。在真空过滤机上,过滤时间由过滤机的转速来体现,转速越慢,过滤时间则越长。

对脱水效果来说,延长过滤时间会带来两方面的影响:一是随过滤时间的延长,脱水时间也将相应延长,从而有利于滤饼水分的降低;二是过滤时间的延长,又使滤饼厚度增加,导致过滤阻力增大而不利于脱水。因此,必然存在某一适宜的过滤时间使得滤饼水分最低。

至于过滤机的生产能力，研究表明，加快过滤机的转速即缩短过滤时间可增加生产能力。

适宜的过滤时间，应根据对过滤指标的具体要求，由实验加以确定。在实际的真空过滤机中，转速一般可在较宽的范围内进行调节，以适应不同的生产要求。

（2）搅拌问题

在底部给料的大部分真空过滤机的给料槽内，通常安装有搅拌装置，其作用是防止浆体的沉淀。若进料中的粗颗粒首先在滤布表面形成滤饼基底，则有利于提高过滤速度，这是处理易沉降物料时采用上部进料方式所带来的附加好处。而对底部进料的情况，若不加搅拌，首先吸附到过滤介质上的将是细粒物料，这样就会降低滤饼的渗透性。研究表明，滤饼结构的均匀与否对滤饼水分有直接影响。例如以煤浆为过滤物料，若颗粒完全随机混合，混合指数定为1；颗粒没有混合，混合指数定为0。经实验得出如下基本结论：①过滤过程中，对矿浆进行搅拌使粗细颗粒均匀分布，可获得较低的滤饼水分；②混合指数大于0.75时，可认为滤饼是均匀的；③当矿浆浓度大于33%时，虽无搅拌，仍可获得均匀的滤饼；④混合指数与滤饼水分互成反比关系。

上述结果是在上部给料的实验室实验中得到的，看起来与一般认为的粗粒在下细粒在上的滤饼结构有利于过滤的观点不尽一致。

（3）给料浓度

给料浓度的增大，对过滤效果具有正面影响。成饼区一定时、给料浓度越大，滤饼越厚，过滤机的处理能力越大；若保持一定的处理量，在高浓度时，可将成饼区调小而增加脱水区的范围以降低滤饼水分。因此在过滤前，通常将悬浮液进行浓缩处理以获得较高浓度的过滤机给料。

（4）固体粒度

悬浮液中固体颗粒的粒度及其组成对过滤效果的影响是非常明显的。颗粒越细，滤饼越是难以脱水，卸饼也越困难。对平均粒度相同的物料，粒度组成越均匀，形成的滤饼渗透性越好；而过滤粒度不均匀的物料时，由于细颗粒的"钻隙"作用，滤饼的孔隙度降低。在实际工作中，有条件的时候，可向细粒物料中加入部分粗颗粒，或者采用分级过滤的方法，都可能改善过滤效果。

（5）助滤剂的使用

助滤剂是指通过改变固液界面的物理化学性质，从而提高过滤效果的一类物质。传统的或狭义的助滤剂指的是通过物理作用改善滤液的澄清度或提高过滤速度的物料，如硅藻土、珍珠岩、纤维素等，它们可预先涂在过滤介质表面上，进行所谓的预涂层过滤，也可加入进料悬浮液中。但无论怎样使用，这类助滤剂的用量都比较大，因为在前一种情况下要形成一定厚度的预涂层，在后一种情况下则要足以将悬浮的固体颗粒完全包围起来。现代的广义上的助滤剂除上述物质外，还包括絮凝剂、表面活性剂（统称化学助滤剂）等。絮凝剂以聚丙烯酰胺为代表，在浓缩与过滤作业中已得到广泛应用，其用于过滤可显著提高过滤速度，但由于絮团包裹水的缘故，滤饼水分有所增大。而各种表面活性剂的作用则在于降低液体的表面张力，提高颗粒表面的疏水性，从而降低滤饼水分。

（6）浆体温度

提高给料悬浮液的温度，将降低流体的黏度，达到加快过滤速度、降低滤饼水分之目的。如英国研制的蒸汽圆筒真空过滤机，在过滤煤浆时，使加热蒸汽穿过滤饼，结果可使滤饼水分从25%降到18%左右。尽管如此，蒸汽的使用，除消耗蒸汽外，还要在过滤机上增加密封装置，所以设备及运行成本都会增加，因此除非条件许可且经济上可行外，一般不宜采用。

4. 真空过滤的设备

真空过滤机的种类很多，根据其工作方式、过滤室的形状、给料方式以及卸饼方式等，将真空过滤机进行如下分类，如图11-10所示。

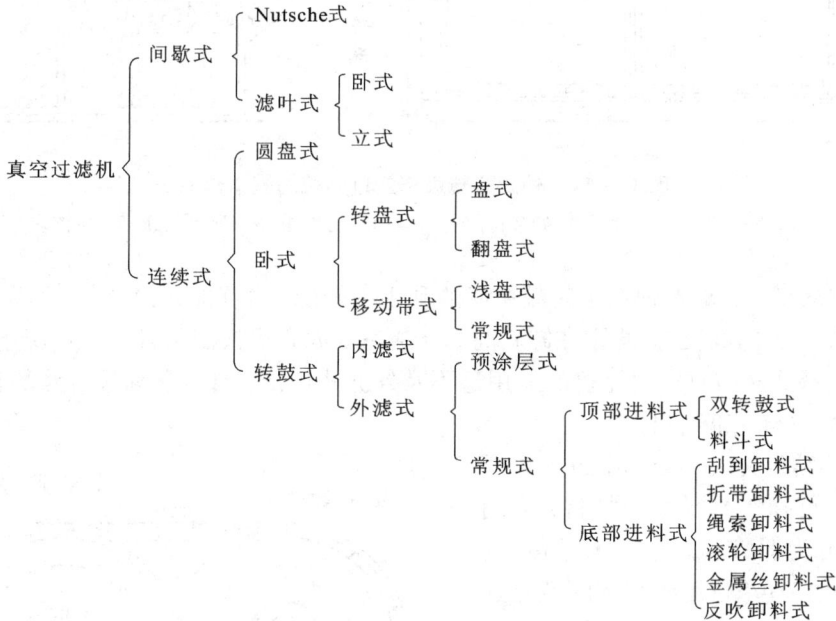

图11-10 真空过滤机的分类

间歇式真空过滤机在工业上很少应用。连续式真空过滤机主要有转鼓式、圆盘式及移动带式，虽然前两种应用较多，但移动带式的应用也日益广泛，下面分别介绍这几种真空过滤机。

(1)转鼓式真空过滤机

转鼓式真空过滤机的基本构造如图11-11所示。由钢板焊接而成的筒体表面上装有冲孔筛板，两者之间保留一定间隙，筛板的作用是支撑滤布并构成滤液的最初通道。若干块这样的筛板沿圆周方向将圆筒分成若干个过滤室，各室之间用筋条严格分开。各过滤室内均装有滤液管，分别通过喉管与中心轴端部(一端或两端)的分配头相连。如图11-11所示，转鼓式真空过滤机工作时由于分配头的作用，在主传动电机的带动下，每个过滤室依次通过成饼区、脱水区和卸饼区。在卸饼区，过滤室内的压力由负压转为正压，将滤饼从滤布表面吹落，滤布经清洗后再次进入给料槽，开始下一个过滤周期。

1)内滤式与外滤式

根据滤布铺设在转鼓的内侧还是外侧，转鼓式真空过滤机可分为内滤式与外滤式两大类。前者的滤布安装在圆筒的内表面上，后者则位于转鼓的外侧。与外滤式相比，内滤式转鼓真空过滤机特别适合于处理沉降快的悬浮液，其滤饼通常用皮带、漏斗或螺旋运输机运出。内滤式过滤机的优点是，进料浓度对操作影响不大，另外由于不需要给料槽和搅拌装

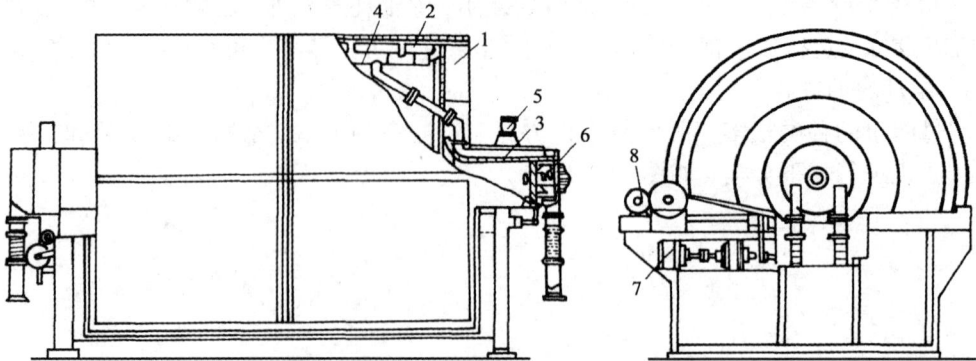

图 11 – 11　外滤式转鼓真空过滤机的基本构造

1—筒体；2—筛板；3—喉管；4—滤液管；5—轴承；6—分配头；7—搅拌电机；8—主传动电机

置，所以价格较低；其缺点则在于转鼓表面的利用率较低、洗涤时效果欠佳（因为洗涤液流动方向与重力作用方向相反）、滤饼在卸料时易于剥落、滤布更换困难且工作情况不便观察等。

因此，内滤式转鼓真空过滤机的应用远不及外滤式广泛，且有逐渐被淘汰的趋势。

2）顶部给料与底部给料

虽然底部给料为大部分真空过滤机所采纳，但对于沉降快易脱水的物料，采用顶部给料却更为适宜。图 11 – 12 所示的德国制双转鼓式真空过滤机采用的就是这种给料方式，其中的两个圆筒并联安装，反向旋转，两筒间的间隙极小。顶部给入的物料，不需搅拌，粗颗粒首先沉淀在圆筒表面，形成孔隙度较大的滤饼基底，有利于提高滤饼的渗透性。滤饼经刮刀卸除后用高压水冲洗滤布。该机过滤面积达 50 m^2，圆筒转速为 0.75 ~ 4 r/min。

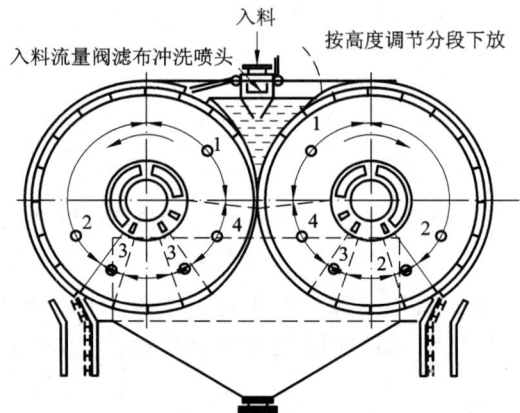

图 11 – 12　顶部给料双转鼓真空过滤机

1—成饼区；2—脱水区；3—吹风区；4—清洗区

3）卸饼方式

如图 11 – 13 所示，转鼓式真空过滤机具有多种卸饼方式，但无论何种卸饼方式，其目的都是要既卸下尽可能干的滤饼，又要尽可能避免滤布的堵塞。反吹式卸除滤饼是比较常见的方法之一，这种方法的优点是卸除滤饼后，滤布较为清洁，渗透性恢复较好，缺点则是反吹时往往带出一部分水分，降低了脱水效果。刮刀式卸除滤饼适用于滤饼不堵塞滤布的场合，这种方法卸除的滤饼水分较低，但刮刀易于磨损滤布。有时候将刮刀与反吹法联合使用，此时刮刀与滤布相隔一定距离，刮除大部分滤饼后再用空气反吹。若滤饼具有相当强度，则可使用绳索或金属丝卸除滤饼，即将绳索或金属丝绕在转鼓上，到达卸料位置后，绳索或金属丝即离开鼓面，然后再经滚轮及导向梳返回。这种方法可卸除整块滤饼，有利于滤布的清洁。折带式卸饼的方法则适合处理黏性滤饼及容易堵塞滤布的物料。在这种真空过滤机中（见图 11 – 14），滤布并非固定在转鼓上，而是包在鼓面上。到达卸料位置后，滤布便离开转鼓，绕过一个卸料滚轮进入清洗槌进行洗涤，然后返回转鼓再行吸滤。采用这种卸饼方式的真空过滤机必须防止卸料时滤布的跑偏和打褶。

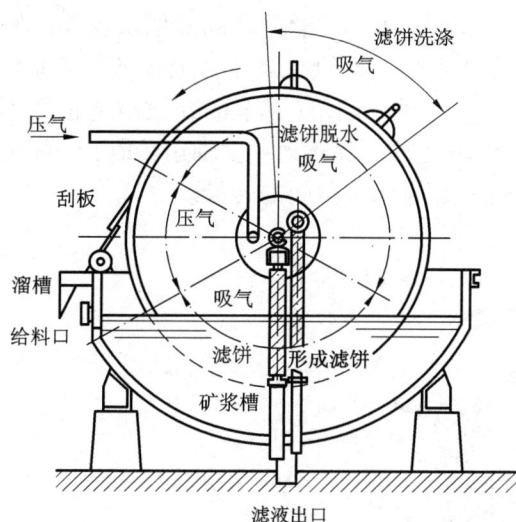

图 11 – 13 外滤式转鼓真空过滤机的工作过程

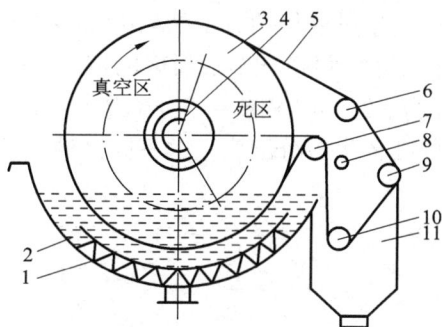

图 11 – 14 折带式转鼓真空过滤机示意图

1—搅拌器；2—给料槽；3—筒体；4—分配头；
5—滤布；6—托辊；7—变向辊；
8—喷水管；9—卸料辊；
10—张紧辊；11—清洗槽

（2）圆盘式真空过滤机

圆盘式真空过滤的基本构造如图 11 – 15 所示。其中的槽体由钢板焊接而成，除储放给料外，还起支承过滤机部件的支架作用。槽中一般带有搅拌装置以防浆体沉淀。由几段空心轴组成的主轴安装在槽体中间，过滤圆盘装于主轴上。主轴的断面上有若干个滤液孔（PG 型圆盘真空过滤机的主轴断面一般有 10 个孔），轴的两端与分配头相连接。

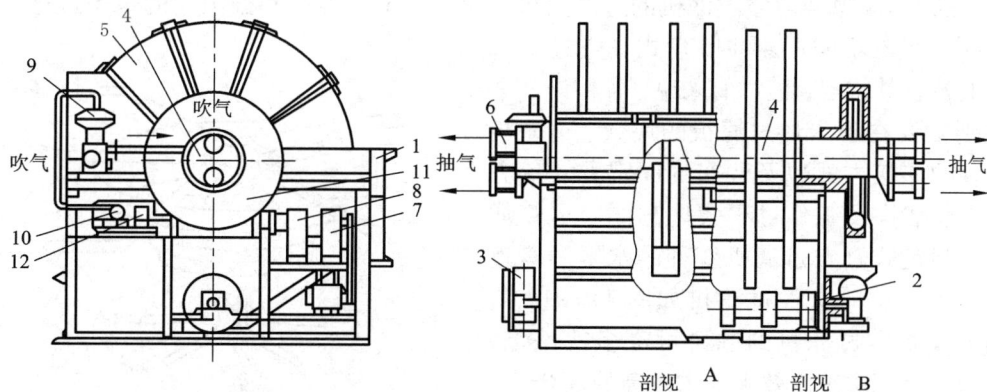

图 11 – 15 PG 型圆盘真空过滤机

1—槽体；2—搅拌器；3—蜗轮减速器；4—主轴；5—过滤圆盘；6—分配头；7—无级变速器；
8—齿轮减速器；9—风阀；10—控制阀；11—蜗杆、蜗轮；12—蜗轮减速器

过滤圆盘是主要的工作部件，其由若干个互相隔开的扇形过滤板组成，板的数目与主轴上的滤液孔相对应，板内空腔与主轴上的滤液孔相通以排出滤液，板的两侧包有滤布。当过

滤板置于槽体中时，在分配头的切换下，滤板空腔经滤液孔与真空泵相连，使固体物料吸附到过滤板两侧的滤布上；离开浆面后，过滤板仍与真空泵相接，进入脱水阶段；在卸饼区，分配头使滤板空腔切换到与鼓风机相连，完成反吹卸饼过程。

在真空过滤机中，分配头是一个重要部件，其作用是完成各过滤阶段间的依次切换。圆盘式真空过滤机的分配头如图 11-16 所示。分配头安装在主轴的端部并固定不动，其上装有楔形块，可以调节成饼区的范围。分配头与主轴之间通过分配垫（其上的孔数与主轴断面上的孔数相同）相连接，分配垫与分配头紧密接触，但随主轴一起转动。主轴运转时，分配垫上的孔依次与分配头上的不同区域相接通，从而实现相邻过滤阶段间的转换。

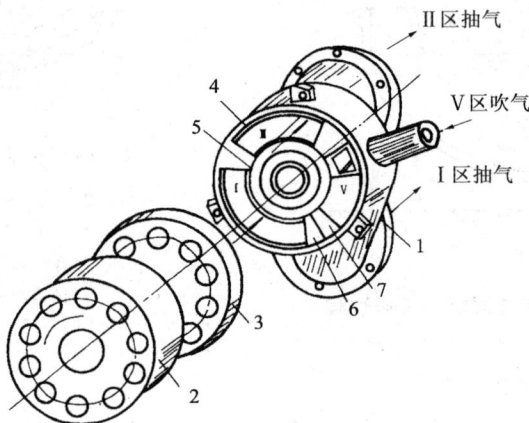

图 11-16　分配头的构造

1—分配头；2—主轴；3—分配垫；4—外边缘；5—内边缘；6、7—楔形块

与转鼓式真空过滤机相比，圆盘式真空过滤机的圆盘直径可达 3 m，更易实现大型化，目前国产的 PG 型圆盘真空过滤机的过滤面积可达 116 m^2，美国和德国造的这类过滤机则可达 400 m^2。虽然不同厂家在圆盘式真空过滤机的设计上各有其特点，但总的来说，各种设计之间的差别主要在于扇形过滤板的块数、过滤板与中空轴的连接方式以及滤布的固定方式等方面，而基本结构及工作过程大体相同。尽管如此，作为圆盘式真空过滤机变种的水平圆盘过滤机仍值得一提。这种过滤机如图 11-17 所示。圆盘式真空过滤机的滤饼可经多次洗涤，因此适用于对滤饼洗涤效果要求较高的场合。

（3）卧式移动带真空过滤机

卧式移动带（即水平带式）真空过滤机是主要的卧式真空过滤机，其基本结构如图 11-18 所示。

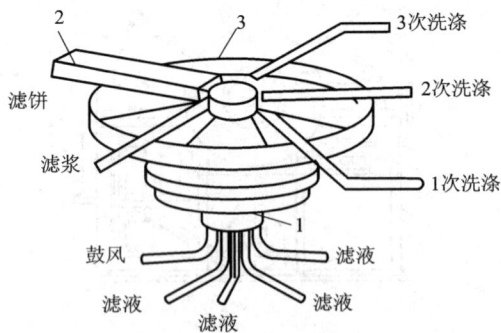

图 11-17　水平圆盘式真空过滤机的工作原理

1—分配头；2—螺旋输送机；3—过滤盘

所示。这种过滤机的胶带上均匀分布着许多网眼，滤布铺设在胶带上，滤液经滤布和网眼进入真空室，再排入滤液罐。脱水后的滤饼经卸料轮卸下，残余的用刮刀刮下，也可采用压缩

空气反吹。水平带式真空过滤机的优点是洗涤效果极好、操作灵活、处理量大、滤饼厚度可达 200 mm、无须搅动装置等；其缺点则是占地面积大、有效过滤面积较小以及投资较高。这种类型的过滤机主要适用于沉降快的分散物料，尤其适合于需要对滤饼进行多段顺流或逆流洗涤的场合。依结构上的不同，真空带式过滤机可分为固定室型、移动室型、滤带间歇运动型三类。下面分别对这三类带式过滤机的工作原理予以简单介绍。

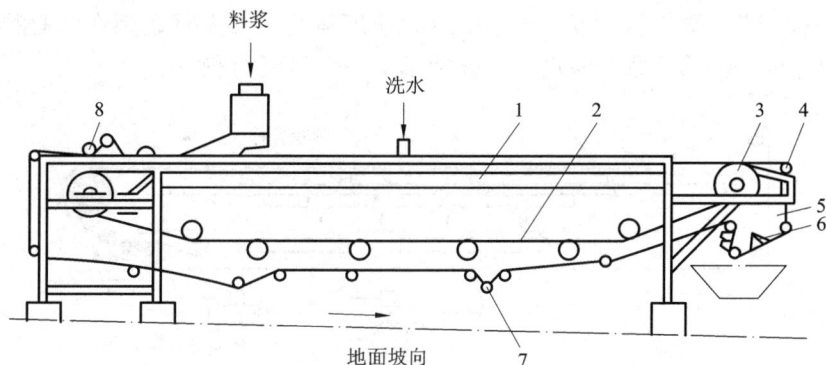

图 11 – 18　水平橡胶带式真空过滤机纵断面
1—真空箱；2—胶带；3—驱动轮；4—卸渣辊；5—滤布；6—喷水嘴；7—滤布拉紧辊；8—滤布展开装置

（4）固定室型真空带式过滤机

这种过滤机的真空室固定在作环形运动的橡胶带下方，因而也叫橡胶带式真空过滤机。其工作原理如图 11 – 19 所示。过滤开始时，料浆均匀分布在滤布带上，橡胶带和滤布带以相同的速度同向运动，料浆在真空压力的作用下进行分离，滤液或洗液经滤布带和橡胶带进入真空室，再经真空管与收液系统及气液分离系统相连。真空箱根据分离要求可沿长度方向分成若干个小室，分别完成过滤、洗涤、吸干等作业。滤布带和橡胶带在主动辊处相互分开，前者经卸饼、洗涤、张紧后循环工作，后者因不与滤饼接触可直接返回，如此实现过滤、洗涤、吸干等连续作业。

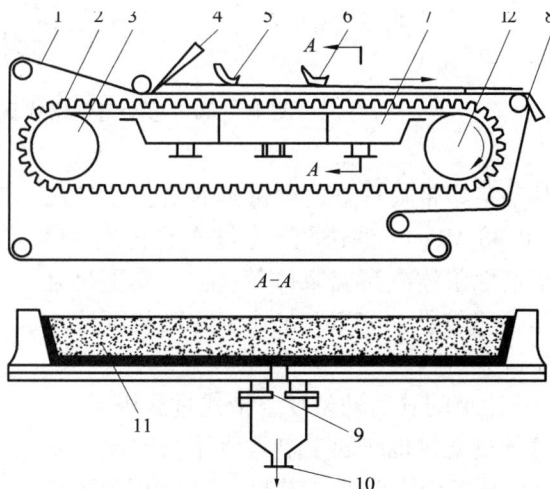

图 11 – 19　固定室型真空带式过滤机工作原理
1—滤布带；2—橡胶滤带；3—从动轮；4—加料器；5—一洗；
6—二洗；7—真空箱；8—卸饼；9—摩擦轮；
10—滤液或洗液；11—料浆；12—主动辊

橡胶带式真空过滤机的特点是：可获得较低水分的滤饼；母液与洗液可严格分开；可进行薄滤饼（约 2 mm 厚）快速过滤（带速最高可达 24 m/min）；滤布可正反两面连续冲洗，再生性好。带宽可达 4 m，过滤面积达 120 m^2。

（5）移动室型真空带式过滤机

与固定室型相比,移动室型带式真空过滤机的独特之处在于:一是真空室可以移动;二是过滤带与传送带为同一条带子。图11-20为这种过滤机的工作原理示意图。过滤带(同时又是传送带)是用高强度的聚酯纤维滤布做成的无极带。真空室借滚轮沿水平框架上的导轨作往复运动,真空行程(即工作行程)与返回行程之间的切换由行程开关及返回气缸控制。过滤开始时,真空室与过滤带同步向前运动,由于两者之间不发生相对运动,所以密封效果较好,均匀分布在滤带上的料浆经过滤、洗涤、吸干等过程实现固液分离。当真空行程终了时,真空室触到行程开关,真空被切换,滤带仍以原速度运行,而真空室则在汽缸推动下快速返回原地,当触到这一侧的行程开关时,又开始了下一个过滤行程。

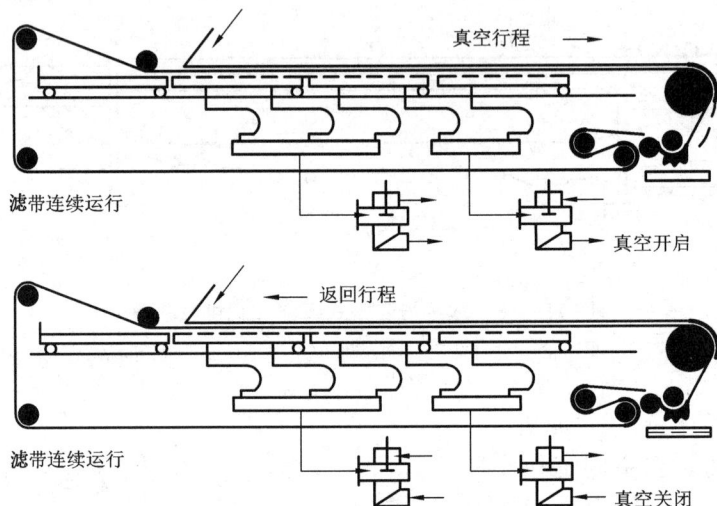

图11-20 移动室型带式真空过滤机工作原理

移动室型带式真空过滤机具有真空度较高(可达0.08 MPa)、滤饼较干、滤布易再生、可过滤溶剂性浆体或高温浆体等优点,其不足之处则是带速较低(<7 m/min)、滤液与洗液难以严格区分。

(6)滤带间歇运动型真空带式过滤机

这种过滤机也叫固定盘式水平真空撑带式过滤机,其工作原理可由图11-21予以简要说明。该机大部分构造与移动室带式过滤机相同,主要区别则在于前者的真空室是固定的,兼作传送带的过滤带是靠撑带气缸的间歇运动而向前运动的。过滤时真空切换阀开启,撑带

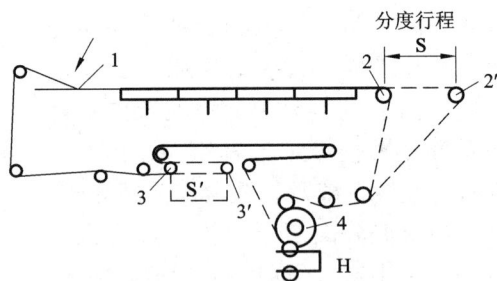

图11-21 固定盘水平真空分度撑带式过滤机工作原理

1—加料;2—撑带气缸及撑带辊子;3—张紧气缸及张紧辊子;4—刹车装置

气缸2缓慢回缩一个行程S(即从图11-21中的2′位置回到2位置),同时张紧气缸带动张紧辊子由位置3移到位置3′(行程为S′),以使缩回的带子吸紧;行程结束时即刻触动行程限位器,发出信号使真空切换阀关闭抽气口,同时打开通气口,解除滤带所受的真空吸力,此时撑带气缸快速由位置2向2′撑出,张紧辊子则放松至位置3,在此过程中进行卸饼、冲洗

等作业;当撑带辊子到达2'后,行程限位器再次工作,不过这次是接通真空抽气口重新开始过滤阶段。如此循环,实现间歇过滤。

这种撑带式过滤机结构简单,维护方便,并可获得严格分开的母液与洗液;但由于是间歇运动,因而对沉降速度快的物料不大适应,目前多用于湿法冶炼、食品、轻工、污水处理等颗粒沉降较慢的场合。

11.1.3.3 压滤

1. 定义

压滤是指在过滤介质滤饼一侧施加一定程度的压力使滤液排出,从而实现固液分离的一种过滤方法。

压滤主要应用于粉体颗粒很细的悬浮液的固液分离作业。粉体颗粒很细的悬浮液(一般颗粒粒径小于 10 μm),由于其颗粒粒度很细,因此沉降速度慢、浆体黏度大、可滤性差。在这种情况下,一般需要很大的分离面积及相当高的过滤压力。目前过滤微细粒物料的有效设备就是压滤机。

2. 压滤的基本过程

压滤的驱动力是施加在过滤介质滤饼一侧的外加压力。其推动力较大,一般为 0.6 ~ 0.9 MPa,最高可达 1.5 MPa。由于滤饼两侧的压力降较高,因此过滤速度较快,对微细物料悬浮液的过滤效率较高。

压滤过程一般可分为以下五个步骤:①给料;②滤饼洗涤;③压榨脱水;④卸料;⑤冲洗滤布。

3. 常见的压滤设备

现代压滤机根据工作的连续性可分为连续型和间歇型两类,连续型压滤机的给料和排料是同时进行的,如带式压滤机和气压罐式连续压滤机等,连续型压滤机结构通常比较复杂,至今的使用仍不如间歇式板框压滤机等那么普遍。间歇型压滤机的入料和排料是周期性进行的,一般分为给料、滤饼洗涤、压榨脱水、卸料和冲洗滤布五个阶段。

根据结构型式可将现有压滤机分为:板框式压滤机、加压叶滤机、带式压滤机和气压罐式连续压滤机等,其中前两者属于间歇型,后两者属于连续型。

(1)板框压滤机

板框压滤机目前应用最多的压滤设备。其基本结构就是将若干块滤板和滤框(见图11-22)紧压在一起构成若干过滤室过滤料浆。

目前,板框压滤机种类繁多。根据自动化程度,可将之分为全自动及半自动两大类。全自动板框压滤机就是所有板框的开合、压紧、进料、洗涤、卸饼、滤布再生、吹气等作业全部由计算机控制自动进行。半自动

图 11 - 22 一种过滤板框

板框压滤机则有较多或全部作业由人工操作。根据板框构造形式,又可将板框压滤机分为平板板框式和凹板板框式压滤机。根据滤板的安装配置,可将板框压滤机分为板框垂直于地面的卧式和板框平行于地面的立式两种。卧式比立式便于操作和检修,更易于向大型化发展,

现在最大过滤面积已达 1000 m² 以上，而立式的仅达 40 m²，但立式占地面积小。根据压紧滤框、滤板的方法，又可将板框压滤机分为手动螺旋压紧、机械螺旋压紧和液压压紧，小型多用前两种方法，大型用液压法。根据滤布的安装方式，可将板框压滤机分为滤布固定式和滤布行走式。根据压滤机中有无压榨过程，可将板框压滤机分为有压榨式和无压榨式板框压滤机。新型的板框压滤机还有高压吹气脱干阶段，可进一步降低滤饼水分。据此又分为有吹气脱干和无吹气脱干两种。实际的压滤机由上述各种类型交叉组成多种型号，例如 MC 型为双向系统、RF 型为全自动、无压榨型，MF 为有压榨型，UF 为滤布单行走型，Larox PF 为全滤布行走型等，且各厂家的型号也各异。图 11-23 为 MC 型板框过滤机，为双向系统，全部滤板分为两半，分别供料、连续分开、压紧，有高压吹气而无压榨，框板材料为聚丙烯。

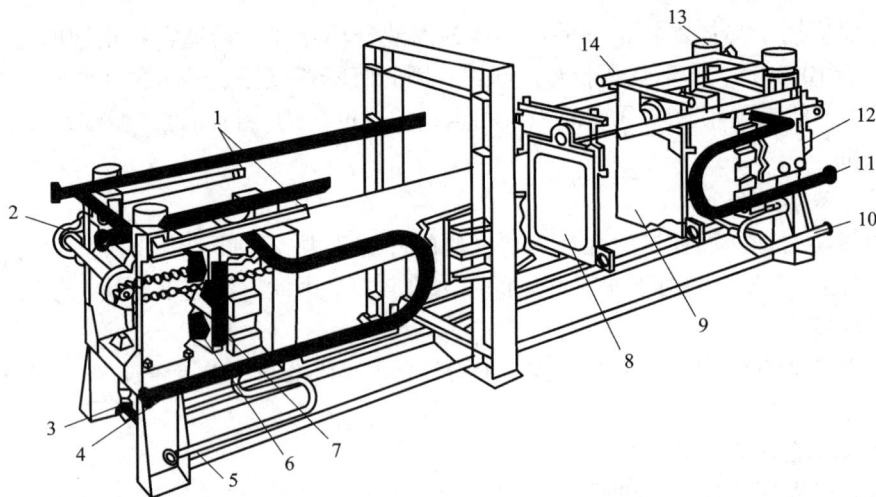

图 11-23　MC 型压滤机

1—振动轨；2—滤板运行机构；3—换向门液压缸；4—入料口；5—鼓吹滤饼空气入口；6—压缸；7—锁定轴；
8—滤板；9—滤布；10—滤液排出管；11—入料口；12—板运行电机；13—升举轨道液压缸；14—滤布洗涤装置

(2) 带式压滤机

带式压榨过滤机是指由两条无端滤带缠绕在一系列顺序排列、大小不等的辊轮上，利用滤带间的挤压和剪切作用脱除料浆中水分的一种过滤设备。

带式压榨过滤机最早于 1963 年出现在欧洲，到 20 世纪 70 年代，开始应用于生产。目前我国形成了普通(DY)型(图 11-24)、压滤段隔膜挤压(DYG)型、压滤段高压带压榨(D1VD)型、相对压榨(DYx)型及真空预脱水(DYZ)5 个系列产品，它们的主要区别在于压榨脱水阶段。带式压榨过滤机主要用于造纸、印染、制药、采矿、钢铁、煤炭、制革等行业，尤其在城市污水处理和工业污泥脱水中应用最为普遍。

图 11-25 所示为水平压榨过滤机。带式压榨过滤机具有结构简单，脱水效率高，处理量大，能耗少，噪声低，自动化程度高，可以连作业，易于维护等优点，其成本和运行费用比板框压滤机降低 30% 以上，因此成为城市污水处理的首选设备。随着我国城镇化进程的迅速发展，城市污水处理厂将以超常规的建设速度发展，对带式压榨过滤机的需求将十分可观。

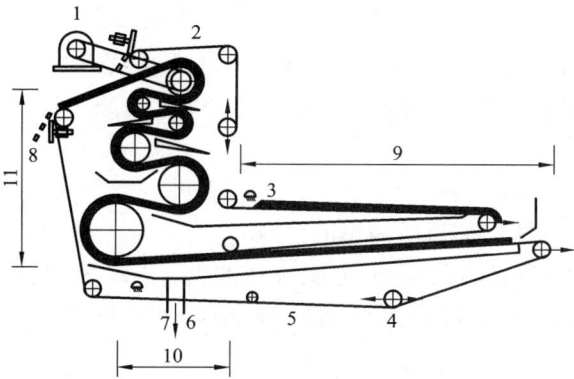

图 11－24 普通（DY）型带式压榨过
滤机的工作原理图

1—驱动装置；2—上滤布；3—进料；4—纠偏装置；
5—下滤布；6—滤液；7—清洗液；8 脱水滤饼；
9—重力脱水区；10—楔形压榨区；11—S 形脱水区

图 11－25 水平带式压榨过滤机

（3）筒式压滤机

筒式压滤机又称筒式过滤机、管式压滤机、微孔过滤机、烛式过滤机等，是指以滤芯作为过滤介质，利用加压作用使得固液分离的一种过滤机。

筒式压滤机的结构如图 11－26 所示，主要由过滤装置、聚流装置、卸料装置和壳体等组成。

11.1.3.4 离心过滤

1. 定义

离心过滤是指借助离心力的作用使滤液排出，从而实现固液分离的一种过滤方法。离心过滤和离心沉降一样都是借助离心力的作用来达到固液分离的目的，但两者在分离原理上是不一样的。离心过滤对所要分离的液相和固相没有密度差的要求，它使悬浮液中固相颗粒截留在过滤介质上，不断堆积成滤饼层，与此同时，液体借助离心力的作用穿过滤饼层及过滤介质，从而达到固液分离目的。离心过滤的过程和一般的滤饼过滤（重力过滤、真空过滤、压滤等）

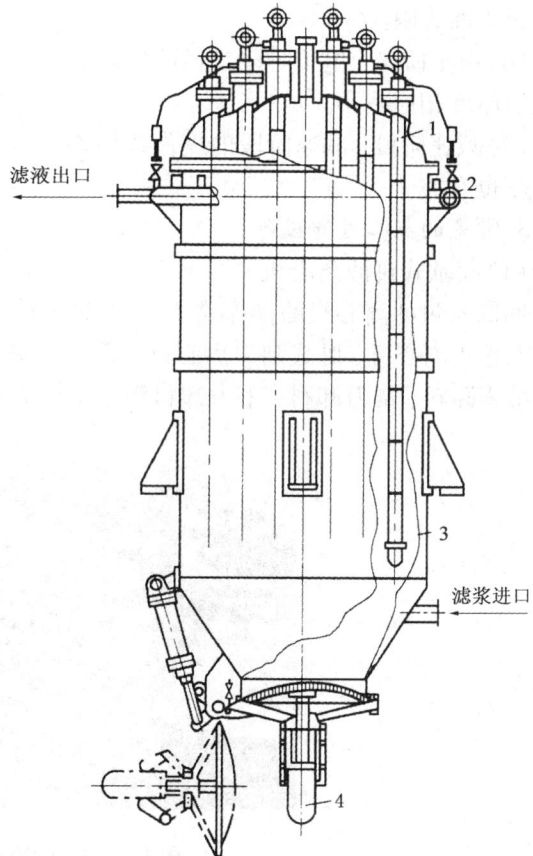

图 11－26 筒式压滤机示意图

1—过滤装置；2—聚流装置；3—壳体；4—卸渣装置

有其共同性，但在离心力的影响下，离心过滤操作又具有其特殊性。

2.离心过滤的过程

无论是连续进料式还是间歇进料式，离心过滤过程都必须按操作循环中的既定操作顺序进行，一般操作循环包括第一次空转鼓加速、加料、第二次加速、全速运转分离、洗涤、甩干和减速等阶段。

离心过滤过程：

（1）第一次加速阶段：将离心机转鼓启动并加速到加料所需用的速度。

（2）加料阶段：当分离物料的体积小于转鼓容料体积，应尽可能快地加料，以缩短加料时间。若加料中固体颗粒轻于液体，则加料速度宜慢于过滤速率，同时使用料浆分布器，使加进的料浆随即形成均匀的滤饼。

（3）第二次加速阶段：在加料停止后，转鼓加速到全速，以尽可能快地过滤母液。这个阶段的长短由工艺操作条件决定，同时也受电机特性的限制。

（4）全速运转阶段：这个阶段从转鼓转速达到最高速度开始，一直到料浆液面降至滤饼层表面为止。这一阶段不能进行洗涤，否则将是低效洗涤。

（5）洗涤阶段：其目的是用少量洗涤液，最大限度置换滤饼中存留的母液和洗去杂质。对于某些离心机操作，规定有一洗涤后的空运转阶段。洗涤后的空运转时间以洗涤液液面降至滤饼表面为限。

（6）甩干阶段：甩干阶段是最后的过滤，这时液面穿过滤饼层，因而随着液面的降低，有效滤饼厚度相应减小。

（7）减速阶段：减速阶段的操作线斜率与驱动电机的类型与特性有关，与操作系统能量的速率也有关。

3.常见的离心过滤设备

（1）间歇式过滤离心机

间歇式过滤离心机的操作特点是间歇进料、间歇卸料。按结构形式可分为三足式离心机、上悬式离心机、卧式刮刀离心机和翻袋式离心机。其卸料方式又分为人工卸料、气力卸料、吊袋卸料、刮刀卸料、重力卸料等。下面简单介绍翻袋式离心机。

图 11-27　翻袋式离心机外观

图 11-27 和图 11-28 所示为德国海因克尔翻袋式离心机和填料控制装置。海因克尔翻

袋式离心机的离心鼓为卧式筒状，传统的离心鼓被分成两部分，一为随主轴旋转的离心鼓，另外为轴向水平移动部分。滤袋的两端分别固定于离心鼓和轴向水平移动部分，这样水平移动部分的轴向运动可以翻转滤袋。这种独特的离心鼓设计保证了全自动的间歇式固液分离。

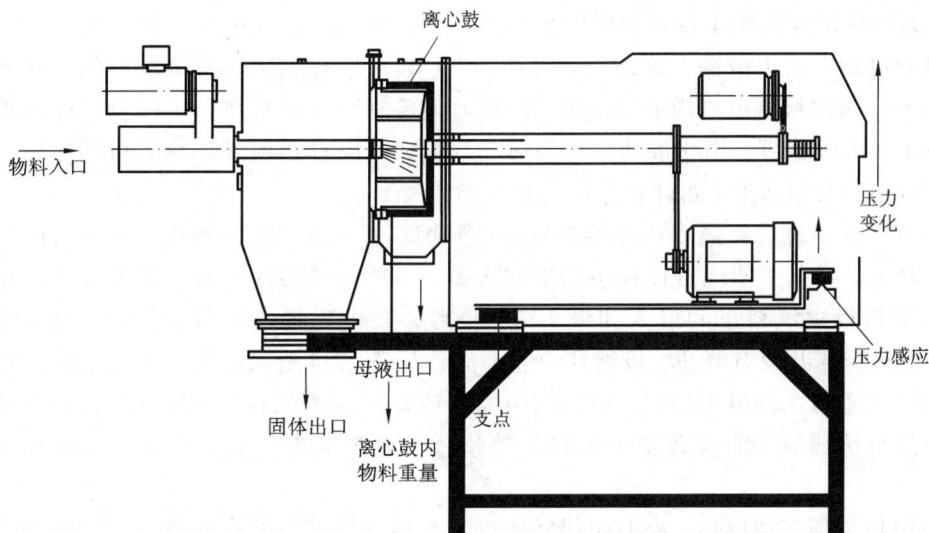

图 11 - 28　翻袋式离心机和填料控制装置示意图

翻袋卸料的工作原理如图 11 - 29 所示。

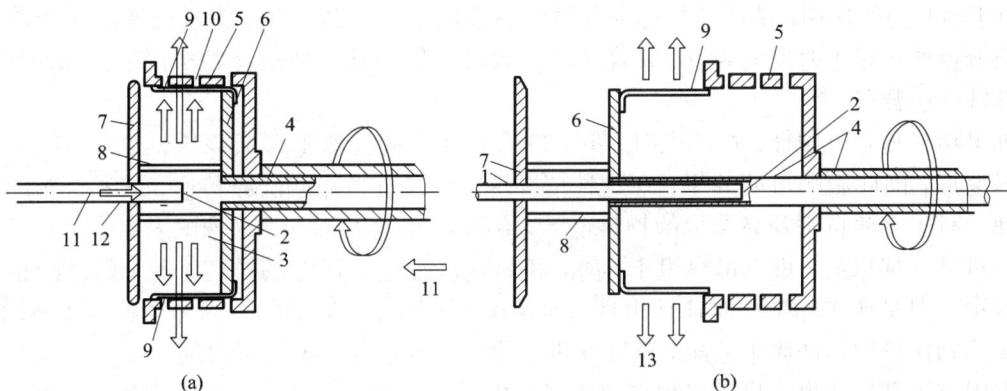

图 11 - 29　滤布外翻过程示意图

（a）离心分离　（b）翻袋卸料

1—固定输入管；2—输入管出口；3—离心机转鼓内腔；4—传动轴；5—转鼓壳体；
6—转鼓盖内盘；7—转鼓盖外盘；8—连杆；9—滤布；10—滤孔

图 11 - 29(a)中，固定输入管 1 用来输送悬浮液和蒸汽，从出口 2 进入离心机转鼓内腔 3，传动轴 4 由内轴和外轴组成，且与输入管 1 同轴。壳体 5 与传动轴外轴相连，而内轴则与转鼓盖内盘 6 相连，转鼓盖外盘 7 通过八根连杆 8 与传动轴 4 连接。内外轴以同样速度旋

转,同时内轴可按图中所示 11 的方向移出使滤布外翻[图 11－29(b)],所需动力靠液压或全机械(螺旋推进)方式提供。此时滤布 9 则在内盘 6 的周边与壳体 5 的周边展开成圆筒状,传动轴转速转慢,转鼓壁表面的物料沿箭头 13 的方向被离心甩出。

1)海因克尔翻袋式离心机利用杠杆原理,可对离心机转鼓内物料的重量进行精确的测定和控制,离心机尾部的测重仪可以随时根据压力变化测出离心转鼓内物料的重量。

物料通过输入管 1 被输入旋转的离心机,离心机可以控制离心鼓填料时的转速和填料阀门的开和关。当物料被填入离心转鼓时,随离心鼓旋转的支撑杆可以确保物料能够均匀地分布在滤袋上,形成滤饼。由于滤饼内颗粒分布均匀,可以有效地降低离心机的振动。这种填料方式同样可以保证晶粒(如针状晶形)的完整性。

由于海因克尔翻袋式离心机能够精确地控制填料量,所以能使翻袋式离心机的产量一直保持最佳状态,以至于使用直径较小的翻袋式离心机就能够替代大直径的普通离心机。填料时通过计算机设定填料量的最大和最小值,当离心鼓内物料达到最大值时,填料阀门被关闭,但是填料步骤并没有终止,母液在离心力的作用下被排出离心鼓,当离心鼓内物料重量在设定的时间之内达到最小值时,填料阀门被自动开启,这样不断反复直至在设定的时间内物料重量没有达到最小值或者整个填料步骤超过了设定的最大填料时间,这时开始下一道步骤。

2)当填料步骤完成以后,离心机将转速提高至甩干转速,母液在离心力的作用下被迅速排出离心机进入集液装置,离心机的转速应该根据物料的过滤性能来决定。

3)物料在母液被排出后滤饼需要进行洗涤,翻袋式离心机可以根据物料的要求对滤饼进行一次或多次洗涤。离心机将转速加速或减速至事先设定的洗涤转速,洗涤液通过洗涤阀门和输入管 1 被输入离心机,离心鼓内旋转的支撑杆将洗涤液均匀地分布在滤饼上,形成洗涤层,由于离心力的作用,洗涤液层逐渐通过滤饼被排出离心鼓,对滤饼进行洗涤这种洗涤步骤可以避免滤饼脱水时形成裂缝,洗涤步骤参数可以根据要求通过计算机设定洗涤时间、转速以及洗涤次数等。

如果物料具有可塑性,在洗涤时,由于洗涤液在很高转速下形成高压,滤饼内的固体颗粒容易变形,因此影响过滤效果,在这种情况下,可以适当降低洗涤转速,或者控制洗涤液的流速。对于一些特别容易变形的物料也可以利用特制的喷头将洗涤液喷入离心机。

4)洗涤完成以后,进入最终甩干,离心机将速度加速至设定的转速,甩干的时间也可以事先设定。但是在实际生产时往往出现这种情况,不同加工周期物料固体颗粒大小不同,这样为了达到比较均匀的脱水效果,就需要根据物料特性自动设定甩干时间。

海因克尔翻袋式离心机可以根据单位时间内离心鼓重量的变化来确定物料需要甩干的时间。当离心鼓内物料重量在单位时间内的变化小于事先设定的值时,离心机将停止甩干步骤。

5)当最终甩干步骤完成以后,离心机将减速至下料转速,然后离心鼓水平移动部分被推出,滤袋就被完全翻转,固体物料在离心力的作用下被甩离滤袋。当离心鼓水平移动部分推至极限位置时,重新被拉回离心鼓内,开始新的周期。

这种卸料方式保证了在卸料后滤袋上不留任何残余物料,滤袋也不会被物料堵塞,确保每一周期滤袋的过滤效果一样。卸料的时间也可以根据加工程序来设定。因为海因克尔翻袋式离心机在下料时不需要任何辅助工具,这样,当物料很难过滤时,可以在填料时将滤饼控制得很薄，以确保过滤效果。海因克尔翻袋式离心机可以过滤几毫米的滤饼，下料时不会遇到任何问题。

由于翻袋式离心机在下料时没有和任何辅助工具和物料接触(如刮刀)，所以能够保证物料晶体的完整。翻袋式离心机可以在完全密封的情况卸料，确保了完全密封的加工区域。

(2)连续式过滤离心机

连续式过滤离心机是连续运转、自动操作、连续进料、连续排出滤液、滤饼连续或脉动排出机外的过滤式离心机。这种离心机生产能力大，但适应性较差，主要用于固相颗粒大于0.1 mm，固相质量分数大于30%的结晶颗粒或纤维状固体的悬浮液的分离，广泛用于化工、食品、制药、肥料等工业部门，如生产烧碱、食盐、食糖、碳酸氢铵、氯化铵、碳铵、尿素、硫酸铜、硫酸亚铁、硝化棉、芒硝等。

连续式过滤离心机按照卸料方式又分为活塞推料、离心卸料、振动卸料、进动卸料和螺旋卸料等形式。下面详细介绍进动卸料离心机。

进动卸料离心机又称摆式离心机，其卸料方式是通过转鼓做进动运动将滤渣连续排出机外。

所谓进动运动是转鼓不仅做自转运动，还做公转运动，这种复合运动在力学上称为进动运动。该机种最早出现于20世纪70年代，目前德国、日本、俄罗斯和我国都有生产。进动离心机也分立式和卧式两种，图11-30所示为一种卧式进动卸料离心机结构。

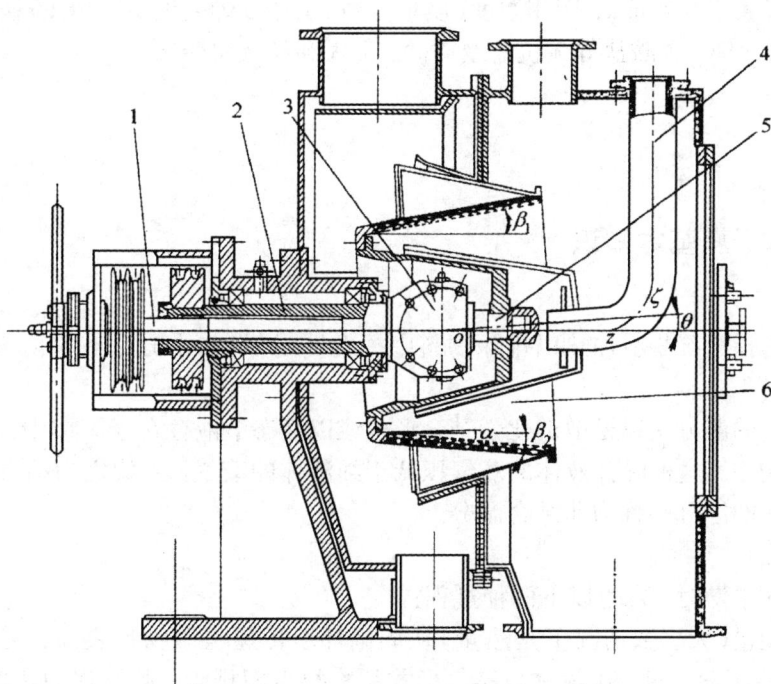

图11-30　卧式进动卸料离心机结构
1—实心轴；2—空心轴；3—进动头；4—进料管；5—主轴；6—锥形转鼓

进动卸料离心机的锥形转鼓6在主轴上绕o轴线自转，主轴5则以o为顶点绕oz轴线公转，空心轴2以稍慢速度使转鼓公转。实心轴5与空心轴2通过万向联轴器驱动，转动方向向相。o 与 oz 的夹角为章动角 θ，转鼓半锥角 α 小于滤饼与滤网的摩擦角。转鼓的自转和公转合成运动使转鼓壁上任一母线 oz 轴线夹角在 $\beta_1 = \alpha + \theta$ 和 $\beta_2 = \alpha - \theta$ 之间变化。滤饼和筛网的最大滑动角约等于 β_1，若 β_1 大于滤饼与筛网的摩擦角，滤饼在该处就会发生滑移，当转鼓下边筛网母线的倾角接近或者达到最大值，滤渣在此区间自动滑出筛网大端卸出机外，这个区间称做卸料区。与此相对 180° 位置的筛网母线此时倾角最小，滤渣停留在筛网上脱水，这一区段称做脱水区。由于转鼓自转和公转存在转速差，筛网上的卸料区和脱水区也在不断地轮流交替，只有当筛网大口转到最低位置区域，才能依次在某一局部弧段内卸料。

悬浮液从离心机上方经进料管加入布料器，经布料器加速被均匀地抛到筛网小口周壁上，滤液从筛网的缝隙中甩走，经排液管流出离心机。留在筛网上的滤渣由于进动运动产生的向上惯性力，不断滑向筛网大端自动甩离转鼓，经固料室掉入离心机底部出料。

进动离心机用进动原理使其能以较低的分离因数达到具有较高分离因数离心机的分离效果。进动离心机属于惯性卸料，物料在筛网上停留的时间可以在一定范围内进行调节。

与离心卸料离心机相比，进动离心机的优点是：生产能力增大，适用物料广，物料在筛网上停留时间长，滤饼脱水比较充分，颗粒磨损小，筛网寿命长。与振动卸料离心机相比，优点是：滤饼含液量低、噪声和振动较小。其主要缺点是滤渣不能得到充分洗涤，滤液和洗涤液不好分离。

进动卸料离心机适用于固体颗粒尺寸为 0.1 ~ 20 mm 的粗颗粒悬浮液的分离，最适宜用来分离颗粒直径大于 0.4 mm，固相浓度(质量分数)大于 55%，处理量大的悬浮液。主要用来分离硫铵、氯化钾、磷酸盐等无机盐及矿砂、细煤和粒状树脂等。

11.2 干燥

11.2.1 粉体干燥基本知识

1. 干燥的定义

干燥通常是指给湿物料加热以排除物料中挥发性湿分(如水分或有机溶剂)而获得干燥的固体产品的过程。

通常物料中的湿分是以松散的化学结合形式或以液态溶液存在于固体中，或者积集在固体的毛细微结构中，这种混合液体的蒸气压低于纯液体的蒸气压，称之为结合湿分。而那些游离在物料表面的湿分则称为非结合湿分。

2. 干燥过程

当给湿物料干燥时，发生以下两种过程：

过程 1 是能量(大多数情况下是热量)从周围环境传递至湿物料表面，使物料表面湿分(即非结合湿分)蒸发。过程 1 液体以蒸气形式从物料表面排除，此过程的速率取决于温度、空气温度、湿度和空气流速、暴露的表面积和压力等外部条件。此过程称外部条件控制过程，也称恒速干燥过程。

过程 2 是物料内部的湿分(即结合湿分)传递到物料表面，进而发生过程 1 的蒸发干燥过程。过程 2，物料内部湿分的迁移是物料性质、温度和湿含量的函数。此过程称内部条件控制过程，也称降速干燥过程。

干燥速率由上述两种过程中较慢的一个速率控制，从周围环境将热能传递到湿物料的方式有对流、传导或辐射。在某些情况下可能是这些传热方式联合作用，工业干燥器在类型和设计上的差别与采用的主要传热方法有关。在大多数情况下，热量先传到湿物料的表面然后传入物料内部，但在介电、射频或微波干燥时供应的能量在物料内部产生热量然后传至外表面。

整个干燥循环中两个过程相继发生，并控制干燥速率。

3. 干燥原理

(1)外部条件控制的干燥过程

在干燥过程中基本的外部变量为温度、湿度、空气的流速和方向、物料的物理形态、搅动状况，以及在干燥操作时干燥器的持料方法。外部干燥的条件在干燥的初始阶段，即在排除非结合表面湿分时特别重要，因为物料表面的湿分以蒸气形式通过物料表面的气膜向周围扩散，这种传质过程伴随传热进行，故强化传热便可加速干燥。但在某些情况下，应对干燥速率加以控制，例如瓷器和原木类物料在自由湿分排除后，从内部到表面产生很大的湿度梯度，过快的表面蒸发将导致显著的收缩，此即过干燥和过度收缩。这会在物料内部造成很大的应力，致使物料龟裂或弯曲。在这种情况下，应采用相对湿度较高的空气，既保持较高的干燥速率又防止出现质量缺陷。

(2)内部条件控制的干燥过程

在物料表面没有充足的自由湿分时，热量传至湿物料后，物料就开始升温并在其内部形成温度梯度，使热量从外部传入内部，而湿分从物料内部向表面迁移，这种过程的机理因物料结构特征而异。主要为扩散、毛细管流和由于干燥过程的收缩而产生的内部压力。在临界湿含量出现至物料干燥到很低的最终湿含量时，内部湿分迁移成为控制因素，了解湿分的这种内部迁移是很重要的。一些外部可变量，如空气用量，通常会提高表面蒸发速率，此时则降低了重要性。如物料允许在较高的温度下停留较长的时间就有利此过程的进行。这可使物料内部温度较高从而造成蒸气压梯度使湿分扩散到表面并会同时使液体湿分迁移。对内部条件控制的干燥过程，其过程的强化手段是有限的，在允许的情况下，减小物料的尺寸，以降低湿分的扩散阻力是很有效的。施加振动、脉冲、超声波有利于内部湿分的扩散。而由微波提供的能量则可有效地使内部湿分气化，此时如辅以对流或抽真空则有利于蒸气的排除。

4. 物料的干燥特性

如上所述，物料中的湿分可能是非结合湿分或结合湿分。有两种排除非结合湿分的方法：蒸发和气化。当物料表面湿分的蒸气压等于大气压时，发生蒸发。这种现象是在湿分的温度升高到沸点时发生的，在转筒干燥器中出现的即为此种现象。

如果被干燥的物料是热敏性的，那么出现蒸发的温度，即沸点，可由降低压力来降低，如真空干燥。如果压力降至三相点以下，则无液相存在，物料中的湿分被冻结，加热引起固态湿分直接升华气化，如冷冻干燥。

在气化时，干燥是由对流进行的，即热空气掠过物料。将热量传给物料而空气被物料冷却，湿分由物料传入空气，并被带走。在这种情况下，物料表面上的湿分蒸气压低于大气压，且低于物料中的湿分对应温度的饱和蒸气压，但大于空气中的蒸气分压。

选择适宜的干燥器及设计干燥器尺寸，必须了解物料对所采用干燥方法的干燥特性，物料的平衡湿分及物料对温度的敏感性，以及由特定热源可获得的温度极限等。

物料的干燥特性与采用的干燥方法也有关,这种特性通常用湿含量和时间函数,即干燥曲线或干燥速率曲线表示。

图 11-31 定性地描述了吸水性物料的典型干燥速率曲线。在第 1 干燥阶段干燥速率是常数,此时表面含有自由水分即非结合水分。当其完全气化后,湿表面则从物料表面退缩,此时可能发生一些收缩。在此阶段,控制速率的是水蒸气穿过空气－湿分界面气膜的扩散,在此阶段的后期,湿分界面可能内移,湿分将从物料内部因毛细管力迁移到表面,且干燥速率仍可能为常数。

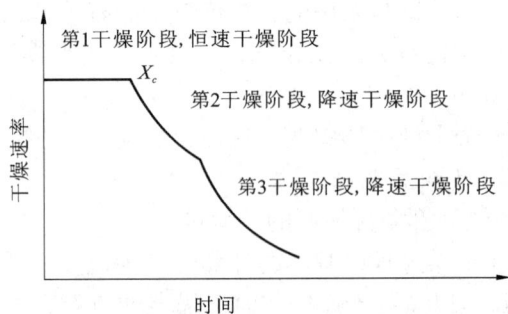

图 11-31 恒定干燥条件下的典型干燥速率曲线

当平均湿含量达到临界湿含量 X_c 时,进一步干燥会使表面出现干点。由于以总的物料表面积来计算干燥速率,故干燥速率下降。虽然每单位湿物料表面的干燥速率仍为常数。这样就进入第 2 干燥阶段或降速干燥阶段的第 1 段,即不饱和表面干燥阶段。此阶段进行到液体的表面液膜全部蒸发干,这部分曲线为整个降速阶段的一部分。

在进一步干燥时,进入第 2 降速段或第 3 干燥阶段,由于内部和表面的湿度梯度,湿分通过物料扩散至表面然后排除,干燥速率受到限制。此时热量先传至表面,再向物料内部传递。由于干湿界面的深度逐渐增大,而外部干区的导热系数非常小,故干燥速率受热传导的影响加大。但是,如果干物料具有相当高的密度和小的微孔空隙体积,则干燥受导热的影响就不那么强,而是受物料内部相当高的扩散阻力影响,干燥速率受湿分从内部扩散到表面,然后由表面的传质所控制。在此阶段,某些由吸附而结合的湿分被排除。最后由于干燥降低了内部湿分的浓度,湿分的内部迁移速率降低,干燥速率下降比以前更快。在物料的湿含量降至与气相湿度相应的平衡值时,干燥就停止。

在实践中,最初的原料可能具有很高的湿含量,而产品可能也要求较高的残留湿含量,那么整个干燥过程可能均处于等速阶段。然而在大多数情况下,两种阶段均存在。并对难干物料而言,大部分干燥是在降速阶段进行的。如物料的初始湿含量相当低且要求最终湿含量极低,则降速阶段就很重要,干燥时间就很长。空气速度、温度、湿度、物料厚度及床层深度对传热速率全都很重要。当扩散速率是控制因素时,即在降速阶段,干燥速率则随物料厚度的平方变化,特别当需要很长的干燥时间以获得低的湿含量时,用搅拌、振动等方法,使湿粉料颗粒化、降低切片厚度或在穿流干燥器中采用薄层将有利于降速干燥过程。

11.2.2 气流干燥

1. 气流干燥的定义

气流干燥也称"瞬间干燥",是固体流态化中稀相输送在干燥方面的应用。该法是使加热介质如空气、惰性气体、燃气或其他热气体和待干燥固体颗粒直接接触,并使待干燥固体颗粒悬浮于流体中,因而两相接触面积大,强化了传热传质过程,广泛应用于散状物料的干燥单元操作。气流干燥流程如图 11-32 所示。

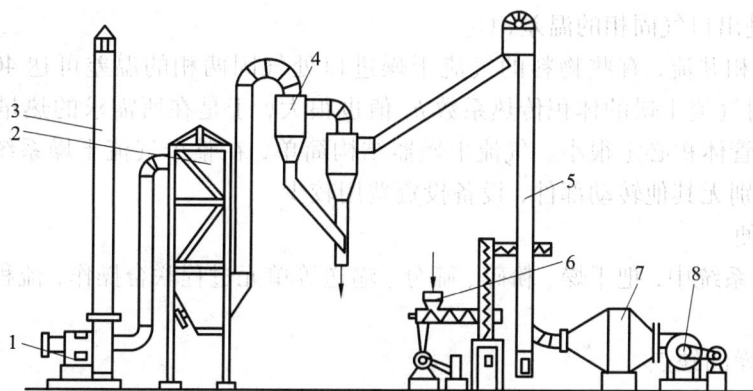

图 11 – 32　气流干燥基本流程图

1—抽风机；2—袋式除尘器；3—排气管；4—旋风除尘器；5—干燥管；6—螺旋加料器；7—加热器；8—鼓风机

2. 气流干燥的特点

(1)气固两相间传热传质的表面积大

固体颗粒在气流中高度分散并呈悬浮状态,这样使气固两相之间的传热传质表面积大幅度增加。由于采用较高气速(例如 20 ~ 40 m/s),使得气固两相间的相对速度也较高,不仅使气固两相具有较大的传热面积,而且体积传热系数 h_a 也相当高。普通直管气流干燥器的 h_a 为 2300 ~ 7000 W/($m^3 \cdot K$),为一般回转干燥器的 20 ~ 30 倍。

由于固体颗粒在气流中高度分散,使得物料的临界湿含量大大下降。例如,平均直径为 100 mm 的合成树脂,在进行气流干燥时,其临界湿含量仅为 1% ~ 2%;某些结晶盐颗粒的临界湿含量更低(0.3% ~ 0.5%)。

(2)热效率高、干燥时间短、处理量大

气流干燥采用气固两相并流操作,这样可以使用高温的热介质进行干燥,且物料的湿含量愈大,干燥介质的温度可以愈高。例如,干燥某些滤饼时,入口气温可达 700℃以上;干燥煤时,入口气温 650℃;干燥氧化硅胶体粉末时,入口气温 384℃;干燥黏土时,入口气温 525℃;干燥含水石膏时,入口气温可达 400℃。而相应的气体出口温度则较低,干燥某滤饼时为 120℃;干燥煤时为 80℃;干燥氧化硅胶体粉末时为 150℃;干燥黏土时为 75℃;干燥含水石膏时为 83℃左右。从上述情况可以看出,干燥气体进出口温差是很大的。干物料的出口温度比干燥气体出口温度低 20 ~ 30℃。高温干燥介质的应用可以提高气固两相间的传热传质速率,提高干燥器的热效率。例如,干燥介质温度在 4000℃以上时,其干燥效率为 60% ~ 75%。气流干燥的管长一般为 10 ~ 20 m,管内气速为 20 ~ 40 m/s,因此湿物料的干燥时间仅 0.52 s,所以物料的干燥时间很短。

(3)气流干燥器结构简单、紧凑、体积小,生产能力大

气流干燥器的体积可用下式计算:

$$V = q/hv\Delta t_m \tag{11 – 10}$$

式中:V——干燥器的体积,m^3;

$\quad\quad q$——热流量,kJ/h;

$\quad\quad h_v$——单位干燥器体积传热系数,kW/($m^3 \cdot K$);

Δt_m——进出口气固相的温差,℃。

由于气固两相并流,有些物料的气流干燥进口处气固两相的温差可达 400 ~ 500℃,故 Δt_m 值很大,同时气流干燥的体积传热系数 h_v 值也很大,于是在所需求的热量 q 值为某一定值时,气流干燥管体积必定很小。气流干燥器结构简单,在整个气流干燥系统中,除通风机和加料器以外,别无其他转动部件,设备投资费用较少。

(4)操作方便

在气流干燥系统中,把干燥、粉碎、筛分、输送等单元过程联合操作,流程简化并易于自动控制。

(5)气流干燥的缺点

气流干燥系统的流动阻力降较大,一般为 3000 ~ 4000 Pa,必须选用高压或中压通风机,动力消耗较大。气流干燥所使用的气速高,流量大,经常需要选用尺寸大的旋风分离器和袋式除尘器。

气流干燥对于干燥载荷很敏感,固体物料输送量过大时,气流输送就不能正常操作。

3. 气流干燥的适用范围

(1)物料状态

气流干燥要求以粉末或颗粒状物料为主,其颗粒粒径一般在 0.5 ~ 0.7 mm 以下,至多不超过 1 mm。对于块状、膏糊状及泥状物料,应选用粉碎机和分散器与气流干燥串联的流程,使湿物料同时进行干燥和粉碎,表面不断更新,以利于干燥过程的连续进行,或者采用将一部分干燥合格的产品返回进料口与湿物料相混合,使湿膏状物料、泥状物料分散成粉状物料后进行气流干燥。

气流干燥中的高速气流易使物料破碎,故高速气流干燥不适用于需要保持完整的结晶形状和结晶光泽的物料。极易黏附在干燥管的物料如钛白粉、粗制葡萄糖等物料不宜采用气流干燥。如果物料粒度过小,或物料本身有毒,很难进行气固分离,也不宜采用气流干燥。

(2)湿分和物料的结合状态

气流干燥采用高温高速的气体作为干燥介质,气固两相之间的接触时间很短。因此气流干燥仅适用于物料湿分进行表面蒸发的恒速干燥过程;待干物料中所含湿分应以润湿水、孔隙水或较粗管径的毛细管水为主。此时,可获得湿分低达 0.3% ~ 0.5% 的干物料。对于吸附性或细胞质物料,若采用气流干燥,一般只能干燥到含湿分 2% ~ 3%。

4. 气流干燥的设备

(1)直管式气流干燥器

直管式气流干燥器的示意图,如图 11 - 33 所示。待干燥的粉料经螺旋加料器加入直径为 350 mm、长为 13 m 的铝制干燥管,干燥管控制温度为 85℃。空气由鼓风机鼓入翅片加热器,空气温度加热到 90 ~ 110℃后进入干燥管与湿物料相遇,湿物料在被干燥的同时,被热空气输送到两个并联的直径为 600 mm、高度为 2750 mm 的旋风除尘器和过滤面积为 42 m^2 的袋式除尘器,干物料经直径为 150 mm 螺旋输送器送出。尾气经袋式除尘器排空,出口气温为 55 ~ 60℃。

在厂房高度受到限制或为了减少物料晶粒被粉碎的程度时,可采用倾斜直管式气流干燥器,如图 11 - 34 所示。此干燥器在实际使用中有气体分布不均匀和易积料的缺点。

根据上述气流干燥器原理,传热主要在气流干燥管内的加速段内。而加速段的长度一般在 2～3 m。许多场合采用短管气流干燥器，如图 11 - 35 所示。短管长度为 5～6 m，也有3～4 m。

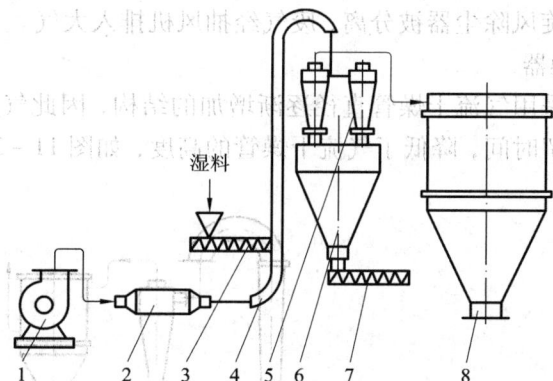

图 11 - 33　直管式气流干燥器流程示意图

1—鼓风机；2—翅片加热器；3—螺旋加料器；4—干燥管；5—旋风除尘器；6—贮料斗；7—螺旋出料器；8—袋式除尘器

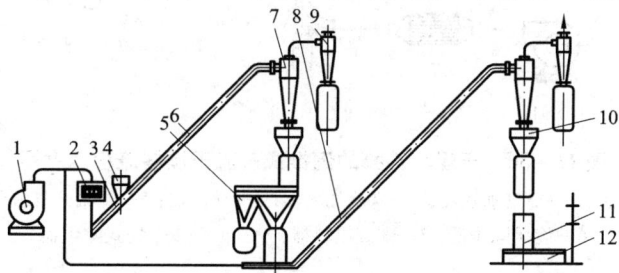

图 11 - 34　倾斜直管式气流干燥器流程示意图

1—鼓风机；2—电加热器；3—文丘里加料器；4—加料斗；5—倾斜干燥管；6—滚动筛；

7—级旋风除尘器；8—倾斜冷却管；9—二级旋风除尘器；10—包装桶；11—磅秤；12—贮料斗

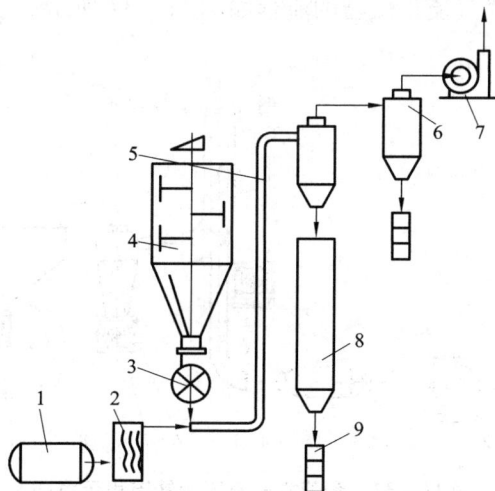

图 11 - 35　短管气流干燥器流程示意图

1—蒸汽加热器；2—电加热器；3—星形加料器；4—加料器；5—干燥管；

6—旋风除尘器；7—鼓风机；8—贮料桶；9—包装袋

待干燥粉料由星形加料器加入至直径为 100 mm、长度为 4.5 m 的干燥管中，空气经蒸汽加热器和 25 kW 电加热器加热至 240℃ 后进入干燥管，干燥后成品的含水量为 0.4% 以下，产量为 100 kg/h。成品从旋风除尘器被分离，废气经抽风机排入大气。

（2）倒锥式气流干燥器

倒锥式气流干燥器采用气流干燥管直径逐渐增加的结构，因此气速由下向上渐减，增加了粉体粒子在管内的停留时间，降低了气流干燥管的高度，如图 11 - 36 所示。

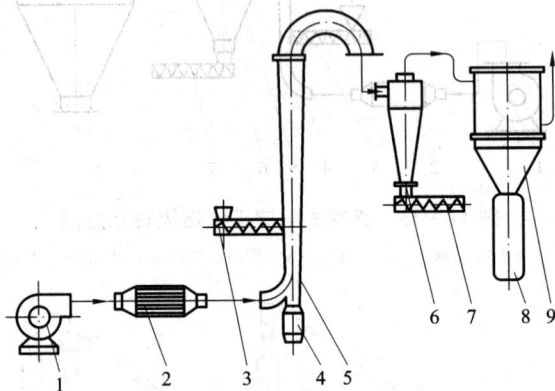

图 11 - 36　干燥小苏打的倒锥式气流干燥器流程示意图

1—鼓风机；2—空气加热器；3—螺旋加料器；4—导向器；5—倒锥式气流干燥管；
6—旋风除尘器；7—螺旋出料器；8—布袋；9—袋式除尘器

（3）套管式气流干燥器

套管式气流干燥器的特点是具有一个套管式气流干燥管，物料和空气同时由内管下部进入，然后由顶部进入内外管的环隙内，并从环隙底部排出。由于采用套管，可以减低干燥管高度和提高热效率。套管式气流干燥器的流程如图 11 - 37 所示。

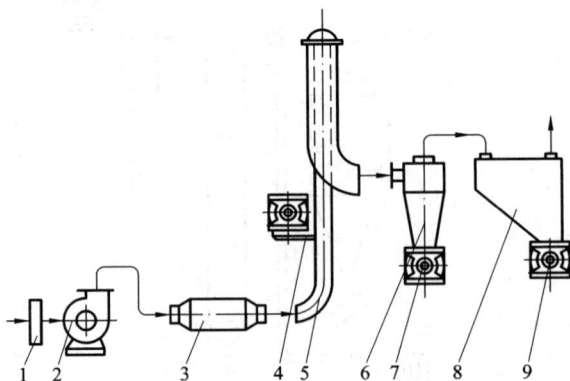

图 11 - 37　套管式气流干燥器流程示意图

1—空气过滤器；2—鼓风机；3—翅片加热器；4—星形加料器；5—干燥管；
6—旋风除尘器；7—星形出料器；8—袋式除尘器；9—星形出料器

（4）脉冲式气流干燥器

脉冲式气流干燥器的特征是气流干燥管的管径是交替缩小和扩大。目前脉冲气流干燥管的形式有两种，一种如图 11-38 所示，由小管径至大管径的过渡角较大；另一种如图 11-39 所示，其过渡角较小。采用脉冲气流干燥管可以充分发挥加速段具有高的传热传质作用，以强化干燥过程。加入的物料粒子首先进入管径小的干燥管内，粒子得到加速，当其加速运动终了时，干燥管径突然扩大，粒子依惯性进入管径大的干燥管。粒子在运动过程中，由于受到阻力而不断减速，直至减速终了时干燥管又突然缩小，这样粒子又被加速，如此重复交替地使管径缩小和扩大，则粒子的运动速度也交替地加速和减速，使空气和粒子间的相对速度和传热面积均较大，从而强化了传热传质的速率。同时，在大管径内气流速度下降也相应增加了干燥时间，其流程如图 11-40 所示。

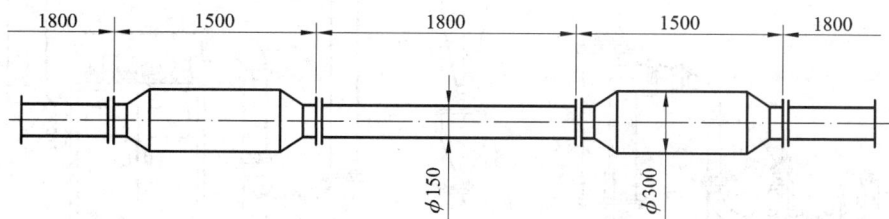

图 11-38 过渡角较大的脉冲气流干燥管

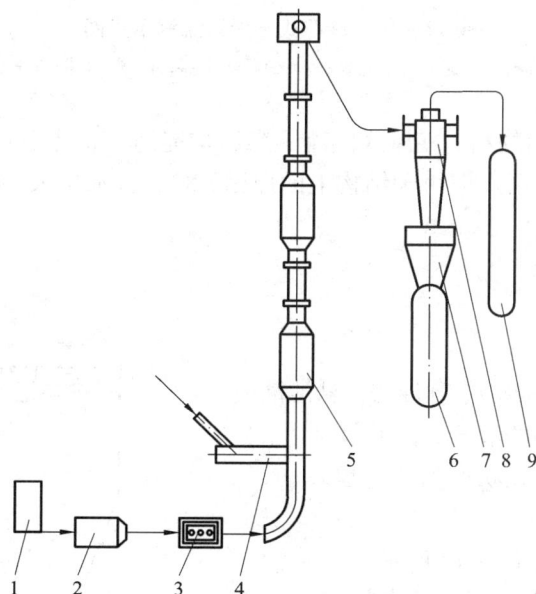

图 11-39 脉冲气流干燥器流程示意图

1—鼓风机；2—蒸汽加热器；3—电加热器；4—加料器；

5—脉冲管；6—布袋；7—料斗；8—旋风除尘器；9—袋式除尘器

（5）旋风式气流干燥器

如图 11 - 40 所示，旋风式气流干燥器的干燥原理与直管式气流干燥器的相同。在旋风干燥器内气流夹带物料从切线方向进入，沿着内壁形成螺旋线运动，物料在气流中均匀分布与旋转扰动，因此，即使在 Re 数较低的情况下，也能使粒子周围的气体边界层处呈高度湍流状态，增大气体和粒子间的相对速度。同时，由于旋转运动使粒子受到粉碎，增大了传热面积，这样，就强化了干燥过程。

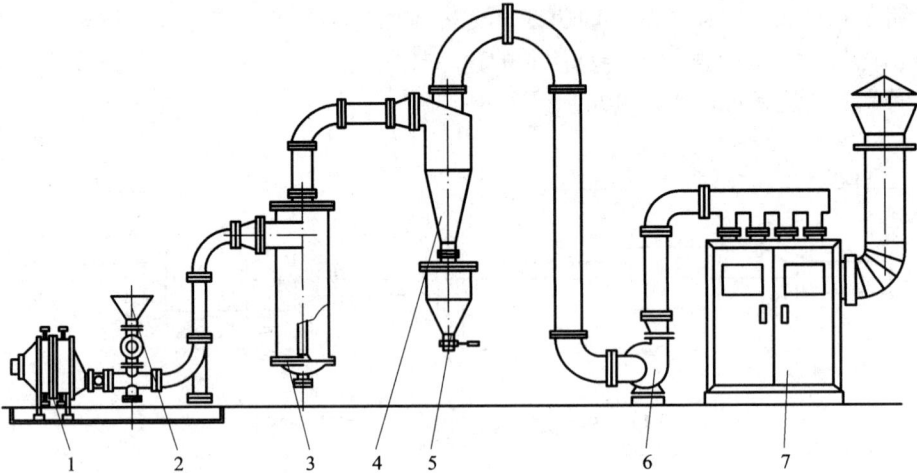

图 11 - 40　旋风式干燥器流程示意图

1—空气预热器；2—加料器；3—旋风式干燥器；4—旋风除尘器；5—贮料斗；6—鼓风机；7—袋式除尘器

凡是能用气流干燥的物料，旋风式气流干燥器均能适应，特别对憎水性、粒子小、不怕粉碎和热敏性物料尤为适用。但由于结构上的原因，对于含水量大、黏性、熔点低、易升华、易爆炸的物料不能应用。

11.2.3　喷雾干燥

1. 喷雾干燥的定义

喷雾干燥技术是指将溶液、乳浊液、悬浊液或浆料在热风中喷雾成细小的液滴，在下落时，水分被蒸发而成为粉末状或颗粒状产品的过程。

2. 喷雾干燥的原理

喷雾干燥的原理如图 11 - 41 所示。

在干燥塔顶部导入热风，同时将料液泵送至塔顶，经过雾化器喷成雾状的液滴，这些液滴群的表面积很大，与高温热风接触后水分迅速蒸发，在极短的时间内便成为干燥产品，从干燥塔底部排出。热风与液滴接触后温度显著降低，湿度增大，它作为废气由排风机抽出。废气中夹带的微粉用

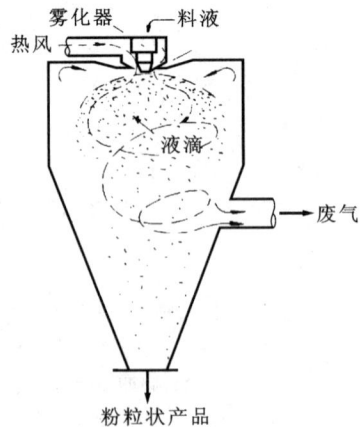

图 11 - 41　喷雾干燥示意图

分离装置回收。

物料干燥分等速阶段和减速阶段两个部分进行。

等速阶段,水分蒸发是在液滴表面发生,蒸发速度由蒸汽通过周围气膜的扩散速度所控制。主要的推动力是周围热风和液滴的温度差,温度差越大蒸发速度越快,水分通过颗粒的扩散速度大于蒸发速度。当扩散速度降低而不能再维持颗粒表面的饱和时,蒸发速度开始减慢,干燥进入减速阶段。此时,颗粒温度开始上升,干燥结束时,物料的温度接近于周围空气的温度。

3. 喷雾干燥的特点

(1)干燥速度快

料液经喷雾后,表面积很大,例如将 1 L 料液雾化成 50 μm 的液滴,其表面积可增大至 120 m²。在高温气流中,瞬间就可蒸发 95% ~98% 的水分,完成干燥时间一般仅需 5 ~40 s。

(2)干燥过程中液滴的温度不高,产品质量较好

喷雾干燥使用的温度范围非常广(80 ~800℃),即使采用高温热风,其排风温度仍不会很高。在干燥初期,物料温度不超过周围热空气的湿球温度,干燥产品质量较好。例如不容易发生蛋白质变化、维生素损失、氧化等缺陷。对热敏性物料、生物和药物的质量,基本上能接近于真空下干燥的标准。

(3)产品具有良好的分散性、流动性和溶解性

由于干燥过程是在空气中完成的,产品基本上能保持与液滴相近似的球状,具有良好的分散性、流动性和溶解性。

(4)生产过程简化,操作控制方便

喷雾干燥通常用于处理湿含量 40% ~60% 的溶液,特殊物料即使湿含量高达 90%,也可不经浓缩,同样能一次干燥成粉状产品。大部分产品干燥后不需要再进行粉碎和筛选,从而减少了生产工序,简化了生产工艺流程。产品的粒径、松密度、水分,在一定范围内,可用改变操作条件进行调整,控制管理都很方便。

(5)防止发生公害,改善生产环境

由于喷雾干燥是在密闭的干燥塔内进行的,这就避免了干燥产品在车间里飞扬。对于有毒气、臭气的物料,可采用封闭循环系统的生产流程,将毒气、臭气烧毁,防止大气污染,改善生产环境。

(6)适宜于连续化大规模生产

喷雾干燥能适应工业上大规模生产的要求,干燥产品经连续排料,在后处理上可结合冷却器和风力输送,组成连续生产作业线。

喷雾干燥的主要缺点有:①当热风温度低于 1500℃ 时,热容量系数低,蒸发强度小,干燥塔的体积比较庞大。②废气中回收微粒的分离装置要求较高。在生产粒径小的产品时,废气中约夹带有 20% 左右的微粉,需选用高效的分离装置,结构比较复杂,费用较贵。

4. 喷雾干燥的应用

喷雾干燥使用范围很广,常用的有下列各类物料。

(1)聚合物和树脂类

丙烯腈丁二烯树脂(AB)、丙烯腈丁二烯苯乙烯树脂(ABS)、三聚氰胺甲醛树脂(MF)、苯酚甲醛树脂(PF)、聚丙烯酸酯(PMMA)、聚丙烯腈(PAN)、聚碳酸酯(PC)等。

（2）染料、颜料、色料类

碱性染料、硫化镉、铬黄、氧化铜、靛蓝染料、氧化铁、高岭土、锌钡白、有机颜料、油漆、酞菁、可溶性与扩散微粒纺纱染料、水彩、铬酸锌、铬酸锌钾、铬酸和四氧化锌。

（3）陶瓷、玻璃类

氧化铝、氧化铍、电石、碳化硅、电瓷、搪瓷、铁氧体、地砖材料、玻璃砂、砂轮材料、绝缘材料、氧化铁、砂、氧化硅、火花塞材料、皂石、钛酸盐、碳化钨、氧化铀、氧化锌和硅化锆。

（4）除莠剂、杀真菌剂、杀虫药类

砷酸钙、氢氧化铜、氧化亚铜、2，4DBA 钠盐、2，4，6TBA 钠盐、2，4—二氯苯氧醋酸、2，4—二氯苯氧丙酸单甲胺盐、二氯苯氧丙酸、二氯丙酸钠盐、乙烷二吡二氯化物等。

（5）碳水化合物类

葡萄糖、树胶、乳糖、果糖、玉蜀黍酒、山梨糖醇、淀粉、全糖和小麦粉。

（6）乳蛋制品类

全脂乳、脱脂乳、乳清、乳酪、鲜奶油、酪蛋白、酸乳、酪朊酸盐、调质乳制品、蛋白、蛋黄、全蛋、婴儿食品和冰淇淋混合物。

（7）食品及植物提炼品类

蛋糕混合物、加糖椰子汁、含脂面粉混合物、咖啡精、代咖啡精、去咖啡因的咖啡精、果汁混合物、调味品、麦精等。

（8）药品及生化制品类

阿摩西林、安比西林、淀粉酶、阿司匹林、硫酸钡、血清、乳酸钙、泛酸钙、琥氯霉素、右旋糖酐、氟邻氯青霉素、荷尔蒙、右旋糖酐铁等。

（9）鞣酸类

栗子、丹宁酸铬、南美云实荚精、红树、含羞草精、河子精、白坚木萃取物和合成鞣酸。

（10）屠宰场的副产品、血和鱼制品类

动物蛋白、血(深色白蛋白、浅色白蛋白)、脑、鱼蛋白、鱼粉、鱼露、胶与水解胶、肝和鲸露。

（11）洗涤剂和表面活性剂类

烷基仿基磺酸盐、洗涤酶、分散剂、乳化剂、脂肪硫酸乙醇、重洗涤剂、轻洗涤剂、邻磷酸钾和邻磷酸二钾、邻磷酸钙和钙磷酸二钙、腈三酯酸盐、光学仪器光亮剂、磷酸酯、皂草甙、肥皂和多磷酸四钾。

（12）肥料类

磷酸铵、硫酸铵、混合肥料和超级磷肥。

（13）有机化合物类

己二酸、甲酸酯铝、硬脂酸铝、氨基苯酚二磺酸、铋化合物、醋酸钙、丁酸钙、葡萄糖酸钙、乳酸钙、丙酸钙、糖质酸钙、硬脂酸钙、醋酸纤维素等。

（14）无机化合物类

氯化铝、氢氧化铝、氧化铝、磷酸铝、硅酸铝、硫酸铝、氯化铵、钼酸铵、硝酸铵、磷酸铵、硫酸铵、ANC 催化剂、硫化锑、氧化砷、氯化钡等。

5. 喷雾干燥的设备

（1）三级喷雾式干燥器

1）设备组成：三级喷雾干燥器的设备如图 11 - 42 所示。该设备由一次喷雾干燥塔、固定流化床、振动流化造粒干燥冷却器、旋风分离器、空气加热器、空气过滤器、鼓风机、排风机、罗茨风机、空气冷却器、贮料罐、泵、料液过滤器、升温器、高压泵、筛子、余热回收器等组成。

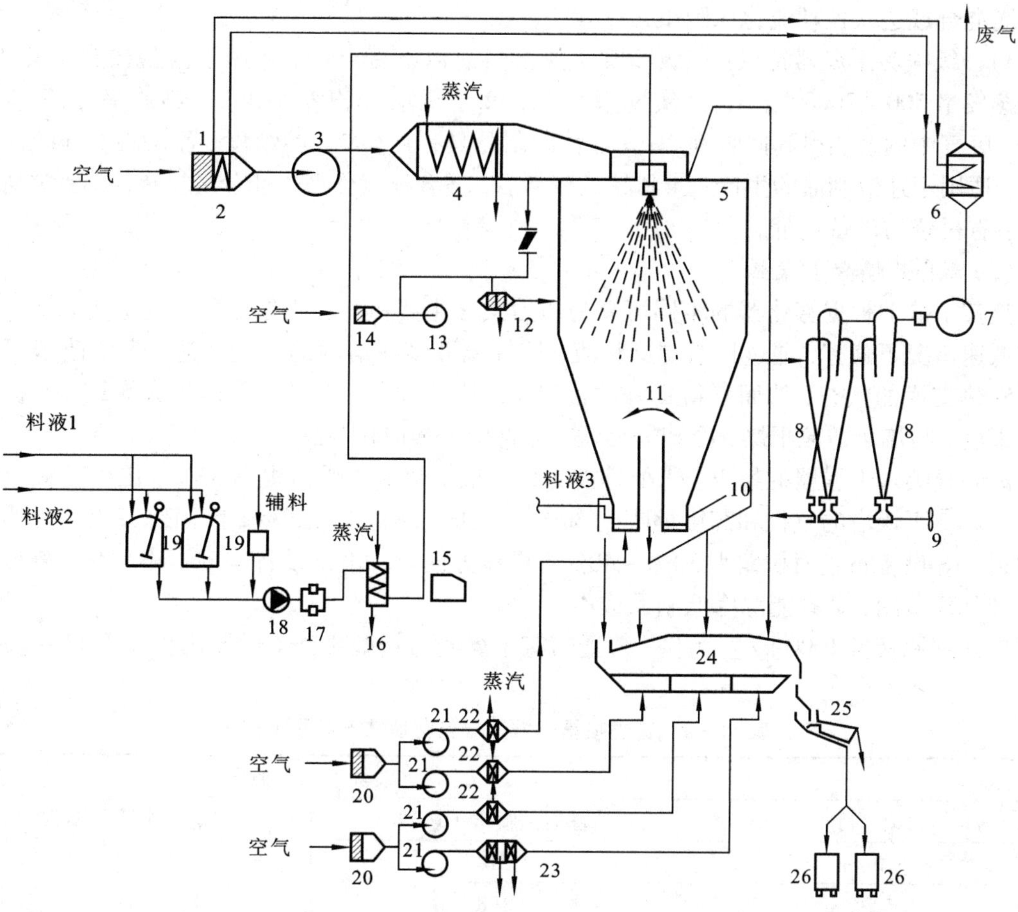

图 11 - 42 三级喷雾干燥器设备流程

1—过滤器；2—加热器；3—鼓风机；4—空气加热器；5—雾化器；6—余热回收器；7—排风机；8—旋风分离器；9—罗茨风机；10—固定流化床；11—干燥塔；12—冷却器；13—扫塔风机；14—过滤器；15—高压泵；16—升温器；17—过滤器；18—泵；19—贮罐；20—过滤器；21—鼓风机；22—加热器；23—加热器冷却器；24—流化造粒器；25—筛；26—粉箱车

2）干燥过程：以生产乳粉为例：将料液 1（例如浓奶）泵入贮罐内，经搅拌和配加辅料后，通过离心泵将物料压入双联过滤器过滤，然后经升温器将物料温度提高到 75 ~ 85℃，再通过高压泵泵入塔顶的高压雾化喷嘴，使料液在塔内雾化。空气经过滤后，由排出废气的余热加热水，热水间接传热使空气得到预热，然后再经空气加热器加热，热风温度达到 160 ~ 170℃进入干燥塔与雾化液滴接触产生热交换和质交换，当湿含量在 10% 左右的物料落到塔底固定流化床时，由于床底部通入热风，已形成固态的湿物料在床面上流化，同时使粉粒间产生附聚，出现较大的颗粒，达到湿含量 6% ~7%，排料至振动流化床继续造粒和再干燥，当达到制品湿含量要求时进入最后一段床面冷却，冷却段用冰水(2℃)作冷媒，空气经过滤加热杀菌后，然后进入冷却器，冷风约为 10℃，此冷风与物料接触不会产生微生物的污染。制品经筛子筛选后作为成品落入粉箱车输送至包装车间，块粉在筛子另一出口排出，经粉碎后仍可筛选作为制品。料液 2 是通过净化后的压缩空气经气流式雾化器在固定流化床出口喷涂在制品表面，可改善制品的溶解性。微粉通过旋风分离器回收，由罗茨风机通过管道输入塔顶与湿液滴混合或进入振动流化床附聚再干燥。

3）三级喷雾干燥器特点：三级喷雾干燥器具有以下特点：①适用于大规模自动化生产，水分蒸发量 500 ~2000 kg/h，已实现系列化；②干燥塔体积缩小 1/3，热效率提高 15% ~20%，废气中的余热得到回收利用；③造粒的制品具有颗粒状，溶解度、流动性、分散性比较理想，适用于速溶制品的生产；④制品经冷却后，适合连续作业，可直接包装；⑤建筑高度降低，节省投资与设备造价。

（2）离心式喷雾干燥器

喷雾干燥器根据雾化器的不同可分为压力式雾化器和离心式雾化器。其中离心式雾化器可在低速情况下喷雾，通过扩散螺旋整流，使气流液滴在塔内的运动轨迹延长，改善了热风与液滴热交换的状态，从而获得良好的传热、传质的效果，干燥塔的体积大大缩小，提高了蒸发强度，与流化造粒干燥、冷却器相联，可直接干燥造粒制品。

离心式喷雾干燥器的特点：①处理能力比一般的喷雾干燥器提高 35%，因而热效率大幅度提高。②干燥塔的直径和高度缩小约 30%，且未干燥物不会碰壁，因而侧壁表面无明显黏结物料。③设备布置面积缩小 30% ~40%，操作方便。④由于设备实现了小型化，降低设备造价和基建费用，节省能源降低制品成本。

以处理原液量 1000 kg/h 为例，普通喷雾干燥器与新型喷雾干燥器比较如表 11 -2 所示。

表 11 -2　普通喷雾干燥器与新型喷雾干燥器比较

项　目	喷雾干燥器类型	
	普通型喷雾干燥器	新型喷雾干燥器
容积/m³	318	76
表面积/m²	198	83
床面积/m²	33.1	12.5
离心雾化器转速/(r·min⁻¹)	11000	2000 ~3000

两种干燥器外形尺寸比较如图 11 -43 所示。

这种新型喷雾干燥器已广泛应用于食品、化学品、医药品，如氨基酸、味精、酱油、乳粉、糖类、食用色素、大豆蛋白、淀粉、染料、颜料、洗剂、农药、饲料、肥料、触媒、香料、化妆品、感光剂、抗生素、酵母、中药等制品。

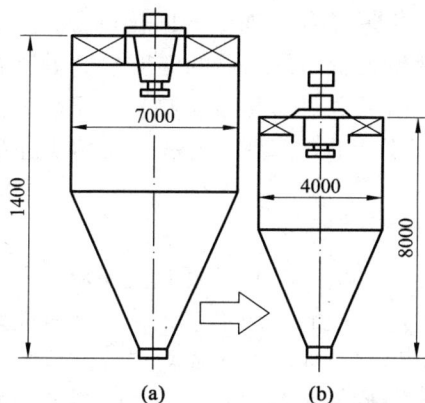

图 11-43 普通型与新型喷雾干燥器尺寸对比(mm)
(a)普通型；(b)新型

11.2.4 红外线干燥

1. 红外线干燥的定义

红外线干燥是指将红外线辐射器发出的红外线或远红外线照射被加热的粉体,光能被粉体吸收转变为热能,从而达到将粉体干燥的一种技术。

红外线或远红外线辐射器所产生的电磁波,以光的速度直线传播到达被干燥的物料,当红外线或远红外线的发射频率和被干燥物料中分子运动的固有频率(也即红外线或远红外线的发射波长和被干燥物料的吸收波长)相匹配时,引起物料中的分子强烈振动,在物料的内部发生激烈摩擦产生热而达到干燥的目的。

在红外线或远红外线干燥中,由于被干燥的物料中表面水分不断蒸发吸热,使物料表面温度降低,造成物料内部温度比表面温度高,这样使物料的热扩散方向是由内而外的。同时,由于物料内存在水分梯度而引起水分移动,总是由水分较多的内部向水分含量较小的外部进行湿扩散。所以,物料内部水分的湿扩散与热扩散方向是一致的,也就加速了水分内扩散的过程,也即加速了干燥的进程。

由于辐射光线穿透物体的深度(透热深度)约等于波长,而远红外线比近红外线波长长,也就是说用远红外线干燥比近红外线干燥好。特别是由于远红外线的发射频率与塑料、高分子、水等物质的分子固有频率相匹配,引起这些物质的分子激烈共振。这样,远红外线即能穿透到这些被加热干燥的物体内部,并且容易被这些物质所吸收,所以两者相比,远红外线干燥更好些。

2. 红外线干燥的特点

(1)干燥速度快、生产效率高

红外线干燥技术特别适用于大面积、表层的加热干燥。

(2)设备小,建设费用低

红外线干燥,特别是远红外线,烘道可缩短为原来的一半以上,因而建设费用低。若与微波干燥、高频干燥、电子束干燥等相比,远红外加热干燥装置更简单、便宜。

(3)干燥质量好

由于涂层表面和内部的物质分子同时吸收远红外辐射,因此红外线干燥过程中,加热均匀,产品外观、机械性能等均有提高。

(4)建造简便,易于推广

红外线或远红外线辐射元件结构简单,烘道设计方便,便于施工安装。

3. 红外线干燥的应用

在红外线加热干燥中,根据被干燥物料的特点,一般可分为以下两大类:

(1)薄层易干物料

薄层易干物料:如涂层、油漆、瓷釉、纸张、玻璃纤维毡、染织物、布匹丝绸定型等,这类物料的干燥均属表面气化控制过程,虽然油漆的干燥还存在油漆的固化过程,但总的来看均可按吸收光谱的最大吸收峰,根据维思位移定律选择辐射加热器的温度。这里还有高温与中温干燥之分,在我国的大量实践已表明,高温定向辐射对这类薄层物料的干燥、固化均起到极为良好的效果,但对竹漆干燥还以中温辐射干燥为宜,因此,按被干燥的实际条件最后确定。

(2)厚而难干物料的干燥

一般可按偏匹配吸收原理吸收峰选取辐射加热器的温度,但这还远远不够,还要根据物料的特性,认真研究被干物料的传热传质特性,制定合理的干燥工艺,对新物料最好先作热谱图实验,为工程实验研究提供优化工艺参数。但最好是在固定床或与工程结构相似的炉内进行模拟实验,取得优化的干燥工艺参数。一个好的红外辐射干燥过程一定要按辐射传热传质基本规律进行实验与工程设计。我国现行的很多红外辐射加热干燥烘道大都没有达到优化的干燥过程,都需要提高干燥效率、节约能源,向集约型发展。

红外辐射加热干燥应用面很广,现将各主要行业的红外线加热干燥的应用列于表 11-3。

表 11-3　红外线干燥的应用领域

应用领域	实例
纺织业	棉纱脱水、人造纤维织物热定型及织物拉幅烘干、羽绒生产过程中的连续烘干,涤纶切片
塑料业	注塑过程加热、原料树脂的干燥、泡沫皮革的硬化、各种乳胶、糊状树脂的脱水硬化加工、各种胶带的黏结剂的干燥、涤纶—绵纶混纺带坯及热成型绵塑水管的烘干
造纸业	特种纸张的涂敷、上色、胶化、上光、印花墙纸等等的干燥,瓦楞纸烘干,油毡生产线的原纸烘干,烟草加工及火柴生产过程中的烘烤
制鞋业	制革和染色及本色皮革、毛皮等的干燥,胶膜活化,聚氯乙烯鞋底的熔接,合成材料成形前的增塑类的现成商品
食品加工业	茶叶、干菜及各种水果的脱水干燥,面包、饼干的烘烤,食品保温加热,罐头内层涂漆烤干果脯、方糖烘烤,酒的陈化,花生、瓜子、板栗、大米等无砂红外炒熟
农副业	粮食烘干,季节性很强的农副产品(如黄花菜、香菇、木耳等)的烘干,竹制品除囊虫害,雏鸡孵化保温,牧草干制,蔬菜种子干燥
木材工业	木质装饰板的印刷,板类树脂加工,木材的干燥,木制家具的涂饰烘烤,胶合板单板干燥,地板块干燥
机电工业	电键绝缘漆烘烤,高压电器油漆烘烤镀锌,地道及隧道内电机烘干去潮,荧光粉烘干,电焊条烘干,金属热处理及熔炼
化学工业	试剂干燥,合成橡胶热处理,聚合材料加热,硅酸铝纤维脱水等

4.红外线干燥的设备

(1)红外线与远红外线干燥设备的主要组成部分

红外线与远红外线干燥设备的主要组成部分由以下几个部分组成:

1)辐射器

辐射器,或称辐射元件,是指能发射红外线或远红外线的器件。

辐射器主要由三部分组成:①涂层,其功能是在一定温度下能发射出具有所需的波段宽度和较大辐射功率的辐射线。②发热体(或热源),发热体主要指电热式电阻发热体,热源主要指非电热式的蒸汽、燃烧气或余热烟道气等,其功能都是向涂层提供足够的能源,也就是保证辐射层正常发射辐射线所必需的工作温度。③基体及附件,基体是用来安置发热体或涂层,而附件是保证工作的附属零件,如接线、固定螺栓等。

2)加热装置

红外线和远红外线干燥器,除了少数敞开式或移动式之外,都是在一个加热干燥装置中进行的,如干燥炉、干燥室、烘房、干燥箱等。所谓炉、室、箱,主要是根据习惯按体积的大小划分的。它们的截面积大小、形状等主要根据被加热干燥物体的性质、形状和大小以及使用辐射器类型、温度和距离等因素来决定。

按被干燥的物料的移动性来分,有固定式和通过式(即隧道式)。在固定式干燥装置中,将被加热干燥的物料或工件分批装入炉中,整个加热干燥过程中,被加热干燥的物料和辐射器相对位置是固定不变的,待达到预期的干燥目的后再取出,适用于小批量干燥生产。隧道式加热干燥器装置中,被加热干燥物料和工件通过输送设备不断地输入和输出于烘道中,适用于大批量连续生产场合。

隧道式干燥器多采用链带式或吊立式运载装置。为了便于调节生产,运转速度为可调的。被加热干燥的物料在干燥器中可为单层运转的和多层运转的,后者可以更好地利用热能,如S形传送带式干燥器等。表11-4列出了一些加热干燥装置的分类。

表11-4 加热干燥装置的分类

特征	类别
体积的大小	加热炉、加热室、烘箱
工件的移动性	固定式、通过式(隧道式)
工件的移动方式	滚筒式、传送带式、叶片反板式

3)反射集光装置

整个红外区的辐射线都是直线传播的电磁波,在其传播的过程中,在不同介质的分界面处会有反射、吸收和透射现象发生。利用这一特性,在红外线和远红外干燥器中,为了加强辐射效力,常用具有很高反射系数的金属来制作反射集光装置。

反射器按不同的需要可做成各式各样的形状。按不同的特征可有不同的分类方法。

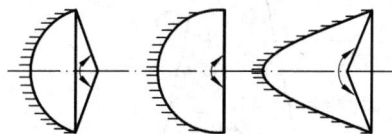

图11-44 不同张角的反射镜

按反射镜的平面张角来分,有浅镜深反射镜和深镜深反射镜。前者平面张角小于180°,后者的平面张角大于180°(见图11-44)。

按反射器剖面的形状来分,有平面镜和曲面镜两类。可用几块平面镜按不同的角度拼成角反射镜,以改变光路方向。但反射的次数不宜过多,以免损失太大。曲面镜又有球面、抛物面、椭球面和双曲面之分(见图11-45)。使用最广的为球面镜和抛物面镜。在这两种反射镜的焦点上放上点光源,可以反射出平行光束。相反,可以把平行光束集中到焦点上。

灯式红外或远红外辐射器的反射镜常做成旋转抛物面、旋转双曲面或球面。将发生器置

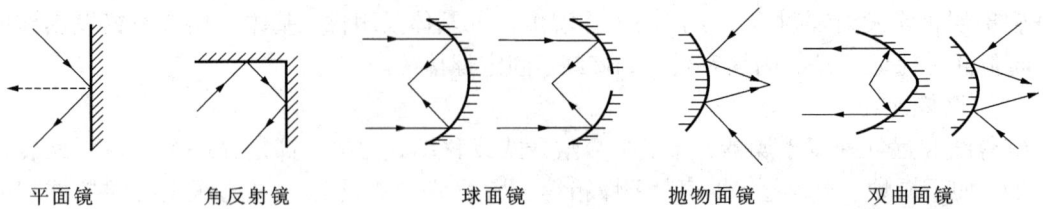

平面镜　　　角反射镜　　　　球面镜　　　　抛物面镜　　　双曲面镜

图 11 – 45　反射镜的形式

于反射镜的焦点处，反射以后成为平行光束向前传播，这样能量强度随照射距离的变化很小。

管式辐射器一般选配剖面为抛物线形的长式反射器，其辐射线由发热体本身直接辐射到前部以及通过反射器反射到前部组成复合光线，由于辐射线大部分为扩散光线，只有反射光是平行光线，辐射线强度由逆二次方定律可知随距离增大而很快下降。实验表明，反射器的断面抛物线的标准方程为 $y^2 = 32x$ 时效果较好。

按反射器的曲率可否调节，可分为曲率可调反射器和固定曲率反射器。图 11 – 46 所示为曲率可调反射器。

按反射器的表面材料，可分为镀金、镀银、抛光 I 钢、铝合金层等。

镀金面的反射系数最大，镀银和抛光的反射系数虽大，但容易暗淡。一般使用工业铝板，但需在其表面进行化学或电化处理。电氧化处理后的铝在红外区的反射率可达 0.98，也很稳定，是一种较为理想的反射器材料。表 11 – 5 列出了一些反射器的分类。

表 11 – 5　反射器的分类

特征	类别
平面张角	浅镜深反射镜和深镜深反射镜
剖面形状	平面镜和曲面镜
曲面形状	球面镜、抛物面镜、椭球镜、双曲面镜
曲率的变化	曲率可调镜和固定曲率镜
表面材料	镀金层、镀铬层、抛光铜、工业铝层
反射器的移动性	移动式和固定式

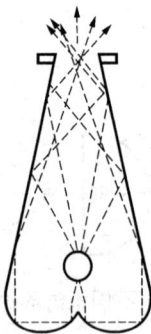

图 11 – 46　曲率可调反射器

4）温度控制等附加装置

各种不同物料在加热干燥过程中，有各自的理想温度特性曲线，而干燥器的工作温度要受辐射器的总功率、电源电压波动、加热干燥物料类别及气温等多种因素的影响，为了提高干燥效率，保证产品质量，必须对干燥器的温度进行检测和控制。

按温度计的工作原理来分，有 5 类不同的温度测量计——膨胀式、压力式、电阻式、热电式和辐射式。表 11 – 6 列出了温度测量计的分类。

表 11 – 6 温度测量计的分类及应用

分类	工作原理	温度计示例	温度范围/℃	配用仪表
膨胀式温度计	利用液体或固体受热后体积膨胀的性质	玻璃液体温度计 双金属温度计	– 100 ~ 500 – 60 ~ 500	
压力式温度计	利用一定容积的气体或液体受热后压力变化的性质	压力温度计	– 80 ~ 400	温度刻度的压力计
热电式高温计	利用导体或半导体受热后电阻值变化的性质	电阻温度计	– 200 ~ 500	比率计、平衡电桥、不平衡电桥
辐射式高温计	利用物体受热后产生热辐射的性质	光学高温计 辐射高温计 光电高温计	700 ~ 2000 或更高	毫伏计、电位差计

（2）几种红外线和远红外线干燥设备

①远红外线干燥炉

图 11 – 47 为远红外线干燥炉的简图。待干燥物料在涂四氟乙烯的单层耐热运输带上输送，输送速度为 0.2 ~ 0.8 m/min 间无级变速。采用 HS 型#1010 远红外线辐射器，照射距离可调节。

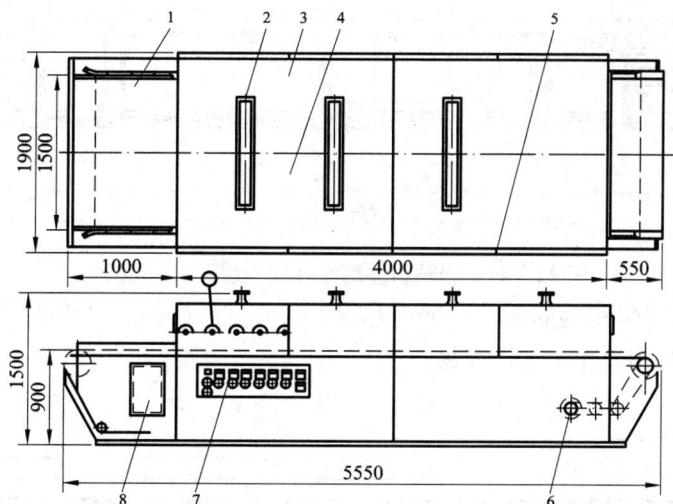

图 11 – 47 远红外线颜料干燥炉（mm）

1—运输带；2—通风装置；3—炉罩；4—驱动装置；5—检查罩；6—控制盘；7—总开关；8—发热管

2) S 型多用式有输送带远红外线干燥设备

图 11 – 48 为 S 型多用式有输送带远红外线干燥设备简图。这种干燥器由于可以从上、下和侧面各方照射，因此适用于复杂的场合，一机多用。调整方便，操作简易。

3) 粉粒物料远红外线干燥设备

图 11 – 49 为这种干燥设备简图。对化学肥料、石墨、粉体农药等干燥较适用。

4) 远红外线烘箱

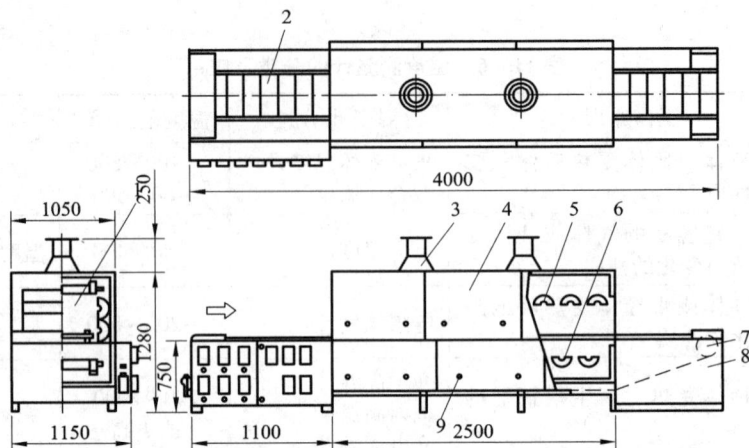

图 11-48　S型多用式有输送带远红外线干燥设备（mm）

1—侧面加热器；2—控制箱；3—排气烟囱；4—侧面罩（绞链式）；5—顶部加热器；
6—底部加热器；7—链式输送带；8—驱动变速装置；9—下部罩（插入式）

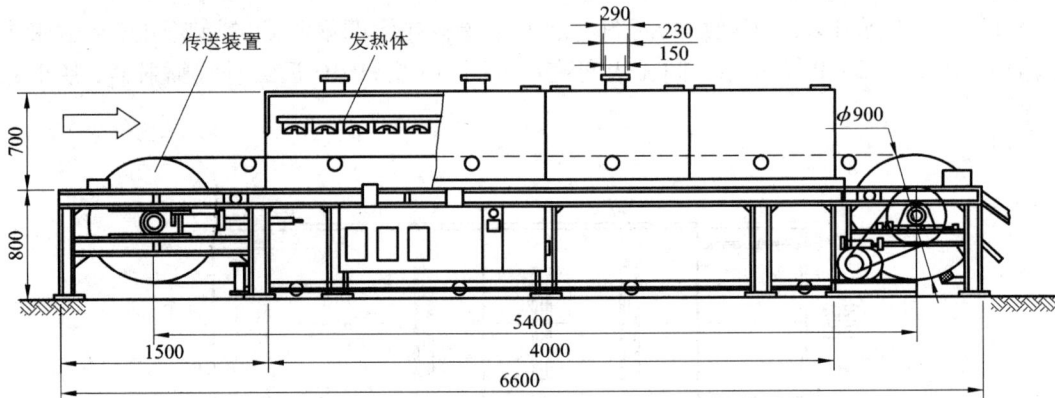

图 11-49　粉粒物体远红外线干燥设备（mm）

图 11-50 为这种烘箱的简图。一般电热丝、红外灯的烘箱，只要改用辐射器，即可成为远红外线烘箱。其结构简单，制作容易。

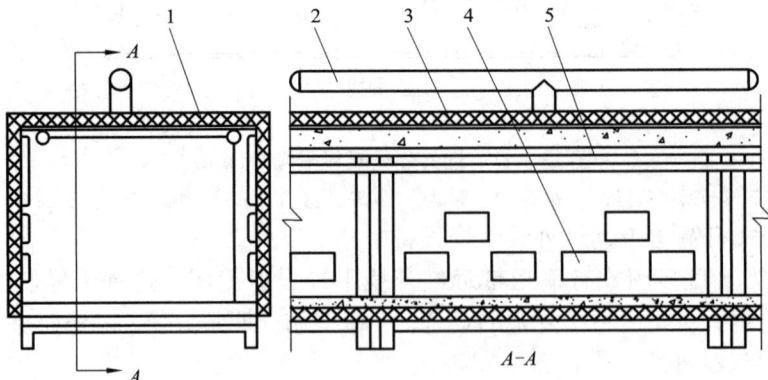

图 11-50　远红外线烘箱结构简图

1—石棉板；2—排气管；3—热空气循环管；4—远红外辐射板；5—物料干燥处理轨道

5) 远红外线干燥实验炉

图 11-51 为这种实验炉的简图。这种装置主要用于模拟实验，以确定合理的炉型、辐射距离、加热时间等，也可以作为通用性远红外线加热干燥炉应用于实际生产。

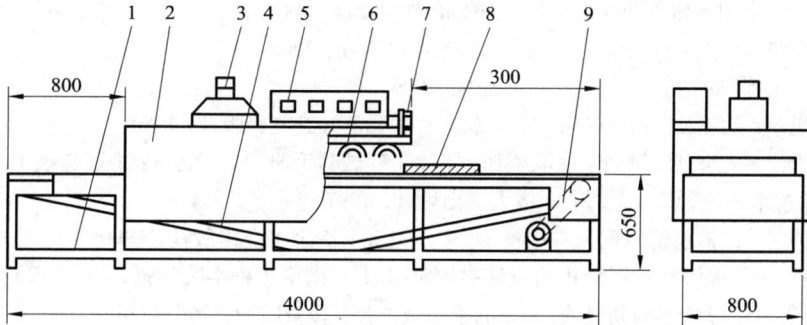

图 11-51 远红外线干燥实验炉(mm)

1—支架；2—炉体；3—排气筒；4— 链条传送带；5—辐射器；
6—控制盘；7—照射距离调节装置；8—工件；9—驱动装置

复习题

1. 简述过滤的定义。
2. 解释过滤过程的动力及其过滤方式。
3. 什么是不可压缩滤饼与可压缩滤饼？
4. 什么是过滤介质？常见的过滤介质有哪些？
5. 影响滤液流量的因素有哪些？

参 考 文 献

[1] 吴宏富. 中国粉体工业通鉴[M]. 中国建材工业出版社, 2006

[2] 卢寿慈. 粉体技术手册[M]. 北京：化学工业出版社, 2004

[3] 中国颗粒协会. 中国粉体工业年鉴[M]. 西安地图出版社, 2003

[4] 陶珍东, 郑少华. 粉体工程与设备[M]. 化学工业出版社, 2003

[5] 蒋阳著. 粉体工程[M]. 合肥：合肥工业大学. 2006

[6] 张少明, 翟旭东, 刘亚云. 粉体工程[M]. 北京：中国建材工业出版社, 1994

[7] [日]三轮茂雄, 日高重助. 洋伦, 谢淑娴译. 粉体工程试验手册[M]. 北京：中国建筑工业出版社, 1987

[8] 陆厚根. 粉体技术导论[M]. 上海：同济大学出版社, 1997

[9] 廖乾初, 蓝芬兰. 扫描电镜原理及应用技术[M]. 北京：冶金工业出版社, 1990

[10] 蔡璐. 扫描电子显微镜在材料分析和研究中的应用[J]. 南京工程学院学报, 2003(12)：39 – 42

[11] 李斗星. 透射电子显微学的新进展[J]. 电子显微学报, 2004(23)：269 – 278

[12] 张金龙, 顾辉, 尹道乐. 铌的透射电子显微镜样品的制备技术[J]. 电子显微学报, 1986(2)：73 – 77

[13] 李言荣, 恽正中. 电子材料导论. 北京：清华大学出版社, 2001, 137

[14] 萨尔满 H, 舒尔兹 H. 黄照柏译. 陶瓷学[M]. 北京：轻工业出版社, 1989

[15] 王晓刚. 碳化硅合成理论与技术[M]. 西安：陕西科学技术出版社, 2001, 68

[16] 戴遐明, 李庆丰等. 清华大学学报[J], 1996, 36(S1)：5

[17] Shaviv R. Mater Sci & Eng[J], 1996, A209：345

[18] Cho Y W, Charles J A. Mater Sci &Tech[J], 1 991, 7：495

[19] Radev D D, Marinov M. J Alloys and Compounds[J], 1996, 244：48

[20] Subrahmanyam J. Vijayakamar M. J Material Science[J], 1992, 27：6249

[21] 江国健, 庄汉锐等. 化学进展[J]. 1998, 10 (3)：327

[22] Bermudo J, Osendi M I. Ceramic International[J]. 1999, 25：607

[23] Merzhanov A G. J of Mater Proc Tech[J]. 1996, 56：222

[24] Ivanov V, Kotov Y A, et al. Nanostructure Materials[J]. 1995, 6：287

[25] Kwon Y S, Jung Y H, et al. Scripta Materials[J]. 2001, 44：2247

[26] Kotov Y A, Samatov O M. Nanostructure Materials[J]. 1999, 12：119

[27] Kotov Y A. Yavorovski A. Phys&Chem of Mater Proc (in Rus)[J]. 1978, 4：24

[28] Zuhasz A Z. Colloids and Surfaces A[J]. 1998, 141：449

[29] Butyagin P. Colloids and Surfaces A[J]. 1999, 160：107

[30] Boldvrev V V. Ultrasonic Sonochemistry[J]. 1995, 12 (2)：143

[31] Heinicke G. Tribochemistry. Berlin：Akademy Verlag[J]. 1984, 159

[32] 陈鼎, 严红革等. 稀有金属[J]. 2003, 27(2)：293

[33] 曾凡, 胡永平, 杨毅. 矿物加工颗粒学[M]. 徐州：中国矿业大学, 2001

[34] 卢寿慈. 粉体加工技术[M]. 北京：中国轻工业出版社, 1999

[35] 王果庭. 胶体稳定性[M]. 北京：科学出版社, 1990

[36] 宋少先. 疏水絮凝理论与分选工艺[M]. 北京：煤炭工业出版社, 1993

[37] 川北公夫. 粉体工程学[M]. 武汉：武汉工业大学出版社, 1991：296

[38] 宋晓岚, 王海波, 吴雪兰. 纳米颗粒分散技术的研究与发展[J]. 2005, 24(1)：47 – 52

[39] Israelachivili J N. Intermolecular and Surface Forces[M]. 2 nd Ed. London：Academic Press, 1991：450

[40] Zimon A D. Adhesion of Dust and Powder[M]. New York：Plenum Press, 1969

[41] 张国权. 气溶胶力学[M]. 北京：中国环境科学出版社, 1987：286

[42] Schulzc H J. Physico – Chemical Elementary Processes in Flotation[M]. Amsterdam：Elsevier，1984：348

[43] Ouyang J, Lu S, Wu L. International Symposium on Fundamentals of Mineral Processing ——Processing of Hydrophobic Minerals and Fine Coal[M]. Vancouver，1995：19 – 24

[44] 杨其岳，钱逢麟. 润湿分散利. 涂料助剂——品种和性能手册[M].北京：化工出版社，1990：73 ~ 126

[45] 郑水林. 粉体表面改性[M].北京：中国建材出版社，1995

[46] 毋伟，陈建峰，卢寿慈. 超细粉体表面修饰[M].北京：化学工业出版社，2004

[47] 李凤生. 超细粉体技术[M].北京：国防工业出版社，2000

[48] 张立德. 超微粉体制备与应用技术[M].北京：中国石化出版社，2001

[49] 罗清，邓常烈编. 选矿测试技术[M].北京：冶金工业出版社，1988

[50] 贾文玲，方启学，卢寿慈. 第四届全国颗粒制备与处理学术会议论文集[C].徐州：1995

[51] Suberoj, Ningz, Ghadirim, etal. Effectof Interface Energy on the Impact Strength of Agglomerates[J]. Power Technology, 1999，(105)：66

[52] 毋伟，邵磊，卢寿慈. 机械力化学在高分子合成中的应用[J].化工新型材料，2000，(2)：10

[53] Palmqvist A E C, Johansson E M, Jaras S G.. Total oxidation of Methane Over Doped Nanophase Cerium Oxides[J]. Catalysis Letters, 1998，56(1)：69 – 73

[54] 王相田，胡黎明，顾达. 超细颗粒分散过程分析[J].化学通报，1995，(5)：13 – 17

[55] 高濂，孙静，刘阳桥. 纳米粉体的分散及表面改性[M].北京：化学工业出版社，2003：140

[56] 李廷盛，尹其光. 超声化学[M].北京：科学出版社，1995：186

[57] Espiard P, Guyot A. Poly（ethylacrylate）Latexe Sencapsulating Nanoparticles of silica：2. Grafting Process to Silica[J]. Polymer, 1995，36(23)：4391

[58] 周祖康，顾惕人，马季铭. 胶体化学基础[M].北京：北京大学出版社，1996

[59] Katsuki M, Wang S R, Yasumoto K. The Oxygen Transport in Gd – doped Ceria[J]. Solid State Ionics, 2002，154 – 155：589

[60] 邓祥义，胡海平. 纳米颗粒材料的团聚问题及解决措施[J].化工进展，2002，21(10)：761 – 762

[61] Kristoffersson A., Lapasin R., Galassi C. Study of Interactions Between Polyelectrolyte Dispersants, Alumina and Latex Binders by Rheological Characterization[J]. Journal of European Ceramic Society, 1998，18(14)：2133 ~ 2140

[62] 邓丽，吉捷，蒋惠亮. 表面活性剂工业应用新探——制备超细碳酸钙[M].日用化学工业，2002，32(5)：14 – 16

[63] Tang Fengqiu, Huao Xian, et al. Effect of Dispersants on Surface Chemical Properties of Nano – zirconia Suspensions[J]. Journal of Ceramics International, 2000，(26)：9380

[64] 徐佳英，张莉，李干佐. 表面活性剂吸附对固/液分散体系稳定性的影响[J].日用化学工业，1997，(3)：56 – 59

[65] Winkler J, Klinke E, et al. Theory for the Deagglomeration of Pigment：Clusters in Dispersion Machinery by Mechanical Force[J]. Journal of Coating Technology, 1987,59(754)：35 – 45

[66] 宋晓岚，叶昌，余海湖. 无机材料工艺学[M].北京：冶金工业出版社，2007

[67] 叶金鑫. 表面活性剂的协同作用及其在织物洗涤中的运用[J]. 现代纺织技术，2002，(10)：22 – 26

[68] 张庆今. 硅酸盐工业机械及设备[M].广州：华南理工大学出版社，1992

[69] 程云鹏. 粒剂[M].北京：化学工业出版社，1988

[70] 盖国胜. 超微粉体技术[M].北京：化学工业出版社,2004

[71] 张荣善. 散体输送与储存[M].北京：化学工业出版社,2001

[72] 张长森等. 粉体技术及设备[M].上海：华东理工大学出版社，2007